JINGONG SHIXUN YU KAOZHENG

# 金工实训与考证

主编 沈晓蕾 李 宏
参编 黄保成 廖威春 郑广明

中国电力出版社
CHINA ELECTRIC POWER PRESS

## 内 容 提 要

本书系统地介绍了金属工艺的基础知识、常用金工实训设备、工具量具及其加工工艺方法。全书共分6章，内容包括金工实训基础知识、钳工实训、车削加工实训、铣削加工实训、焊接与切割实训、钣金工实训等，重要项目均编写了综合训练示例。

本书可供高等职业院校机械类、近机类各专业的金工实训使用，也可供工程技术人员参考。

**图书在版编目（CIP）数据**

金工实训与考证/沈晓蕾，李宏主编. —北京：中国电力出版社，2010.12

ISBN 978-7-5123-1131-2

Ⅰ.①金… Ⅱ.①沈… ②李… Ⅲ.①金属加工-实习 Ⅳ.①TG-45

中国版本图书馆CIP数据核字（2010）第254002号

中国电力出版社出版发行
北京市东城区北京站西街19号 100005 http://www.cepp.sgcc.com.cn
责任编辑：杨淑玲 责任印制：郭华清 责任校对：郝军燕
航远印刷有限公司印刷·各地新华书店经售
2011年7月第1版·第1次印刷
787mm×1092mm 1/16开本·16.75印张·385千字
定价：**32.00**元


本社购书热线电话（010-88386685）

# 前　言

为了落实全国高等技能人才工作会议精神，切实解决高等职业院校工科类专业（包括机械类和近机类）教材不能满足目前教学改革和培养高等技术应用型人才需要的问题，根据教育部对高等工科院校金工实训教学的基本要求，以及高等职业院校工科类专业培养计划和教学大纲，结合培养应用型工程技术人才的实践教学特点，在充分调研的基础上，编写了这本金工实训课程的教材。

本教材遵循“实用性、科学性、先进性相结合”的宗旨，以培养学生具有良好综合素质、实践能力和创新能力为目的，力求选材实用，编排系统，图表数据可靠，叙述简明扼要，技术难度适当。在全面介绍相关工艺的同时，重点叙述了操作方法和要领，便于自学使用。本教材在编写过程中，贯彻了以下原则：

一、充分汲取高等职业院校在探索培养高等技术应用型人才方面取得的成功经验和教学成果，从职业（岗位）分析入手，构建培养计划，确定相关课程的教学目标。

二、以国家职业标准为依据，根据相关工种各级技能训练课题设定内容，选取了各工种相应的典型试件，并列出考试评分标准作为训练和考核时的参考，使教材更加科学和规范。

三、贯彻先进的教学理念，结合生产实践，以教学要求为基础，实际应用为主线、相关知识为支撑，强调对技能训练的实践指导，较好地处理了理论教学与技能训练的关系，进一步加强技能训练的力度，特别是加强基本技能与核心技能的训练，全面落实“管用、够用、适用”的教学指导思想。

四、突出教材的先进性，在保证编写基本、常用技术内容的同时，力求反映机械行业发展的现状和趋势，以期缩短学校教育与企业需要的距离，更好地满足企业用人的需要。

五、明确以学生为本，结合一般高等职业院校工科类专业的特点，以及各校金工实训课时安排的不同情况，尽量较为系统和完整地介绍目前常用的金工技术，使本教材既可作为实训教材使用，也可作为学生充实专业基础知识的参考书。

六、以实际案例为切入点，遵循由浅入深、由简单到复杂的培养训练过程，并尽量采用以图代文的编写形式，降低学习难度，提高学生的学习兴趣，使学生逐步掌握各工种的操作技能。

本教材由沈晓蕾、李宏任主编，参加编写工作的还有廖威春、黄保成和郑广明。本教材在编写过程中参阅和引用了许多技术文献中的数据和资料，并得到一批学术水平高、教学经验丰富和实践能力强的教师以及行业一线专家的大力支持。为此，编者谨向有关著、作者和提供支持与帮助的教师、专家们一并表示衷心的感谢！同时，恳切希望广大读者对本教材提出宝贵的意见和建议，以便修订时加以完善。

编者

# 目　录

# 第一章　金工实训基础知识

**目的和要求**

1. 了解机械制造的一般过程。
2. 了解一般常用金属材料。
3. 了解常用量具的构成并掌握使用方法。
4. 了解极限与配合、表面粗糙度的基本概念。
5. 认识安全生产的重要意义。

## 基本知识一　机械制造过程概述

任何机器或设备，例如汽车或机床，都是由相应的零件装配组成的。只有制造出合乎要求的零件，才能装配出合格的机器设备。有的零件可以直接用型材经切削加工制成，如某些尺寸不大的轴、销、套类零件。有的则要将原材料经铸造、锻造、冲压、焊接等方法制成毛坯，然后由毛坯经切削加工制成。还有一些零件需要在毛坯制造和加工过程中穿插不同的热处理工艺。因此，一般的机械生产过程可简要归纳为：毛坯制造→切削加工（按需热处理）→装配和调试。

### 一、毛坯制造

常用的毛坯制造方法有铸造、锻造、冲压和焊接。

#### （一）铸造

熔炼金属，制造铸型，并将熔融金属浇入铸型，凝固后获得一定形状和性能的铸件的成形方法。

#### （二）锻造

在加压设备及工（模）具的作用下，使坯料产生塑性变形，以获得一定几何尺寸、形状和质量的锻件的加工方法。

#### （三）冲压

在压力机上利用冲模对板料施加压力，使其产生分离或变形，从而获得一定形状和尺寸的产品（冲压件）的方法。冲压件具有足够的精度和表面质量，只需进行很少的（甚至无需）切削加工即可直接使用。

#### （四）焊接

通过加热、加压或者两者共用，并辅之以使用或不使用填充材料，使焊件达到原子结合的加工方法。

毛坯的外形与零件近似，其需要加工部分的外部尺寸大于零件的相应尺寸，而孔腔尺寸小于零件的相应尺寸。毛坯尺寸与零件尺寸之差即为毛坯的加工余量。采用先进的铸造、锻造方法也可直接生产零件。

### 二、切削加工

要使零件达到精确的尺寸和光洁的表面，应将毛坯上的加工余量经切削加工切削掉。常用的方法有车、铣、刨、磨、钻和镗等。一般来说，毛坯要经过若干道切削加工工序才能成为成品零件。由于工艺的需要，这些工序又可以分为粗加工、半精加工与精加工。

在毛坯制造及切削加工过程中，为便于切削和保证零件的力学性能，还需在某些工序之前（或之后）对工件进行热处理。所谓热处理，是指将金属材料（工件）采用适当的方式进行加热、保温和冷却，以获得所需要的组织结构与性能的一种工艺方法。热处理之后的工件可能有少量变形或表面氧化，所以精加工（如磨削）常安排在最终热处理之后进行。

### 三、装配与调试

加工完毕并检验合格的各零件，按机械产品的技术要求，用钳工或钳工与机械相结合的方法按一定顺序组合、连接、固定起来，成为整台机器，这一过程称为装配。装配是机械制造的最后一道工序，也是保证机械达到各项技术要求的关键。

装配好的机器，还要经过试运转，以观察其在工作条件下的效能和整机质量。只有在检验、试车合格之后，才能装箱出厂。

## 基本知识二 金属材料常识

### 一、金属材料的性能

生产中，无论是制造机器零件，还是制造工具，首先要知道使用什么材料，以及这些材料所具有的性能，以便正确地进行加工。

金属材料的性能分为使用性能和工艺性能两大类。使用性能反映材料在使用过程中所表现出来的特性，如物理性能、化学性能和力学性能等；工艺性能反映材料在加工制造过程中所表现出来的特性。

#### （一）金属材料的力学性能

任何机器零件工作时都承受外力（载荷）的作用。因此，材料在外力作用下所表现出来的特性就显得格外重要，这种性能叫做力学性能。力学性能主要有强度、塑性、硬度和韧性等。

1. 强度。金属抵抗永久变形和断裂的能力称为强度。

根据 GB/T 228—2002《金属材料　金属拉伸试验法》，常用的强度判断依据是屈服强度和抗拉强度。屈服强度用符号 $R_{eH}$（或 $R_{eL}$）表示，单位为 MPa，屈服强度代表材料抵抗微量永久变形的能力；抗拉强度用符号 $R_m$表示，单位为 MPa，抗拉强度代表材料抵抗断裂的能力。

2. 塑性。断裂前材料发生不可逆永久变形的能力称为塑性。

常用的塑性判断依据是断后伸长率（用符号 $A$ 表示）和断面收缩率（用符号 $Z$ 表示）。断后伸长率和断面收缩率的数值越大，材料的塑性越好。

3. 硬度。材料抵抗局部变形，特别是塑性变形、压痕或划痕的能力，是衡量金属软硬的依据。材料的硬度是用专门的硬度试验计测定的。

常用的硬度有布氏硬度和洛氏硬度两种。

布氏硬度一般用于较软的材料，如有色金属、热处理之前或退火后的黑金属（钢铁材料）；洛氏硬度一般用于硬度较高的材料，如热处理后的硬度等。一般都是用洛氏硬度来衡量刀刃的硬度。简而言之，硬度越高，抗磨损能力越高，但脆性也越大。

布氏硬度试验是对一定直径的硬质合金球施加试验力将其压入试样表面，经规定保持时间后，卸除试验力，测量试样表面压痕的直径。布氏硬度用 HBW 表示，如纯铝的硬度约为 25HBW。

洛氏硬度试验是将压头（金刚石圆锥、钢球或硬质合金球）按步骤压入试样表面，经规定保持时间后，卸除试验力，测量在初试验力下的残余压痕深度，利用洛氏硬度计算公式便可计算出洛氏硬度。洛氏硬度用 HR 表示，其中使用最广泛的是用 C 标尺测得的洛氏硬度值 HRC，如热处理后车刀刀头的硬度约为 62HRC。

在生产现场没有硬度试验计时，可用锉刀锉削金属的方法来判别工件硬度值的高低。锉刀应使用新的细锉刀，长度为 200mm 左右，硬度在 60HRC 以上。如果锉削时锉刀打滑或锉刀上有划痕，说明工件材料的硬度高于锉刀的硬度；如果能锉动工件，则可根据锉削的难易程度，判别该工件大致的硬度值：当工件硬度为 30～40HRC 时，稍用力即可锉动；当工件硬度为 50～55HRC 时，已不太容易锉动；当工件硬度为 55～60HRC 时，用力仅能稍稍锉动。

4. 韧性。金属在断裂前吸收变形能量的能力。

金属的韧性通常随加载速度提高、温度降低、应力集中程度加剧而减小。

（二）金属材料的工艺性能

金属材料的工艺性能主要有铸造性、锻造性、焊接性和切削加工性。

1. 铸造性。铸造性是指金属材料能否用铸造方法制成优质铸件的性能。铸造性的好坏取决于熔融金属的充型能力。影响熔融金属充型能力的主要因素之一是流动性。

2. 锻造性。锻造性是指金属材料在锻压加工过程中能否获得优良锻压件的性能。它与金属材料的塑性和变形抗力有关，塑性越高，变形抗力越小，则锻造性越好。

3. 焊接性。焊接性主要指金属材料在一定的焊接工艺条件下，获得优质焊接接头的难易程度。焊接性好的材料，易于用一般的焊接方法和简单的工艺措施进行焊接。

4. 切削加工性。用刀具对金属材料进行切削加工时的难易程度称为切削加工性。切削加工性好的材料，在加工时刀具的磨损量小，切削用量大，加工的表面质量也比较好。对一般钢材来说，硬度在 200HBW 左右时具有良好的切削加工性。

## 二、金属材料的分类

金属材料的简单分类方法如下：

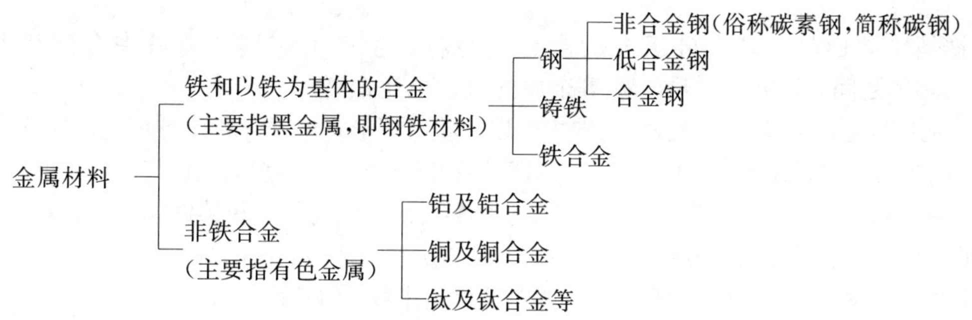

## 三、钢铁材料简介

### （一）钢

钢是以铁为主要元素，碳的质量分数一般在2.0%以下，并含有其他元素的材料。钢按化学成分可分为非合金钢、低合金钢和合金钢。非合金钢中除以铁和碳为主要成分外，还有少量的锰、硅、硫、磷等元素，这些元素是在冶炼时由原料和燃料带入钢中的，通常称为杂质。低合金钢和合金钢是在非合金钢的基础上，在炼钢过程中有目的地加入某种或某几种元素（也称合金元素）而形成的钢种。

非合金钢俗称碳素钢，简称碳钢（考虑到行业习惯，本书采用简称碳钢）。碳钢按钢的主要质量等级和主要性能或使用特性分为普通质量碳钢、优质碳钢及特殊质量碳钢，下面列举常用的碳钢钢号。

普通质量碳钢Q235A（Q表示钢材屈服强度“屈”字汉语拼音首字母，235表示屈服强度为235MPa，A表示质量等级为A级）用于制作螺钉、螺母、垫圈等。

优质碳钢08F钢、10钢用于制作冲压成形的外壳、容器、罩子等；40钢制作轴、杆；45钢制作齿轮、连杆等（两位数字表示钢的平均含碳量）。

特殊质量碳钢主要包括碳素工具钢、碳素弹簧钢、特殊易切削钢等。T7钢、T8钢用于制作手钳、錾子、锤、螺丝刀等；T10钢制作手锯锯条；T12钢制作锉刀、刮刀（T表示碳素工具钢“碳”字汉语拼音首字母，数字表示钢的平均含碳量）。

此外，按碳含量的不同，可将碳钢分为低碳钢、中碳钢和高碳钢。

低碳钢——碳的质量分数在0.25%以下。强度低，塑性和韧性好，易于成形，焊接性好，常用于制作受力不大的结构件和零件。

中碳钢——碳的质量分数在0.25%～0.6%之间。具有较高的强度，并具有一定的塑性和韧性，适用于制造机械零件。

高碳钢——碳的质量分数在0.6%～1.4%（不包括0.6%）之间。塑性和焊接性都差，但热处理后可达到很高的强度和硬度，用于制作工具和模具。

低合金钢和合金钢的分类在本教材中不予详述，下面只列举两个钢种。

（1）工具钢。用于制作刀具、模具、量具等工具。含较多钨、铬、钒、钼合金元素的工具钢可做切削速度较高的刀具，并在600℃高温时仍能保持刀具原有的硬度。常用的高速工具钢（又称锋钢、白钢）车刀，其牌号为W18Cr4V、W6Mo5Cr4V2（数字为合金元素含量的百分数）。

（2）不锈、耐蚀和耐热钢。在空气、水、酸、碱等介质中具有较强的耐腐蚀能力或在高温时具有良好的抗氧化性和保持高强度的特性。典型的牌号有12Cr13、12Cr18Ni9等。

### （二）铸铁

铸铁是主要由铁、碳和硅组成的合金的总称。生产上应用的铸铁中含碳量通常在2.5%～4.0%之间，硅、锰、磷、硫等杂质的含量也比钢高。

常用的铸铁是灰铸铁。灰铸铁中的碳主要以片状石墨形式出现，断口呈灰色，其抗拉强度、塑性和韧性都较低，但承受压力的性能好，减摩性和减振性好，切削加工性好，成本低，因而应用广泛。灰铸铁的铸造性好，可以浇注形状复杂的铸件或薄壁铸件。灰铸铁属脆性材料，不能锻压，其焊接性较差。常用的牌号有HT200（HT是“灰铁”两字的汉语拼音首字母；数字表示该铸铁的最低抗拉强度值，单位为MPa），用来制造机床床身、齿轮箱、刀架等。

## 复习思考题

1. 以下工件用什么材料制造？

铁钉，缝纫机架，锤子，铣刀，丝杠，液化石油气瓶体，车刀刀杆。

2. 以下工具和零件应具有哪些主要力学性能？

锉刀，弹簧，锯条，火车挂钩。

# 基本知识三　常用量具

为保证质量，机器中的每个零件都必须根据图样制造。零件是否符合图样要求，只有经过测量工具检验才能知道，这些用于测量的工具称为量具。常用的量具有钢直尺、卡钳、游标卡尺、游标万能角度尺、千分尺、百分表、90°角尺等。

## 一、钢直尺

钢直尺的长度规格有 150mm、300mm、500mm、1000mm 四种。其中规格为 150mm 的测量精度为 0.5mm，其余规格的为 1mm。钢直尺常用来测量毛坯和精度要求不高的零件。

钢直尺的使用方法应根据零件形状灵活掌握，例如：

1. 测量矩形零件的宽度时，要使钢直尺与被测零件的一边垂直，与零件的另一边平行［图 1-1（a）］。

2. 测量圆柱体的长度时，要把钢直尺准确地放在圆柱体的母线上［图 1-1（b）］。

3. 测量圆柱体的外径［图 1-1（c）］或圆孔的内径［图 1-1（d）］时，要使钢直尺靠着零件一面的边线来回摆动，直到获得最大的尺寸，即直径的尺寸。

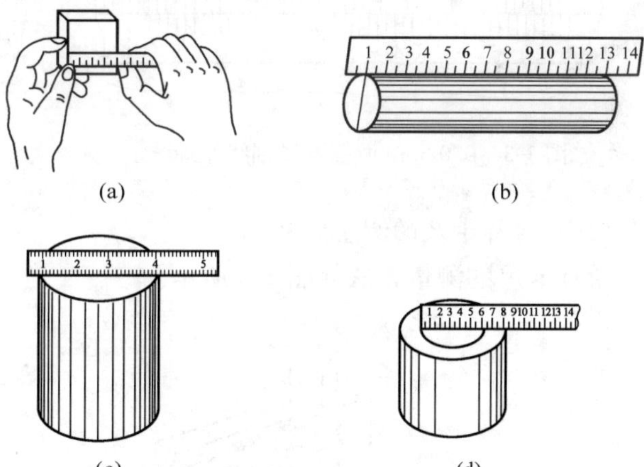

图 1-1　钢直尺的使用方法

（a）测量矩形件宽度；（b）测量圆柱体长度；（c）测量圆柱体外径；（d）测量圆孔内径

## 二、游标卡尺

游标卡尺是一种结构简单、中等精度的量具，可以直接量出工件的外径、内径、长度和深度的尺寸，其结构如图 1-2 所示。游标卡尺由尺身和游标组成。尺身与固定卡脚制成一体，游标和活动卡脚制成一体，并能在尺身上滑动。游标卡尺的测量精度有 0.02mm、0.05mm、0.1mm 三种。

### （一）游标卡尺刻线原理

图 1-3 所示为 0.02mm 游标卡尺的刻线原理。尺身每小格是 1mm，当两卡脚合并时，尺身上 49mm 刚好等于游标上 50 格，游标每格长为 49/50mm（即 0.98mm），尺身与游标每格相差为 1mm－0.98mm＝0.02mm。因此，它的测量精度为 0.02mm。

### （二）游标卡尺的读数方法

如图 1-4 所示，在游标卡尺上读尺寸时可以分为三个步骤：

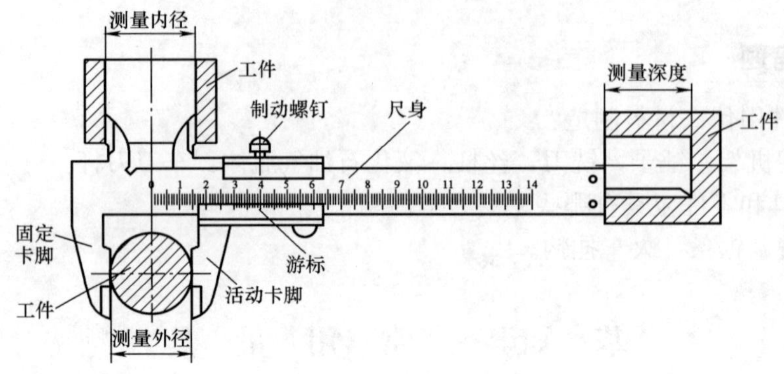


图 1-2 游标卡尺

1. 读整数，即读出游标零线左面尺身上的整毫米数。

2. 读小数，即读出游标与尺身对齐刻线处的小数毫米数。

3. 把两次读数加起来。

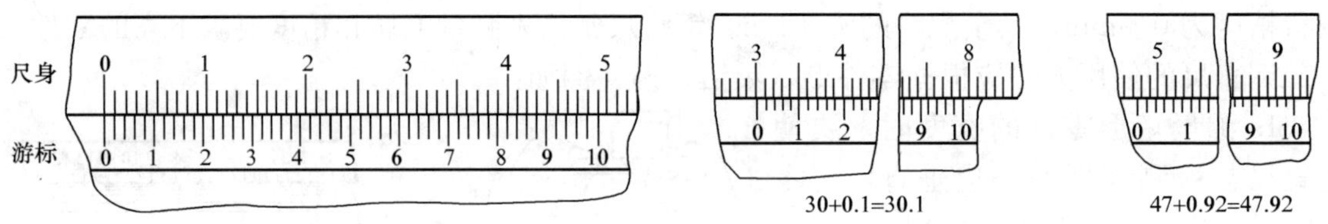


图 1-3 0.02mm 游标卡尺刻线原理

图 1-4 0.02mm 游标卡尺的尺寸读法

### （三）游标卡尺的测量方法

游标卡尺的测量方法如图 1-5 所示。

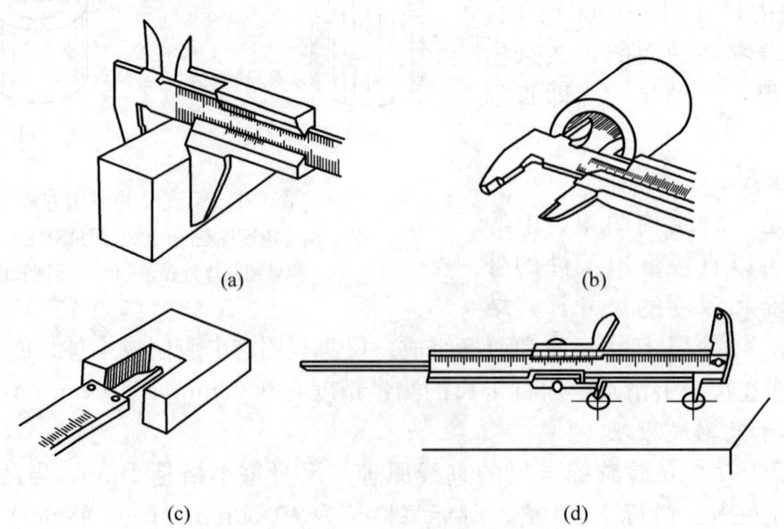


图 1-5 游标卡尺的测量方法

(a) 测量外部尺寸；(b) 测量内部尺寸；(c) 测量深度；(d) 测量中心距

用游标卡尺测量工件时，应使卡脚逐渐靠近工件并轻微地接触，同时注意不要歪斜，以防读数产生误差。

## 三、游标万能角度尺

游标万能角度尺是用游标读数、可测任意角度的量尺。有Ⅰ、Ⅱ两种类型。Ⅰ型游标万能角度尺的测量精度有5′和2′两种，测量范围为0°～320°。

### （一）游标万能角度尺的结构

Ⅰ型游标万能角度尺结构如图1-6所示。它主要由尺身、90°角尺、游标、制动器、基尺、直尺和卡块组成。基尺随尺身可沿游标转动，转到所需角度时，再用制动器锁紧。卡块将90°角尺和直尺固定在所需的位置上。

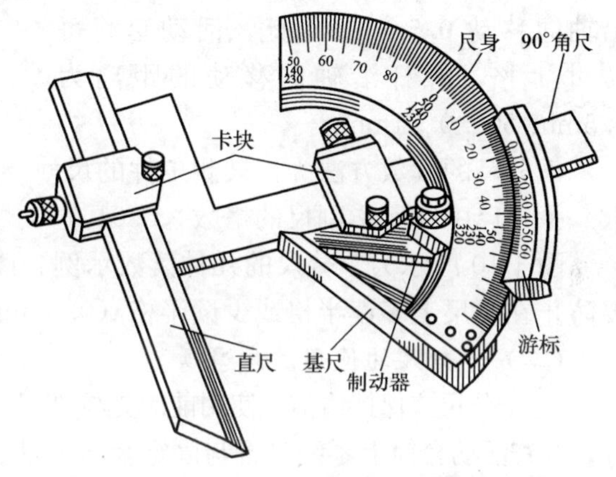


图1-6　游标万能角度尺（Ⅰ型）

### （二）游标万能角度尺（精度为2′）的刻线原理

尺身上的刻线每小格所对应的中心角（圆心角）为1°，游标上刻线共30小格，对应中心角29°，即每小格对应的中心角为58′，尺身1小格与游标1小格的角度差为1°－58′＝2′，故该游标万能角度尺的测量精度为2′。

游标万能角度尺的读数方法与游标卡尺的读数方法基本相同。

### （三）游标万能角度尺的测量范围分段

Ⅰ型游标万能角度尺的测量范围为0°～320°，共分4段：0°～50°，50°～140°，140°～230°和230°～320°。各测量段的90°角尺、直尺位置配置和测量方法如图1-7和图1-8所示。

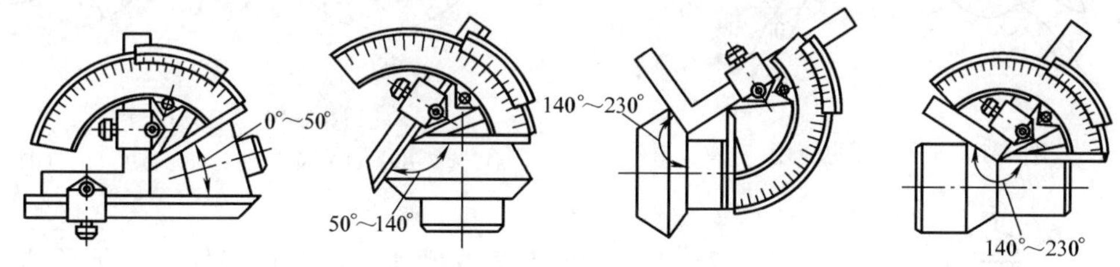


图1-7　游标万能角度尺测量不同角度范围的方法

将游标万能角度尺的直尺与90°角尺卸下，用基尺与尺身的测量面可测量230°～320°之间的角度。

## 四、千分尺

千分尺是一种精密量具。生产中常用的千分尺的测量精度为0.01mm。它的精度比游标卡尺高，并且比较灵敏，因此，对于加工精度要求较高的零件尺寸，要用千分尺来测量。千分尺的种类很多，有外径千分尺、内径千分尺和深度千分尺等，其中外径千分尺使用最为普遍。

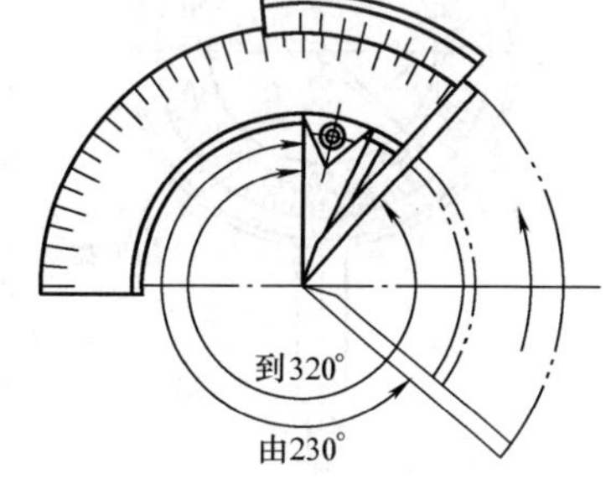


图1-8　230°～320°之间角度的测量方法

### （一）千分尺的刻线原理及读数方法

图1-9是测量范围为0～25mm的外径千分尺。弓架左

端有固定砧座，右端的固定套筒在轴线方向上刻有一条中线（基准线），上、下两排刻线互相错开 0.5mm，即主尺；活动套筒左端圆周上刻有 50 等分的刻线，即副尺。活动套筒转动一圈，带动螺杆一同沿轴向移动 0.5mm。因此，活动套筒每转过 1 格，螺杆沿轴向移动的距离为 0.5mm/50＝0.01mm。

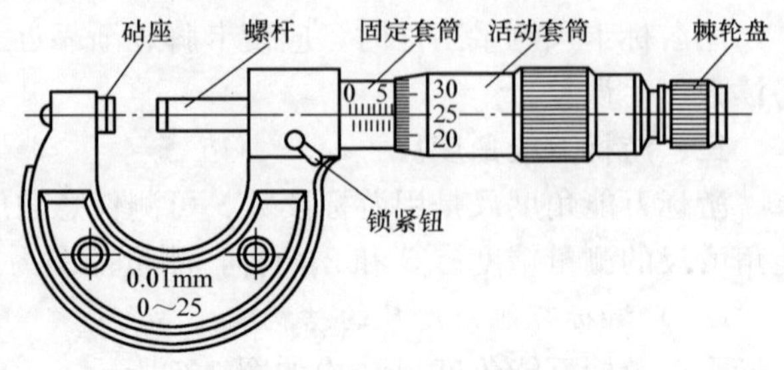

图 1-9 外径千分尺

千分尺的读数方法为：被测工件的尺寸＝副尺所指主尺上的整数（应为 0.5mm 的整倍数）＋主尺中线所指副尺的格数×0.01。

图 1-10 所示为千分尺的几种读数示例。读取测量数值时，要防止读错 0.5mm，也就是要防止在主尺上多读半格或少读半格（0.5mm）。

（二）千分尺的使用注意事项

1. 千分尺应保持清洁。使用前应先校准尺寸，检查活动套筒上零线是否与固定套筒上基准线对齐，如果没有对齐，必须进行调整。

2. 测量时，左手握住弓架，用右手旋转活动套筒（图 1-11），当螺杆即将接触工件时，改为旋转棘轮盘，直到棘轮发出“咔”、“咔”声为止。

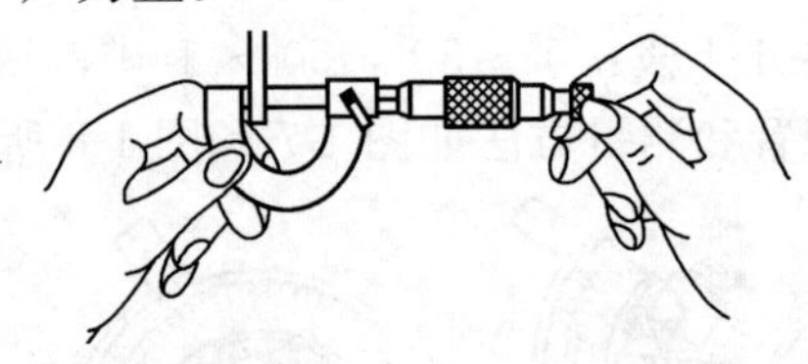
图 1-11 千分尺的使用

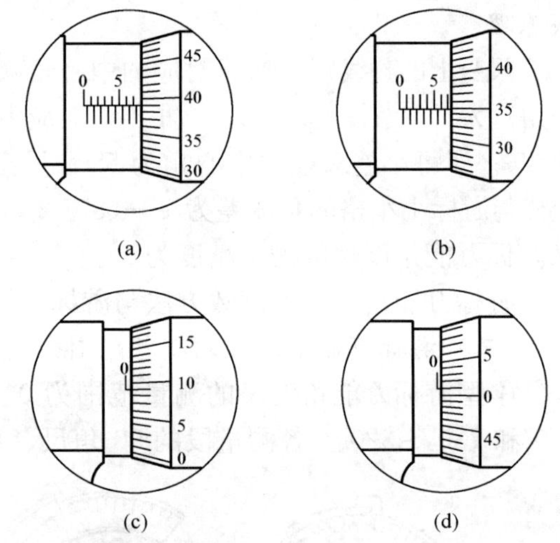

图 1-10 千分尺读数
(a) 读 7.89；(b) 读 7.35；(c) 读 0.59；(d) 读 0.01

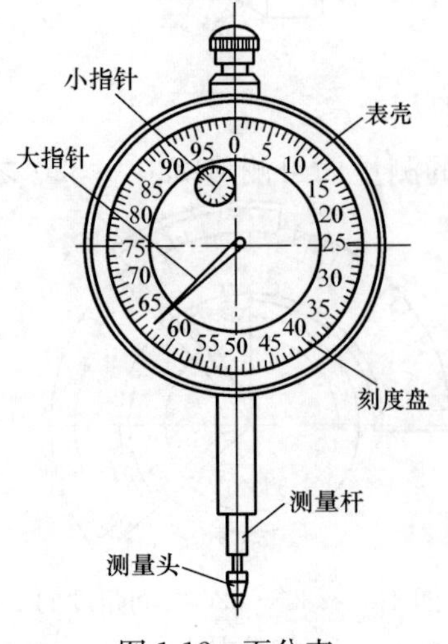

图 1-12 百分表

3. 从千分尺上读取尺寸，可以在工件未取下前进行，读完后，松开千分尺，再取下工件，也可以将千分尺用锁紧钮锁紧，把工件取下后读数。

4. 千分尺只适用于测量精确度较高的尺寸，不能测量毛坯面，更不能在工件转动时测量。

## 五、百分表

百分表是精密量具，主要用于找正工件的安装位置，检验零件的形状和位置误差，以及测量零件的内径等。常用的百分表测量精度为 0.01mm。

（一）百分表的读数方法

图 1-12 所示的百分表刻度盘上刻有 100 个等分格，大指针每转动一格，相当于测量杆移动 0.01mm。当大指针转一

圈时，小指针转动一格，相当于测量杆移动1mm。用手转动表壳时，刻度盘也跟着转动，可使大指针对准刻度盘上的任一刻度。

百分表的读数方法为：先读小指针转过的刻度数（即整数部分），再读大指针转过的刻度数（即小数部分）并乘以0.01，然后将两者相加，即得到所测量的数值。

（二）百分表的使用注意事项

1. 使用前，应检查测量杆活动的灵活性，即轻轻推动测量杆时，测量杆在套筒内的移动要灵活，没有任何轧卡现象，且每次手松开后，指针能回到原来的刻线位置。

2. 使用时，必须把百分表固定在可靠的夹持架（表架）上，如图1-13所示。切不可贪图省事，将百分表随便夹在不稳固的地方，否则容易造成测量结果不准确或摔坏百分表。

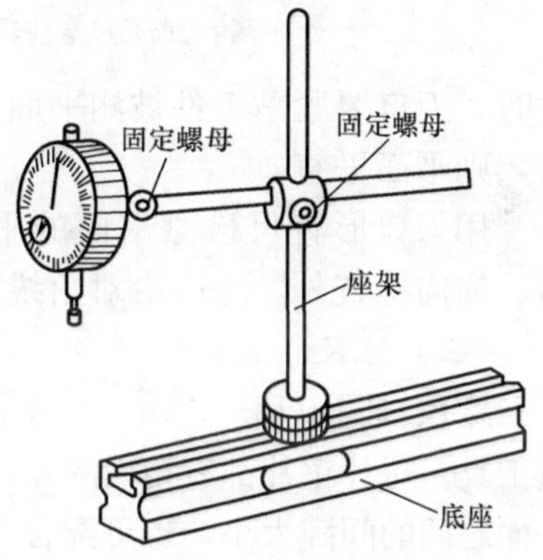

图1-13　百分表的夹持

3. 测量平面时，百分表的测量杆要与平面垂直，测量圆柱形工件时，测量杆要与工件的中心线垂直，否则将使测量杆活动不灵或测量结果不准确。

4. 测量时，不要使测量杆的行程超过它的测量范围，不要使表头突然撞到工件上，也不要用百分表测量表面粗糙或有显著凹凸不平的工件。

5. 为方便读数，在测量前一般都让大指针指到刻度盘的零位。对零位的方法是：先将测量头与测量面接触，并使大指针转过一圈左右（目的是为了在测量中既能读出正数也能读出负数）；然后把表夹紧，并转动表壳，使大指针指到零位；最后再轻轻提起测量杆几次，检查放松后大指针的零位有无变化，如果无变化，说明已对好，否则要再重新对一次。

6. 百分表不用时，应使测量杆处于自由状态，以免使表内弹簧失效。

## 六、90°角尺、刀口形直尺、塞尺

（一）90°角尺

90°角尺（图1-14）由尺座与尺苗组成，用来检测工件相邻表面的垂直度。检测时，通过观察尺苗与工件间透光缝隙的大小，判断工件相邻表面间的垂直度误差，如图1-15所示。错误使用90°角尺的情形如图1-16所示。

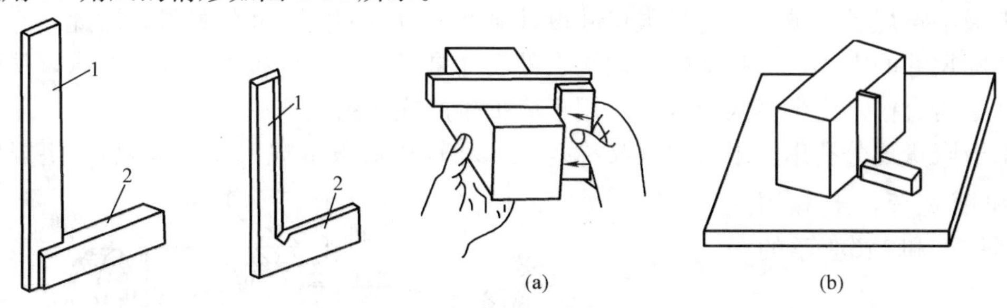


图1-14　90°角尺

1—尺苗；2—尺座

图1-15　用90°角尺检测垂直度

(a) 用尺苗内侧面测量；(b) 用尺苗外侧面测量

（二）刀口形直尺

刀口形直尺（图1-17）是用透光法来检测工件平面的直线度和平面度的量具。检测工

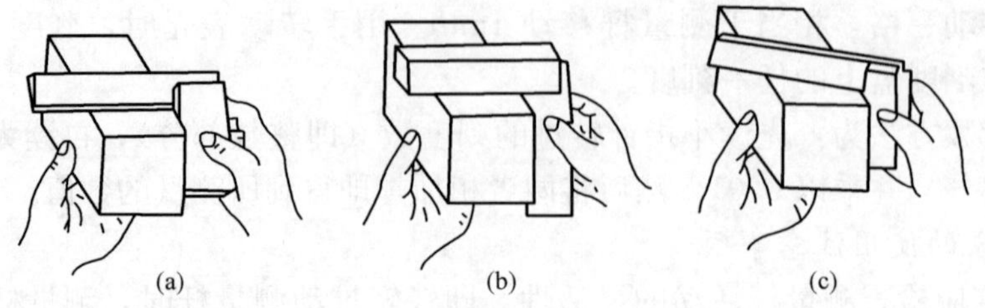

图 1-16 错误使用 90°角尺

(a) 尺身前后歪斜；(b) 尺座、尺苗倒置；(c) 尺身左右歪斜

件时，刀口要紧贴工件被测平面，然后观察平面与刀口之间透光缝隙的大小，若透光细而均匀，则平面平直。

用刀口形直尺检测平面的平面度时，除沿工件的纵向、横向检查外，还应沿对角线方向检查。

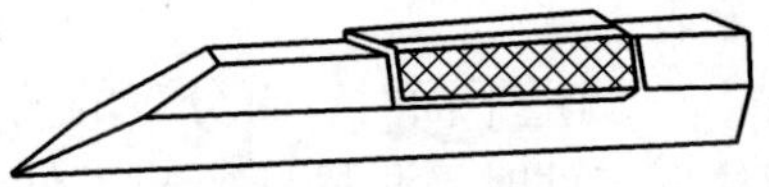

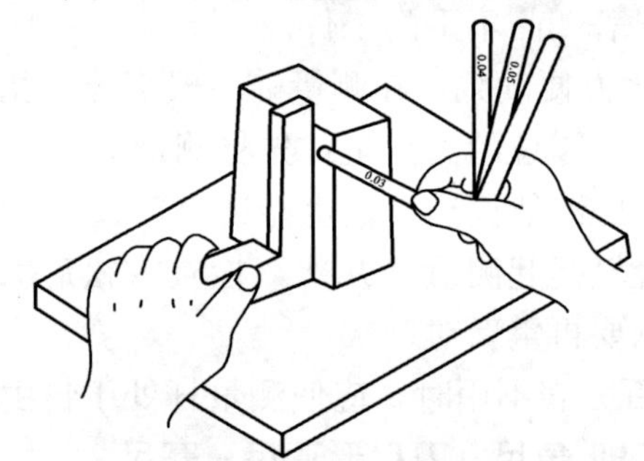
图 1-17 刀口形直尺

（三）塞尺

塞尺（图 1-18）是由一组不同厚度的薄钢片组成的测量工具。每片钢片都有精确的厚度并将其厚度尺寸标明在钢片上。塞尺主要用来检测两个结合平面之间的间隙大小，也可配合 90°角尺测量工件相邻表面间的垂直度误差，如图 1-19 所示。

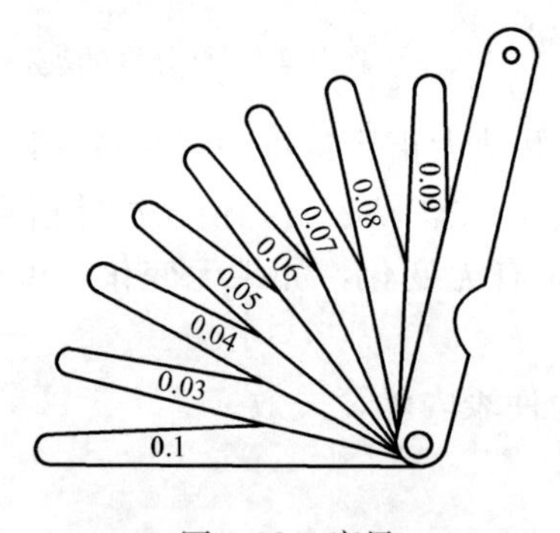

图 1-18 塞尺

图 1-19 用塞尺和 90°角尺检测工件垂直度误差

## 七、光滑极限量规

光滑极限量规是按被测工件极限尺寸设计制造的具有固定尺寸的量具，因此，它不能测得工件实际尺寸的大小，而只能确定被测工件尺寸是否在规定的极限尺寸范围内，从而判定工件尺寸是否合格。光滑极限量规广泛用于成批生产或大量生产中。

光滑极限量规分孔用极限量规（又称塞规）和轴用极限量规（又称卡规）。塞规用来检验孔径和槽宽等，卡规用来检验轴径和凸键等的宽度。

（一）孔用极限量规（塞规）

常用塞规的外形如图 1-20 所示。圆柱长度较长

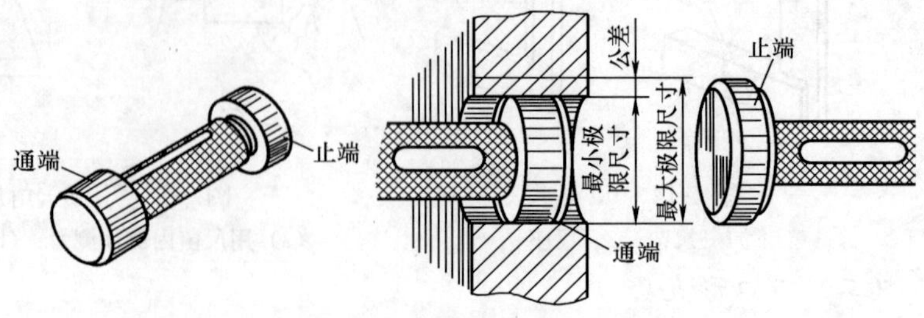

图 1-20 孔用极限量规（塞规）

的一端，圆柱直径是按被测工件（孔或槽）的最小极限尺寸来制造的，称为通端；圆柱长度较短的一端，圆柱直径是按被测工件（孔或槽）的最大极限尺寸来制造的，称为止端。检验沟槽宽度和较大的孔径时所用塞规的通端和止端的圆柱面采用非全形（即扁平形）。

用塞规检验工件时，如果通端能顺利通过且止端不能通过，说明工件是合格的。如果通端不能通过或止端能通过，说明工件不合格。

（二）轴用极限量规（卡规）

常用卡规的外形如图1-21所示。测量段长度较长的一端，槽宽尺寸是按被测工件（轴径）的最大极限尺寸来制造的，是通端；测量段长度较短的一端，槽宽尺寸是按被测工件（轴径）的最小极限尺寸来制造的，是止端。

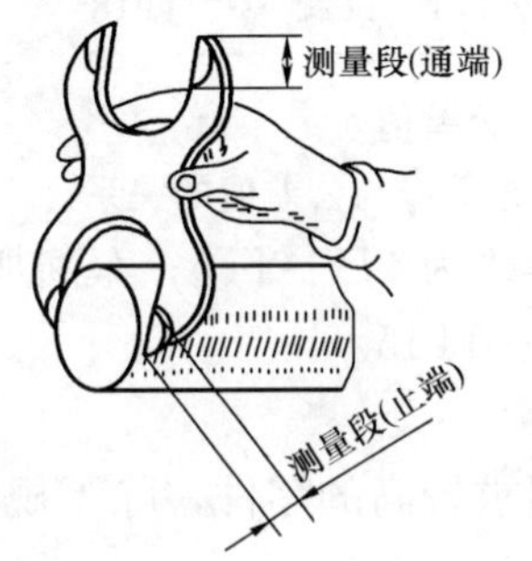


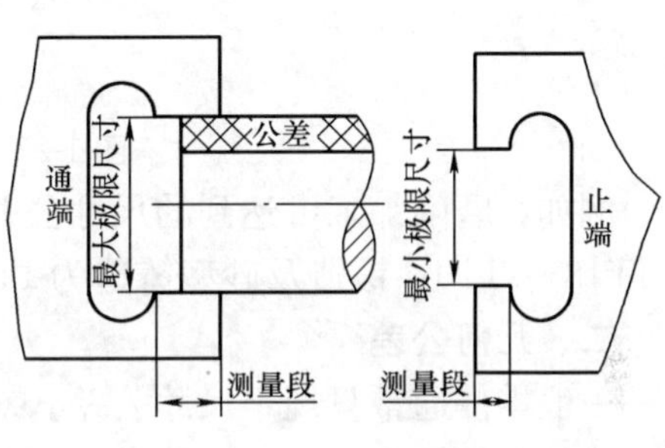


图1-21　轴用极限量规（卡规）

用卡规检验工件时，如果通端能顺利通过且止端不能通过，说明工件是合格的。如果通端不能通过或止端能通过，说明工件不合格。

**复习思考题**

1. 试述0.05mm游标卡尺的刻线原理及读数方法。

2. 图样上标注的下列外圆柱面尺寸，应选用何种量具测量才合理？

（1）未加工：$\phi$50mm，$\phi$35mm。

（2）已加工：$\phi$40mm，$\phi$34mm±0.2mm，$\phi$30mm±0.04mm。

## 基本知识四　极限与配合、表面粗糙度的基本概念

### 一、极限与配合

现代化机械制造工业中大多数产品为成批生产或大量生产，要求生产出来的零件不经任何修配和挑选就能装到机器上去，并能达到规定的配合（紧松要求），满足所需要的技术要求。

在同一规格的一批零件中，任取一个，不需任何修配就能装到机器上去，并达到规定的技术性能要求，我们称这种零件具有互换性。互换性在机械制造中具有重要的作用。例如，自行车或手表的零件损坏后，修理人员很快就可以用同样规格的零件换上，恢复自行车或手表的功能。

在实际生产过程中，加工出来的零件不可避免地会产生误差，这种误差称为加工误差。实践证明，只要加工误差控制在一定范围内，零件就能够具有互换性。

按零件的加工误差及其控制范围制定出的技术标准，称为极限与配合标准。它是实现互换性的基础。为了满足各种不同精度的要求，GB/T 1800.1—2009《产品几何技术规范（GPS）极限与配合　第1部分：公差、偏差和配合的基础》规定标准公差分为20个公差等

级（公差等级是指确定尺寸精确程度的等级），它们是IT01、IT0、IT1、IT2、…、IT18。IT表示标准公差，数字表示公差等级。其中IT01为最高，IT18为最低。公差等级高，则公差值小，精确程度高；公差等级低，则公差值大，精确程度低，如图1-22所示。即：

高　公差等级　低

←

IT01、IT0、IT1、IT2、…、IT18

→

小　公差值　大

图1-22　公差等级与公差值的关系

例如：磨削加工可达到的尺寸公差等级为IT7～IT5；车削加工为IT9～IT7；刨削加工为IT18～IT10；锻造及砂型铸造为IT16～IT15。

## 二、几何公差

一般零件通常只规定尺寸公差。对要求较高的零件，除了规定尺寸公差以外，还规定其所需要的几何公差。

表1-1为GB/T 1182—2008《产品几何技术规范（GPS）几何公差　形状、方向、位置和跳动公差标注》规定的几何公差的几何特征和符号。

**表1-1　几何特征和符号**

| 公差类型 | 几何特征 | 符号 | 有无基准 | 公差类型 | 几何特征 | 符号 | 有无基准 |
|---|---|---|---|---|---|---|---|
| 形状公差 | 直线度 | — | 无 | 位置公差 | 位置度 | ⌖ | 有或无 |
| | 平面度 | □ | 无 | | 同心度（用于中心点） | ◎ | 有 |
| | 圆度 | ○ | 无 | | | | |
| | 圆柱度 | ⌭ | 无 | | 同轴度（用于轴线） | ◎ | 有 |
| | 线轮廓度 | ⌒ | 无 | | | | |
| | 面轮廓度 | ⌓ | 无 | | 对称度 | ⌯ | 有 |
| 方向公差 | 平行度 | // | 有 | | 线轮廓度 | ⌒ | 有 |
| | 垂直度 | ⊥ | 有 | | 面轮廓度 | ⌓ | 有 |
| | 倾斜度 | ∠ | 有 | | | | |
| | 线轮廓度 | ⌒ | 有 | 跳动公差 | 圆跳动 | ↗ | 有 |
| | 面轮廓度 | ⌓ | 有 | | 全跳动 | ⌰ | 有 |

## 三、表面粗糙度

零件加工时，在零件的表面会形成加工痕迹。由于加工方法和加工条件的不同，痕迹的深浅粗细程度也不一样。零件加工表面上痕迹的粗细深浅程度称为表面粗糙度。表面粗糙度对机械零件的耐磨性、耐腐蚀性和配合性质有着密切的关系，它影响到机器装配后的可靠性和使用寿命。

GB/T 1031—2009《产品几何技术规范（GPS）表面结构　轮廓法　表面粗糙度参数及其数值》规定，表面粗糙度参数一般从轮廓的算术平均偏差 *Ra*、轮廓的最大高度 *Rz* 中选取一项［根据表面功能的需要，也可选用附加参数：轮廓单元的平均宽度 *Rsm* 和轮廓的支承长度 *Rmr*（*c*）］，优先选用轮廓算术平均偏差 *Ra*，*Ra* 常用的参数值范围为0.025～6.3μm。

1. 表面粗糙度 *Ra* 是表面结构的轮廓参数之一，表示表面结构的符号如下：

√ 表面结构的基本图形符号，表示允许用任何工艺获得。

表示用不去除材料的方法（如铸、锻、冲压变形等）获得的，或者是用于保持原供应状况的表面。

表示用去除材料的方法（如车、铣、刨、磨、钻、剪切等）获得的。

2. 表面粗糙度 *Ra* 值的标注举例如下：

铣
Ra 0.8
⊥ 表示垂直于视图所在投影面的表面纹理方向，用铣削加工的方法获得的表面粗糙度，*Ra* 的上限值为 0.8μm。

Ra 3.2
表示用不去除材料方法获得的表面粗糙度，*Ra* 的上限值为 3.2μm。

表 1-2 为常用加工方法所能达到的表面粗糙度 *Ra* 值。

**表 1-2　　常用加工方法所能达到的表面粗糙度 *Ra* 值**

| 加工方法 | | Ra/μm | 表面特征 |
|---|---|---|---|
| 粗车、粗镗、粗铣、粗刨、钻孔 | | 50 | 明显可见刀痕 |
| | | 25 | 可见刀痕 |
| | | 12.5 | 微见刀痕 |
| 精铣精刨 | 半精车 | 6.3 | 可见加工痕迹 |
| | | 3.2 | 微见加工痕迹 |
| | 精车 | 1.6 | 不见加工痕迹 |
| 粗磨、精车 | | 0.8 | 可辨加工痕迹的方向 |
| 精磨 | | 0.4 | 微辨加工痕迹的方向 |
| 刮削 | | 0.2 | 不辨加工痕迹的方向 |
| 精密加工 | | 0.1、0.05、0.025、0.012 | 按表面光泽判别 |

零件的表面粗糙度可用标准样块比较测定。比较方法一般是用肉眼观察、用手指抚摸或依靠指甲在表面上轻轻划动时的感觉来判断零件的表面粗糙度。

表面粗糙度与尺寸精度有一定的联系。一般说来，尺寸精度越高，表面粗糙度 *Ra* 值越小。但是，表面粗糙度 *Ra* 值小的，尺寸精确程度不一定高，如手柄、手轮表面等，其表面粗糙度 *Ra* 值较小，尺寸精度却不高。

## 基本知识五　安　全　生　产

实训中如果实训人员不遵守工艺操作规程或者缺乏一定的安全知识，很容易发生机械伤害、触电、烫伤等工伤事故。因此，为保证实训人员的安全和健康，必须进行安全生产知识教育。

安全生产的基本内容就是安全。为了更好地生产，生产必须安全。生产最基本的条件是保障人和设备在生产中的安全。人是生产中的决定因素，设备是生产的手段，没有人和设备的安全，生产就无法进行。特别是人的安全尤为重要，不能保障人的安全，设备的作用无法发挥，生产也就不能顺利、安全地进行。

我国对不断改善劳动条件、做好劳动保护工作、保证生产者的健康和安全历来十分重视，国务院制定并颁布了《工厂安全卫生规程》等文件，为安全生产指明了方向。安全生产是我国在生产建设中一贯坚持的方针。

实训中的安全技术有冷热加工安全技术和电气安全技术等。

热加工一般指铸造、锻造、焊接和热处理等工种，其特点是生产过程伴随着高温、有害气体、粉尘和噪声，这些都严重恶化了劳动条件。热加工工伤事故中，烫伤、喷溅和砸碰伤害约占事故的70%，应引起高度重视。

冷加工主要指车、铣、刨、磨、钻等切削加工，其特点是使用的装夹工具和被切削的工件或刀具之间不仅有相对运动，而且速度较高。如果设备防护不好，操作者不注意遵守操作规程，很容易造成人身伤害。

电力传动和电器控制在加热、高频热处理和电焊等方面的应用十分广泛，实训时必须严格遵守电气安全守则，避免触电事故。各工种的安全技术可参见后续各课题、各项目，在实训中务必严格遵守。

# 第二章　钳　工　实　训

## 目的和要求

1. 了解钳工工作在零件加工、机械装配及维修中的作用、特点和应用。

2. 能正确使用钳工常用的工具、量具。

3. 掌握钳工主要工作（划线、锯削、锉削、钻孔、刮削、攻螺纹、套螺纹）的基本操作方法，并能按图样独立加工简单零件。

4. 熟悉装配的概念及锉配工艺方法，完成简单工件的锉配、配钻工作，达到锉配精度及互换，并掌握锉配精度的误差检验和修正方法。

5. 了解钳工生产安全技术。

## 安全技术

1. 实训时，要穿工作服，不准穿拖鞋，操作机床时严禁戴手套，女同学要戴工作帽。

2. 不准擅自使用不熟悉的机器和工具。设备使用前要检查，如发现损坏或其他故障时应停止使用并报告。

3. 操作要时刻注意安全，互相照应，防止意外。

4. 要用刷子清理铁屑，不准用手直接清除，更不准用嘴吹，以免割伤手指和屑末飞入眼睛。

5. 使用电气设备时，必须严格遵守操作规程，防止触电。

6. 要做到文明实训，工作场地要保持整洁。使用的工具、量具要分类安放，工件、毛坯和原材料应堆放整齐。

7. 钻床使用的安全要求：

（1）工作前，对所用钻床和工具、夹具、量具要进行全面检查，确认无误后方可操作。

（2）工件装夹必须牢固可靠，工作中严禁戴手套。

（3）手动进给时，一般按照逐渐增压和逐渐减压原则进行，用力不可过猛，以免造成事故。

（4）钻头上绕有长铁屑时，要停下钻床，然后用刷子或铁钩将铁屑清除。

（5）不准在旋转的刀具下翻转、夹压或测量工件，手不准触摸旋转的刀具。

（6）摇臂钻的横臂回转范围内不准有障碍物，工作前横臂必须夹紧。

（7）横臂和工作台上不准存放物件。

（8）工作结束后，将横臂降低到最低位置，主轴箱靠近立柱，并且要夹紧。

8. 砂轮机使用的安全要求：

（1）砂轮机起动后应运转平稳，若跳动明显应及时停机修整。

（2）砂轮机旋转方向要正确，磨屑只能向下飞离砂轮。

（3）砂轮机托架和砂轮之间距离应保持在 3mm 以内，以防工件扎入造成事故。

（4）操作者应站在砂轮机侧面，磨削时不能用力过大。

# 项目一 概 述

## 基本知识

### 一、钳工工作

钳工主要是利用台虎钳、各种手用工具和一些机械电动工具完成某些零件的加工，部件、机器的装配和调试以及各类机械设备的维护与修理等工作。

钳工是一种比较复杂、细致、工艺要求高的工作，基本操作包括零件测量、划线、錾削、锯削、锉削、钻孔、扩孔、锪孔、铰孔、攻螺纹、套螺纹、刮削、研磨、矫直、弯曲、铆接、钣金下料以及装配等。

随着机械工业的发展，钳工的工作范围日益广泛，需要掌握的技术知识和技能也越来越多，以致形成了钳工专业的分工，如普通钳工、划线钳工、修理钳工、装配钳工、模具钳工、工具样板钳工、钣金钳工等。

钳工具有所用工具简单、加工多样灵活、操作方便和适应面广等特点。目前虽然有各种先进的加工方法，但很多工作仍然需要由钳工来完成，如某些零件加工（主要是机床难以完成或者是特别精密的加工），机器的装配和调试，各类机械的维修，以及形状复杂、精度要求高的量具、模具、样板、夹具等的加工，这些都离不开钳工。钳工在保证机械加工质量中起着重要作用，因此，尽管钳工工作大部分是手工操作，生产效率低，工人操作技术要求高，但目前它在机械制造业中仍起着十分重要的作用，是不可缺少的重要工种之一。

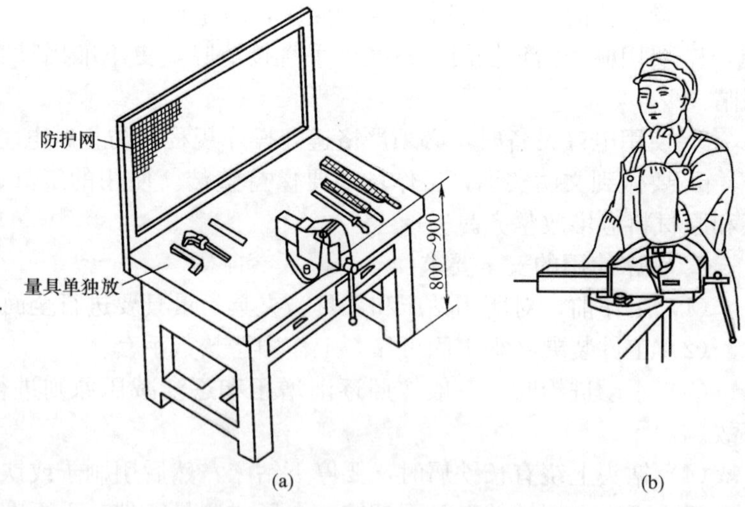


图 2-1 工作台及台虎钳的合适高度

（a）工作台；（b）台虎钳的合适高度

### 二、钳工工作台和台虎钳

#### （一）钳工工作台

钳工工作台［图 2-1（a）］简称钳台，有单人用和多人用两种，用硬质木材或钢材做成。工作台要求平稳、结实，台面高度一般以装上台虎钳后钳口高度恰好与人手肘平齐为宜［图 2-1（b）］，抽屉可用来收藏工具，台桌上必须装有防护网。

#### （二）台虎钳

台虎钳（图 2-2）用来夹持工件，其规格用钳口的宽度来表示，常用的有 100mm、125mm 和 150mm 三种。

使用台虎钳时应注意的事项：

1. 工件尽量夹持在台虎钳钳口中部，使钳口受力均匀。

2. 夹紧后的工件应稳固可靠，便于加工，并且不产生变形。

3. 只能用手扳紧手柄夹紧工件，不准用套管接长手柄或用锤子敲击手柄，以免损坏零件。

4. 不要在活动钳身的光滑表面进行敲击作业，以免降低其与固定钳身的配合性能。

5. 加工时用力方向最好是朝向固定钳身。

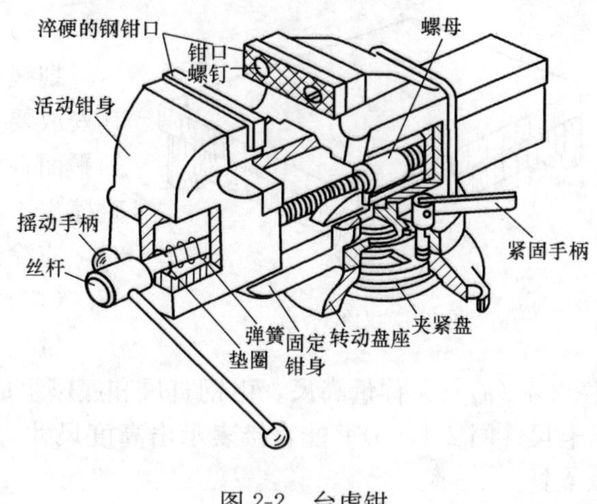


图 2-2　台虎钳

## 实训操作

1. 熟悉工作位置，整理并安放好所使用的工具、量具（量具不能与工具或工件混放在一起）。

2. 熟悉台虎钳结构（可拆装实践），并在台虎钳上进行工件装夹练习。

## 复习思考题

1. 什么叫钳工工作？它包括哪些基本操作？

2. 怎样使用和维护台虎钳？

3. 安全实训的重要性是什么？在钳工实训中应注意些什么？

# 项目二　划　　线

## 基本知识

根据图样的尺寸要求，用划线工具在毛坯或半成品工件上划出待加工部位的轮廓线或作为基准的点、线的操作称为划线。

划线的作用：所划的轮廓线即为毛坯或工件的加工界限和依据，所划的基准点或线是毛坯或工件安装时的标记或找正线；借划线来检查毛坯或工件的尺寸和形状，并合理地分配各加工表面的余量，及早剔出不合格品，避免造成后续加工工时的浪费；在板料上划线下料，可做到正确排料，使材料得到合理使用。

划线是一项复杂而细致的工作，如果将线划错，就会造成加工后的工件报废，因此对划线的要求是：尺寸准确、位置正确、线条清晰、冲眼均匀。划线精度一般在 0.25～0.5mm 之间，划线精度将直接关系到产品质量。

### 一、划线工具

按用途划线工具可分为以下几类：基准工具、量具、直接绘划工具、夹持工具。

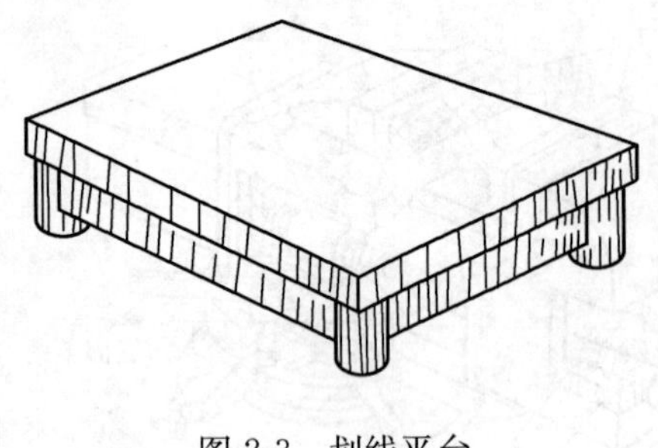
图 2-3 划线平台

（一）基准工具

划线平台是划线的主要基准工具，如图 2-3 所示，其安放要平稳、牢固，上平面应保持水平。划线平台的平面各处要均匀使用，以免局部磨凹，其表面不准碰撞也不准敲击，且要保持清洁。划线平台长期不用时，应涂油防锈，并加盖保护罩。

（二）量具

量具有钢直尺、90°角尺、高度尺等。普通高度尺［图 2-4（a）］又称量高尺，由钢直尺和底座组成，使用时配合划线盘量取高度尺寸。高度游标卡尺［图 2-4（b）］能直接表示出高度尺寸，其读数精度一般为 0.02mm，可作为精密划线工具。

（三）直接绘划工具

直接绘划工具有划针、划规、划卡、划线盘和样冲。

1. 划针。划针［图 2-5（a）和（b）］是在工件表面划线用的工具，常用$\phi$ 3～$\phi$ 6mm 的工具钢或弹簧钢丝制成，其尖端磨成 15°～20°的尖角，并经淬火处理。有的划针在尖端部位焊有硬质合金，这样划针就更锐利，耐磨性更好。划线时，划针要依靠钢直尺或 90°角尺等导向工具而移动，并向外侧倾斜 15°～20°，向划线方向倾斜 45°～75°［图 2-5（c）］。划线时，要做到尽可能一次划成，使线条清晰、准确。

2. 划规。划规（图 2-6）是划圆、弧线、等分线段及量取尺寸等使用的工具，它的用法与制图中圆规相同。

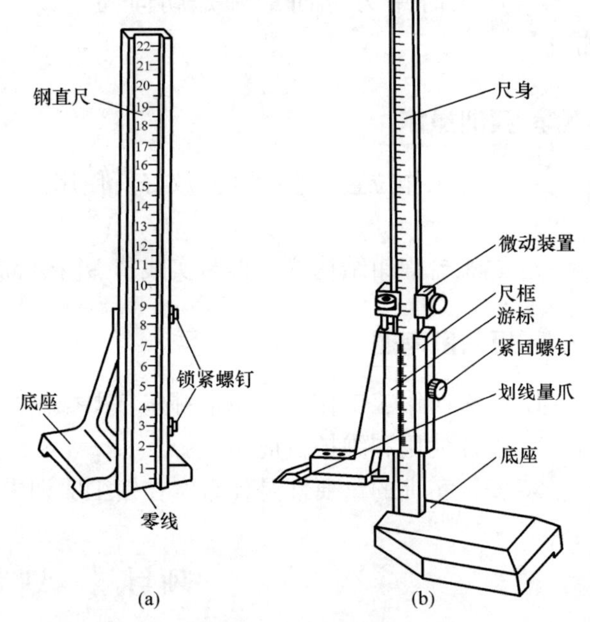

图 2-4 量高尺与高度游标卡尺

（a）量高尺；（b）高度游标卡尺

3. 划卡。划卡（单脚划规）主要是用来确定轴和孔的中心位置，其使用方法如图 2-7 所示。操作时应先划出四条圆弧线，然后再

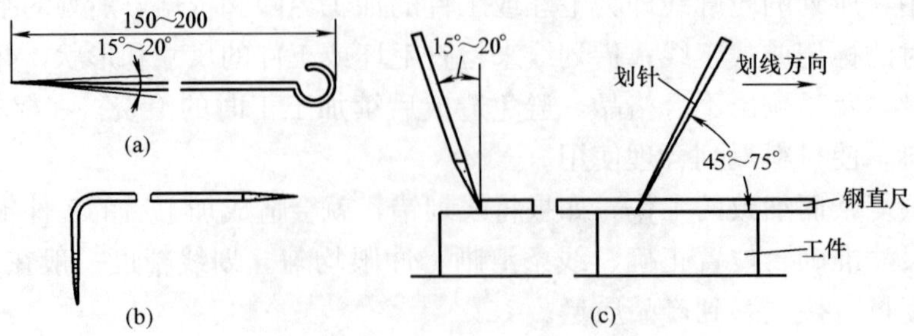

图 2-5 划针的种类及使用方法

（a）直划针；（b）弯头划针；（c）用划针划线的方法

在圆弧线中冲一样冲眼。

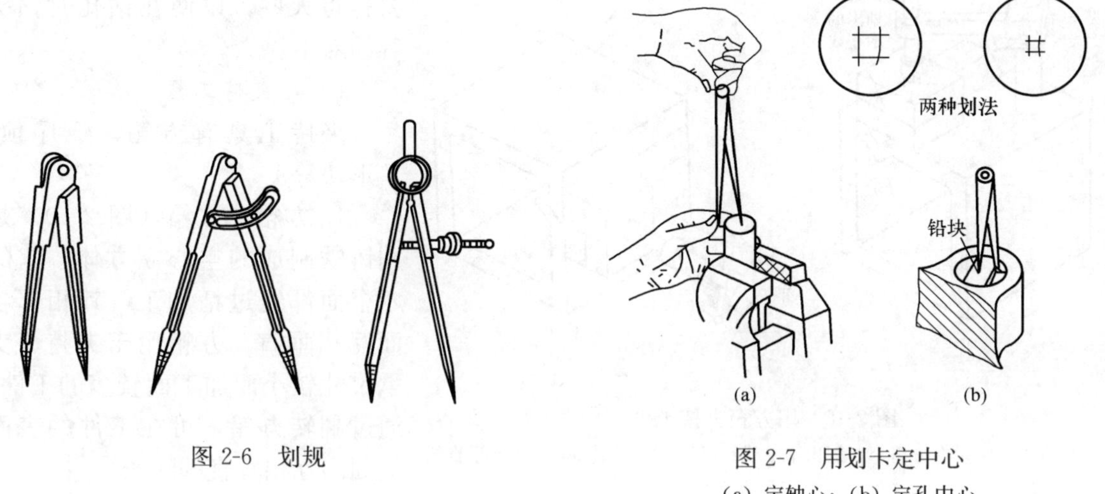


图 2-6 划规

图 2-7 用划卡定中心
(a) 定轴心；(b) 定孔中心

4. 划线盘。划线盘（图 2-8）主要用于立体划线和找正工件位置。用划线盘划线时，要注意划针装夹应牢固，伸出长度要短，以免产生抖动。其底座要保持与划线平台贴紧，不要摇晃和跳动。

5. 样冲。样冲（图 2-9）是在划好的线上冲眼时使用的工具。冲眼是为了强化显示用划针划出的加工界线，也是使划出的线条具有永久性的位置标记，另外，它还可以用来划圆弧作定心脚点使用。样冲用工具钢制成，尖端处磨成 45°～60°角并经淬火硬化。

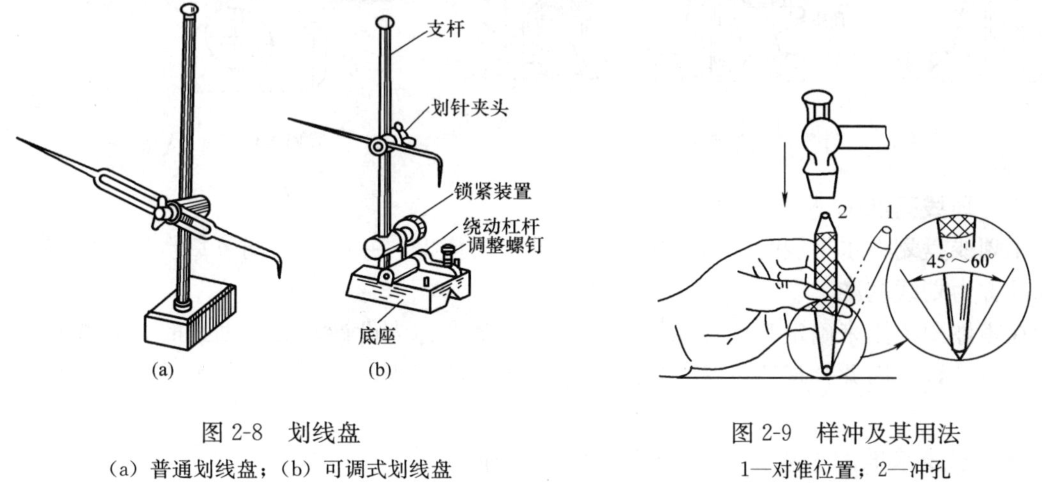


图 2-8 划线盘
(a) 普通划线盘；(b) 可调式划线盘

图 2-9 样冲及其用法
1—对准位置；2—冲孔

冲眼时要注意以下几点：

(1) 冲眼位置要准确，冲心不能偏离线条。

(2) 冲眼间的距离要由划线的形状和长短来定，直线上可稀疏些，曲线上则稍稠密些，转折交叉点需冲眼。

(3) 冲眼大小要根据工件材料和表面情况而定，薄的可浅些，粗糙的应深些，软的应轻些，而精加工表面禁止冲眼。

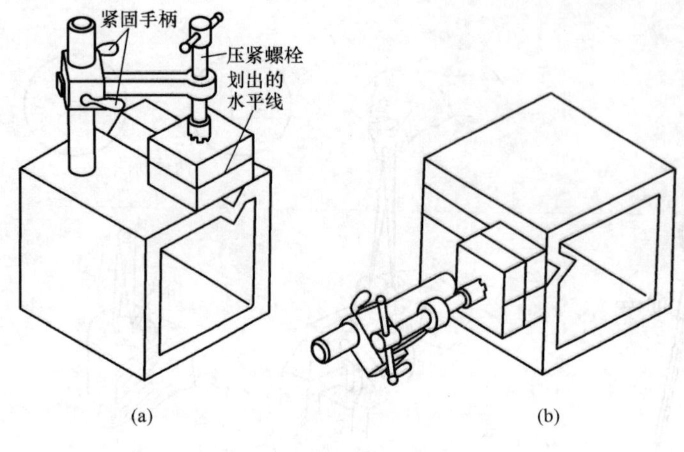


图 2-10 用方箱夹持工件

(a) 将工件压紧在方箱上，划出水平线；(b) 方箱翻转 90°，划出垂直线

(4) 圆中心处的冲眼，最好要打得大些，以便在钻孔时钻头容易对中。

（四）夹持工具

夹持工具有方箱、千斤顶、V 形块等。

1. 方箱。方箱（图 2-10）是用铸铁制成的空心立方体，它的六个面都经过精加工，其相邻各面互相垂直。方箱用于夹持、支承尺寸较小而加工面较多的工件。通过翻转方箱，可在工件的表面上划出互相垂直的线条。

2. 千斤顶。千斤顶（图 2-11）是在平板上作支承工件划线使用的工具，其高度可以调整，通常用三个千斤顶组成一组，用于不规则或较大工件的划线找正。

3. V 形块。V 形块（图 2-12）用于支承圆柱形工件，使工件轴心线与平台平面（划线基面）平行，一般两个 V 形块为一组。

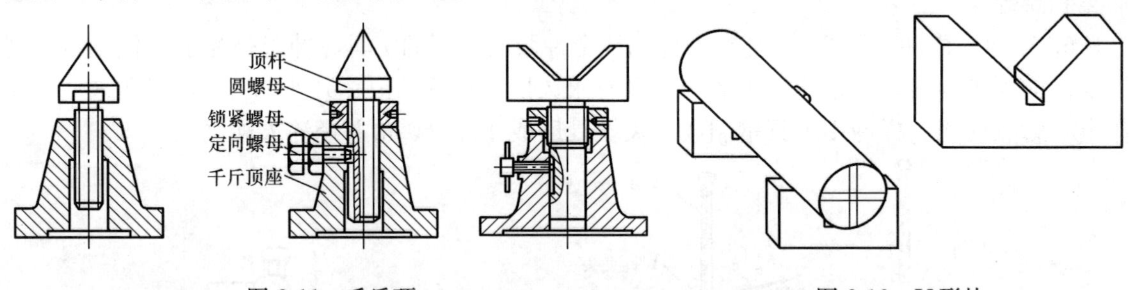


图 2-11 千斤顶

图 2-12 V 形块

## 二、划线基准

用划线盘划各水平线时，应选定某一基准作为依据，并以此来调节每次划线的高度，这个基准称为划线基准。

在零件图上用来确定其他点、线、面位置的基准称为设计基准，划线时，划线基准与设计基准应一致，因此合理选择基准可提高划线质量和划线速度，并避免由于失误引起的划线错误。

选择划线基准的原则：一般选择重要孔的轴线为划线基准［图 2-13 (a)］，若工件上个别平面已加工过，则应以加工过的平面为划线基准［图 2-13 (b)］。

常见的划线基准有三种类型：

1. 以两个互相垂直的平面（或线）为基准［图 2-14 (a)］。

2. 以一个平面与一对称平面（或线）为基准

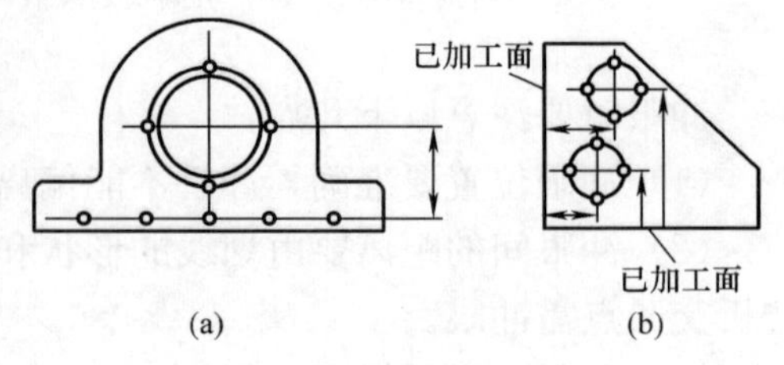


图 2-13 划线基准

(a) 以孔的轴线为基准；(b) 以已加工面为基准

[图 2-14（b）]。

3. 以两互相垂直的中心平面（或线）为基准 [图 2-14（c）]。

### 三、划线方法

划线方法分平面划线和立体划线两种。平面划线是在工件的一个平面上划线 [图 2-15（a）]；立体划线是平面划线的复合，是在工件的几个表面上划线，即在长、宽、高三个方向划线 [图 2-15（b）]。平面划线与平面作图方法类似，即用划针、划规、90°角尺、钢直尺等在工件表面上划出几何图形的线条。

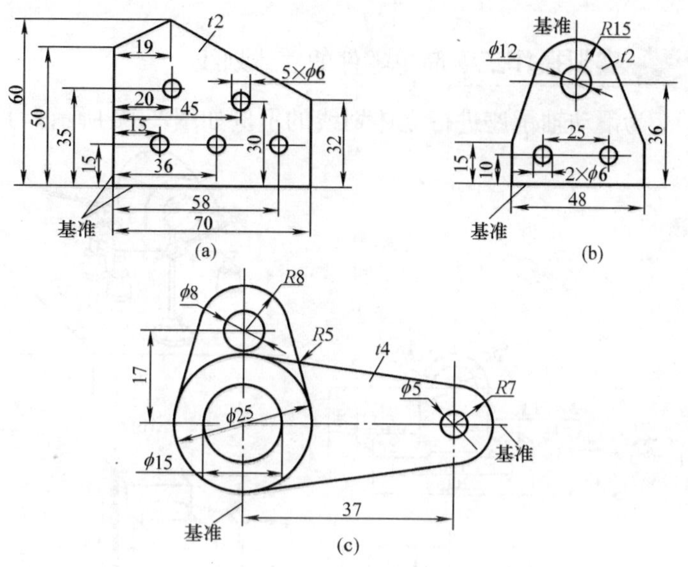


图 2-14　划线基准种类

（a）以两个互相垂直的平面（或线）为基准；（b）以一个平面与一对称平面（或线）为基准；（c）以两互相垂直的中心平面（或线）为基准

平面划线步骤如下：

（1）分析图样，查明要划哪些线，选定划线基准。

（2）划基准线和加工时在机床上安装找正用的辅助线。

（3）划其他直线。

（4）划圆、连接圆弧、斜线等。

（5）检查核对尺寸。

（6）打样冲眼。

立体划线是平面划线的复合运用，它和平面划线有许多相同之处，其不同之处是在两个以上的面上划线，划线基准一经确定，其后的划线步骤与平面划线大致相同。

立体划线的常用方法有两种：一种是工件固定不动，该方法适用于大型工件，其划线精度较高，但生产率较低；另一种是工件翻转移动，该方法适用于中、小件，其划线精度较低，但生产率较高。在实际工作中，特别是中、小件的划线，有时也采用中间方法，即将工件固定在可以翻转的方箱上，这样便可兼得两种划线方法的优点。

**实训操作一**　在钢板上划平面图形（图 2-16）

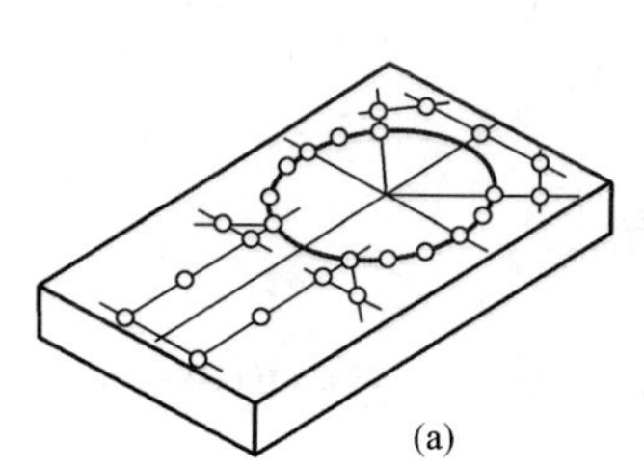

(a)

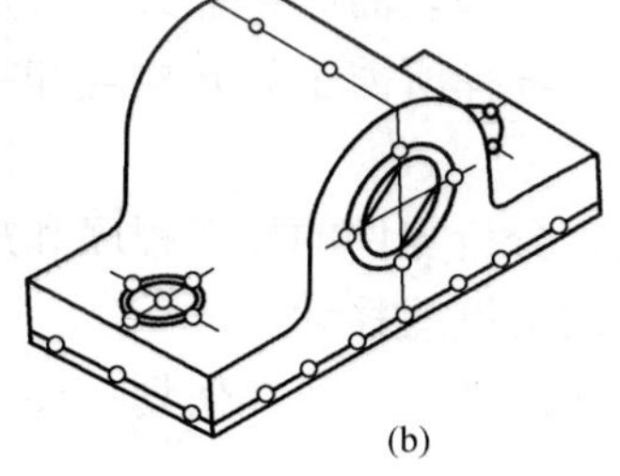

(b)

图 2-15　平面划线和立体划线

（a）平面划线；（b）立体划线

R20
3
17
12
φ10
19.6
12
30
30

图 2-16　平面划线示例

## 实训操作二　简单零件的立体划线

为滑动轴承座进行立体划线的示例如图 2-17 所示，其划线步骤如下：

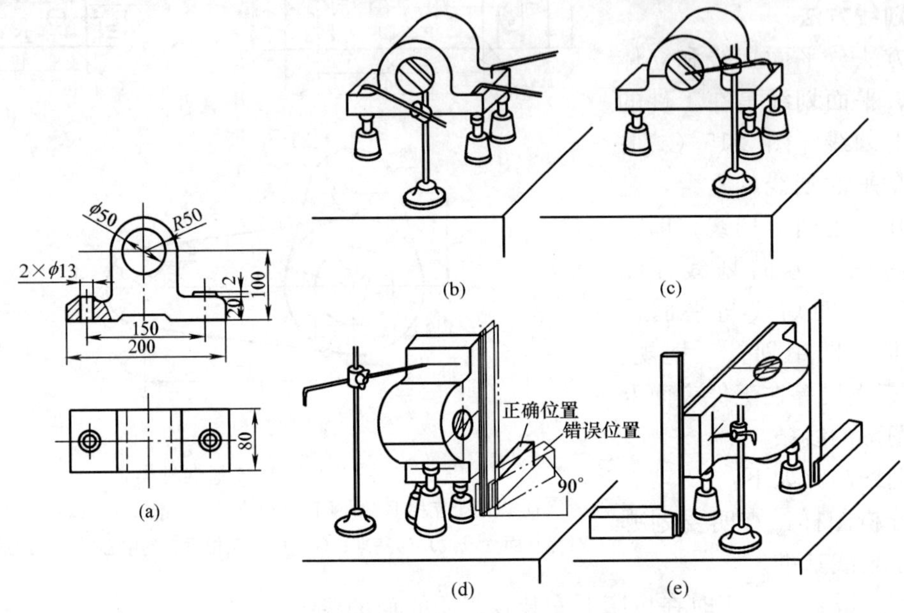


图 2-17　立体划线示例

（a）零件图；（b）找正——根据孔中心及平面，调节千斤顶，使工件水平；（c）划基准线，划水平线；（d）翻转 90°，用 90°角尺找正、划线；（e）翻转 90°，用 90°角尺在两个方向找正、划线

（1）研究图样，确定划线基准。

（2）清理工件表面，给划线部位涂上石灰水，给铸孔堵上木料或铅料塞块。

（3）按图 2-16 所示平面划线示例用千斤顶支承工件后找正［图 2-17（b）］。

（4）划基准线，划水平线［图 2-17（c）］。

（5）翻转工件，找正，划出互相垂直的线［图 2-17（d）、（e）］。

（6）检查划线质量，确认无误后，打上样冲眼，划线结束。

## 操作要点

1. 划线前的准备：

（1）工件准备包括工件的清理、检查和表面涂色，必要时在工件孔中安置中心塞块。

（2）工具的准备按工件图样要求，选择所需工具并检查和校验工具。

2. 操作时应注意的事项：

（1）看懂图样，了解零件的作用，分析零件的加工程序和加工方法。

（2）工件夹持或支承要稳当，以防滑倒或移动。

（3）毛坯划线时，要做好找正工作。第一条线如何划，要从多方面考虑，制定划线方案时要考虑到全局。

（4）在支承好的工件上应将要划出的平行线全部划全，以免再次支承补划造成划线误差。

（5）正确使用划线工具，划出的线条要准确、清晰，关键部位要划辅助线，样冲眼的位置要准确，大小疏密要适当。

(6) 划线时自始至终要认真、仔细，划完后要反复核对尺寸，直到确实无误后才能转入机械加工。

**教师演示**　V形块立体划线（图 2-18）

1. 分析图样所标注的尺寸要求、加工部位，进行工件涂色，并将工件编号（图 2-19）。

2. 第一次划线（图 2-20）。

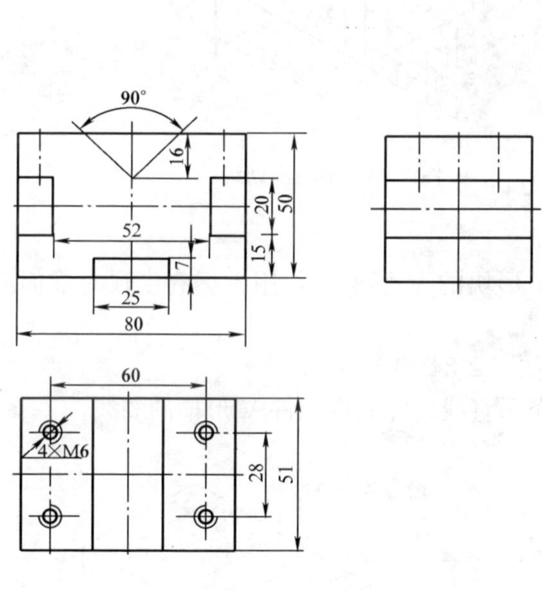


图 2-18　V形架

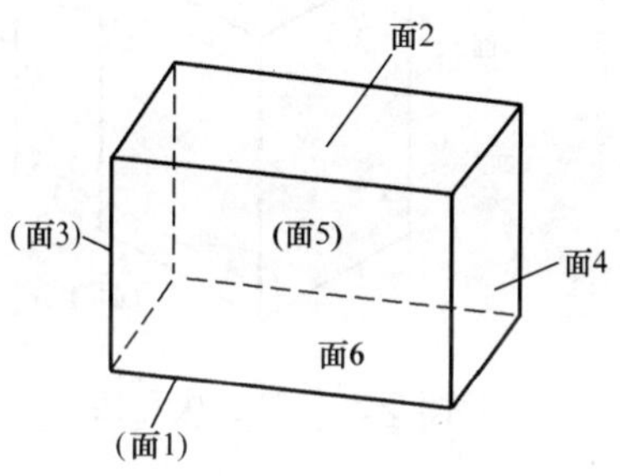


图 2-19　工件编号示意图

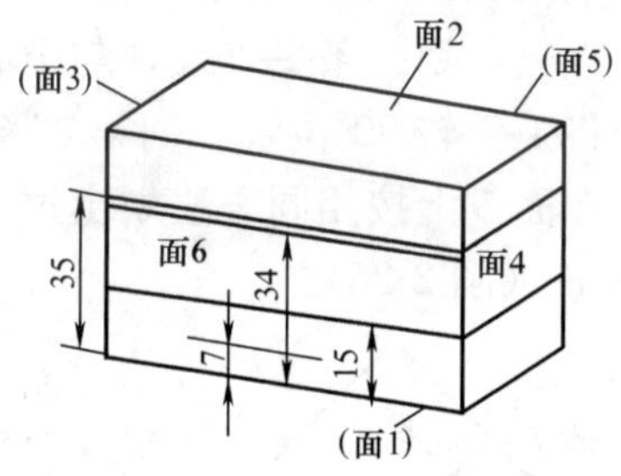


图 2-20　第一次划线

(1) 将面 1 平放在划线平板上，在面 5 和面 6 上依次划 7mm、34mm 尺寸线。

(2) 在面 3、面 5、面 4 和面 6 上依次划 15mm 和 35mm 尺寸线。

3. 第二次划线（图 2-21）。

(1) 将面 3 平放在平板上，在面 6 和面 5 上划 40mm 尺寸中心线，产生交点 *A*（面 6）与 *A′*点（面 5），完成 16mm 尺寸线；再划 14mm、66mm 尺寸线，产生交点 *B*、*C*、*D*、*E* 点（面 6）和 *B′*、*C′*、*D′*、*E′*点（面 5），完成槽两侧 20mm 的尺寸线。

(2) 在面 1、面 6 和面 5 上划 27.5mm 和 52.5mm 尺寸线，产生交点 *F*、*G* 点（面 6）与 *F′*、*G′*点（面 5），完成底槽 25mm×7mm 尺寸线。

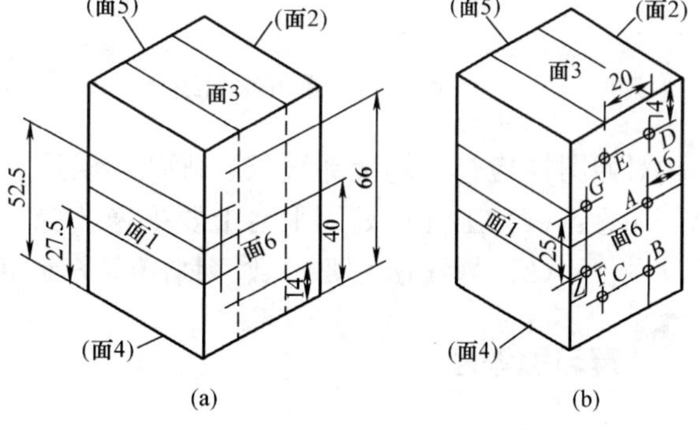


图 2-21　第二次划线

(a) 划水平线；(b) 划垂直线

4. 第三次划线（图 2-22）。将面 3 放在平板上，用游标高度尺在面 2 上依次划 10mm 和 70mm 尺寸线。

5. 第四次划线（图 2-23）。将面 6 放在平板上，用游标高度尺在面 2 上依次划 11.5mm、25.5mm 和 39.5mm 尺寸线分别相交于 $a$、$b$、$c$、$d$，完成攻螺纹孔位加工线。

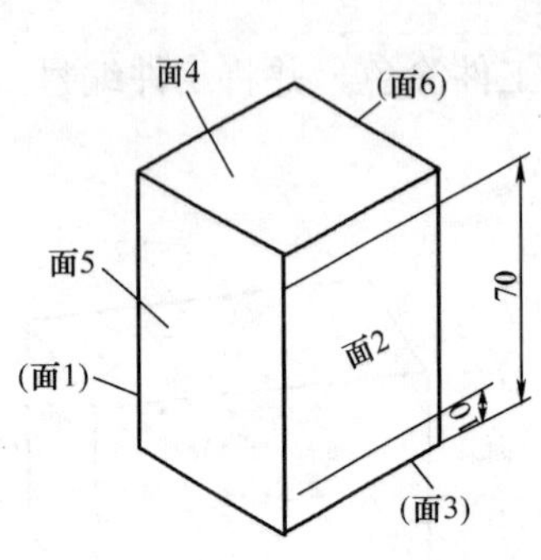


图 2-22 第三次划线

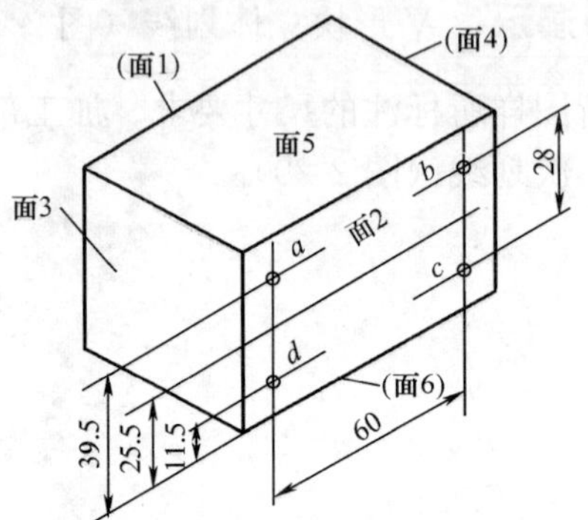


图 2-23 第四次划线

6. 第五次划线，即 90°V 形槽划线。

(1) 如图 2-24 (a) 所示，将工件放入 90°V 形块的 V 形槽内，用游标高度尺对准面 6 上的中心点 $A$，划一条平直线，与中心线成 45°角。

(2) 将工件转 90°位置，划第二条平直线，如图 2-24 (b) 所示。

(3) 在面 5 上按相同方法划出过 $A'$点的两条平直线，即完成工件 V 形槽的划线。

7. 复查（图 2-25）。

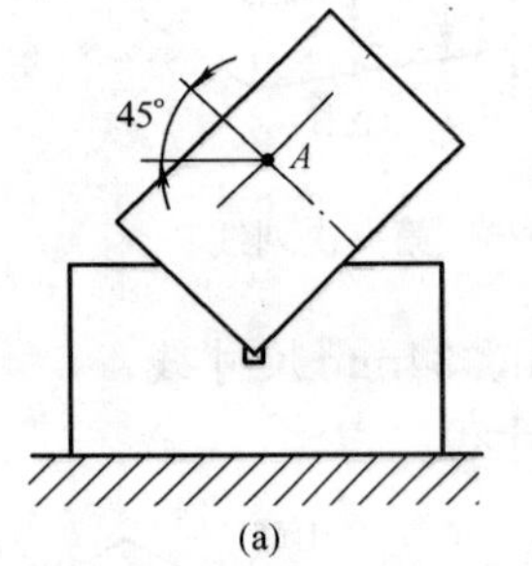


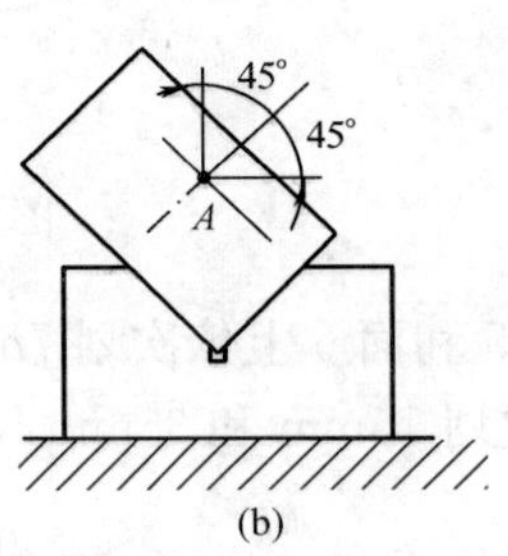


图 2-24 第五次划线

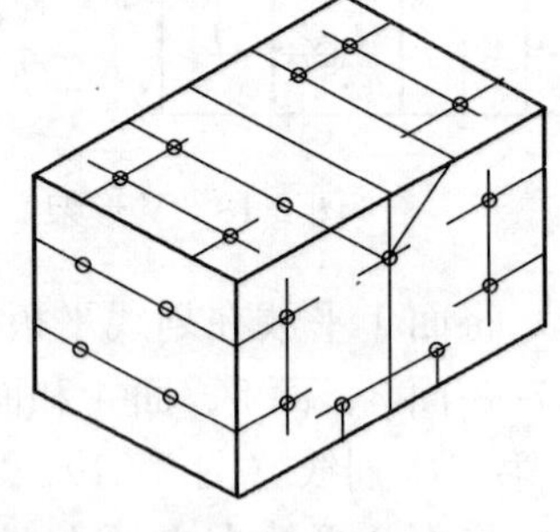

图 2-25 复查

对照图样检查已划全部线条，确认无误后，在所划线条上打样冲眼。

注意：(1) 工件在划线平台上要平稳放置。

(2) 划线压力要一致，划出线条细而清晰，避免划重线。

## 复习思考题

1. 划线的作用是什么？
2. 什么是划线基准？如何选择划线基准？
3. 划线工具有几类？如何正确使用？
4. 为什么划线后要打样冲眼？打样冲眼的一般规则是什么？

# 项目三 锯 削

## 基本知识

锯削是用手锯对工件或材料进行分割的一种切削加工。锯削的工作范围包括：分割各种材料或半成品［图 2-26（a）］；锯掉工件上多余部分［图 2-26（b）］；在工件上锯槽［图2-26（c）］。

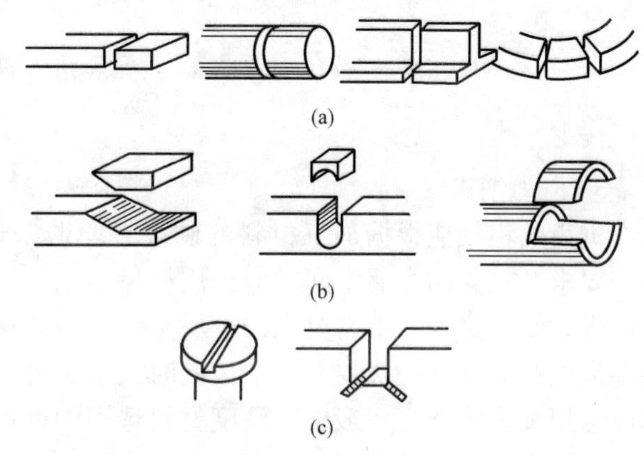

图 2-26 锯削实例

（a）分割材料；（b）锯掉多余部分（中间图是先钻孔后锯）；（c）锯槽

虽然当前各种自动化、机械化的切割设备已被广泛采用，但是手锯切削还是比较常见，这是因为它具有方便、简单和灵活的特点，不需任何辅助设备，不消耗动力。在单件小批量生产时，在临时工地以及在切削异形工件、开槽、修整等场合应用很广，因此，手工锯削也是钳工需要掌握的基本功之一。

### 一、手锯

手锯包括锯弓和锯条两部分。

#### （一）锯弓

锯弓分固定式和可调节式两种。

固定式锯弓的弓架是整体的，只能装一种长度规格的锯条［图 2-27（a）］；可调式锯弓的弓架分成前后两段，前段在后段套内可以伸缩，可以安装几种长度规格的锯条［图 2-27（b）］。

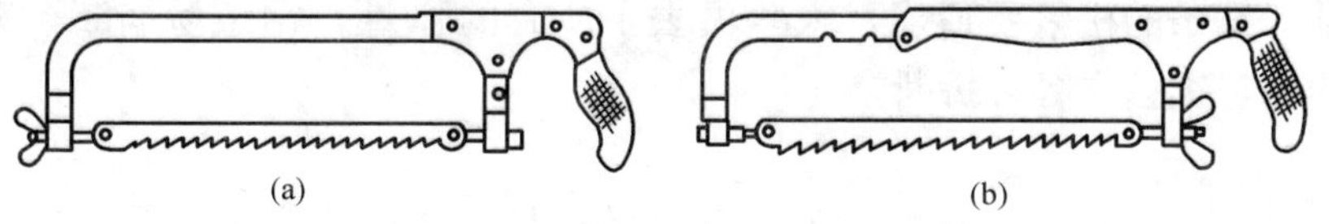

图 2-27 锯弓的构造

（a）固定式；（b）可调式

#### （二）锯条

锯条用工具钢制成，并经热处理淬硬。锯条规格以锯条两端安装孔间的距离表示，常用的手工锯条长 300mm、宽 12mm、厚 0.8mm。锯条的切削部分是由许多锯齿组成的，每一个齿相当于一把錾子，起切削作用。常用的锯条后角 $\alpha$ 为 40°～45°、楔角 $\beta$ 为 45°～50°、前角 $\gamma$ 约为 0°（图 2-28）。

制造锯条时，把锯齿按一定形状左右错开，排列成一定的形状，形成锯路。锯路有交叉、波浪等不同排列形状（图 2-29），其作用是使锯缝宽度大于锯条背部的厚度，其目的是防止锯削时锯条卡在锯缝中，同时减少锯条与锯缝的摩擦阻力，并使排屑顺利，锯削省力，提高工作效率。

锯齿的粗细是按锯条上每 25mm 长度内的齿数来表示的，14～18 齿为粗齿，24 齿为中

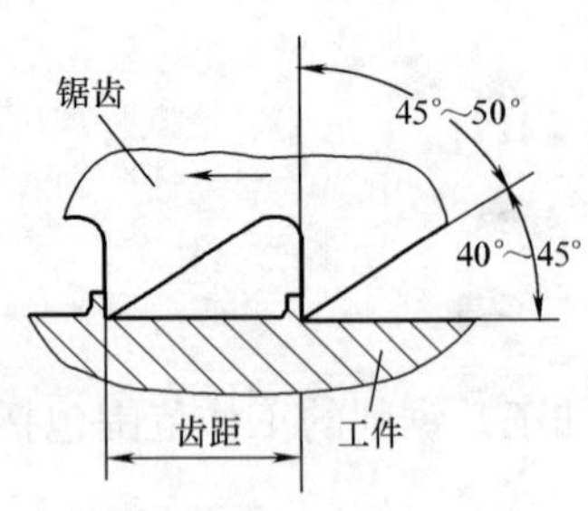


图 2-28 锯齿的形状

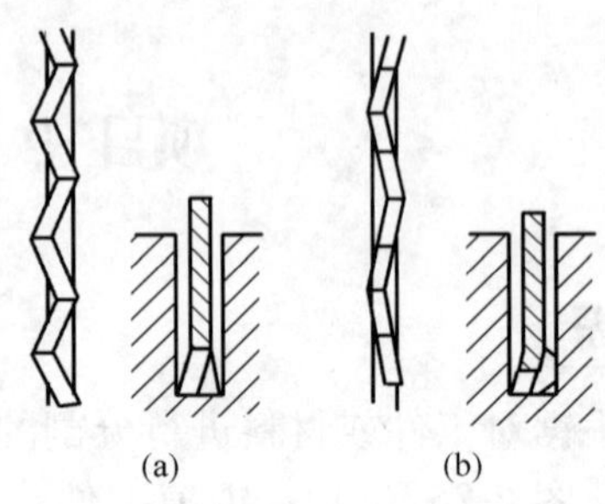


图 2-29 锯齿的排列形状（锯路）
（a）交叉排列；（b）波浪排列

齿，32 齿为细齿。

锯齿的粗细应根据加工材料的硬度、厚薄来选择。锯削软材料或厚材料时，因锯屑较多，要求有较大的容屑空间，应选用粗齿锯条。锯削硬材料或薄材料时，因材料硬，锯齿不易切入，锯屑量少，不需要大的容屑空间，而薄材料在锯削中锯齿易被工件勾住而崩裂，需要多齿同时工作（一般要有三个齿同时接触工件），使锯齿承受的力量减少，所以这两种情况应选用细齿锯条。一般中等硬度材料选用中齿锯条。

## 二、锯削操作

### （一）工件的夹持

工件尽可能夹持在台虎钳的左面，以便操作；锯削线应与钳口垂直，以防锯斜；锯削线离钳口不应太远，以防锯削时产生颤抖。工件夹持应稳当、牢固，不可有抖动，以防锯削时工件移动而使锯条折断，同时也要防止夹坏已加工表面和夹紧力过大使工件变形。

### （二）锯条的安装

手锯是在向前推时进行切削的，在向后返回时不起切削作用，因此安装锯条时要保证齿尖的方向朝前。锯条的松紧要适当，太紧失去了应有的弹性，锯条易崩断，太松会使锯条扭曲，锯缝歪斜，锯条也容易折断。

### （三）起锯

起锯（图 2-30）是锯削工作的开始，起锯的好坏直接影响锯削质量，起锯的方式有远

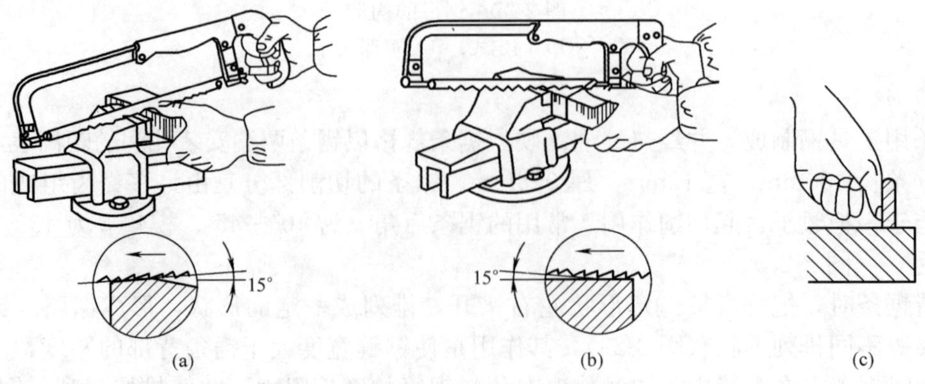


图 2-30 起锯方法
（a）远边起锯（俯倾 15°）；（b）近边起锯（仰倾 15°）；（c）用拇指引导起锯

边起锯和近边起锯两种。

一般情况下采用远边起锯［图 2-30（a）］，因为此时锯齿是逐步切入材料的，不易被卡住，起锯比较方便。如果采用近边起锯［图 2-30（b）］，掌握不好时，锯齿由于突然锯入且较深，容易被工件棱边卡住，甚至崩断锯条或崩坏锯齿。

无论采用哪一种起锯方法，起锯角以 15°为宜，如起锯角 $\alpha$ 太大，则锯齿易被工件棱边卡住，起锯角太小，则不易切入材料，锯条还可能打滑，把工件表面锯坏（图 2-31）。为了使起锯的位置准确和平稳，可用左手大拇指挡住锯条来定位［图 2-30（c）］，而起锯时压力要小，往返行程要短，速度要慢，这样可使起锯平稳。

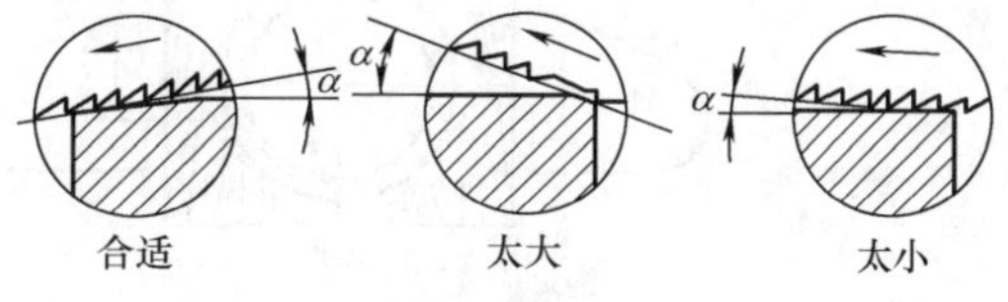


图 2-31 起锯角大小

（四）锯削的姿势

锯削时的站立姿势如图 2-32（a）所示，左腿跨前半步，两腿自然站立，人体重量均分在两腿上，右手握稳锯柄，左手扶在锯弓前端，锯削时推力和压力主要由右手控制［图2-32（b）］。

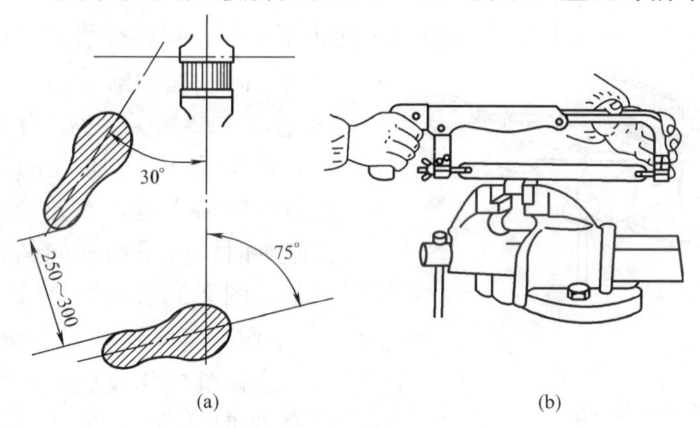


图 2-32 锯削姿势

（a）锯削时的站立姿势；（b）手锯的握法

推锯时，锯弓运动方式有两种，速度约为 40 次/min。

1. 直线式。适用于锯缝底面要求平直的槽、薄壁工件或有锯削尺寸要求工件的锯削。

2. 摆动式。锯削时，身体与锯弓作协调性的上下小幅摆动，即当手锯推进时，身体略向前倾，双手随着压向手锯的同时，左手上翘，右手下托；回程时右手上抬，左手自然跟回。这样操作自然，两手不易疲劳。手锯在回程中因不进行切削，故不要施加压力，以免锯齿磨损。

在锯削过程中锯齿崩落后，应将邻近几个齿都磨成圆弧（图 2-33），才可继续使用，否则会连续崩齿直至锯条报废。

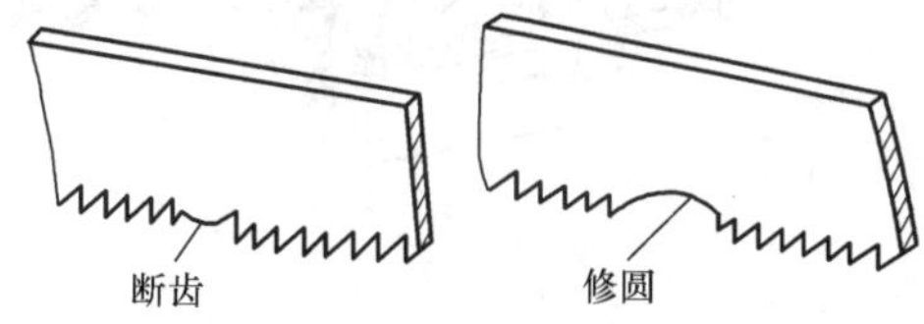


图 2-33 崩齿修磨

## 三、锯削操作示例

（一）棒料锯削

锯削断面要求平整的，应从起锯开始连续锯到结束。若锯削断面要求不高时，可将棒料转过一定角度再锯，这样由于锯削面变小而容易锯入，可提高工作效率。

（二）圆管锯削

锯薄壁管子时应用 V 形木垫夹挂，以防夹扁和夹坏管表面［图 2-34（a）］。

锯削时不能从一个方向锯到底［图 2-34（c）］，其原因是锯齿锯穿管子内壁后，锯齿即在薄壁上切削，受力集中，很容易被管壁勾住而折断。正确方法是：多次变换方向锯削，每一个方向只能锯到管子的内壁处，随即把管子转过一个角度，一次一次地变换，逐次锯削直至锯断为止［图 2-34（b）］。

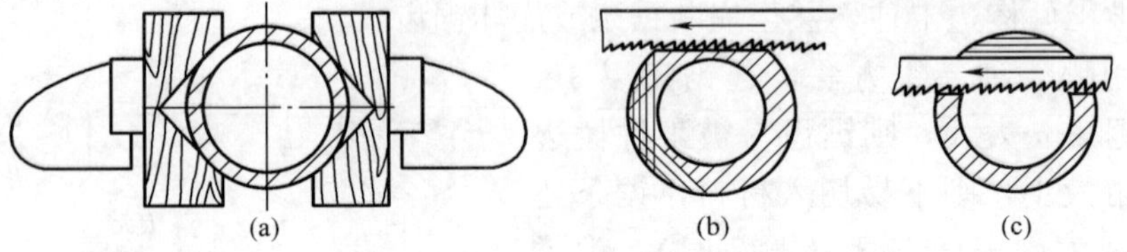


图 2-34 圆管的夹持和锯削

（a）圆管的夹持；（b）转位锯削；（c）不正确的锯削

在变换方向时应使已锯部分向锯条推进方向转动，不要反转，否则锯齿也会被管壁勾住。

（三）薄板锯削

锯削薄板时应尽可能从宽面锯下去，如果只能在板料的窄面锯下去时，可将薄板夹在两木板之间一起锯削［图 2-35（a）］，这样可避免锯齿勾住，同时还可增加板的刚度。当板料太宽，不便台虎钳装夹时，应采用横向斜推锯削［图 2-35（b）］。

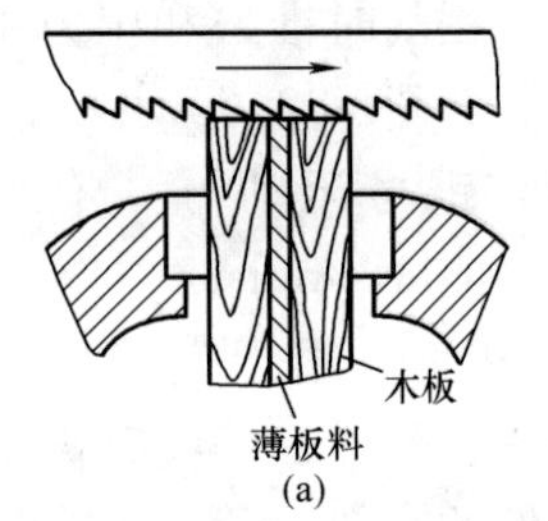


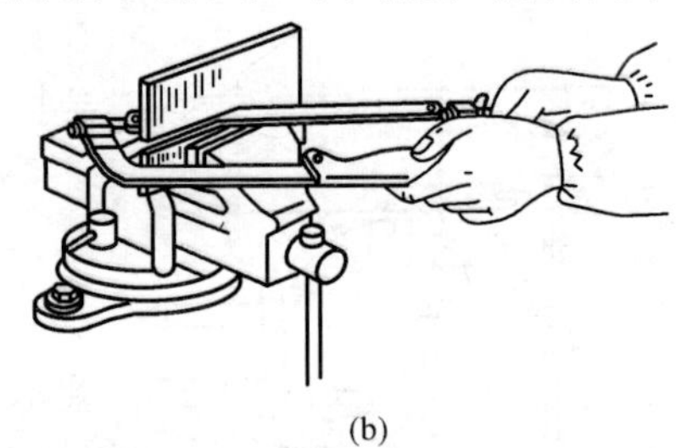


图 2-35 薄板锯削

（a）用木板夹持；（b）横向斜推锯削

（四）深缝锯削

当锯缝的深度超过锯弓的高度时［图 2-36（a）］，应将锯条转过 90°。重新安装，把锯弓转到工件旁边［图 2-36（b）］。锯弓横下来后锯弓的高度仍然不够时，也可按图 2-36（c）所示将锯条转过 180°，把锯条锯齿安装在锯弓内进行锯削。

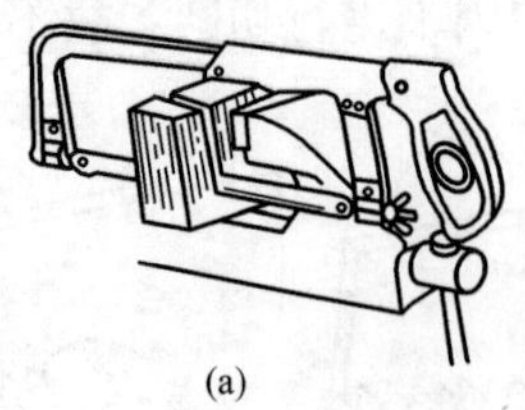


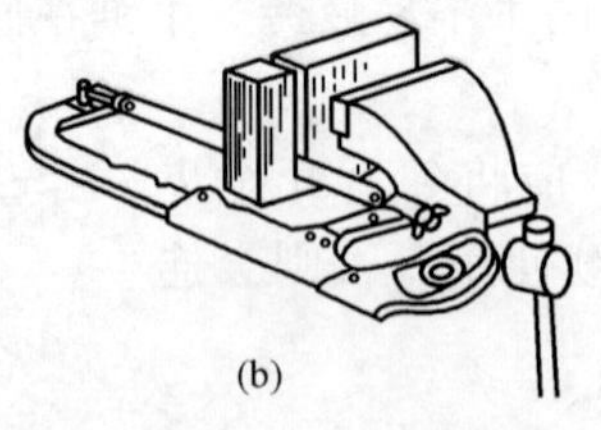


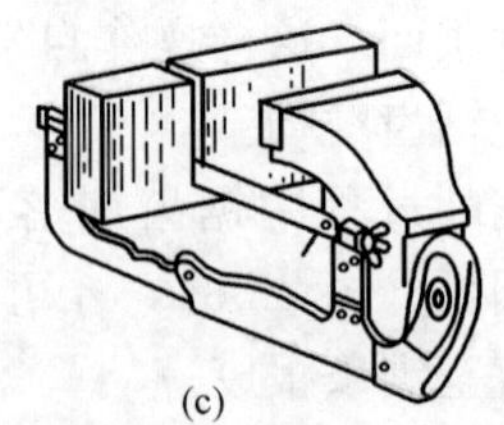


图 2-36 深缝锯削

（a）锯缝深度超过锯弓高度；（b）将锯条转过 90°安装，锯弓与深缝垂直锯削；（c）将锯条转过 180°安装，反向锯削

## 四、问题原因与预防方法

（一）锯条损坏原因及预防办法

锯条损坏形式主要有锯条折断、锯齿崩裂、锯齿过早磨钝，其产生的原因及预防方法见表 2-1。

**表 2-1　　锯条损坏原因及预防方法**

| 锯条损坏形式 | 原　因 | 预 防 方 法 |
| --- | --- | --- |
| 锯条折断 | 1. 锯条装得过紧、过松<br>2. 工件装夹不准确，产生抖动或松动<br>3. 锯缝歪斜，强行纠正<br>4. 压力太大，起锯较猛<br>5. 旧锯缝使用新锯条 | 1. 注意装得松紧适当<br>2. 工件夹牢，锯缝应靠近钳口<br>3. 扶正锯弓，按线锯削<br>4. 压力适当，起锯较慢<br>5. 调换厚度适合的新锯条，调转工件再锯 |
| 锯条崩裂 | 1. 锯条粗细选择不当<br>2. 起锯角度和方向不对<br>3. 突然碰到砂眼、杂质 | 1. 正确选用锯条<br>2. 选用正确的起锯方向及角度<br>3. 碰到砂眼时应减小压力 |
| 锯齿很快磨钝 | 1. 锯削速度太快<br>2. 锯削时未加切削液 | 1. 锯削速度适当减慢<br>2. 可使用切削液 |

（二）锯削质量问题产生的原因和预防方法

锯削时产生废品的种类有：工件尺寸锯小，锯缝歪斜超差，起锯时工件表面拉毛。前两种废品产生的原因主要是锯条安装偏松，工件未夹紧而产生抖动或松动，推锯压力过大，换用新锯条后在旧锯缝中继续锯削；起锯时工件表面拉毛的现象是起锯不当和速度太快造成的。

预防方法：加强责任心，逐步掌握技术要领，提高技术水平。

## 实训操作

用锯弓锯削角铁、圆管、深缝、板料等。

## 操作要点

初学锯削，对锯削速度不易掌握，往往推拉速度过快，这样容易使锯条很快磨钝，一般以 20～40 次/min 为宜。锯削软材料可快些，锯削硬材料应慢些，如果速度过快锯条发热严重，容易磨损，同时，锯硬材料的压力应比锯软材料时大些。锯削行程应保持均匀，回程时因不进行切削，故可稍微提起锯弓，使锯齿在锯削面上轻轻滑过，速度可相对快些。在推锯时应使锯条的全部长度都利用到，若只集中使用局部长度，则锯条的使用寿命将相应缩短，工作效率降低，因此一般往复长度（即投入切削长度）应不少于锯条全长的 2/3。锯条安装松紧要适当，太松易发生扭曲而折断，且锯缝也容易歪斜，而太紧易发生弯曲，容易崩断。装好的锯条应与锯弓保持在同一中心面内，这样容易使锯缝正直。

锯削操作时的注意事项：

1. 锯条要装得松紧适当，锯削时不要突然用力过猛，以防止工作中锯条折断从锯弓上崩出伤人。

2. 工件夹持要牢固，以免工件走动、锯缝歪斜、锯条折断。

3. 要经常注意锯缝的平直情况，如发现歪斜应及时纠正，歪斜过多则纠正困难，使锯削的质量难以保证。

4. 工件将要锯断时施加的压力要小，应避免压力过大使工件突然断开，手向前冲造成事故。一般工件在将锯断时要用左手扶住工件断开部分，以免落下伤脚。

5. 在锯削钢件时，可加些机油，以减少锯条与工件的摩擦，提高锯条的使用寿命。

**复习思考题**

1. 什么叫锯路？它有什么作用？

2. 粗、中、细齿锯条如何区分？怎样正确选用？

3. 有哪几种起锯方式？起锯时应注意哪些问题？

4. 锯齿的前角、楔角、后角约为多少度？锯条反装后，这些角度有何变化？对锯削有何影响？

# 项目四 锉 削

**基本知识**

用锉刀对工件表面进行切削，使它达到零件图所要求的形状、尺寸和表面粗糙度，这种加工方法称为锉削。

锉削加工简便，工作范围广，多用于锯削之后。锉削可对工件上的平面、曲面、内外圆弧、沟槽以及其他复杂表面进行加工，其最高加工精度可达 IT8～IT7 级，表面粗糙度可达 $Ra=0.8\mu m$。锉削可用于成形样板、模具型腔以及部件、机器装配时的工件修整，是钳工主要操作方法之一。

## 一、锉刀

### （一）锉刀的材料与组成

1. 材料。锉刀是锉削的主要工具，常用碳素工具钢 T12、T13 制成，并经热处理淬硬至 62～67HRC。

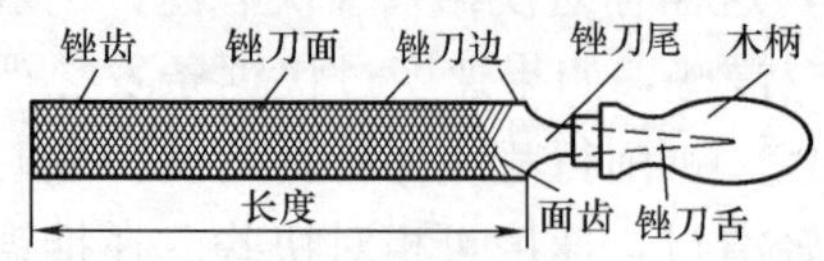


图 2-37 锉刀各部分的名称

2. 组成。锉刀由锉刀面、锉刀边、锉刀舌、锉刀尾、木柄等部分组成，如图 2-37 所示。

### （二）锉刀的种类和选用

1. 锉刀的种类。按用途分类，锉刀可分为钳工锉、整形锉和特种锉三类。

（1）钳工锉（图 2-38）。按其截面形状，可分为平锉、方锉、圆锉、半圆锉和三角锉五种；按其长度可分 100mm、150mm、200mm、250mm、300mm、350mm 及 400mm 七种；按其齿纹可分单齿纹、双齿纹；按其齿纹粗细可分为粗齿、中齿、细齿、粗油光（双细齿）、细油光五种。

（2）整形锉（图 2-39）。主要用于精细加工及修整工件上难以机加工的细小部位，由若干把各种截面形状的锉刀组成一套。

（3）特种锉（图 2-40）。可用于加工零件上的特殊表面，它有直的、弯曲的两种，其截面形状很多。

2. 锉刀的选用。合理选用锉刀对保证加工质量、提高工作效率和延长锉刀寿命有很大的影响。

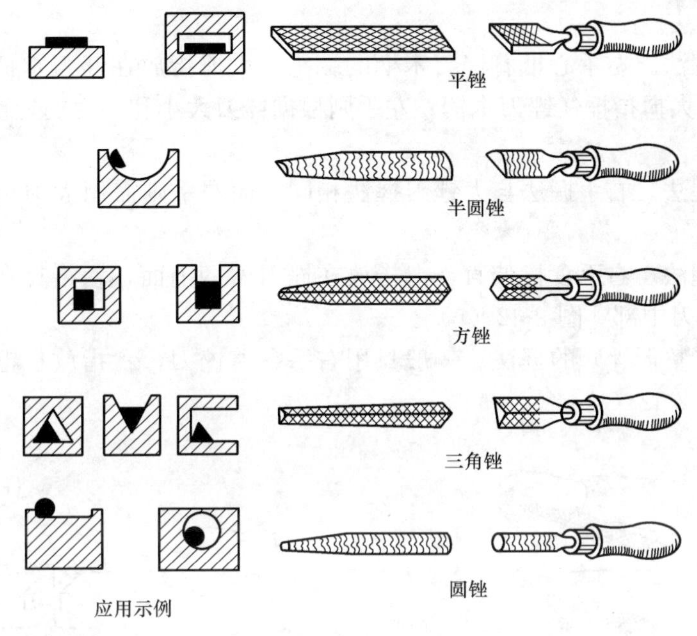


图 2-38　钳工锉

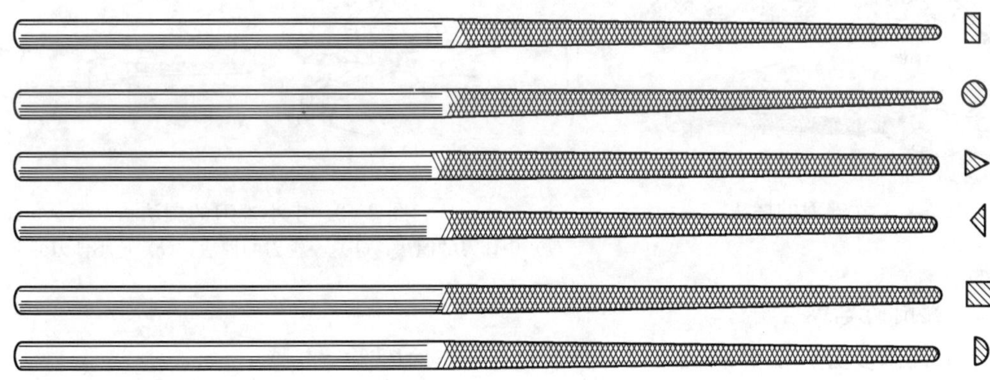

图 2-39　整形锉

锉刀的一般选择原则：根据工件表面形状和加工面的大小选择锉刀的断面形状和规格，根据材料软硬、加工余量、精度和表面粗糙度的要求选择锉刀齿纹的粗细。

粗齿锉刀由于齿距较大、不易堵塞，一般用于锉削铜、铝等软金属及加工余量大、精度低和表面粗糙工件的粗加工；中齿锉刀齿距适中，适于粗锉后的加工；细齿锉刀可用于锉削钢、铸铁（较硬材料）以及加工余量小、精度要求高和表面粗糙度值低的工件；油光锉用于最后修光工件表面。

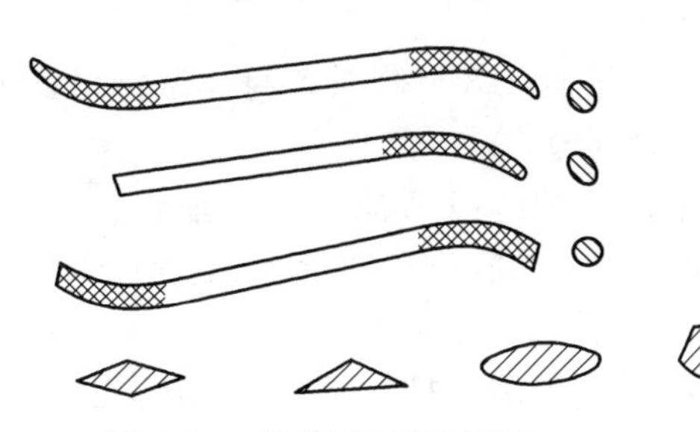

图 2-40　特种锉及截面形状

## 二、锉削操作

### （一）锉刀的握法

正确握持锉刀有助于提高锉削质量，可根据锉刀大小和形状的不同，采用相应的握法。

1. 大锉刀的握法。右手心抵着锉刀木柄的端头，大拇指放在锉刀木柄的上面，其余四指弯在下面，配合大拇指捏住锉刀木柄；左手则根据锉刀大小和用力的轻重，可选择多种姿势（图 2-41）。

2. 中锉刀的握法。右手握法与大锉刀握法相同，而左手则需用大拇指和食指捏住锉刀前端［图 2-42（a）］。

3. 小锉刀的握法。右手食指伸直，拇指放在锉刀木柄上面，食指靠在锉刀的刀边，左手几个手指压在锉刀中部［图 2-42（b）］。

4. 更小锉刀（整形锉）的握法。一般只用右手拿着锉刀，食指放在锉刀上面，拇指放在锉刀的左侧［图 2-42（c）］。

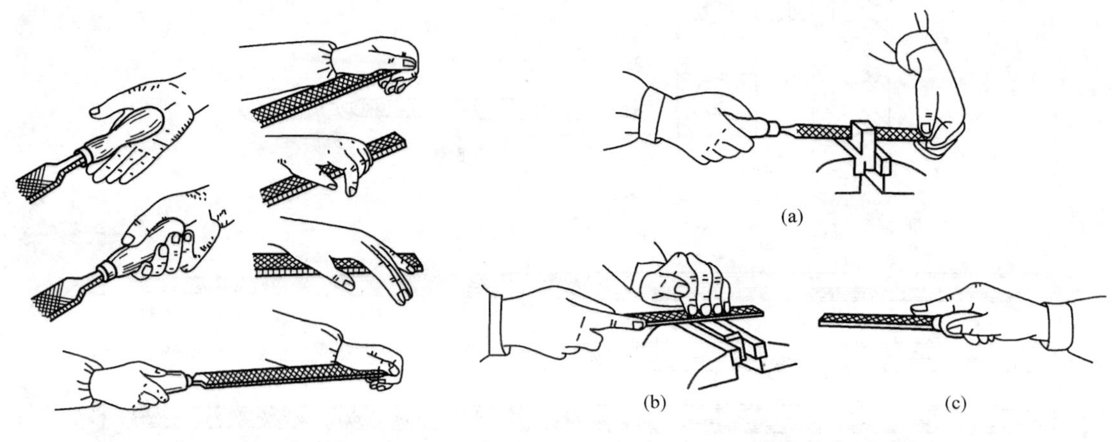

图 2-41 大锉刀的握法

图 2-42 中小锉刀的握法

（a）中锉刀的握法；（b）小锉刀的握法；（c）更小锉刀的握法

（二）锉削的姿势

正确的锉削姿势，能够减轻疲劳，提高锉削质量和效率。

站立时要自然，左腿弯曲，右腿伸直，身体向前倾斜，重心落在左腿上（图 2-43）。锉削时，两脚站稳、不动，靠左膝的屈伸使身体做往复运动，手臂和身体的运动要互相配合，并要使锉刀的全长充分利用。

1. 开始锉削时身体要向前倾斜 10°左右，左肘弯曲，右肘尽量向后收缩［图 2-44（a）］。

2. 锉刀推出 1/3 行程时，身体要向前倾斜 15°左右［图 2-44（b）］，这时左腿稍弯曲，左肘稍直，右臂向前推。

3. 锉刀推到 2/3 行程时，身体逐渐倾斜到 18°左右［图 2-44（c）］。

4. 最后左腿继续弯曲，左肘渐直，右臂向前使锉刀继续推进，直到推尽，身体随着锉刀的反作用方向退回到 15°位置［图 2-44（d）］。

5. 行程结束后，把锉刀稍微抬起退回，使身体与手回复到开始时的姿势，如此反复。

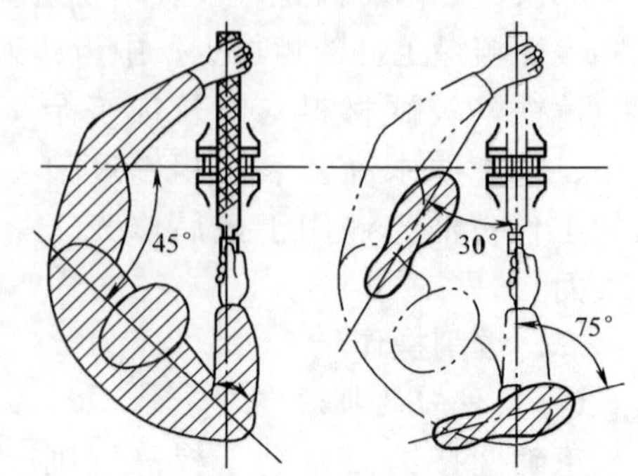


图 2-43 锉削时的站立步位和姿势

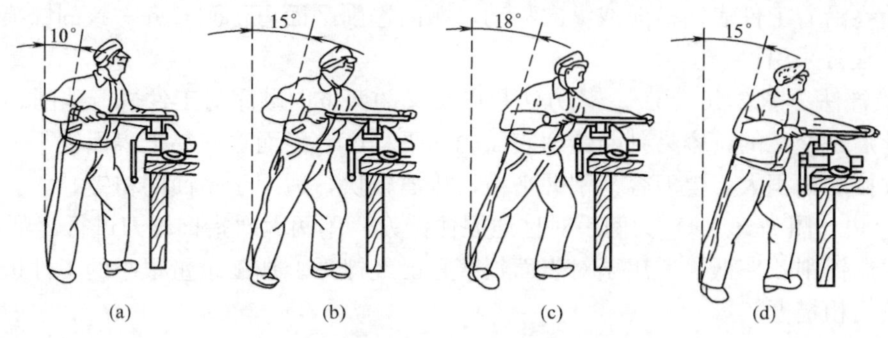


图 2-44 锉削动作

(a) 开始锉削时；(b) 锉刀推出 1/3 行程时；(c) 锉刀推到 2/3 行程时；(d) 锉刀行程推尽时

(三) 锉削力和速度

1. 锉削力的运用。要锉出平直的平面，必须保证锉刀保持平直的锉削运动。

锉削时锉刀的平直运动是完成锉削的关键步骤。锉削的力量有水平推力和垂直压力两种，推力主要由右手控制，其大小必须大于切削阻力才能锉去切屑，压力是由两手控制的，其作用是使锉齿深入金属表面。

由于锉刀两端伸出工件的长度随时都在变化，因此两手压力大小也必须随之变化，即两手压力对工件中心的力矩应相等，这是保证锉刀平直运动的关键。保证锉刀平直运动的方法是：随着锉刀的推进，左手压力应由大而逐渐减小，右手的压力则由小而逐渐增大，到中间时两手压力相等；回程时不加压力，以减少锉齿的磨损（图 2-45）。

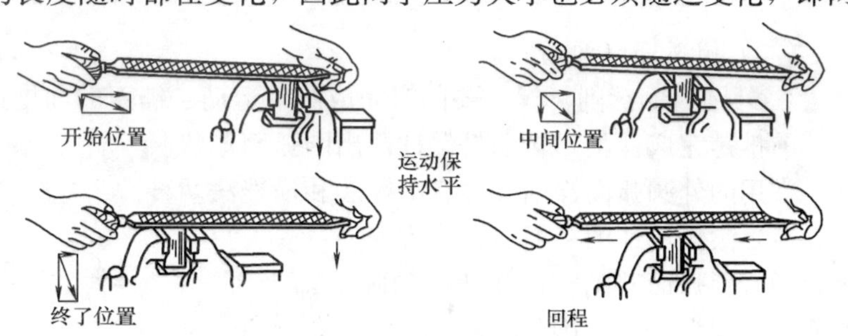


图 2-45 锉削平面时双手施力的变化

只有掌握了锉削平面的技术要领，才能使锉刀在工件的任意位置时，锉刀两端压力对工件中心的力矩保持平衡，否则，锉刀就不会平衡，工件中间将会产生凸面或鼓形面。

锉削时，因为锉齿存屑空间有限，对锉刀的总压力不能太大。压力太大只能使锉刀磨损加快，但压力也不能过小，压力过小锉刀打滑，则达不到切削目的，一般来说在锉刀向前推进时手上有一种韧性感觉即为适宜。

2. 锉削速度。一般 30～60 次/min，推出时稍慢，回程时稍快，动作要自然协调。太快，操作者容易疲劳且锉齿易磨钝；太慢，切削效率低。

## 三、锉削方法

### (一) 平面锉削

平面锉削是最基本的锉削，常用的方法有三种：

1. 顺向锉法［图 2-46 (a)］。这是最普遍的锉削方法，面积不大的平面和最后锉光大都采用这种方法。这种方法适用于工件锉光、锉平或锉顺锉纹。

锉刀始终沿着工件表面横向或纵向移动，顺向锉削平面可得到整齐一致的锉痕，比较美观，精锉时常常采用。

2. 交叉锉法［图 2-46（b）］。该方法是以交叉的两方向顺序对工件进行锉削。

由于锉痕是交叉的，容易判断锉削表面的不平程度，因而也容易把表面锉平。交叉锉法锉刀与工件接触面积大，锉刀容易掌握平稳，排屑较快，适用于平面的粗锉。

3. 推锉法［图 2-46（c）］。两手对称地握住锉刀，用两大拇指推锉刀进行锉削。

这种方法锉削效率低，适用于对表面较窄且已经锉平、加工余量很小的工件进行修正尺寸和减小表面粗糙度。

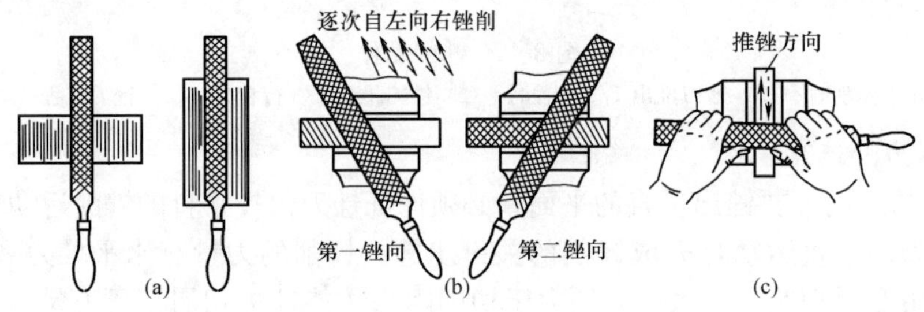


图 2-46 平面锉削

（a）顺向锉法；（b）交叉锉法；（c）推锉法

（二）圆弧面（曲面）的锉削

1. 外圆弧面锉削。锉刀要同时完成两个运动：锉刀的前推运动和绕圆弧面中心的转动。前推是完成锉削，转动是保证锉出圆弧面形状。

常用的外圆弧面锉削方法有滚锉法和横锉法两种。

（1）滚锉法［图 2-47（a）］是使锉刀顺着圆弧面锉削。这样锉出的圆弧面光洁圆滑，但锉削效率不高，用于精锉外圆弧面。

（2）横锉法［图 2-47（b）］是使锉刀对着圆弧面沿图示方向直线推进，能较好地锉成接近圆弧但多棱的形状，最后需精锉修光。用于粗锉外圆弧面或不能用滚锉法加工的情况。

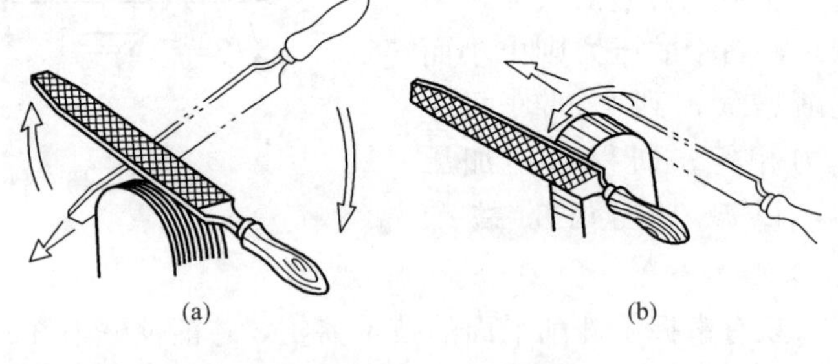


图 2-47 外圆弧面锉削

（a）滚锉法；（b）横锉法

2. 内圆弧面锉削（图 2-48）。采用圆锉、半圆锉。

锉削时锉刀要同时完成三个运动：锉刀的前推运动、锉刀顺着圆弧面的左右移动和绕锉刀中心线的转动，缺少任一项运动都将锉不好内圆弧面。

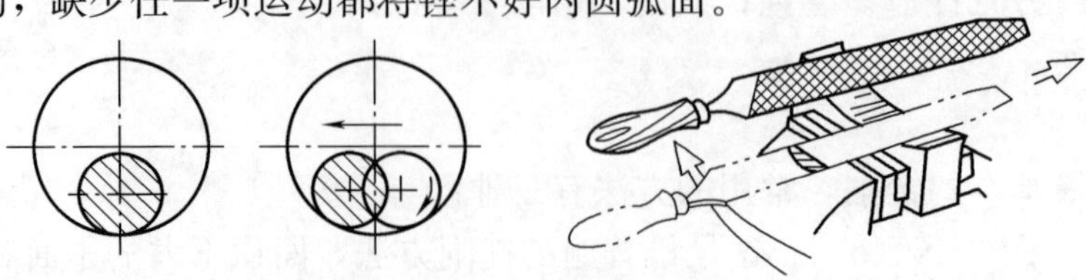

图 2-48 内圆弧面锉削

（三）通孔的锉削

根据通孔的形状、工件材料、加工余量、加工精度和表面粗糙度来选择所需的锉刀进行通孔的锉削，通孔的锉削方法如图 2-49 所示。

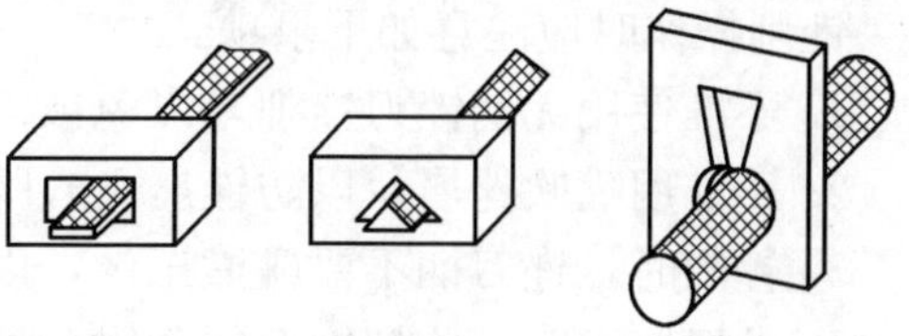

图 2-49 通孔锉削

## 四、锉削质量与质量检查

（一）锉削质量问题与造成原因

1. 平面出现凸起、塌边和塌角。原因：操作不熟练，锉削力运用不当或锉刀选用不当。

2. 形状、尺寸不准确。原因：划线错误或锉削过程中没有及时检查工件尺寸。

3. 表面较粗糙。原因：锉刀粗细选择不当或锉屑卡在锉齿间。

4. 锉掉了不该锉的部分。原因：锉削时锉刀打滑，或者是没有注意带锉齿工作边和不带锉齿的光边。

5. 工件夹坏。原因：工件在台虎钳上装夹不当。

（二）锉削质量检查

1. 检查直线度。用钢直尺和 90°角尺采用透光法来检查工件的直线度［图 2-50（a）］。

2. 检查垂直度。用 90°角尺采用透光法检查，其方法是：先选择基准面，然后对其他各面进行检查［图 2-50（b）］。

3. 检查尺寸。检查尺寸是指用游标卡尺在工件全长不同的位置上进行数次测量。

4. 检查表面粗糙度。检查表面粗糙度一般用眼睛观察即可，若要求准确，可用表面粗糙度样板对照进行检查。

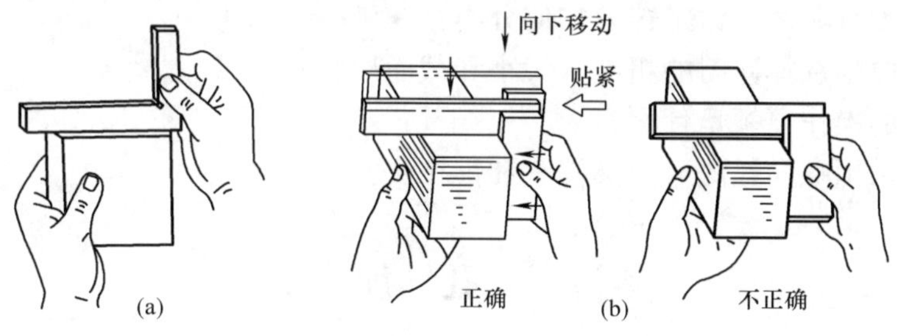


图 2-50 用 90°角尺检查直线度和垂直度

（a）检查直线度；（b）检查垂直度

## 实训操作

1. 练习平面锉削。
2. 练习圆弧面锉削。
3. 练习通孔锉削。

## 操作要点

操作时要把注意力集中在以下两方面：一是操作姿势、动作要正确；二是两手用力的方向、大小变化要正确、熟练。在操作时还要经常检查加工面的平面度和直线度情况，并以此来判断和改进锉削时的施力变化，逐步掌握平面锉削的技能。

锉削操作时应注意如下事项：

1. 不准使用无柄锉刀锉削，以免被锉舌戳伤手。

2. 不准用嘴吹锉屑，以防锉屑飞入眼中。

3. 锉削时，锉刀柄不要碰撞工件，以免锉刀柄脱落伤人。

4. 放置锉刀时不要把锉刀伸到钳台外面，以防锉刀掉落砸伤操作者。

5. 锉削时不可用手摸被锉过的工件表面，因手有油污会使再次锉削时锉刀打滑而造成事故。

6. 锉刀齿面塞积切屑后，应使用钢丝刷顺着锉纹方向刷去锉屑。

**教师演示**　锉削六角体（图 2-51）

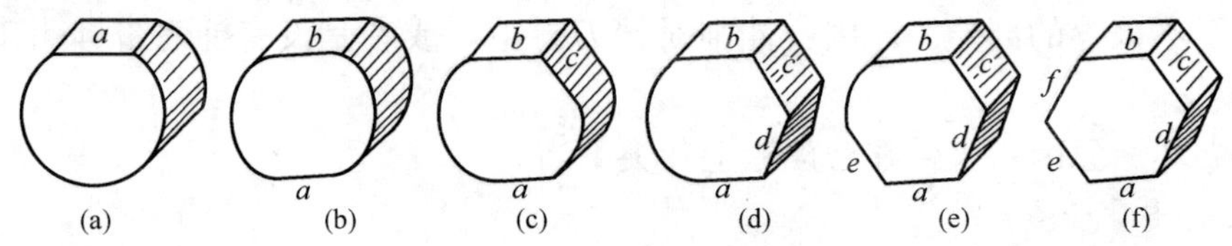


图 2-51　六角体锉削加工步骤

（a）锉削基准面 $a$；（b）锉削基准面的对面 $b$；（c）锉削 $c$ 面；（d）锉削 $d$ 面；（e）锉削 $e$ 面；（f）锉削 $f$ 面

**复习思考题**

1. 什么叫锉削？其加工范围包括哪些？

2. 锉刀的种类有哪些？钳工锉刀如何分类？

3. 根据什么原则选择锉刀的粗细、大小和截面形状？

4. 锉平工件的操作要领是什么？

5. 怎样正确采用顺向锉法、交叉锉法和推拉法？

# 项目五　孔　加　工

**基本知识**

各种零件上的孔加工，除去一部分由车、镗、铣等机床完成外，很大一部分是由钳工利用各种钻床和钻孔工具完成的。钳工加工孔的方法一般是指钻孔、扩孔和铰孔（扩孔、铰孔的内容本教材不予详述）。

## 一、钻孔

用钻头在实心工件上加工孔叫钻孔，钻孔的加工精度一般在 IT10 级以下，属于粗加工，钻孔的表面粗糙度为 $Ra=12.5\mu m$ 左右。

一般情况下，孔加工刀具（钻头）应同时完成两个运动（图 2-52）：1 是主运动，即刀具绕轴线的旋转运动（切削运动），2 是进给运动，即刀具沿着轴线方向对着工件的直线运动。

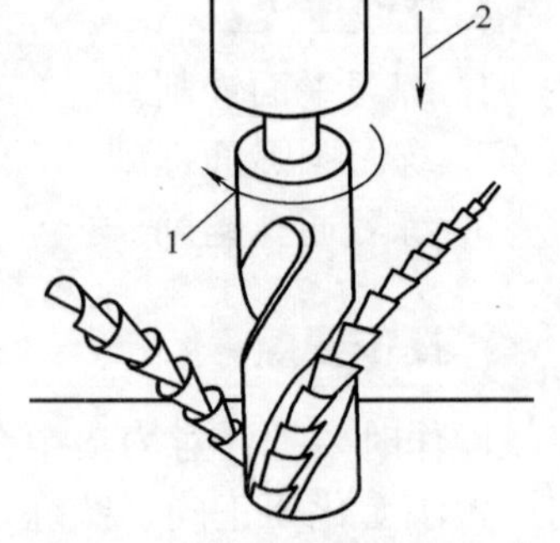


图 2-52　钻孔时钻头的运动

(一) 钻床

常用的钻床有台式钻床、立式钻床和摇臂钻床三种，手电钻也是常用的钻孔工具。

1. 台式钻床（图 2-53）。台式钻床简称台钻，是一种放在工作台上使用的小型钻床。

台钻重量轻，移动方便，转速高（最低转速在 400r/min 以上），适于加工小型零件上直径小于或等于 13mm 的小孔，其主轴进给是手动的。

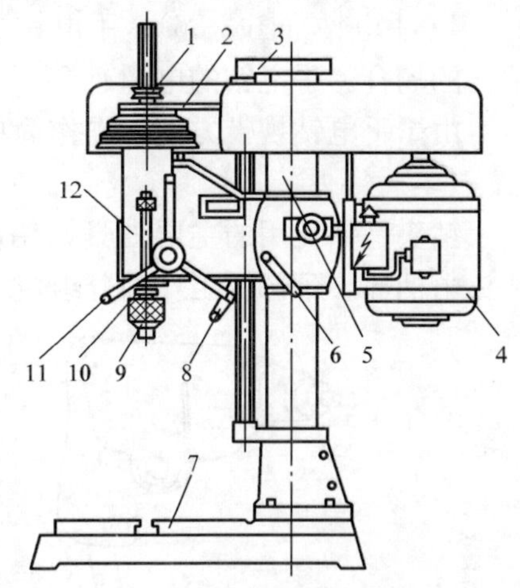

图 2-53 台式钻床

1—塔轮；2—V 带；3—丝杆架；4—电动机；5—立柱；6—锁紧手柄；7—工作台；8—升降手柄；9—钻夹头；10—主轴；11—进给手柄；12—头架

2. 立式钻床（图 2-54）。立式钻床简称立钻，其规格是用最大钻孔直径表示。常用的立钻规格有 25mm、35mm、40mm 和 50mm 四种。

立钻与台钻相比，立钻刚性好，功率大，因而允许采用较高的切削用量，生产效率较高，加工精度也较高。立钻主轴的转速和进给量变化范围大，而且可以自动进给，因此可适应不同的刀具进行钻孔、扩孔、锪孔、铰孔、攻螺纹等多种加工。立钻适用于单件、小批量生产中的中、小型零件的加工。

3. 摇臂钻床（图 2-55）。这类钻床机构完善，它有一个能绕立柱旋转的摇臂，摇臂带动主轴箱可沿立柱垂直移动，同时主轴箱还能在摇臂上作横向移动。

由于结构上的这些特点，操作时能很方便地调整刀具位置以对准被加工孔的中心，而无需移动工件来进行加工。

此外，主轴转速范围和进给量范围很大，因此适用于笨重、大工件及多孔工件的加工。

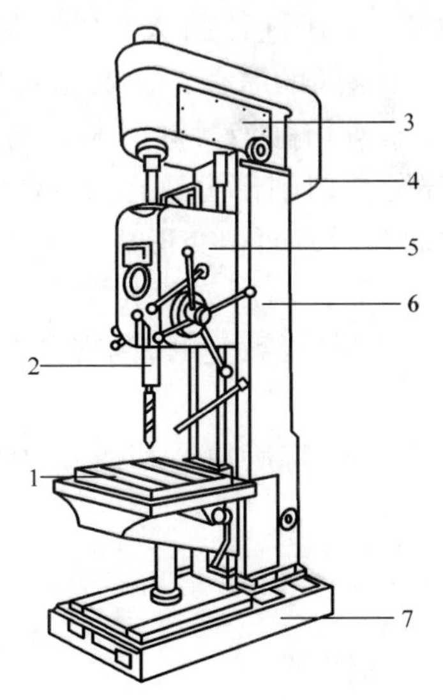

图 2-54 立式钻床

1—工作台；2—主轴；3—主轴变速箱；4—电动机；5—进给箱；6—立柱；7—机座

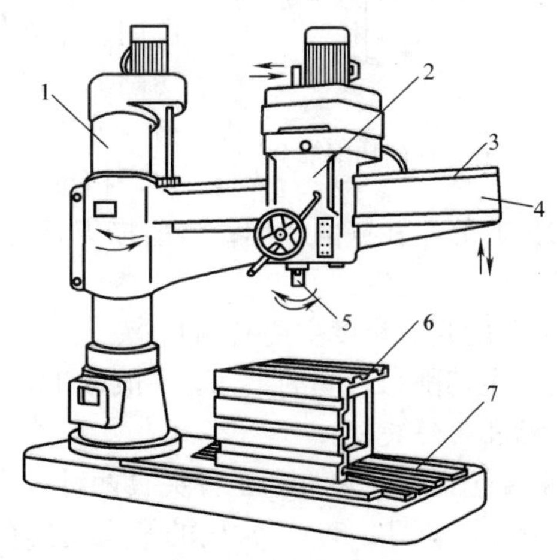

图 2-55 摇臂钻床

1—立柱；2—主轴箱；3—摇臂导轨；4—摇臂；5—主轴；6—工作台；7—机座

4. 手电钻（图 2-56）。手电钻主要用于钻直径为 12mm 以下的孔，常用于不便使用钻床钻孔的场合。手电钻的电源有 220V 和 380V 两种。

由于手电钻携带方便，操作简单，使用灵活，所以其应用比较广泛。

（二）钻头

钻头是钻孔用的主要刀具，用高速钢制造，其工作部分经热处理淬硬至 62～65HRC。钻头由柄部、颈部及工作部分组成（图 2-57）。

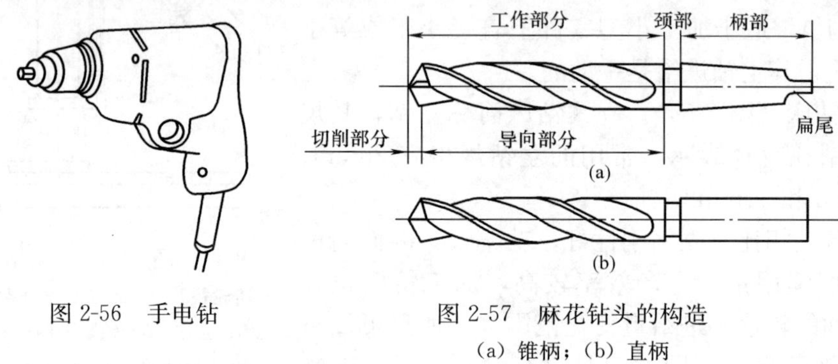


图 2-56 手电钻

图 2-57 麻花钻头的构造

（a）锥柄；（b）直柄

1. 柄部。柄部是钻头的夹持部分，起传递动力的作用，有直柄和锥柄两种。

直柄传递扭矩力较小，一般用于直径小于 12mm 的钻头；锥柄可传递较大转矩，用于直径大于 12mm 的钻头。锥柄顶部是扁尾，起传递转矩作用。

2. 颈部。颈部是在制造钻头时起砂轮磨削退刀作用的，钻头直径、材料、厂标一般也刻在颈部。

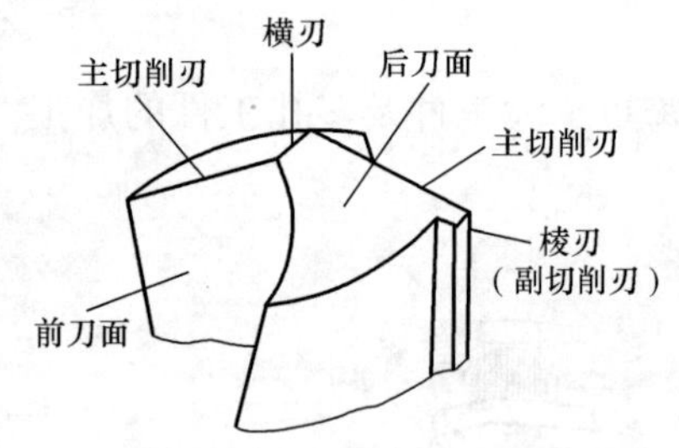


图 2-58 麻花钻的切削部分

3. 工作部分。工作部分包括导向部分与切削部分。

导向部分有两条狭长的、螺旋形的、高出齿背0.5～1mm 的棱边（刃带），其直径前大后小，略有倒锥度，这可以减少钻头与孔壁间的摩擦，而两条对称的螺旋槽，可用来排除切屑并输送切削液，同时整个导向部分也是切削部分的后备部分。切削部分（图 2-58）有三条切削刃（刀刃）：前刀面和后刀面相交形成前刀面两条主切削刃，担负主要切削作用；两后刀面相交形成的两条棱刃（副切削刃）起修光孔壁的作用；修磨横刃是为了减小钻削进给力和挤刮现象并提高钻头的定心能力和切削稳定性。

切削部分的几何角度主要有前角 $\gamma$、后角 $\alpha_0$、顶角 $2\varphi$、螺旋角 $\omega$ 和横刃斜角 $\psi$，其中顶角 $2\varphi$ 是两个主切削刃之间的夹角，一般取 $118^\circ \pm 2^\circ$。

（三）钻孔用的夹具

夹具主要包括钻头夹具和工件夹具两种。

1. 钻头夹具（图 2-59）。常用的钻头夹具有钻夹头和钻套。

（1）钻夹头。钻夹头适用于装夹直柄钻头，其柄部是圆锥形，可以与钻床主轴内锥孔配合安装，而在其头部的三个夹爪有同时张开或合拢的功能，这使钻头的装夹与拆卸都很方便。

（2）钻套。钻套又称过渡套筒，用于装夹锥柄钻头。由于锥柄钻头柄部的锥度与钻床主

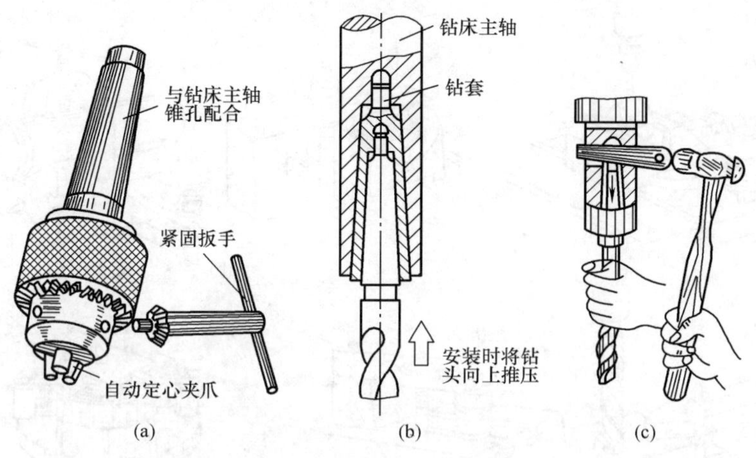


图 2-59 钻夹头及钻套

(a) 钻夹头；(b) 钻套；(c) 用斜铁拆下钻头

轴内锥孔的锥度不一致，为使其配合安装，故把钻套作为锥体过渡件。锥套的一端为锥孔可内接钻头锥柄，另一端的外锥面接钻床主轴的内锥孔。钻套依据其内外锥锥度的不同分为 5 个型号（1～5），例如，2 号钻套其内锥孔为 2 号莫氏锥度，外锥面为 3 号莫氏锥度，使用时可根据钻头锥柄和钻床主轴内锥孔锥度来选用。

2. 工件夹具（图 2-60）。加工工件时，应根据钻孔直径和工件形状来合理使用工件夹具。装夹工件要牢固可靠，但又不能将工件夹得过紧而损伤工件或使工件变形影响钻孔质量。常用的夹具有手虎钳、机床用平口虎钳、V 形块和压板等。

（1）对于薄壁工件和小工件，常用手虎钳夹持[图 2-60(g)]。

（2）机床用平口虎钳用于中小型平整工件的夹持[(图 2-60(a)]。

（3）对于轴或套筒类工件可用 V 形块夹持[图 2-60(b)]并和压板配合使用。

（4）对不适于用虎钳夹紧的工件或要钻大直径孔的工件，可用压板、螺栓直接固定在钻床工作台上[图 2-60(c)]。

（5）对底面不平或加工基准在侧面的工件可用角铁夹持[图 2-60(f)]。

（6）在成批和大量生产中广泛采用钻模夹具，这种方法可提高生产率。例如采用钻模钻孔时，可免去划线工作，提高生产效率，钻孔精度可提高一级，粗糙度也有所减小。

（四）钻孔操作

1. 切削用量的选择。钻孔切削用量是指钻头的切削速度、进给量和背吃刀量的总称。

切削用量越大，单位时间内切除金属越多，生产效率越高。由于切削用量受到钻床功率、钻头强度、钻头寿命、工件精度等许多因素的限制不能任意提高，因此，合理选择切削用量就显得十分重要，它将直接关系到钻孔生产率、钻孔质量和钻头的寿命。

通过分析可知：切削速度和进给量对钻孔生产率的影响是相同的；切削速度对钻头寿命的影响比进给量大；进给量对钻孔粗糙度的影响比切削速度大。

综上所述可知，钻孔时选择切削用量的基本原则是：在允许范围内，尽量先选较大的进给量，当进给量受到孔表面粗糙度和钻头刚度的限制时，再考虑较大的切削速度。

在钻孔实践中人们已积累了大量的有关选择切削用量的经验，并经过科学总结制成了切削用量表，在钻孔时可参考使用。

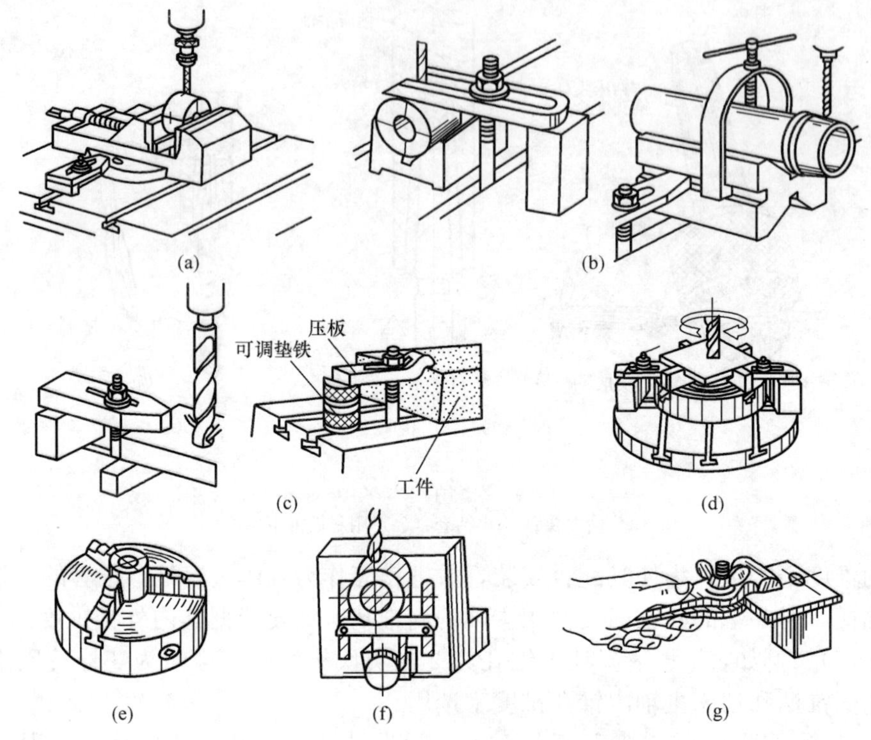


图 2-60 工件的钻削装夹

(a) 用机床用平口虎钳装夹工件；(b) 用 V 形块装夹工件；(c) 用压板装夹工件；
(d) 用四爪单动卡盘装夹工件；(e) 用三爪自定心卡盘装夹工件；
(f) 用角铁装夹工件；(g) 用手虎钳装夹工件

2. 操作方法。操作方法的正确与否，将直接影响钻孔的质量和操作安全。

(1) 按划线位置钻孔。工件上的孔径圆和检查圆均需打上样冲眼作为加工界线，中心眼应打大一些。钻孔时先用钻头在孔的中心锪一小窝（约占孔径的 1/4），检查小窝与所划圆是否同心。如稍偏离，可用样冲将中心冲大矫正或移动工件借正；若偏离较多，可用窄錾在偏斜相反方向凿几条槽再钻，便可逐渐将偏斜部分矫正过来，如图 2-61 所示。

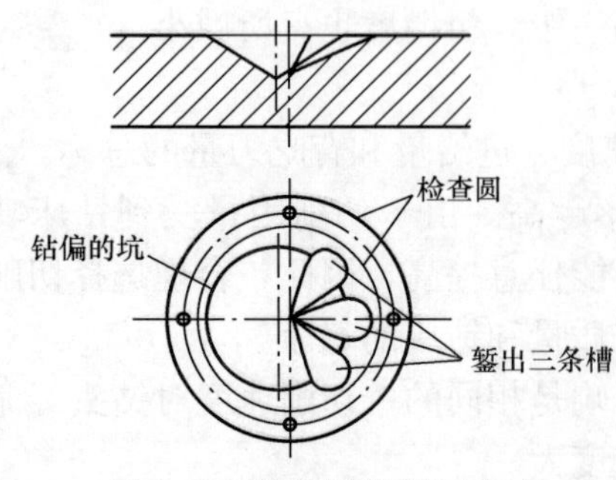


图 2-61 钻偏时的纠正方法

(2) 钻通孔。在孔将被钻透时，进给量要减小，可将自动进给变为手动进给，以避免钻头在钻穿的瞬间抖动，出现“啃刀”现象，影响加工质量，损坏钻头，甚至发生事故。

(3) 钻不通孔。钻不通孔时，要注意掌握钻孔深度，以免将孔钻深出现质量事故。控制钻孔深度的方法有调整好钻床上深度标尺挡块、安置控制长度量具或用粉笔作标记。

(4) 钻深孔。当孔深超过孔径 3 倍时，即为深孔。钻深孔时要经常退出钻头及时排屑和冷却，否则容易造成切屑堵塞或钻头切削部分过热导致磨损甚至折断，影响孔的加工质量。

(5) 钻大孔。直径（$D$）超过 30mm 的孔应分两次钻，即第一次用 $0.5 \sim 0.7D$ 的钻头先钻，然后再用所需直径的钻头将孔扩大到所要求的直径。分两次钻削，既有利于钻头的使用（负荷分担），也有利于提高钻孔质量。

（6）钻小孔。钻直径（$D$）在 1mm 以下的小孔时，切削速度可选用 2000～3000r/min 以上，进给力小且平稳，不宜过大过快，防止钻头弯曲和滑移。应经常退出钻头排屑，并加注切削液。

（7）在斜面上钻孔。可采用中心钻先钻底孔，或用铣刀在钻孔处铣削出小平面，或用钻套导向等方法进行。

（8）钻削时的冷却润滑。钻削钢件时，为降低粗糙度一般使用全系统切削液，但为提高生产效率则更多地使用乳化液；钻削铝件时，多用乳化液、煤油；钻削铸铁件用煤油。

3. 钻孔质量问题及原因。由于钻头刃磨得不好、切削用量选择不当、切削液使用不当、工件装夹不善等原因，会使钻出的孔径偏大、孔壁粗糙、孔的轴线有偏移或歪斜，甚至使钻头折断，表 2-2 列出了钻孔时可能出现的质量问题及产生的原因。

**表 2-2　　钻孔时可能出现的质量问题及产生的原因**

| 问题类型 | 产 生 原 因 |
| --- | --- |
| 孔径偏大 | 1. 钻头两主切削刃长度不等，顶角不对称<br>2. 钻头摆动 |
| 孔壁粗糙 | 1. 钻头不锋利<br>2. 后角太小<br>3. 进给量太大<br>4. 切削液选择不当，或切削液供给不足 |
| 孔偏移 | 1. 工件划线不正确<br>2. 工件安装不当或夹紧不牢固<br>3. 钻头横刃太长，对不准样冲眼<br>4. 开始钻孔时，孔钻偏而没有借正 |
| 孔歪斜 | 1. 钻头与工件表面不垂直，钻床主轴与台面不垂直<br>2. 横刃太长，进给力太大，钻头变形<br>3. 钻头弯曲<br>4. 进给量太大，致使小直径钻头弯曲 |
| 钻头工作部分折断 | 1. 钻头磨钝后仍继续钻孔<br>2. 钻头螺旋槽被切屑堵塞，没有及时排屑<br>3. 孔快钻通时，没有减少进给量<br>4. 在钻黄铜一类的软金属时，钻头后角太大，前角又没修磨，钻头自动旋进 |
| 切削刃迅速磨损或碎裂 | 1. 切削速度太高，切削液选用不当和切削液供给不足<br>2. 没有按工件材料刃磨钻头角度（如后角太小）<br>3. 工件材料内部硬度不均匀，有砂眼<br>4. 进给量太大 |
| 工件装夹表面轧毛或损坏 | 1. 在被夹持的工件已加工表面上没有衬垫铜皮或铝皮<br>2. 夹紧力太大 |

## 二、扩孔、铰孔和锪孔

### （一）扩孔

扩孔用以扩大已加工出的孔（铸出、锻出或钻出的孔）。它可以找正孔的轴线偏差，并使其获得较正确的几何形状和较小的表面粗糙度，其加工精度一般为IT10～IT9，属于半精加工，表面粗糙度 $Ra$=6.3～3.2μm。扩孔可作为要求不高的孔的最终加工，也可作为精加工（如铰孔）前的预加工，扩孔加工余量为0.5～4mm。

（二）铰孔

铰孔是用铰刀从工件壁上切除微量金属层，以提高其尺寸精度和表面质量的加工方法，铰孔的加工精度可高达IT7～IT6，属于精加工，铰孔的表面粗糙度 $Ra$=0.8～0.4μm。

铰孔时铰刀不能倒转，否则，切屑会卡在孔壁和切削刃之间，从而使孔壁划伤或切削刃崩裂。

（三）锪孔

锪孔是用锪钻对工件上的已有孔进行孔口形面的加工，其目的是为保证孔端面与孔中心线的垂直度，以便使与孔连接的零件位置正确，连接可靠。

**实训操作**

练习钻通孔、不通孔、深孔。

**操作要点**

钻孔时，选择转速和进给量的方法是：用小钻头钻孔时，转速可快些，进给量要小些；用大钻头钻孔时，转速要慢些，进给量适当大些；钻硬材料时，转速要慢些，进给量要小些；钻软材料时，转速要快些，进给量要大些；用小钻头钻硬材料时可以适当地减慢速度。

钻孔时手进给的压力是根据钻头的工作情况，以目测和感觉的方式进行控制，在实训中应注意掌握。

钻孔操作时应注意的事项：

(1) 操作者衣袖要扎紧，严禁戴手套，女同学必须戴工作帽。

(2) 工件夹紧必须牢固。孔将钻穿时要尽量减小进给力。

(3) 先停车后变速。用钻夹头装夹钻头，要用钻夹头紧固扳手，不要用扁铁和锤子敲击，以免损坏夹头。

(4) 不准用手拉或嘴吹钻屑，以防铁屑伤手和伤眼。

(5) 钻通孔时，工件底面应放垫块，或将钻头对准工作台的T形槽。

(6) 使用电钻时应注意用电安全。

**教师演示** 刃磨钻头

1. 刃磨要求。钻头在使用过程中要经常刃磨，以保持锋利，其一般要求是：两条主切削刃等长，顶角 $2\psi$ 应符合所钻材料的要求并对称于轴线，后角 $\alpha_o$ 与横刃斜角 $\psi$ 应符合要求。

2. 刃磨方法。如图2-62所示：右手握住钻头前部并靠在砂轮架上作为支点，将主切削刃摆平（稍高于砂轮中心水平面），然后平行地接触砂轮母线，同时使钻头轴线与砂轮母线在水平面内成半顶角 $\psi$（$\psi$=59°）；左手握住钻尾，在磨削时上下摆动，其摆动的角度约等

于后角 $\alpha_o$。一条主切削刃磨好后，将钻头转过 180°，按上述方法再磨另一条主切削刃。钻头刃磨后的角度一般凭经验目测，也可用样板检查。

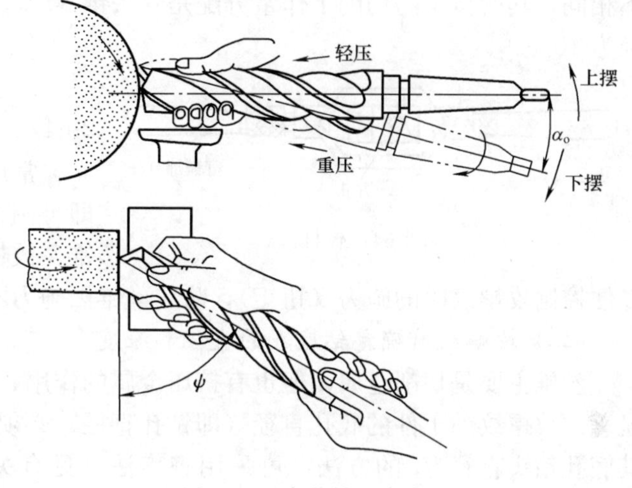

图 2-62　麻花钻刃磨方法

## 复习思考题

1. 麻花钻各组成部分的名称及作用是什么？

2. 怎样合理选用钻夹具？

3. 钻头有哪几个主要角度？标准顶角是多少度？

4. 钻孔时，选择转速、进给量的原则是什么？

5. 钻孔、扩孔与铰孔各有什么区别？

# 项目六　攻螺纹和套螺纹

## 基本知识

工件圆柱表面上的螺纹称为外螺纹，工件圆柱孔内侧面上的螺纹为内螺纹。

常用的三角形螺纹工件，其螺纹除采用机械加工外，还可以用钳工加工的方法以攻螺纹和套螺纹的方式获得。

攻螺纹（攻丝）是用丝锥加工出内螺纹。套螺纹（套丝）是用板牙在圆杆上加工出外螺纹。

### 一、攻螺纹

#### （一）丝锥和铰杠

1. 丝锥。丝锥是专门用来加工小直径内螺纹的成形刀具（图 2-63），一般用合金工具钢 9SiCr 制造，并经热处理淬硬。丝锥的基本结构形状像一个螺钉，轴向有几条容屑槽，相应地形成几瓣刀刃（切削刃）。丝锥由工作部分和柄部组成，其中工作部分由切削部分与校准部分组成。

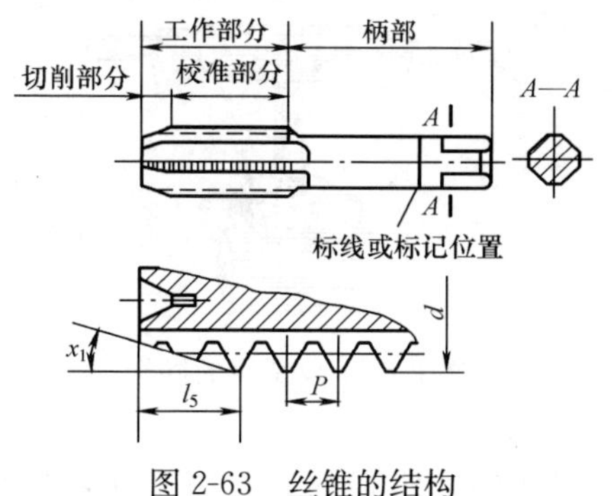

图 2-63　丝锥的结构

丝锥的切削部分常磨成圆锥形，以便使切削负荷分配在几个齿上，以便切去孔内螺纹牙间的金属，而其校准部分的作用是修光螺纹和引导丝锥。丝锥上有 3～4 条容屑槽，用于容屑和排屑。丝锥柄部为方头，其作用是与铰杠相配合并传递转矩。

丝锥分手用丝锥和机用丝锥两种。为了减少切削力和提高丝锥使用寿命，常将整个切削量分配给几支丝锥来完成。一般两支或三支组成一套，分头锥、二锥或三锥，其圆锥斜角各不相等，校准部分的外径也不相同，其所负担的切削工作量分配是：头锥 60%（或 75%）、二锥为 30%（或 25%）、三锥为 10%。

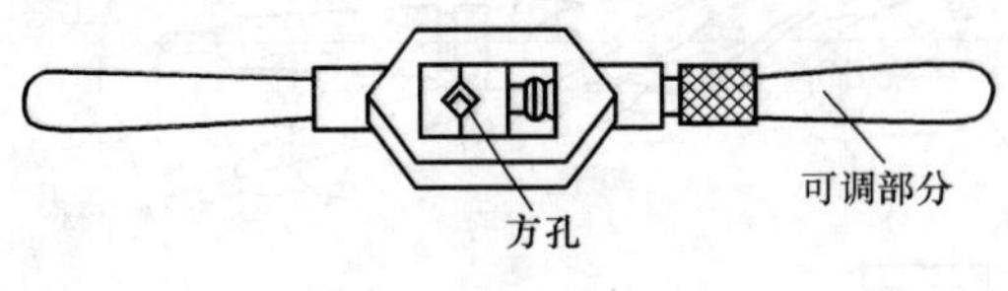

图 2-64 铰杠

2. 铰杠。铰杠是用来夹持丝锥的工具（图 2-64）。

常用的可调式铰杠，通过旋动右边手柄，即可调节方孔的大小，以便夹持不同尺寸的丝锥。铰杠长度应根据丝锥尺寸大小进行选择，以便控制攻螺纹时的施力（扭矩），防止丝锥因施力不当而折断。

（二）攻螺纹前确定钻底孔的直径和深度

丝锥主要是切削金属，但也有挤压金属的作用，在加工塑性好的材料时，挤压作用尤其显著。攻螺纹前工件的底孔直径（即钻孔直径）必须大于螺纹标准中规定的螺纹小径，确定其底孔钻头直径 $d_0$ 的方法，可采用查表法（见有关手册资料）确定，或用下列经验公式（2-1）、公式（2-2）计算：

钢材及韧性金属 $$d_0 \approx d - P \quad (2\text{-}1)$$

铸铁及脆性金属 $$d_0 \approx d - (1.05 \sim 1.1)P \quad (2\text{-}2)$$

式中 $d_0$——底孔直径；

$d$——螺纹公称直径；

$P$——螺距。

攻不通孔的螺纹时，因丝锥顶部带有锥度不能形成完整的螺纹，所以为得到所需的螺纹长度，孔的深度 $h$ 要大于螺纹长度 $l$。盲孔深度可按式（2-3）计算：

$$孔的深度\ h = 所需螺孔深度\ l + 0.7d \quad (2\text{-}3)$$

（三）攻螺纹的操作方法

1. 攻螺纹开始前，先将螺纹钻孔端面孔口倒角，以利于丝锥切入。

2. 攻螺纹时，先用头锥攻螺纹。

首先旋入 1～2 圈，检查丝锥是否与孔端面垂直（可用目测或 90°角尺在互相垂直的两个方向检查），然后继续使铰杠轻压旋入，当丝锥的切削部分已经切入工件后，可只转动而不加压，每转一圈后应反转 1/4 圈，以便切屑断落（图 2-65）。

3. 攻完头锥再继续攻二锥、三锥，每更换一锥，仍要先旋入 1～2 圈，扶正定位，再用铰杠，以防乱扣。

4. 攻钢料工件时，可加机油润滑使螺纹光洁并延长丝锥使用寿命。对铸铁件，可加煤油润滑。

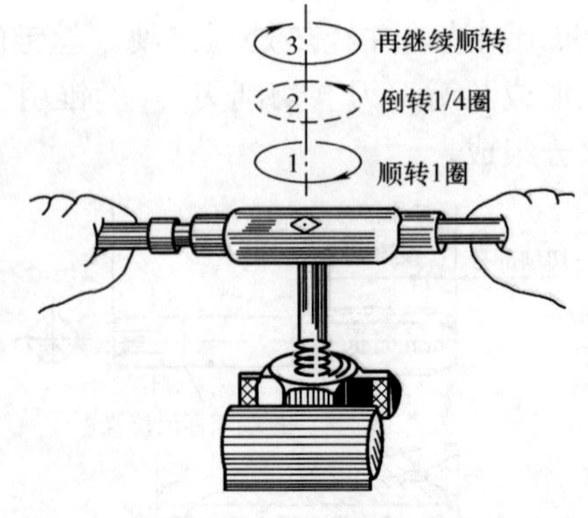

图 2-65 攻螺纹的操作

## 二、套螺纹

（一）板牙和板牙架

1. 板牙。板牙是加工外螺纹的刀具，由合金工具钢 9SiCr 制成并经热处理淬硬，其外形像一个圆螺母，只是上面钻有几个排屑孔，并形成切削刃[图 2-66(a)]。

板牙由切削部分、定径部分、排屑孔（一般有 3～4 个）组成。排屑孔的两端有 60°的锥度，起着主要的切削作用，定径部分起修光作用。板牙的外圆有一条深槽和四个锥坑，锥坑用于定位和紧固板牙。当板牙的定径部分磨损后，可用片状砂轮沿槽将板牙切割开，借助调紧螺钉将板牙直径缩小。

2. 板牙架。板牙是装在板牙架上使用的[图 2-66(b)]。板牙架是用来夹持板牙、传递转矩的工具。工具厂按板牙外径规格制造了各种配套的板牙架，供使用者选用。

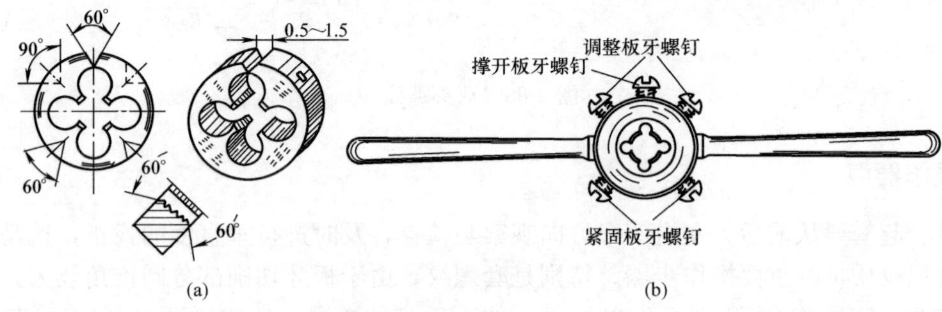


图 2-66 板牙与板牙架

(a) 板牙；(b) 板牙架

(二) 套螺纹前圆杆直径的确定

圆杆直径太大，板牙难以套入；圆杆直径太小，套出的螺纹牙形不完整。因此，圆杆直径应稍小于螺纹公称尺寸。

计算圆杆直径的经验公式 (2-4)：

$$\text{圆杆直径 } d \approx \text{螺纹大径 } D - 0.13P \tag{2-4}$$

(三) 套螺纹的操作方法

套螺纹的圆杆端部应倒角[图 2-67(a)]，使板牙容易对准工件中心，同时也容易切入。工件伸出钳口的长度，在不影响螺纹要求长度的前提下，应尽量短些。套螺纹过程与攻螺纹相似[图 2-67(b)]：板牙端面应与圆杆垂直，操作时用力要均匀；开始转动板牙时，要稍加压力；套入 3～4 扣后，可只转动不加压，并经常反转，以便断屑。

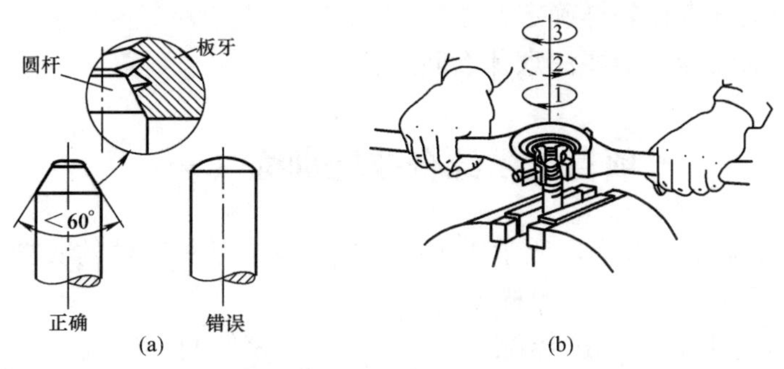


图 2-67 圆杆倒角和套螺纹

(a) 圆杆倒角；(b) 套螺纹

**实训操作** 双头螺柱 (图 2-68)

1. 根据要求计算底孔直径，在钢件、铸件上钻底孔并攻螺纹。

2. 按图 2-68 所示，计算双头螺柱圆杆直径，并在圆杆上套螺纹。

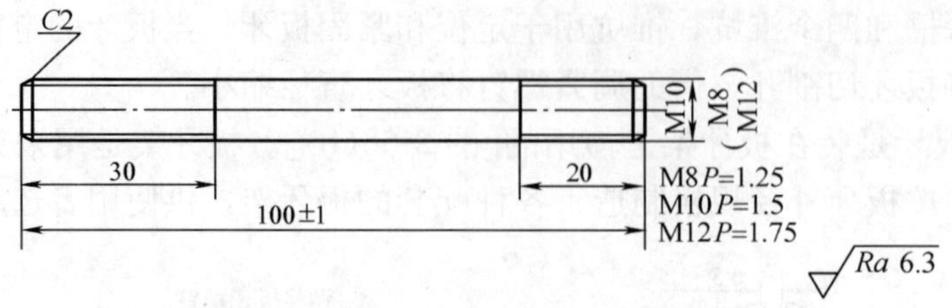


图 2-68 双头螺柱

## 操作要点

起攻、起套要从前后、左右两个方向观察与检查，及时进行垂直度的找正，这是保证攻螺纹、套螺纹质量的重要操作步骤。特别是套螺纹，由于板牙切削部分圆锥角较大，起套的导向性较差，容易产生板牙端面与圆杆轴心线不垂直的情况，造成烂牙（乱扣），甚至不能继续切削。起攻、起套操作正确、两手用力均匀及掌握好最大用力限度是攻螺纹、套螺纹的基本功之一，必须掌握。

攻螺纹及套螺纹的注意事项：

1. 攻螺纹（套螺纹）已经感到很费力时，不可强行转动，应将丝锥（板牙）倒退出，清理切屑后再攻（套）。

2. 攻制不通螺孔时，注意丝锥是否已经接触到孔底，此时如继续硬攻，就会折断丝锥。

3. 使用成组丝锥，要按头锥、二锥、三锥依次取用。

## 复习思考题

1. 什么叫攻螺纹？什么叫套螺纹？
2. 试简述丝锥和板牙的构造。
3. 攻螺纹前的底孔直径如何计算？
4. 套螺纹前的圆杆直径怎样确定？
5. 攻螺纹、套螺纹操作中要注意什么问题？

# 项目七 综合技能训练（一）

综合技能训练是学生综合应用所学钳工技能独立完成某一工件的实操训练。通过综合件的练习，可以检验并提高学生按图样要求加工工件的实际动手能力。选择综合技能训练的实训件应结合实际，尽量选择生产中的产品为实训件，在没有合适的产品情况下，也可以自行设计，并以此作为评定学生钳工实训操作考核成绩的主要依据。

## 一、制作六角螺母

六角螺母图样如图 2-69 所示。

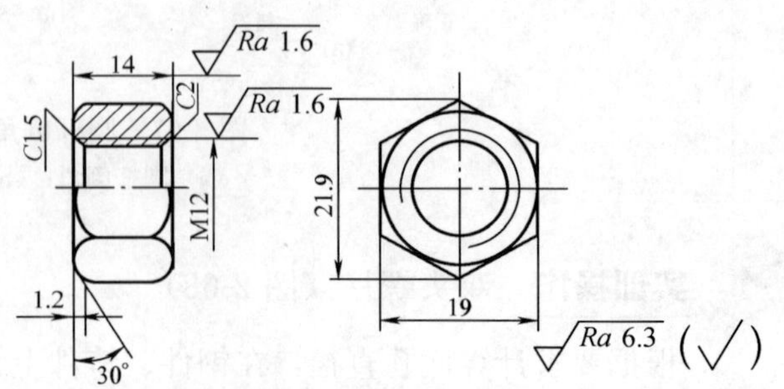


图 2-69 六角螺母（材料：45 钢）

制作六角螺母的操作步骤见表 2-3。

**表 2-3　　制作六角螺母的操作步骤**

| 制作步骤 | | 加 工 简 图 | 加 工 内 容 | 工具、量具 |
|---|---|---|---|---|
| 1 | 备料 | | 下料<br>材料：45 钢、$\phi$ 30mm 棒料、高度 16 | 钢直尺 |
| 2 | 锉削 | 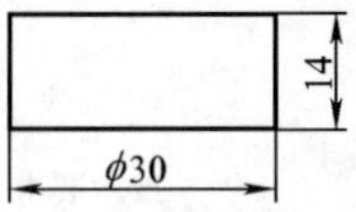 14<br>$\phi$30 | 锉两平面<br>锉平两端面，高度 $H=14$mm，要求平面平直，两面平行 | 锉刀、钢直尺 |
| 3 | 划线 | 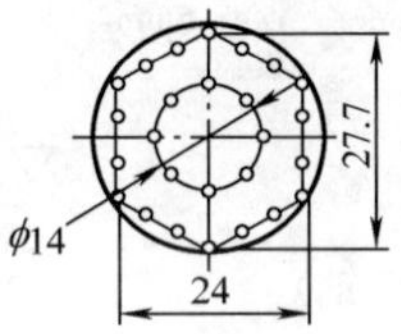 27.7<br>$\phi$14<br>24 | 划线<br>定中心和划中心线，并按尺寸划出六角形边线和钻孔孔径线，打样冲眼 | 划针、划规、样冲、小锤子、钢直尺 |
| 4 | 锉削 | 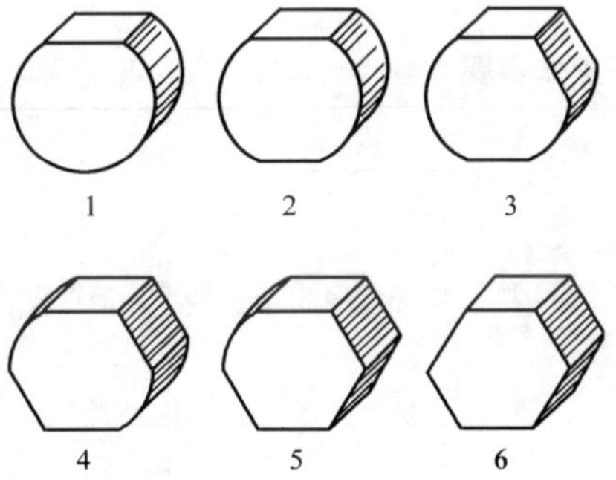 1 2 3<br>4 5 6 | 锉六个端面<br>先锉平一面，再锉与之相对平等的端面，然后锉其余四个面<br>在锉某一面时，一方面参照所划的线，同时用 120°样板检查相邻两平面的交角，并用 90°角尺检查六个角面与端面的垂直度<br>用游标卡尺测量尺寸，检验平面的平面度、直线度和两对面的平行度<br>平面要求平直，六角形要均匀对称，相对平面要求平行 | 锉刀、钢直尺、90°角尺、120°样板、游标卡尺 |
| 5 | 锉削 | 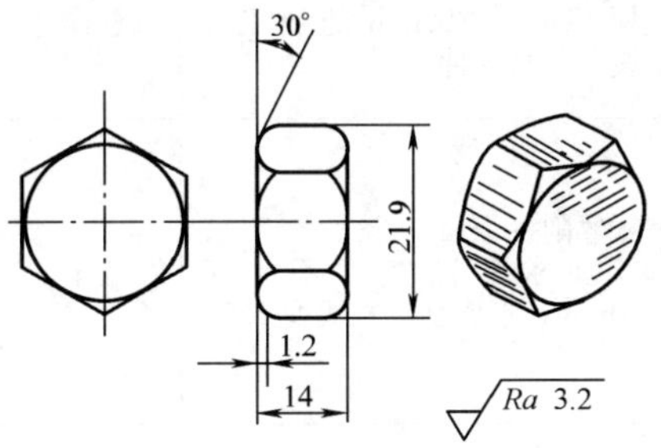 30°<br>21.9<br>1.2<br>14<br>Ra 3.2 | 锉曲面（倒角）<br>按加工界线倒好两端圆弧角 | 锉刀 |
| 6 | 钻孔 | 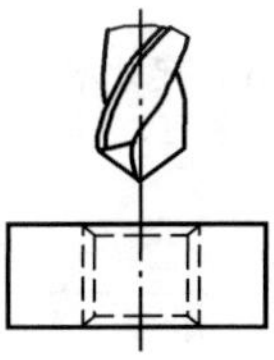 | 钻孔<br>计算钻孔直径。钻孔，并用大于底孔直径的钻头进行孔口倒角，用游标卡尺检查孔径 | 钻头、游标卡尺 |
| 7 | 攻螺纹 | 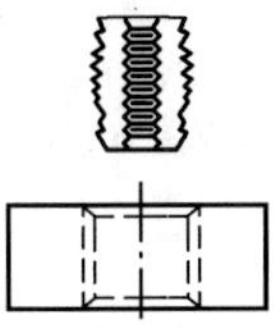 | 攻螺纹<br>用丝锥攻螺纹 | 丝锥、铰杠 |

## 二、制作锤子

锤子图样如图 2-70 所示。

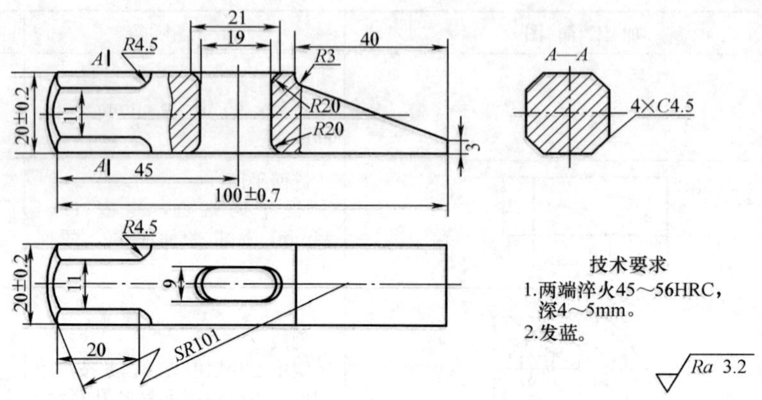


图 2-70 锤子（材料：45 钢）

制作锤子操作步骤见表 2-4。

表 2-4 制作锤子操作步骤

| 制作步骤 | | 加工简图 | 加工内容 | 工具、量具 |
|---|---|---|---|---|
| 1 | 备料 | 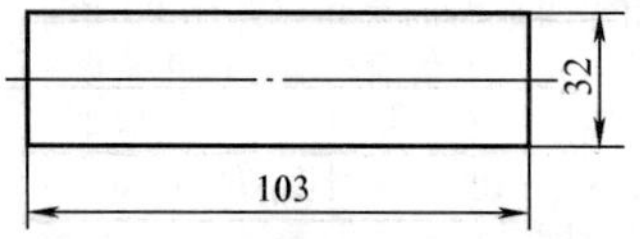 | 下料<br>材料：45 钢、$\phi$ 32mm 棒料、长度 103mm | 钢直尺 |
| 2 | 划线 | 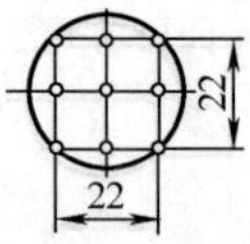 | 划线<br>在$\phi$32mm 两端圆柱表面上划 22mm × 22mm 的加工界线，并打样冲眼 | 划线盘、90°角尺、划针、样冲、锤子 |
| 3 | 錾削 | 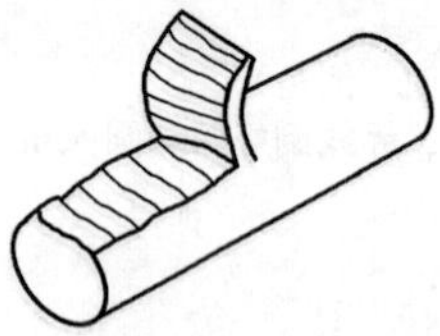 | 錾削一个面<br>要求錾削宽度不小于 20mm，平面度、直线度 1.5 | 錾子、锤子、钢直尺 |
| 4 | 锯削 | 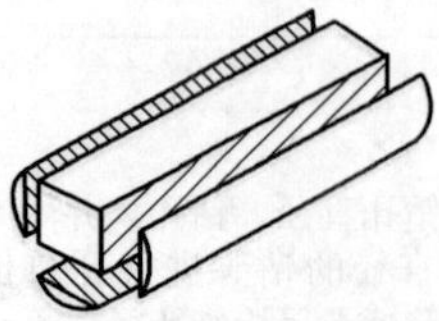 | 锯削三个面<br>要求锯痕整齐，尺寸不小于 20.5mm，各面平直，对边平行，邻边垂直 | 锯弓、锯条 |
| 5 | 锉削 | 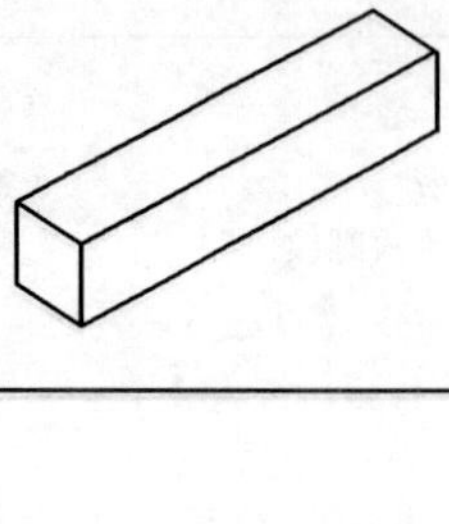 | 锉削六个面<br>要求各面平直，对边平行，邻边垂直，断面成正方形，尺寸 $20^{+0.2}_{0}$ | 粗平锉刀、中平锉刀、游标卡尺、90°角尺 |

续表

| 制作步骤 | | 加工简图 | 加工内容 | 工具、量具 |
|---|---|---|---|---|
| 6 | 划线 | | 划线<br>按工件尺寸全部划出加工界线，并打样冲眼 | 划针、划规、钢尺、样冲、锤子、划线盘（游标高度尺）等 |
| 7 | 锉削 | | 锉削五个圆弧面<br>圆弧半径符合图样要求 | 圆锉 |
| 8 | 锯削 | | 锯削斜面<br>要求锯痕整齐 | 锯弓、锯条 |
| 9 | 锉削 | A<br>A | 锉削四圆弧面和一球面<br>要求符合图样要求 | 粗平锉刀、中平锉刀 |
| 10 | 钻孔 | | 钻孔<br>用$\phi$9mm 钻头钻两孔 | $\phi$9mm 钻头 |
| 11 | 锉削 | | 锉通孔<br>用小方锉或小平锉锉掉留在两孔间的多余金属，用将椭圆孔锉成喇叭口 | 小方锉或小平锉、8in 中圆锉 |
| 12 | 修光 | — | 修光<br>用细平锉和砂布修光各平面，用圆锉和砂布修光各圆弧面 | 细平锉、砂布 |
| 13 | 热处理 | — | 淬火<br>两头锤击部分 49～56HRC，心部不淬火 | 由实训指导老师统一编号进行，学生自检硬度 |

## 项目八 综合技能训练（二）——锉配

通过锉配加工，使两个零件的相配表面达到图样上规定的技术要求，这种工作称为锉配。

锉配的方法广泛应用于机器装配、修理以及工具、模具的制造中。锉配的工件比普通钳工工件多了配合的要求，而要达到配件之间的配合要求，必须认真对照图样，将尺寸与形位误差（包括与基准平面的垂直度、平行度等）严格控制在最小范围内，一些细小局部（如内角根部）的加工检测都要精细，否则直接影响配合。

锉配的基本方法是：先将相配的两个零件的一件锉到符合图样要求，再以它为基准锉配另一件。一般来说，零件的外表面比内表面容易加工，所以通常是先锉好配合面为外表面的零件，然后再锉配内表面的零件。由于相配合零件的表面形状、配合要求不同，随之锉配的方法也有所不同，因此，锉配方法应根据具体情况而定。

**一、锉配凹凸件**

锉配凹凸件如图 2-71 所示（81mm×61mm×21mm）。

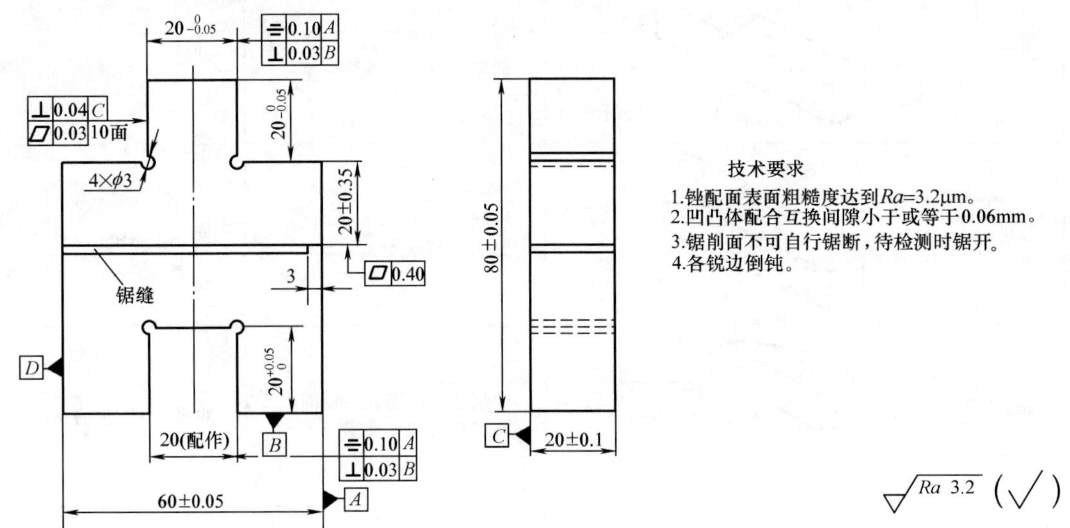


图 2-71 锉配凹凸件（材料：HT200）

1. 按图样要求锉削加工外形尺寸，达到尺寸 60mm±0.05mm、20mm±0.1mm、80mm±0.05mm 与垂直度、平行度的要求。

2. 按图样要求划出凹凸体的加工线，并钻 4×ϕ 3mm 的工艺孔[图 2-72(a)]。

3. 加工凸形面，按照图 2-72(b)所示步骤进行。

（1）按划线锯去工件右角，粗、精锉削两垂直面 1 和面 2[图 2-72(c)]。

① 根据纵向 80mm 的实际尺寸，控制 60mm 尺寸误差值（应控制在 80mm 的实际尺寸减去 $20_{-0.05}^{\ 0}$ mm 的范围内），从而保证达到 $20_{-0.05}^{\ 0}$ mm 尺寸要求。

② 同样，根据横向 60mm 处的实际尺寸，通过控制 40mm 尺寸误差值（本处应控制在 $\frac{60}{2}$mm的实际尺寸加$10_{-0.05}^{+0.025}$mm 的范围内），从而保证在取得$20_{-0.05}^{\ 0}$mm 尺寸的同时，其对称度在 0.1mm 内。

（2）按划线锯去工件左角，用上述方法锉削面 3 和面 4，并将尺寸控制在$20_{-0.05}^{\ 0}$mm。

4. 加工凹形面[图 2-72(d)]。

（1）钻出排孔，并锯除凹形面的多余部分，粗锉至接近线条。

（2）然后细锉凹形顶端面 5，根据 80mm 的实际尺寸，通过控制 60mm 尺寸误差值（本处与凸形面的两个垂直一样控制尺寸），保证与凸形件端面的配合精度要求[图 2-72(e)]。

（3）细锉两侧垂直面，同样根据外形 60mm 和凸形面 20mm 的实际尺寸，通过控制

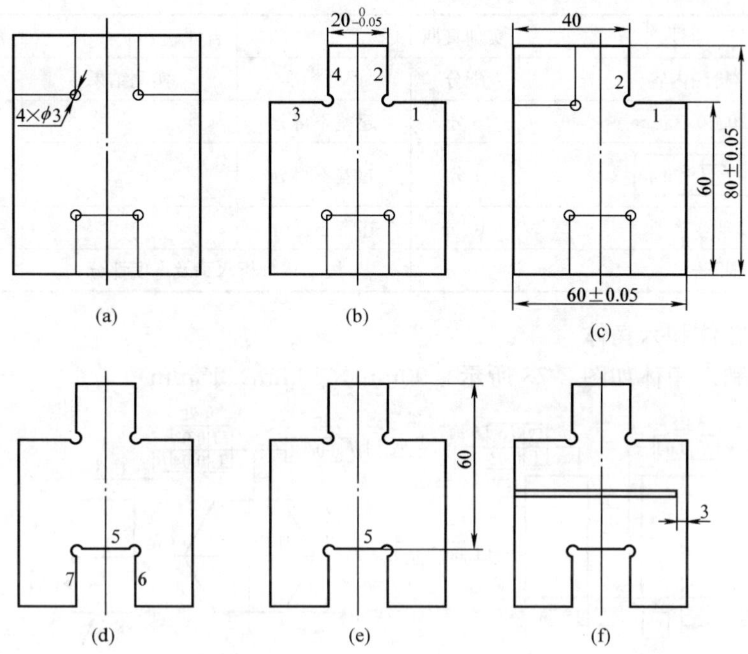


图 2-72　锉配凹凸件操作要点图解

（a）划线；（b）加工凸形面；（c）锉削凸形面；（d）加工凹形面；（e）锉削凹形面；（f）锯削

20mm 尺寸误差值，从而保证达到与凸形面 20mm 尺寸的配合精度要求，同时保证其对称度在 0.1mm 内。

5. 各锐边倒角，并检查全部尺寸精度。

6. 锯削时，要求尺寸为 20mm±0.35mm，锯削面平面度为 0.4mm，留 3mm 不锯[图 2-72(f)]，并修去锯口毛刺。

锉配凹凸件评分标准可参考表 2-5。

**表 2-5　　锉配凹凸件评分表**

<table>
<tr><td>姓名</td><td></td><td>学号</td><td></td><td>实训日期</td><td></td><td>自评总分</td><td></td><td>教师评分</td><td></td></tr>
<tr><td>项目</td><td colspan="3">检测内容</td><td>配分</td><td>评分标准</td><td colspan="2">实测结果</td><td>自评分</td><td>得分</td></tr>
<tr><td rowspan="8">锉削</td><td colspan="3">$20_{-0.05}^{\ 0}$mm（2 处）</td><td>10 分</td><td>超差不得分</td><td colspan="2"></td><td></td><td></td></tr>
<tr><td colspan="3">⏥ 0.03 (10 处)</td><td>20 分</td><td>超差不得分</td><td colspan="2"></td><td></td><td></td></tr>
<tr><td colspan="3">⊥ 0.04 B C</td><td>8 分</td><td>超差不得分</td><td colspan="2"></td><td></td><td></td></tr>
<tr><td colspan="3">⌯ 0.01 A (2 处)</td><td>8 分</td><td>超差不得分</td><td colspan="2"></td><td></td><td></td></tr>
<tr><td colspan="3">60±0.05mm</td><td>4 分</td><td>超差不得分</td><td colspan="2"></td><td></td><td></td></tr>
<tr><td colspan="3">80±0.05mm</td><td>4 分</td><td>超差不得分</td><td colspan="2"></td><td></td><td></td></tr>
<tr><td colspan="3">配合间隙≤0.06mm</td><td>12 分</td><td>升高一级不得分</td><td colspan="2"></td><td></td><td></td></tr>
<tr><td colspan="3">表面粗糙度 $Ra$=3.2μm</td><td>5 分</td><td>超差不得分</td><td colspan="2"></td><td></td><td></td></tr>
</table>

续表

| 姓名 | 学号 | 实训日期 | | 自评总分 | 教师评分 | |
|---|---|---|---|---|---|---|
| 项目 | 检测内容 | 配分 | 评分标准 | 实测结果 | 自评分 | 得分 |
| 锯削 | 20±0.35mm | 5分 | 超差不得分 | | | |
| | ▱ 0.4 | 4分 | 超差不得分 | | | |
| 安全文明生产 | | 10分 | 违者不得分 | | | |
| 实训报告 | | 10分 | 按工艺分析水平及态度评分 | | | |

## 二、锉配四方体和六角体

锉配四方体和六角体如图 2-73 所示（90mm×70mm×15mm）。

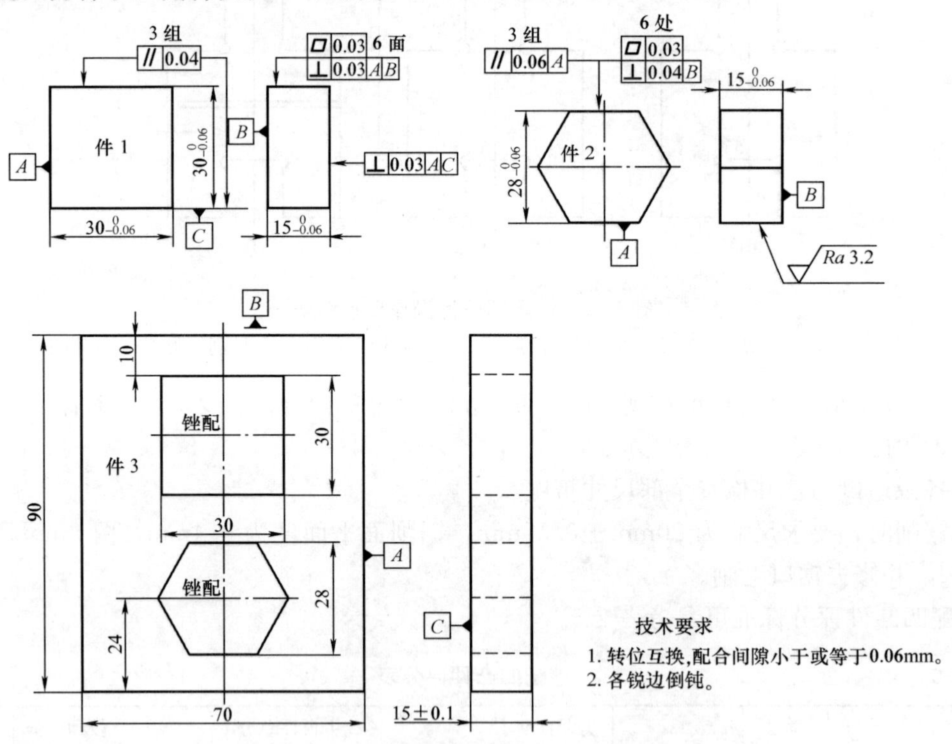


图 2-73　锉配四方体和六角体（材料：HT200）

1. 自制内 90°量角样板[图 2-74(a)]与内、外 120°量角样板[图 2-74(b)]。
2. 将锉削四方体材料 38mm×38mm×38mm，对半锯削分为件 1 和件 2。
3. 按图样要求加工件 1 外四方体，加工步骤顺序为 *a*、*b*、*c*、*d*、*e*[图 2-74(c)]。
4. 按图样要求加工件 2 外六角体，加工步骤顺序为 1、2、3、4、5、6、7[图 2-74(d)]。
5. 锉配内四方体[图 2-74(e)]

（1）修整外形基准面 *A*、*B*，使其互相垂直并与大平面垂直。

（2）以 *A*、*B* 两面为基准，按图样要求划线，并用加工好的四方体校核所划线条的正确性。

（3）钻排孔，用扁錾沿四周錾去余料[图 2-74(f)]，然后用方锉粗锉余量，每边留 0.1～0.2mm 作为细锉余量。

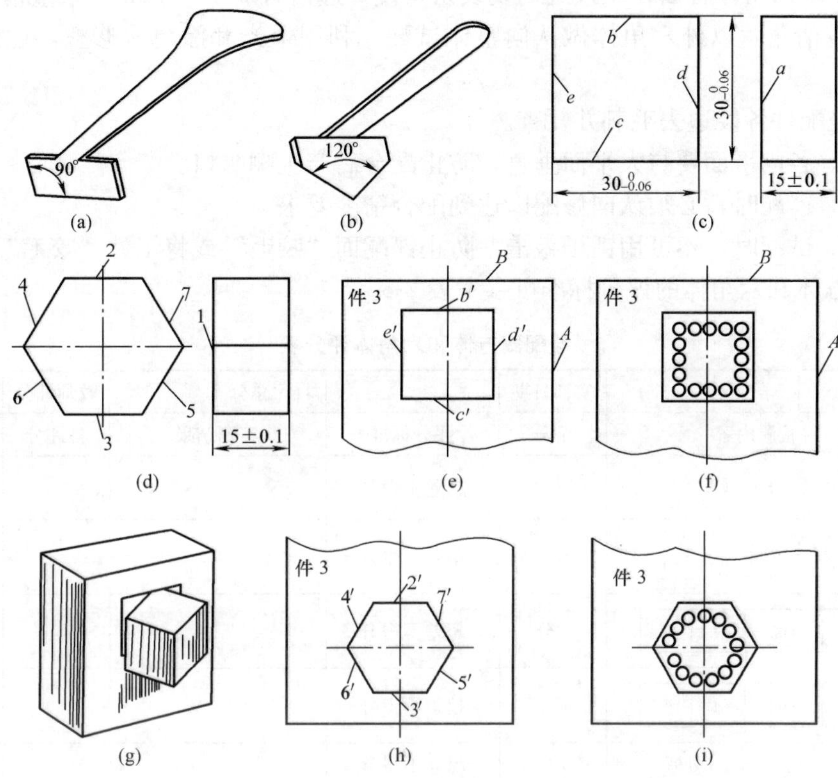


图 2-74 锉配四方体和六角体操作要点图解

(a) 内 90°量角样板；(b) 内、外 120°量角样板；(c) 外四方体加工顺序；
(d) 外六角体加工顺序；(e) 锉配内四方体；(f) 扁錾錾去余料；
(g) 试配的方法；(h) 锉配内六角；(i) 用扩钻或排孔去除余料

(4) 细锉第一面 $b'$，锉削至接触划线线条，达到平面度，并与 $B$ 面平行及与大平面垂直。

(5) 细锉第二面 $c'$，达到与 $b'$ 面平行，接近 30mm 尺寸时，用四方体按图 2-74(g)所示方法进行试配，应使其较紧地塞入，以留有修整余量。

(6) 细锉第二面 $d'$，锉削至接触划线线条，达到平面度，并与大平面垂直，及与 $A$ 面平行。最后用自制角度样板检查修整，达到 $\perp b'$，$\perp d'$，$\perp c'$。

(7) 细锉第四面 $e'$，达到与 $d'$ 面平行，用四方体试配，使较紧地塞入。

(8) 精锉修整各面，即用四方体认向配锉，用透光法检查接触部位，进行修整。

当四方体塞入后采用透光法和涂色相结合的方法检查接触部位，然后逐步达到配合要求。最后作转位互换的修整，达到转位互换的要求，用手将四方体推出和推进应无阻滞。

(9) 各锐边去毛刺，倒棱并检查配合精度。

6. 锉配内六角[图 2-74(h)]。

(1) 按外六角体的实际尺寸，在件 3 划出内六角形加工线，并用外六角体校核。

(2) 在内六角体中心扩钻或用排孔去除内六角体大部分加工余量[图 2-74(i)]。

(3) 粗锉内六角体各面，至接近划线线条，使每边留有0.1～0.2mm余量精锉。用120°量角样板检查清角，以外六角体做认向整体试配，利用透光和涂色法修整，达到互换配合要求。

(4) 对锉配件各棱边去毛刺并复查。

**注意：** 1. 各内平面要与大平面垂直，防止配合后产生喇叭口。

2. 锉配时，必须认向修配以达到配合精度要求。

3. 试配时，不可用锤子敲击，防止锉配面“咬毛”或将工件“咬毛”。

锉配四方体和六角体的评分标准可参考表2-6。

**表2-6　锉配四方体和六角体评分表**

| 姓名 | 学号 | 实训日期 | | 自评总分 | 教师评分 | |
|---|---|---|---|---|---|---|
| 项目 | 检测内容 | 配分 | 评分标准 | 实测结果 | 自评分 | 得分 |
| 外四方体 | $30_{-0.06}^{\ 0}$mm（3处） | 12分 | 超差不得分 | | | |
| | // 0.04（4处） | 8分 | 超差不得分 | | | |
| | ⊥ 0.03 A B | 4分 | 超差不得分 | | | |
| | ⊥ 0.03 A C | 4分 | 超差不得分 | | | |
| 外六角体 | $32_{-0.06}^{\ 0}$mm（3处） | 9分 | 超差不得分 | | | |
| | ▱ 0.03 | 6分 | 超差不得分 | | | |
| | // 0.06 A | 6分 | 超差不得分 | | | |
| | ⊥ 0.04 A | 10分 | 超差不得分 | | | |
| 锉配 | 配合间隙≤0.06mm | 15分 | 超差不得分 | | | |
| | 表面粗糙度 $Ra=3.2\mu m$ | 6分 | 升高一级不得分 | | | |
| 安全文明生产 | | 10分 | 违者不得分 | | | |
| 实训报告 | | 10分 | 按工艺分析水平及态度评分 | | | |

## 三、锉配Y形模块（角块配合）

锉配Y形模块（角块配合）如图2-75所示。

### （一）工艺分析

通常对于封闭对称形体的锉配件还有正反转换均能配合的要求，如图2-75所示，要确保锉配件能正反转换达到配合精度：

1. 芯件（件Ⅰ）要加工得精确（等边、等角、等尺寸），各项误差控制在最小范围内，具有很高的对称度，并尽量将尺寸公差做在上限，使锉配时有可能做到微量的修正。

2. 锉配时，套件（件Ⅱ）的修锉部位，应在透光与涂色检查后，再从整体情况统筹考虑、各方兼顾、合理确定。特别要注意角度部位的接触，避免因盲目修锉，造成配合面局部出现过大间隙。

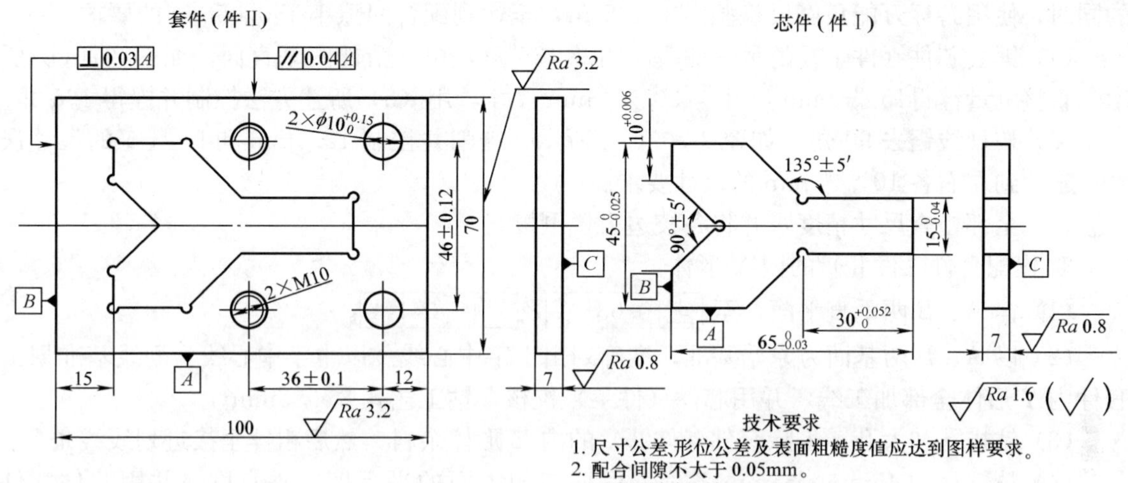


图 2-75　锉配 Y 形模块（角块配合）（材料：Q235）

3. 试配过程中，不要用锤子敲打，以防止将配锉面咬伤，破坏工件表面的平整光洁，产生变形。

此工件的要点、难点是垂直度、135°角和对称度的控制。

（二）加工步骤

1. 检查坯料，去除挂渣、卷口毛刺，检查坯料形状、尺寸是否符合要求。

2. Y 形模块芯件（件Ⅰ）加工，如图 2-76 所示。

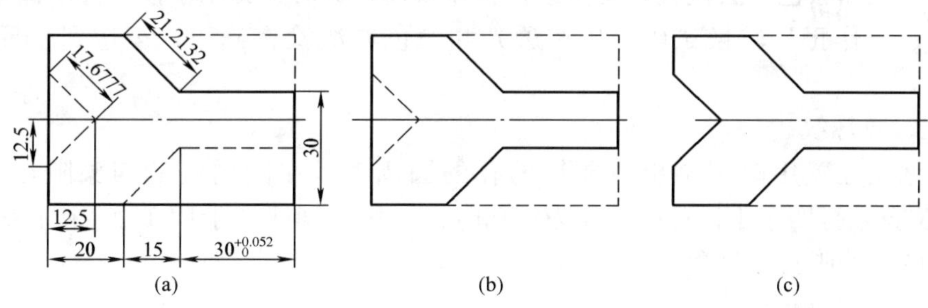

图 2-76　Y 形模块芯件（件Ⅰ）加工过程示意图

(1) 划线锉正长方形，达到尺寸 $65_{-0.03}^{\ 0}$ mm、$45_{-0.025}^{\ 0}$ mm，以及垂直度和平行度要求（**注意：**若仅仅保证对边相等仍不能说明该板料是矩形）。

(2) 以 A、B 两基面作划线基准，准确划出中心线，以中心线为基准划出芯件（件Ⅰ）各平面加工线。线条要细而清晰，样冲眼要细小，位置要准确，并钻工艺孔 $3\times\phi3$mm。

(3) 按划线锯去芯件(件Ⅰ)的一侧垂直角及 135°角，粗、精锉两垂直面，如图 2-76(a) 所示。根据 $45_{-0.025}^{\ 0}$ mm 处的实际尺寸，通过控制 30mm 的尺寸误差值（本处应控制在 $45\times\frac{1}{2}$mm=22.5mm 处的实际尺寸加 $7.5_{-0.02}^{\ 0}$ mm 的范围内，故可得误差值 $30_{-0.02}^{\ 0}$ mm），得到尺寸 $15_{-0.04}^{\ 0}$ mm 的要求；同样，根据 $65_{-0.03}^{\ 0}$ mm 处的实际尺寸，通过控制 35mm 的尺寸误差值（本处应控制在 $65_{-0.03}^{\ 0}$ mm 处的实际尺减去 $30_{\ 0}^{+0.052}$ mm 的范围内）。得到尺寸 $30_{\ 0}^{+0.052}$ mm

的同时，使用游标万能角度尺检验锉得 135°角，至达到配合间隙小于 0.05mm 的要求。

（4）锯去芯件（件Ⅰ）的另一侧垂直角及 135°角，粗、精锉两垂直面，如图 2-76(b)所示，直接测量锉得$15_{-0.04}^{\ 0}$mm 尺寸与 $30_{\ 0}^{+0.052}$mm 尺寸，用（3）所述方法控制并锉得 135°角。

（5）按划线锯去 90°角，如图 2-76（c）所示，锉削并控制 12.5mm 和 90°±5′的尺寸误差，至达到左右各 $10_{\ 0}^{+0.036}$ mm 的尺寸要求。

（6）全部检查尺寸精度，并将各棱边去锐倒棱。

3. 锉配套件（件Ⅱ）的内 Y 形体。

（1）锉 $A$、$B$ 两垂直平面，至 |⊥|0.03|A| 及 |//|0.04|A|。

（2）以 $A$、$B$ 两基面为原始基准，准确划出十字中心线。以十字中心线为划线基准划出套件内 Y 形体全部加工线，并用芯件（件Ⅰ）校核，钻工艺孔 8×$\phi$ 3mm。

（3）钻排孔和大孔，去除套件（件Ⅱ）的内 Y 形体余料，然后粗锉至接近划线线条。

（4）精锉尺寸 45mm×65mm 各面，保证与相关面的平行度、垂直度，并用芯件（件Ⅰ）45mm×65mm 大端试配，达到较紧地配入，且目测形体位置准确（目测尺寸、平面的平直、对称度等程度）。

（5）锉尺寸 30mm×15mm 长方孔三面，至接近划线线条，各面留余量 0.1～0.15mm。

（6）精锉 15mm 端部平面，保证与相关面垂直和平行，并用芯件（件Ⅰ）相关尺寸试配，达到能较紧地配入。

（7）用芯件（件Ⅰ）45mm×65mm 大端试配，检查和精锉 20mm 尺寸两侧面和 21.2132mm 尺寸[图 2-76(a)]两侧面，至达到能较紧地配入，同时保证与相关面的垂直与平行。

（8）用透光和涂色方法检查，逐步进行整体修锉，最后达到用手使芯件（件Ⅰ）推出推时松紧适当；再作正反转换试配，仍按透光和涂色方法检查修正，至达到正反转换配合要求。

4. 钻孔、攻螺纹。

（1）按钻孔位置用圆规画出所要钻的孔的圆周线，在圆周线的四象限点（0°、90°、180°、270°位置）打四个小样冲孔，作为钻孔时检查用，划线要求同 1；经检查无误，再用样冲将中心的样冲眼打大打深。

（2）钻两孔$\phi$ 10mm。

（3）钻两孔$\phi$ 8.5mm，攻内螺纹 2×M10。

5. 复查全部技术要求，各锐边倒棱。

（三）加工要点

1. 为了能对芯件（件Ⅰ）的对称度进行测量控制，$65_{-0.03}^{\ 0}$ mm、$45_{-0.025}^{\ 0}$ mm 及垂直度、平行度必须测量准确，并应取其各点实测值的平均数值。

2. 芯件（件Ⅰ）加工时，只能先去掉一侧垂直角及 135°角料，待加工至符合所要求的公差尺寸后，才能去掉另一侧垂直角及 135°角料。由于受测量工具的限制，只能采用间接测量的方法，来得到所需要的尺寸公差。

3. 此锉配件要求间接锉配，为保证要求的配合间隙，必须认真控制芯件（件Ⅰ）、套件（件Ⅱ）的尺寸误差。

4. 为了达到配合后正反转换精度，在芯件（件Ⅰ）、套件（件Ⅱ）形面加工时，必须控制垂直度误差（包括与C面的垂直）在最小范围内。如果芯件（件Ⅰ）、套件（件Ⅱ）形面没有控制好垂直度，正反转换配合后将出现很大的间隙。

5. 在加工垂直面时，要防止锉刀刀边划伤另一垂直侧面；清角时，锉刀推出要慢要稳，以防锉成塌角。因此锉内垂直面时，必须将锉刀两边进行修锉，使其与锉刀面夹角略小于90°。

6. 在锉配时一般不再加工芯件（件Ⅰ）形面，否则会使其失去精度而无基准，使锉配难以进行。

锉配Y形模块评分标准可参考表2-7。

**表2-7　锉配Y形模块评分表**

| 姓名 | | 学号 | 实训日期 | | 自评总分 | | 教师评分 | |
|---|---|---|---|---|---|---|---|---|
| 项目 | 检测内容 | | 配分 | 评分标准 | | 实测结果 | 自评分 | 得分 |
| 主要项目 | $65_{-0.03}^{0}$ mm | | 5分 | 超差不得分 | | | | |
| | $45_{-0.025}^{0}$ mm | | 5分 | 超差不得分 | | | | |
| | $30_{0}^{+0.052}$ mm | | 5分 | 超差不得分 | | | | |
| | $15_{-0.04}^{0}$ mm | | 5分 | 超差不得分 | | | | |
| | $10_{0}^{+0.036}$ mm | | 5分 | 超差不得分 | | | | |
| | 135°±5′ | | 5分 | 超差不得分 | | | | |
| | 90°±5′ | | 5分 | 超差不得分 | | | | |
| | 配合间隙≤0.05（11处） | | 11分 | 每处超差扣1分 | | | | |
| | 换向间隙≤0.05（11处） | | 11分 | 每处超差扣1分 | | | | |
| | 垂直度 | | 4分 | 超差0.02扣2分，以外不得分 | | | | |
| | 平行度 | | 4分 | 超差0.02扣2分，以外不得分 | | | | |
| 一般项目 | 46±0.12（2处） | | 3分 | 超差0.03扣2分，以外不得分 | | | | |
| | 36±0.1（2处） | | 3分 | 每处超差扣1.5分 | | | | |
| | 2×$\phi$10 | | 3分 | 每处超差扣1.5分 | | | | |
| | 2×M10（配螺栓） | | 2分 | 每处不能配合扣1分 | | | | |
| | $Ra$=3.2μm | | 4分 | 每处超差扣0.5分 | | | | |
| 安全文明生产 | | | 10分 | 违者不得分 | | | | |
| 实训报告 | | | 10分 | 按工艺分析水平及态度评分 | | | | |

# 第三章 车削加工实训

## 目的和要求

1. 了解金属切削加工的基本知识，了解车削加工的工艺特点及加工范围。

2. 熟悉卧式车床的组成及各部分的作用，了解卧式车床的型号及传动系统，掌握卧式车床的主要调整方法并能正确调整卧式车床。

3. 掌握普通车刀的组成、安装与刃磨，了解车刀的主要角度及作用；了解刀具切削部分材料的性能要求及常用刀具材料并能独立刃磨与安装车刀。

4. 熟悉车削时常用的工件装夹方法、特点和应用，了解常用量具的种类和使用方法，了解卧式车床常用附件的大致结构和用途。

5. 掌握车外圆、车端面、车内圆、钻孔、车螺纹以及切槽、切断、车圆锥面、车成形面的车削法和测量方法，熟悉车削所能达到的尺寸精度、表面粗糙度值范围，能独立加工一般中等复杂程度零件并具有一定的操作技能。

6. 了解机械加工车间生产安全技术及简单经济分析。

## 安全技术

1. 要穿戴合适的工作服，长头发要压入帽内，不能戴手套操作。

2. 两人共用一台车床时，只能一人操作并注意他人安全。

3. 卡盘扳手使用完毕后，必须及时取下，否则不能起动车床。

4. 开车前，检查各手柄的位置是否到位，确认正常后才准许开车。

5. 开车后，人不能靠近正在旋转的工件，更不能用手触摸工件的表面，也不能用量具测量工件的尺寸，以防发生人身安全事故。

6. 严禁开车时变换车床主轴转速，以防损坏车床而发生设备安全事故。

7. 车削时，方刀架应调整到合适位置，以防小滑板左端碰撞卡盘爪而发生人身、设备安全事故。

8. 机动纵向或横向进给时，严禁床鞍及中滑板超过极限位置，以防滑板脱落或碰撞卡盘而发生人身、设备安全事故。

9. 发生事故时，立即关闭车床电源。

10. 工作结束后，关闭电源，清除切屑，认真擦净机床，加油润滑，以保持良好的工作环境。

# 项目一　概　　述

## 基本知识

### 一、车削特点及加工范围

#### （一）车削工作的特点

在车床上，工件旋转，车刀在平面内作直线或曲线移动的切削称为车削。车削是以工件旋转为主运动、车刀纵向或横向移动为进给运动的一种切削加工方法，车外圆时各种运动的情况如图 3-1 所示。

#### （二）车削加工范围

凡具有回转体表面的工件，都可以在车床上用车削的方法进行加工，此外，车床还可以绕制弹簧。卧式车床的加工范围如图 3-2 所示。

车削加工工件的尺寸公差等级一般为 IT9～IT7，其表面粗糙度值 $Ra=3.2\sim1.6\mu m$。

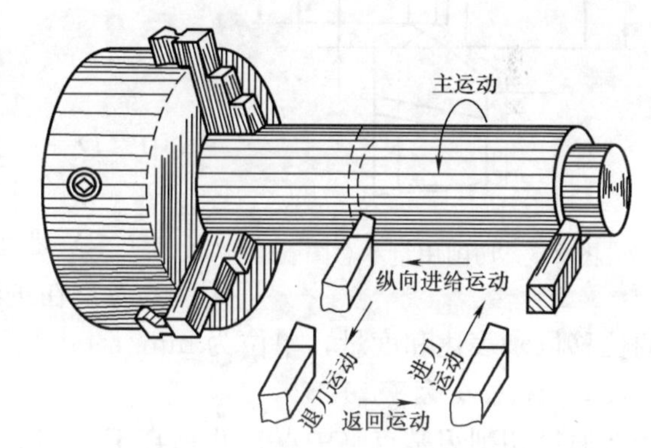


图 3-1　车削运动

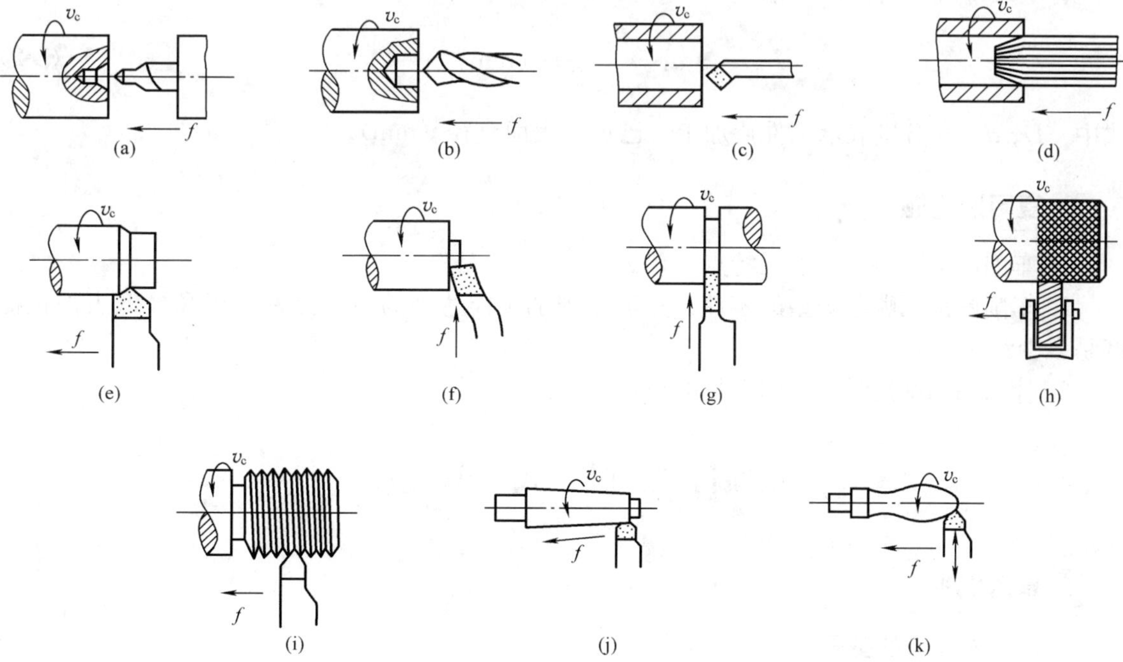


图 3-2　车削加工范围

（a）钻中心孔；（b）钻孔；（c）镗孔；（d）铰孔；（e）车外圆；（f）车端面；（g）切槽切断；（h）滚花；（i）车螺纹；（j）车锥体；（k）车成形面

## 二、切削用量

在切削加工过程中的切削速度（$v_c$）、进给量（$f$）、背吃刀量（$a_p$）总称为切削用量。车削时的切削用量如图 3-3 所示，切削用量的合理选择对提高生产率和切削质量有着密切关系。

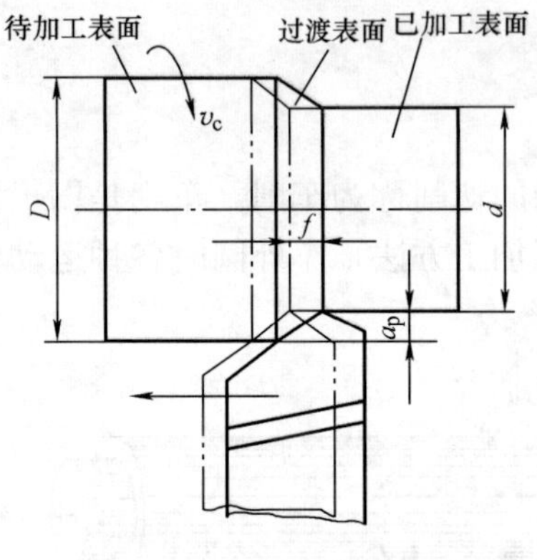


图 3-3 切削用量示意图

### （一）切削速度（$v_c$）

切削刃选定点相对于工件的主运动的瞬时速度，单位为 m/s 或 m/min，可用式（3-1）计算：

$$v_c = \frac{\pi D n}{1000}\ (\text{m/min})$$

$$= \frac{\pi D n}{1000 \times 60}\ (\text{m/s}) \qquad (3\text{-}1)$$

式中 $D$——工件待加工表面直径（mm）；

$n$——工件每分钟的转速（r/min）。

### （二）进给量（$f$）

刀具在进给运动方向上相对工件的位移量，用工件每转的位移量来表达和度量，单位为 mm/r。

### （三）背吃刀量（$a_p$）

在通过切削刃基点（中点）并垂直于工作平面的方向（平行于进给运动方向）上测量的吃刀量，即工件待加工表面与已加工表面间的垂直距离，单位为 mm。

背吃刀量可用式（3-2）表达：

$$a_p = \frac{D-d}{2}\ (\text{mm}) \qquad (3\text{-}2)$$

式中 $D$、$d$——分别表示工件待加工、已加工表面直径（mm）。

## 复习思考题

1. 车削的运动特点和加工特点是什么？
2. 车削能加工哪些类型的零件？一般车削加工能达到的最高公差等级和最低表面粗糙度是多少？
3. 什么叫切削用量？切削用量的单位是什么？

# 项目二 卧 式 车 床

## 基本知识

## 一、卧式车床的型号

机床的型号是用来表示机床的类别、特性、组系和主要参数的代号。根据 GB/T 15375—2008《金属切削机床 型号编制方法》的规定，机床型号由汉语拼音字母及阿拉伯数字组成，其表示方法如下：

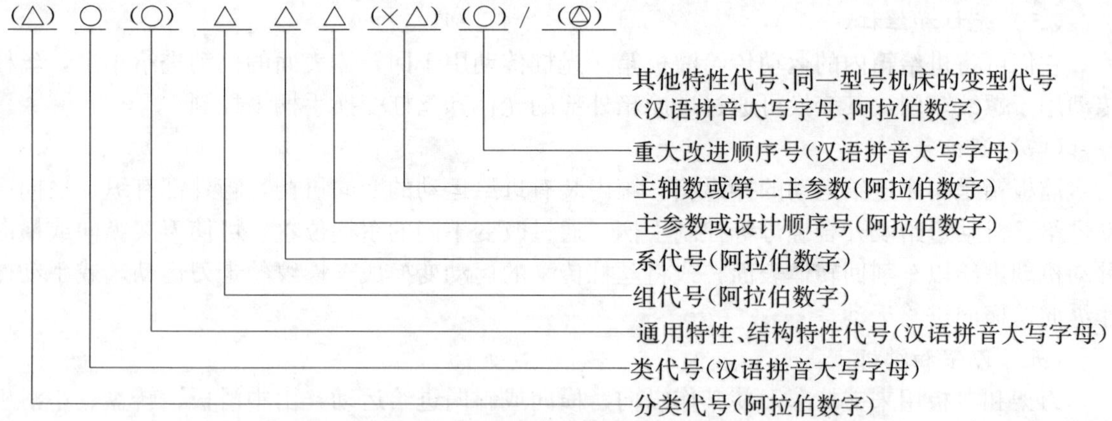


其中带括号的代号或数字，当无内容时则不表示，若有内容时则不带括号。

例如 C6132A：C——类代号，车床类机床；

61——组系代号，卧式；

32——主参数，机床可加工工件最大的回转直径的 1/10，即该机床可加工最大工件直径为 320mm；

A——重大改进顺序号，第一次重大改进。

## 二、卧式车床的组成部分及作用

卧式车床的组成部分主要有主轴箱、进给箱、溜板箱、光杠、丝杠、方刀架、尾座、床身及床腿等，其组成部分如图 3-4 所示。

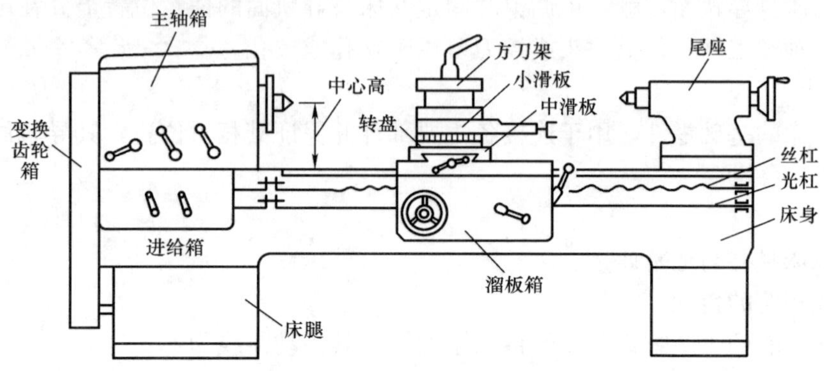


图 3-4　C6132 卧式车床示意图

### （一）主轴箱

箱内装有主轴和主轴变速机构。电动机的运动经普通 V 带传给主轴箱，再经过内部主轴变速机构将运动传给主轴，通过变换主轴箱外部手柄的位置来操纵变速机构，使主轴获得不同的转速，而主轴的旋转运动又通过挂轮机构传给进给箱。

主轴为空心结构：前部外锥面用于安装卡盘和其他夹具来装夹工件，内锥面用于安装顶尖来装夹轴类工件，内孔可穿入长棒料。

### （二）进给箱

箱内装有进给运动的变速机构，通过调整外部手柄的位置，可获得所需的各种不同的进给量或螺距（单线螺纹为螺距，多线螺纹为导程）。

（三）光杠和丝杠

它们可将进给箱内的运动传给溜板箱。光杠传动用于回转体表面的机动进给车削，丝杠传动用于螺纹车削，其变换可通过进给箱外部的光杠和丝杠变换手柄来控制。

（四）溜板箱

溜板箱是车床进给运动的操纵箱。箱内装有进给运动的变向机构，箱外部有纵、横向手动进给、机动进给及开合螺母等控制手柄。通过改变不同的手柄位置，可使刀架纵向或横向移动机动进给以车削回转体表面，或将丝杠传来的运动变换成车螺纹的走刀运动，或手动操作纵向、横向进给运动。

（五）刀架和滑板

刀架和滑板用来夹持车刀使其作纵向、横向或斜向进给运动，由中滑板、转盘、小滑板和方刀架组成。

1. 中滑板。中滑板带动车刀沿移置床鞍上面的导轨作横向移动，手动时，可转动横向进给手柄。

2. 转盘。其上面刻有刻度，与中滑板用螺栓连接，松开其螺母可在水平面内回转任意角度。

3. 小滑板。转动小滑板进给手柄可在转盘导轨面上作短距离移动，如果转盘回转成一定角度，车刀可做斜向运动。

4. 方刀架。方刀架用来装夹和转换车刀，它可同时装夹 4 把车刀。

（六）尾座

其底面与床身导轨面接触，可调整并固定在床身导轨面的任意位置上。在尾座套筒内装上顶尖可夹持轴类工件，装上钻头或铰刀可用于钻孔或铰孔。

（七）床身

床身是车床的基础零件，用于连接各主要部件并保证其相对位置，其导轨用来引导溜板箱和尾座的纵向移动。

（八）床腿

床腿支承床身并与地基连接。

## 三、卧式车床的传动

图 3-5 所示是 C6132 卧式车床的传动系统图，其传动路线为：

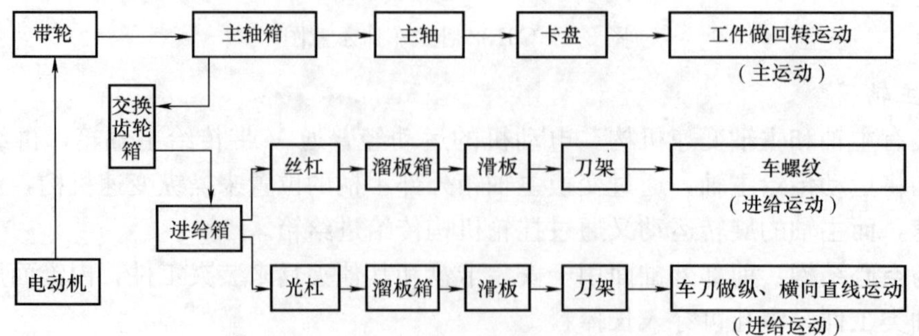


图 3-5 C6132 卧式车床传动路线示意图

这里有两条传动路线：一条是电动机的转动经带传动，再经主轴箱中的主轴变速机构把运动传给主轴，使主轴产生旋转运动，这条运动传动系统称为主运动传动系统；另一条是主轴的旋转运动经交换齿轮机构、进给箱中的齿轮变速机构、光杠或丝杠、溜板箱把运动传给刀架，使刀具纵向或横向移动或在车螺纹时纵向移动，这条传动系统称为进给传动系统。

## 实训操作

C6136 车床操纵系统如图 3-6 所示。

1. 停车练习。为了安全操作，必须进行如下停车练习：

（1）正确变换主轴转速。转动主轴箱上面的主轴变速手柄 2、3 及电动机变速开关 1，可得到各种相对应的主轴转速。当手柄拨动不顺利时，可用手稍转动卡盘即可。

**特别注意：**为免损坏齿轮，必须停机后才可变换主轴转速！

（2）正确变换进给量。进给控制由三个手柄实现。手柄 4 用来控制螺纹旋向，按所选定的进给量查看进给箱上面的标牌，再按标牌上的位置来变换螺距进给量选择手柄 5、6 的位置，即可得到所选定的进给量。

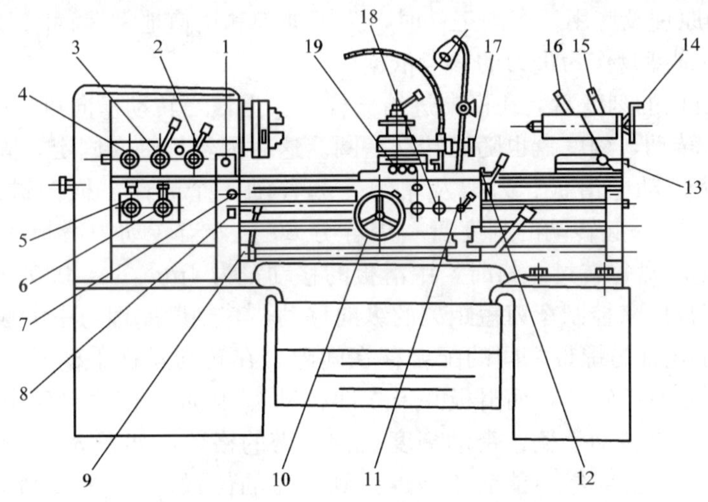


图 3-6　C6132 卧式车床操纵系统图

1—电动机变速开关；2、3—主轴变速手柄；4—左右螺纹转换手柄；5、6—螺距进给量选择手柄；7—急停按钮；8—冷却泵开关；9—正反车手柄；10—床鞍纵向移动手轮；11—开合螺母手柄；12—纵横机动进给选择手柄；13—尾座横向偏移调节螺钉；14—套筒移动手轮；15—尾座体锁紧手柄；16—套筒夹紧手柄；17—小刀架进给手柄；18—手泵润滑手轮；19—刀架横向移动手柄

操纵手柄 5 可实现螺距或进给量的变换，当手柄 5 垂直左右摆动自左至右有 1～6 个挡位变换（图 3-7）；手柄 5 外摆一个角度并左右摆，自左至右也有（A～F）6 个挡位变换。把此两排挡位按照螺距进给量标牌适当组合即可获得螺距和进给量的基本规格。

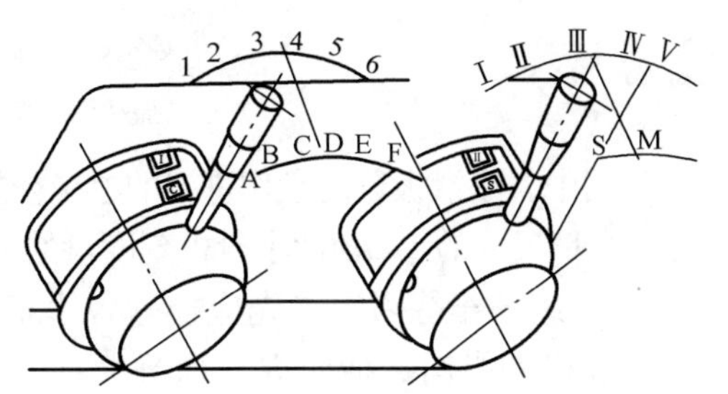


图 3-7　螺距进给量选择手柄示意图

右边的手柄 6 垂直左右摆动，自左至右有（Ⅰ～Ⅴ）5 个挡位，可实现螺距或进给量的成倍增大或缩小（倍增机构）；当手柄外摆左右移动有 S、M 两个挡位，分别接通光杆（S）或丝杆（M）。

提示：进给箱变换手柄 5、6 可在中低速下进行。

(3) 熟练掌握纵向和横向手动进给手轮的转动方向。操作时，左手握纵向进给移动手轮10，右手握横向进给移动手柄19。逆时针转动手轮10，溜板箱左进（移向主轴箱），顺时针转动，则溜板箱右退（退向床尾）；顺时针转动手柄19，刀架前进，逆时针转动，则刀架退回。

(4) 熟练掌握纵向或横向机动进给的操作。如将纵、横机动进给选择手柄12向身体前方推即可横向机动进给；如将手柄12向身体侧后方扳下即可纵向机动进给；如扳到中间则停止纵向或横向机动进给。

**注意：**必须在机床起动后，才可扳动手柄12选择纵向或横向机动进给；停机前，先把手柄12扳到中间位置停止纵向或横向机动进给。

(5) 尾座的操作。尾座靠手动移动，其固定方式是靠紧固螺栓、螺母锁紧的。转动尾座套筒移动手轮14，可使套筒在尾座内移动；转动压紧尾座体锁紧手柄15，可将套筒固定在尾座内。

(6) 刻度盘的原理及应用。车削工件时，为了准确和迅速地掌握背吃刀量，通常利用中滑板或小滑板上的刻度盘作为进刀的参考依据。

① 原理。中滑板的刻度盘装在横向进给丝杠端头上，当转动横向进给手动手柄19一圈时，横向进给丝杆转动，刻度盘也随之转动一圈。这时因丝杆轴向固定，固定在中滑板上与丝杆连接的螺母就带动中滑板、刀架及车刀一起移动一个螺距。横向进给丝杠的螺距为4mm（单线），与手柄一起转动的刻度盘一周等分80格，当转动中滑板手柄一周时，中滑板移动4mm，则刻度盘每转过一格时，中滑板的移动量为4mm/80＝0.05mm。

小滑板的刻度盘用来控制车刀短距离的纵向移动，其刻度原理与中滑板刻度盘相同。

② 应用。由于丝杠与螺母之间的配合存在间隙，在转动丝杠手柄时，滑板会产生空行程（即丝杠带动刻度盘已转动，而滑板并未立即移动）。因此，使用刻度盘时要反向先转动适当角度，再正向慢慢转动手柄，带动刻度盘到所需的格数，如图3-8(a)所示；如果转动时不慎多转动了几格，这时绝不能简单地退回到所需的位置，如图3-8(b)所示，而必须向相反方向退回全部空行程（通常反向转动1/2圈），再重新转动手柄使刻度盘转到所需的刻度位置，如图3-8(c)所示。

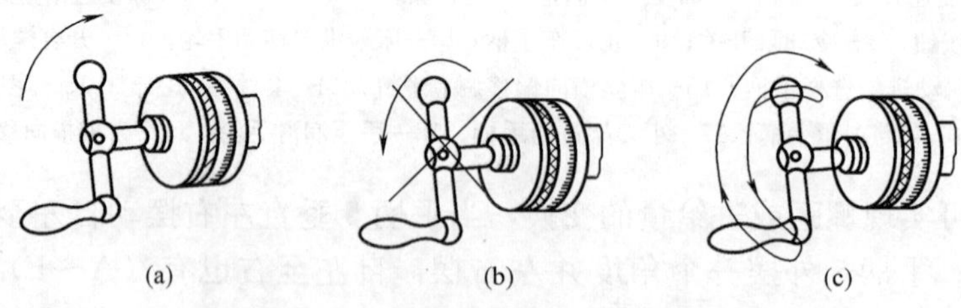


图3-8 消除刻度盘空行程的方法

(a) 正向摇动刻度盘；(b) 错误方法；(c) 正确方法

利用中、小滑板刻度盘作进刀的参考依据时，**必须注意：**中滑板刻度控制的背吃刀量是工件直径上余量尺寸的1/2；而小滑板刻度盘的分度值，则直接表示工件长度方向上的切除量。

2. 低速开车练习。首先应检查各手柄是否处于正确位置，确认其正确无误后再进行主轴起动和机动纵向、横向进给练习。

(1) 主轴起动与停止。电动机起动—主轴转动—停止主轴转动—关闭电动机。

（2）机动进给。电动机起动—主轴转动—手动纵、横进给—机动纵向进给—手动退回—机动横向进给—手动退回—停止主轴转动—关闭电动机。

### 操作要点

1. 开车后严禁变换主轴转速，否则会发生机床事故。开车前要检查各手柄是否处于正确位置，如没有到位，则主轴或机动进给就不会接通。

2. 纵向和横向手动进退方向不能摇错，如把退刀摇成进刀，会使工件报废。

3. 刀架横向移动手柄 19 每转过一格时，刀具横向进给为 0.05mm，其圆柱体直径方向切削量为 0.1mm。

### 复习思考题

1. 说明 C6140 型车床型号的意义。

2. 卧式车床由哪些部分组成？各部分有何作用？

3. 操纵车床时为什么纵、横手动进给（床鞍纵向移动手轮 10、小刀架进给手柄 17、刀架横向移动手柄 19）的进退方向不能摇错？

4. 试变换主轴转速和进给量。

5. 横向进给丝杆螺距为 4mm，刀架横向移动手柄刻线有 80 小格，当刀架横向移动手柄转动 24 小格时，刀具横向移动多少毫米？车外圆时，背吃刀量 $a_p$ 为 1.5mm，对刀试切时刀架横向移动手柄应吃刀多少小格？外径是 22mm 的外圆，要车成 20mm 的外径，对刀试切时刀架横向移动手柄应吃刀多少小格？

## 项目三　车　　刀

### 基本知识

#### 一、车刀的种类和用途

车刀的种类很多，分类方法也不同，一般常按车刀的用途、形状或刀具的材料等进行分类。

车刀按用途分为外圆车刀、内圆车刀、切断或切槽刀、螺纹车刀及成形车刀等。内圆车刀按其能否加工通孔又分为通孔车刀或不通孔车刀。车刀按其形状分为直头或弯头车刀、尖刀或圆弧车刀、左或右偏刀等。车刀按其材料，可分为高速钢车刀或硬质合金车刀等。按被加工表面精度的高低车刀可分为粗车刀和精车刀（如弹簧车刀）。按车刀的结构则分为焊接式和机械夹固式两类，其中机械夹固式车刀按其能否刃磨分为重磨式和不重磨式（转位式）车刀。

图 3-9 所示为车刀按用途分类的情况及所加工的各种表面。

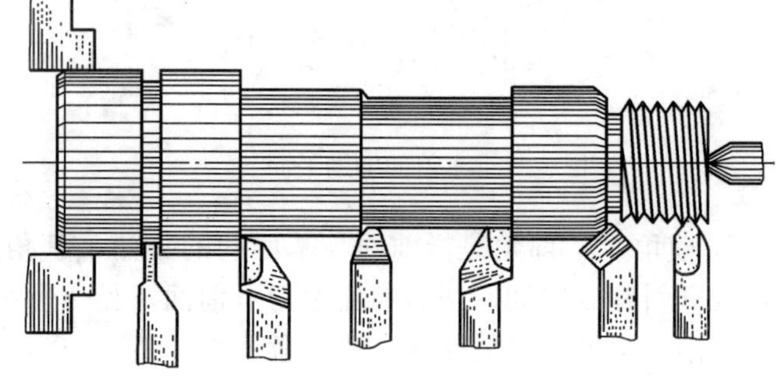


图 3-9　部分车刀的种类和用途

## 二、车刀的组成

车刀是由刀头和刀杆两部分组成，如图 3-10 所示。刀头是车刀的切削部分，刀杆是车刀的夹持部分。

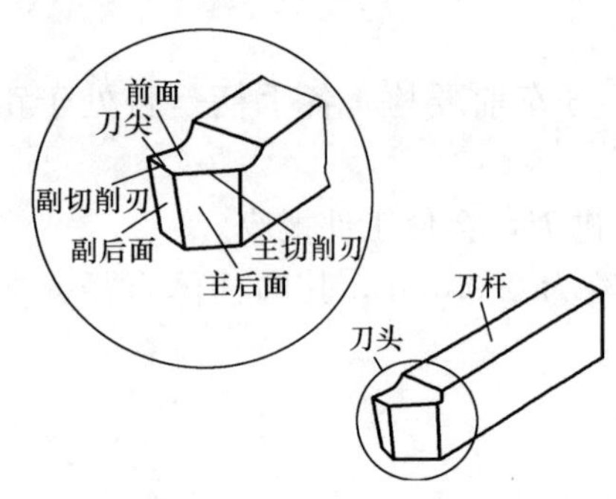


图 3-10 车刀的组成

车刀的切削部分由三面、两刃和一尖组成。

1. 前面。刀具上切屑流过的表面，也是车刀刀头的上表面。

2. 主后面。刀具上同前面相交形成主切削刃的后面。

3. 副后面。刀具上同前面相交形成副切削刃的后面。

4. 主切削刃。起始于切削刃上主偏角为零的点且至少有一段切削刃拟用来在工件上切出过渡表面的那个整段切削刃。

5. 副切削刃。切削刃上除主切削刃部分以外的刃，也起始于主偏角为零的点，但该刃是向着背离主切削刃的方向延伸的。

6. 刀尖。刀尖指主切削刃与副切削刃的连接处相当少的一部分切削刃，实际上刀尖是一段很小的圆弧过渡刃。

## 三、车刀的几何角度及其作用

为了确定车刀切削刃和其前后面在空间的位置，即确定车刀的几何角度，有必要建立三个互相垂直的坐标平面（辅助平面）：基面、切削平面和正交平面，如图 3-11 所示。车刀在静止状态下，基面是过工件轴线的水平面，主切削平面是过主切削刃的铅垂面，正交平面是垂直于基面和主切削平面的铅垂剖面。

车刀切削部分在辅助平面中的位置，形成车刀的几何角度。车刀的主要角度有前角 $\gamma_o$、后角 $\alpha_o$、主偏角 $\kappa_r$、副偏角 $\kappa'_r$，如图 3-12 所示。

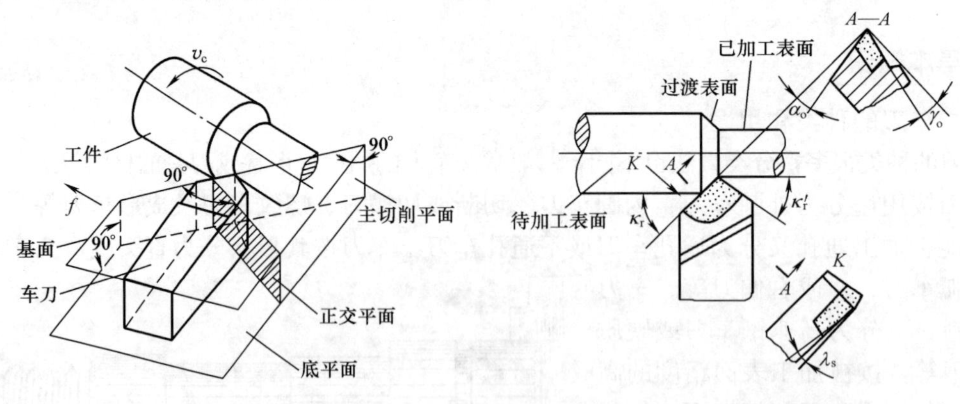


图 3-11 车刀的辅助平面　　图 3-12 车刀的主要角度

1. 前角 $\gamma_o$。前角是指前面与基面间的夹角，其角度可在正交平面中测量。增大前角会使前面倾斜程度增加，切屑易流经刀具前面，且变形小而省力；但前角也不能太大，否则会削弱切削刃强度，容易崩坏。一般前角 $\gamma_o=5°\sim20°$，前角的大小还取决于工件材料、刀具材料及粗、精加工等情况，如工件材料和刀具材料越硬，前角 $\gamma_o$ 应取小值，而在精加工时，前角 $\gamma_o$ 取大值。

2. 后角 $\alpha_o$。后角是指后面与切削平面间的夹角，其角度在正交平面中测量，其作用是减小车削时主后面与工件间的摩擦，降低切削时的振动，提高工件表面加工质量。一般后角 $\alpha_o=3°\sim12°$，超加工或切削较硬材料时后角的取小值，精加工或切削较软材料时取大值。

3. 主偏角 $\kappa_r$。主偏角是指主切削平面与假定工作平面（平行于进给运动方向的铅垂面）间的夹角，其角度在基面中测量。减小主偏角，可使刀尖强度增加，散热条件改善，提高刀具使用寿命，但同时也会使刀具对工件的背向力增大，使工件变形而影响加工质量，如不易车削细长轴类工件等，所以通常主偏角 $\kappa_r$ 取 45°、60°、75°和 90°等几种。

4. 副偏角 $\kappa'_r$。副偏角是指副切削平面（过副切削刃的铅垂面）与假定工作平面（平行于进给运动方向的铅垂面）间的夹角，其角度在基面中测量，其作用是减少副切削刃与已加工表面间的摩擦，以提高工件表面加工质量，一般副偏角 $\kappa'_r=5°\sim15°$。

## 四、车刀的材料

### （一）对刀具材料的基本要求

1. 硬度高。刀具切削部分的材料应具有较高的硬度，其最低硬度要高于工件的硬度，一般要在 60HRC 以上，硬度越高，耐磨性越好。

2. 红硬性好。红硬性好是要求刀具材料在高温下保持其原有的良好的硬度性能，红硬性常用红硬温度来表示。红硬温度是指刀具材料在切削过程中硬度不降低时的温度，其温度越高，刀具材料在高温下耐磨的性能就越好。

3. 具有足够的强度和韧性。为承受切削过程中产生的切削力和冲击力，防止产生振动和冲击，刀具材料应具有足够的强度和韧性，才不会发生脆裂和崩刃。

一般的刀具材料如果硬度高和红硬性好，在高温下必耐磨，但其韧性往往较差，不易承受冲击和振动，反之韧性好的材料往往硬度和红硬温度较低。

### （二）常用车刀的材料

常用车刀的材料主要有高速钢和硬质合金。

1. 高速钢。高速钢是指含有钨（W）、铬（Cr）、钒（V）等合金元素较多的高合金工具钢，其经热处理后硬度可达 62～65HRC。

高速钢的红硬温度可达 500～600℃，在此温度下刀具材料硬度不会降低，仍能保持正常切削，且其强度和韧性都很好，刃磨后刃口锋利，能承受冲击和振动。但由于红硬温度不太高，故允许的切削速度一般为 25～30m/min，所以高速钢材料常用于制造精车车刀或用于制造整体式成形车刀以及钻头、铣刀、齿轮刀具等，其常用牌号有 W18Cr4V 和 W6Mo5Cr4V2 等。

2. 硬质合金。硬质合金是用碳化钨（WC）、碳化钛（TiC）和钴（Co）等材料利用粉末冶金的方法制成的合金，它具有很高的硬度，其值可达 89～90HRA（相当于 74～82HRC）。

硬质合金车刀的红硬温度高达 850～1000℃，即在此温度下仍能保持其正常的切削性能，但另一方面，它的韧性很差、较脆，不易承受冲击、振动且易崩刃。由于红硬温度高，故硬质合金车刀允许的切削速度高达 200～300m/min，因此，使用这种车刀，可以加大切削用量，进行高速强力切削，可显著提高生产率。虽然硬质合金车刀的韧性较差，不耐冲击，但可以制成各种形式的刀片，将其焊接在 45 钢的刀杆上或采用机械夹固的方式夹持在刀杆上，以提高使用寿命。

综上所述，车刀的材料主要采用硬质合金，其他的刀具如钻头、铣刀等材料也广泛采用硬质合金。

常用的硬质合金代号有 P01、P20、P30、K01、K20、K30，其含义参见 GB/T 2075—2007《切削加工用硬切削材料的分类和用途大组和用途小组的分类代号》。

## 实训操作一 刃磨车刀

车刀用钝后，需重新刃磨才能得到合理的几何角度和形状。通常车刀是在砂轮机上用手工进行刃磨的，刃磨车刀的步骤如图 3-13 所示。

1. 磨主后面。按主偏角大小将刀杆向左偏斜，再将刀头向上翘，使主后面自下而上慢慢地接触砂轮[图 3-13(a)]。

2. 磨副后面。按副偏角大小将刀杆向右偏斜，再将刀头向上翘，使副后面自下而上慢慢地接触砂轮[图 3-13(b)]。

3. 磨前面。先将刀杆尾部下倾，再按前角大小倾斜前面，使主切削刃与刀杆底部平行或倾斜一定角度，再使前面自下而上慢慢地接触砂轮[图 3-13(c)]。

4. 磨刀尖圆弧过渡刃。刀尖上翘，使过渡刃有后角，为防止圆弧刃过大，需轻靠或轻摆刃磨[图 3-13(d)]。

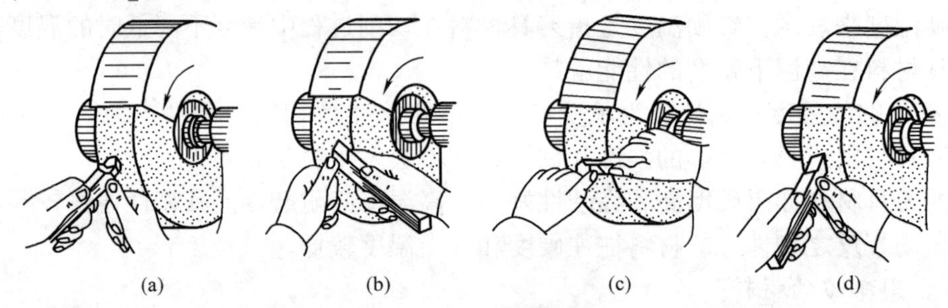


图 3-13 车刀的刃磨步骤

(a) 磨主后面；(b) 磨副后面；(c) 磨前面；(d) 磨刀尖圆弧过渡刃

经过刃磨的车刀，用油石加少量机油对切削刃进行研磨，可以提高刀具寿命和工件表面的加工质量。

按照图 3-14 所示车刀的几何形状和角度，每人刃磨一把车刀。

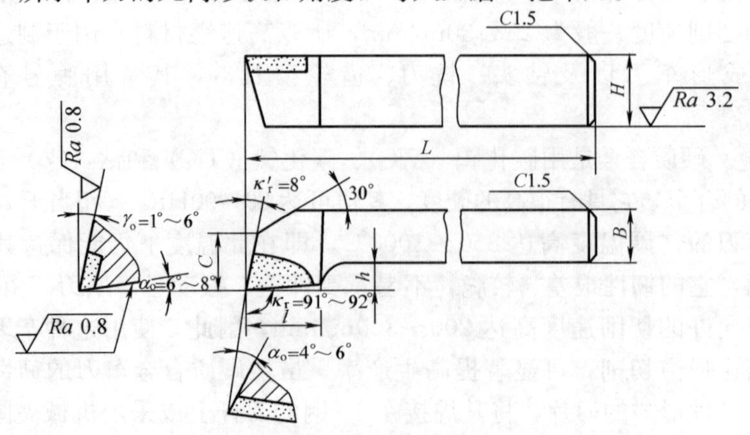


图 3-14 90°外圆车刀

## 实训操作二　安装车刀

锁紧方刀架后，选择不同厚度的刀垫垫在刀杆下面，刀头伸出的长度不能过长，拧紧刀杆紧固螺栓后再使刀尖对准工件中心线，如图 3-15 所示。

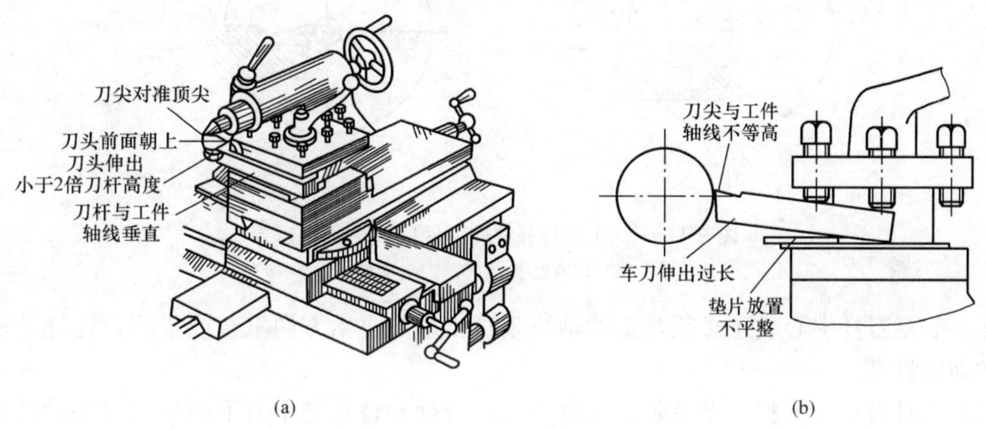


图 3-15　车刀的安装

(a) 正确；(b) 错误

## 操作要点

1. 砂轮的选择。常用的砂轮有氧化铝和碳化硅两类。氧化铝砂轮呈白色，适用于高速钢和碳素工具钢刀具的刃磨；碳化硅砂轮呈绿色，适用于硬质合金刀具的刃磨。砂轮的粗细以粒度号表示，一般有 F36、F60、F80 和 F120 等级别，粒度号越大则表示组成砂轮的磨粒越细，反之则越粗。粗磨车刀应选用粗砂轮，精磨车刀应选用细砂轮。

2. 刃磨车刀时的注意事项。刃磨时，两手握稳车刀，轻轻地接触砂轮，不能用力过猛，以免挤碎砂轮造成事故。利用砂轮的圆周进行车刀磨削时，应经常左右移动，以防止砂轮出现沟槽。不要用砂轮侧面磨削，以免受力后使砂轮破碎。磨硬质合金车刀时，不能蘸水，以防刀片收缩变形而产生裂纹；而磨高速钢车刀时，则必须蘸水冷却，使磨削温度下降，防止刀具变软。同时在安全方面，人要站在砂轮的侧面以防止砂轮崩裂伤人，磨好刀具后要随手关闭电源。

3. 安装车刀时的注意事项。

(1) 安装后的车刀刀尖必须对准工件的回转中心（即与工件轴线等高）[图 3-16(a)]。如车刀刀尖高于工件的回转中心[图 3-16(b)]，会使车刀的实际后角减小，车刀后面与工件之间的摩擦增大；如车刀刀尖低于工件回转中心[图 3-16(c)]，会使车刀的实际前角减小，

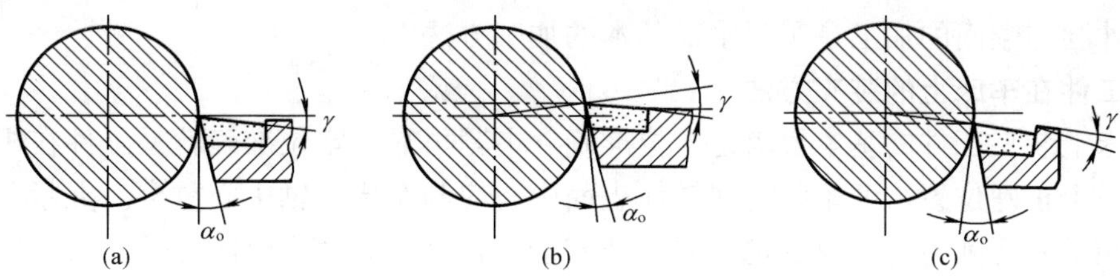


图 3-16　车刀刀尖对准工件回转中心

(a) 正确装夹；(b) 刀尖过高；(c) 刀尖过低

切削阻力增大。车刀刀尖没有对准工件的回转中心，在车削端面至中心时会在工件上留有凸头或造成刀尖崩碎（图3-17）。

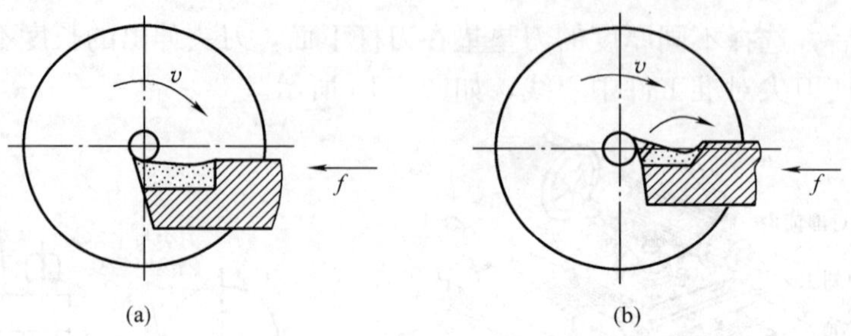


图 3-17 车刀刀尖未对准工件回转中心的后果
（a）留有凸头；（b）刀尖崩碎

（2）车刀刀杆中心线还必须与工件轴线垂直，即与进给方向垂直或平行，这样才能发挥刀具的切削性能。

（3）车刀垫片应平整、无毛刺、厚度均匀。合理调整每把车刀下面所用刀垫的片数，垫片数量应尽量少，垫片应与刀架边缘对齐。

（4）车刀装在刀架上的伸出部分的长度应尽量短，一般为刀杆高度的 1～1.5 倍，应小于车刀刀杆厚度的 2 倍。伸出过长会使其刚性变差，车削时容易引起振动，影响加工质量。

（5）夹紧车刀的紧固螺栓至少拧紧两个，拧紧后扳手要及时取下，以防发生安全事故。

### 复习思考题

1. 车刀按其用途和材料如何进行分类？
2. 绘图标注出外圆车刀和端面车刀的主要几何角度。
3. 前角 $\gamma_0$、后角 $\alpha_0$ 分别表示了哪些刀面在空间的位置？试简述它们的作用。
4. 刃磨和安装车刀时的注意事项是什么？

## 项目四 简单外圆零件加工

### 基本知识

工件外圆与端面的加工是车削中最基本的加工方法。

#### 一、工件在车床上的装夹方法

在车床上装夹工件的基本要求是定位准确、夹紧可靠。定位准确就是工件在机床或夹具中必须有一个正确位置，即车削的回转体表面中心应与车床主轴中心重合。夹紧可靠就是工件夹紧后能承受切削力，不改变定位并保证安全，且夹紧力适度以防工件变形，保证加工工件质量。在车床上常用三爪自定心卡盘、四爪单动卡盘、顶尖、中心架、跟刀架、心轴、花盘和弯板等附件来装夹工件，在成批大量生产中还可以用专用夹具来装夹工件。

(一) 用三爪自定心卡盘装夹工件

三爪自定心卡盘的结构如图 3-18 (a)所示。当用卡盘扳手转动小锥齿轮时，大锥齿轮随之转动，在大锥齿轮背面平面螺纹的作用下，使三个爪同时向中心移动或退出，以夹紧或松开工件。三爪自定心卡盘对中性好，自动定心准确度为 0.05～0.15mm。装夹直径较小的外圆表面情况如图 3-18 (b)所示，装夹较大直径的外圆表面时可用三个反爪进行，如图 3-18 (c)所示。

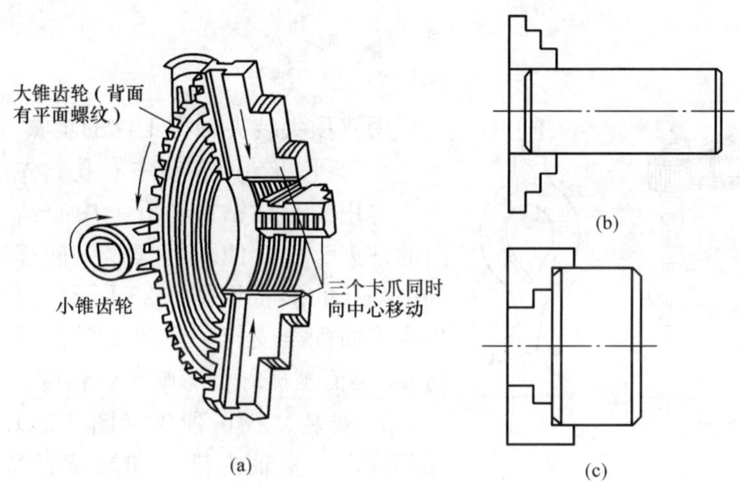


图 3-18 三爪自定心卡盘装夹工件
(a) 三爪自定心卡盘；(b) 正爪装夹；(c) 反爪装夹

(二) 用四爪单动卡盘装夹工件

四爪单动卡盘外形如图 3-19 (a)所示，它的四个爪通过四个螺杆可独立移动，除装夹圆柱体工件外，还可以装夹方形、长方形等形状不规则的工件。装夹时，必须用划线盘或百分表进行找正，以使车削的回转体表面中心对准车床主轴中心。图 3-19 (b)所示为用百分表找正的方法，其精度可达 0.01mm。

(三) 用双顶尖装夹工件

在车床上常用双顶尖装夹轴类工件（图 3-20）。前顶尖为固定顶尖，装在主轴锥孔内同主轴一起转动；后顶尖为活顶尖，装在尾座套筒内，其外壳不转动，顶尖芯与工件一起转动。工件利用其中心孔被顶在前后顶尖之间，通过拨盘和卡头随主轴一起转动。

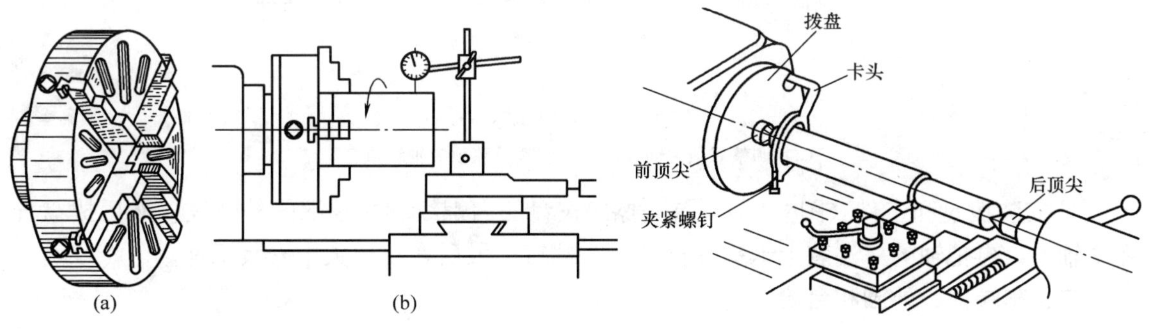


图 3-19 四爪单动卡盘装夹工件
(a) 四爪单动卡盘；(b) 用百分表找正

图 3-20 双顶尖装夹工件

顶尖的结构如图 3-21 所示，卡头的结构如图 3-22 所示。

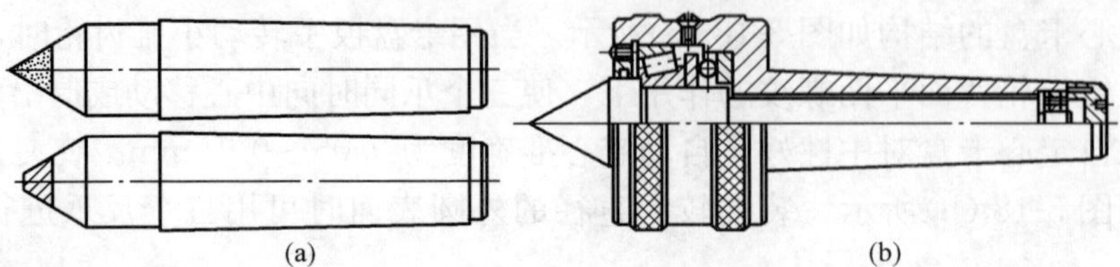


图 3-21 顶尖

(a) 固定顶尖；(b) 活顶尖

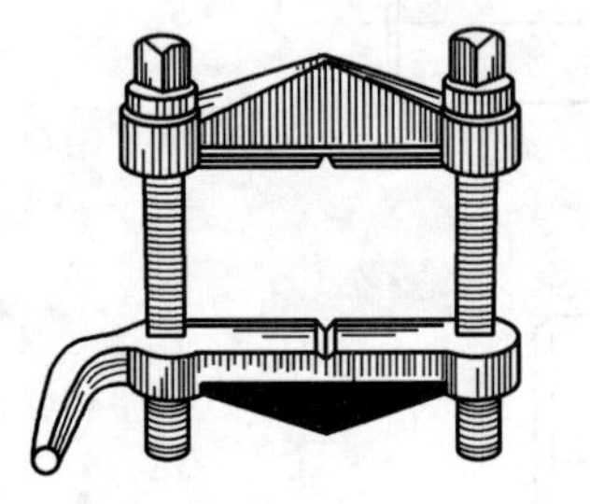
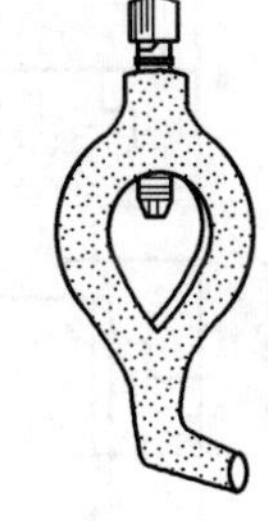

图 3-22 卡头

用双顶尖装夹轴类工件的步骤：

1. 车平两端面、钻中心孔。先用车刀把端面车平，再用中心钻钻中心孔。中心钻安装在尾座套筒内的钻夹头中，使之随套筒纵向移动钻削。中心钻和中心孔的形状如图 3-23 所示。中心孔 60°锥面与顶尖锥面配合支撑，B 型 120°锥面是保护锥面，以防 60°锥面被碰坏而影响定位精度。

2. 安装、找正顶尖（图 3-24）。安装时，顶尖尾部锥面、主轴内锥孔和尾座套筒锥孔必须擦净，然后把顶尖用力推入锥孔内。找正时，可调整尾座横向位置，使前后顶尖对准为止；如果前后顶尖未对准，轴将被车成锥体。

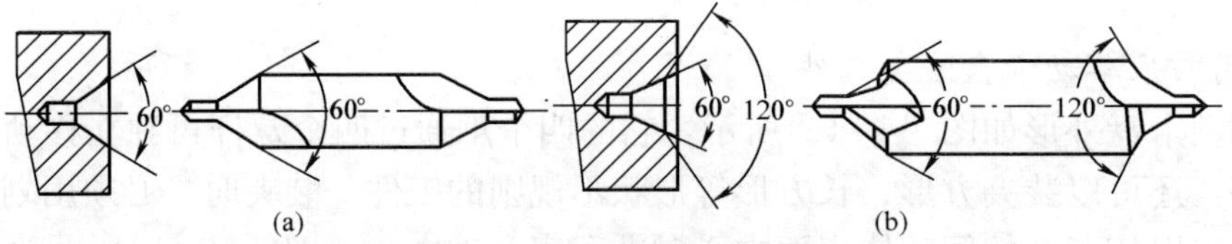


图 3-23 中心钻与中心孔

(a) A 型；(b) B 型

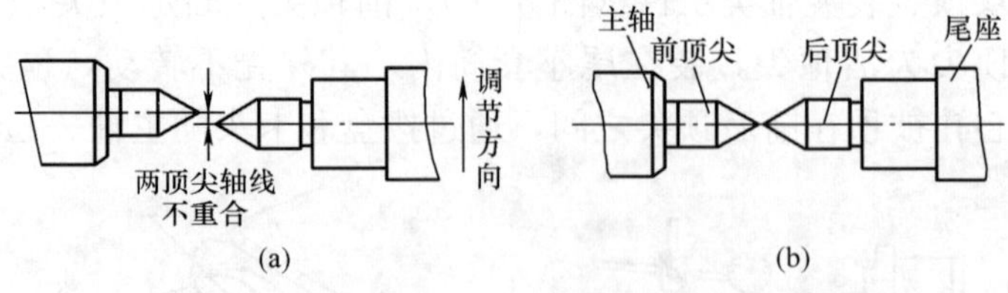


图 3-24 找正顶尖

(a) 调整双顶尖轴线；(b) 调整后双顶尖轴线重合

3. 安装拨盘和工件（图 3-25）。首先擦净拨盘的内螺纹和主轴端的外螺纹，然后拨盘拧在主轴上，再把轴的一端装上卡头并拧紧卡头螺钉，最后在双顶尖中安装工件。

## 二、车端面、外圆和台阶

### （一）车端面

对工件端面进行车削的方法称为车端面。车端面采用端面车刀，当工件旋转时，移动床

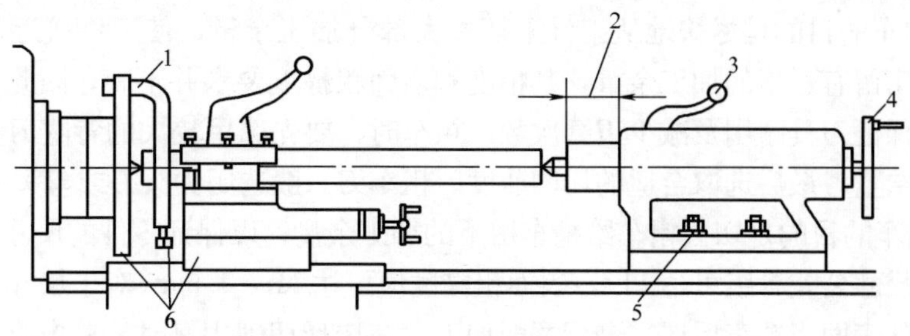


图 3-25　安装工件

1—拧紧卡头；2—调整套筒伸出长度；3—锁紧套筒；4—调节工件顶尖松紧；
5—将尾座固定；6—刀架移至车削行程左端，用手转动拨盘，检查是否会碰撞

鞍（或小滑板）控制吃刀量，中滑板横向走刀便可进行车削。车削可由工件外缘向中心进行车削，也可由中心向外缘车削；若使用 90°右偏刀车削，应采取由中心向外缘车削的方式，如图 3-26 所示。

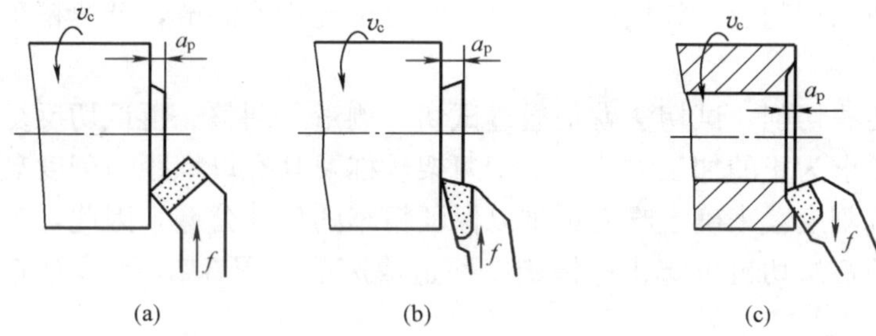


图 3-26　车端面

（a）弯头车刀车端面；（b）偏刀向中心走刀车端面；（c）偏刀向外走刀车端面

车端面时应注意：刀尖要对准工件中心，以免车出的端面留下小凸台。由于车削时被切部分直径不断变化，从而引起切削速度的变化，所以车大端面时要适当调整转速，使车刀在靠近工件中心处的转速高些，靠近工件外圆处的转速低些。车后的端面不平整是由于车刀磨损或吃刀量过大导致床鞍移动造成的。因此要及时刃磨车刀并可将移置床鞍紧固在床身上。

（二）车外圆

将工件车削成圆柱形外表面的方法称为车外圆，车外圆的几种情况如图 3-27 所示。

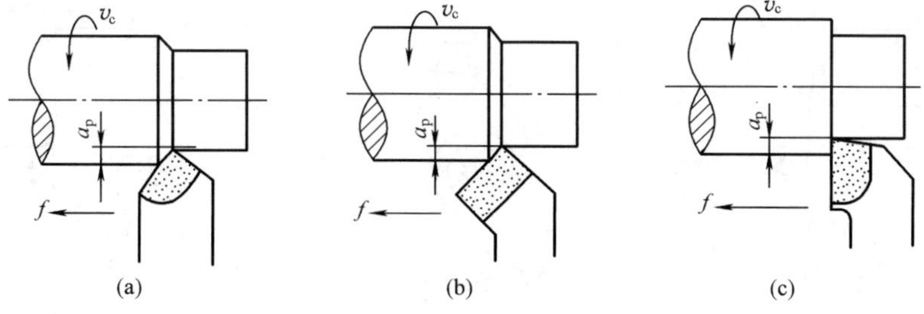


图 3-27　外圆车削

（a）尖刀车外圆；（b）弯头刀车外圆；（c）偏刀车外圆

车削方法一般采用粗车和精车两个步骤：

1. 粗车。粗车的目的是尽快地从工件上切去大部分加工余量，使工件接近最后的形状和尺寸。粗车要给精车留有适当的加工余量，其精度和表面粗糙度要求并不高，因此粗车的目的是提高生产率。为了保证刀具耐用及减少刃磨次数，粗车时，要先选用较大的背吃刀量，其次根据可能，适当加大进给量，最后选取合适的切削速度。粗车刀一般选用尖头刀或弯头刀。

2. 精车。精车的目的是切去粗车给精车留下的加工余量，以保证零件的尺寸公差和表面粗糙度。精车后工件尺寸公差等级可达 IT7，表面粗糙度值可达 $Ra=1.6\mu m$ 对于尺寸公差等级和表面粗糙度要求更高的表面，精车后还需进行磨削加工。在选择切削用量时，首先应选取合适的切削速度（高速或低速），再选取进给量（较小），最后根据工件尺寸来确定背吃刀量。

精车时为了保证工件的尺寸精度和减小粗糙度可采取下列几点措施：

（1）合理的选择精车刀的几何角度及形状。如加大前角可使刃口锋利，减小副偏角和刀尖圆弧能使已加工表面残留面积减小，前后刀面及刀尖圆弧用油石磨光等。

（2）合理地选择切削用量。在加工钢等塑性材料时，采用高速或低速切削可防止出现积屑瘤。另外，采用较小的进给量和背吃刀量可减少已加工表面的残留面积。

（3）合理地使用切削液。如低速精车钢件时可用乳化液润滑，低速精车铸铁件时可用煤油润滑等。

（4）采用试切法切削。试切法就是通过试切—测量—调整—再试切反复进行的方法使工件尺寸达到符合要求为止的加工方法。由于刀架丝杠及其螺母螺距与刻度盘的刻线均有一定的制造误差，仅按刻度盘来确定吃刀量难以保证精车的尺寸公差，因此，需要通过试切来准确控制尺寸。此外，试切也可防止进错刻度而造成废品。图 3-28 所示为车削外圆工件时的试切方法与步骤。

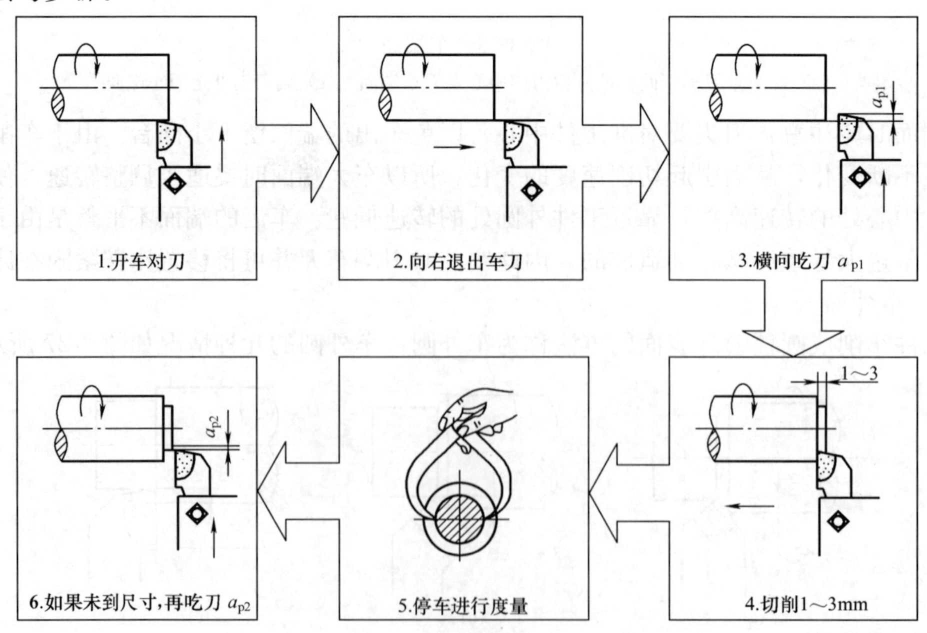


图 3-28 试切方法与步骤

## （三）车台阶

车削台阶处外圆和端面的方法称为车台阶。车台阶常用主偏角 $\kappa_r \geqslant 90°$ 的偏刀车削，在车削外圆的同时车出台阶端面。台阶高度小于 5mm 时可用一次走刀切出，高度大于 5mm 的台阶可用分层法多次走刀后再横向切出，如图 3-29 所示。

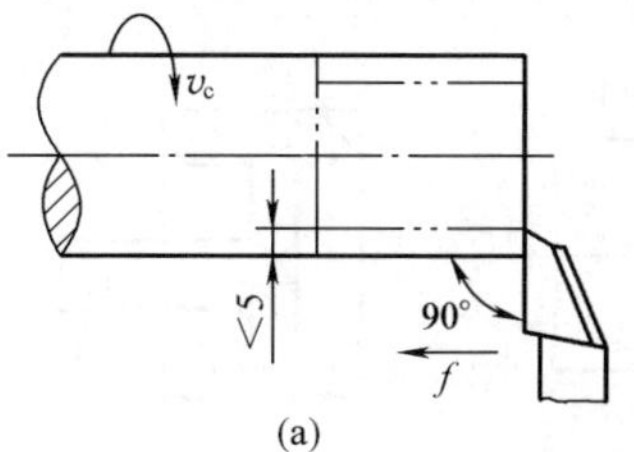


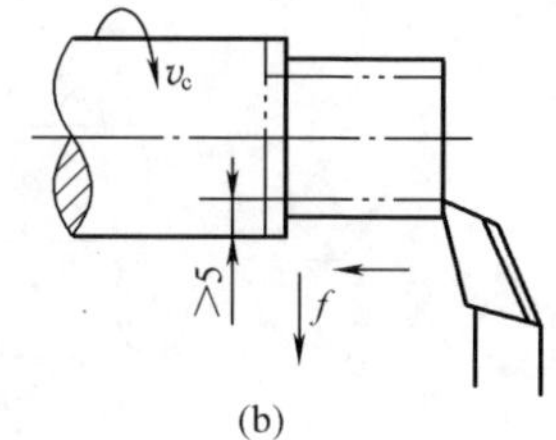


图 3-29 车台阶
(a) 一次走刀；(b) 多次走刀

实际加工中，通常选用 90°外圆车刀（偏刀）。车刀的装夹应根据粗车、精车和余量的多少来调整。粗车时，余量多，为了增大背吃刀量和减少刀尖的压力，车刀装夹时实际主偏角以小于 90°为宜（一般 $\kappa_r=85°\sim90°$）；精车时，为了保证台阶平面与工件轴线的垂直，车刀装夹时实际主偏角应大于 90°（一般 $\kappa_r$ 为 93°左右），如图 3-30 所示。台阶长度的控制和测量方法如图3-31 所示。

## 三、切槽和切断

### （一）切槽

在工件表面上车削沟槽的方法称为切槽。用车削加工的方法所加工出槽的形状有外槽、内槽和端面槽等，如图 3-32 所示。

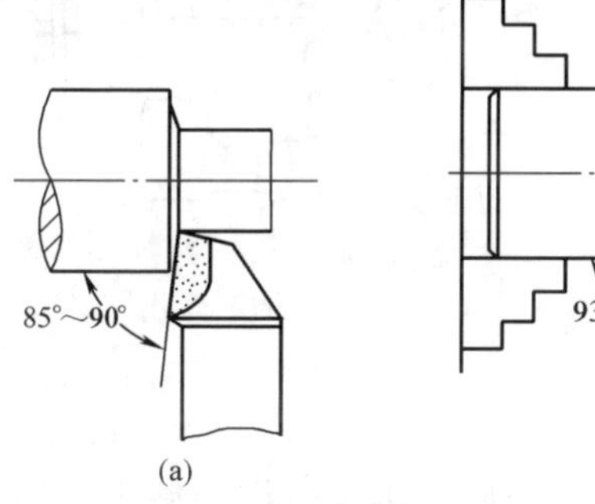


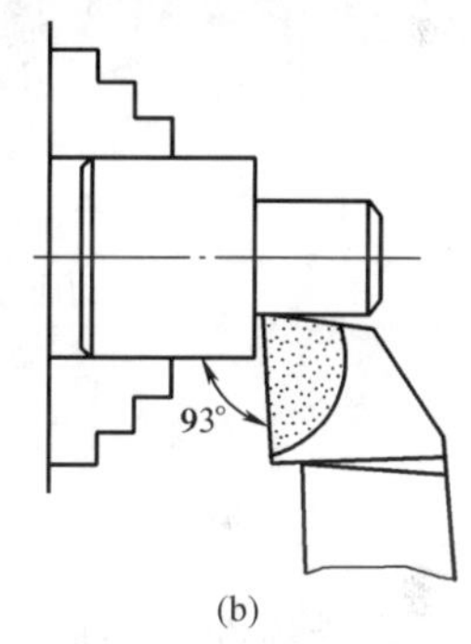


图 3-30 车台阶的偏刀装夹位置
(a) 粗车时；(b) 精车时

轴上的外槽和孔的内槽均属退刀槽。退刀槽的作用是车削螺纹或进行磨削时便于退刀，否则该工件将无法加工，同时，在轴上或孔内装配其他零件时，也便于确定其轴向位置。端面槽的主要作用是为了减轻重量，其中有些槽还可以卡上弹簧或装上垫圈等，其作用要根据零件的结构和使用要求而定。

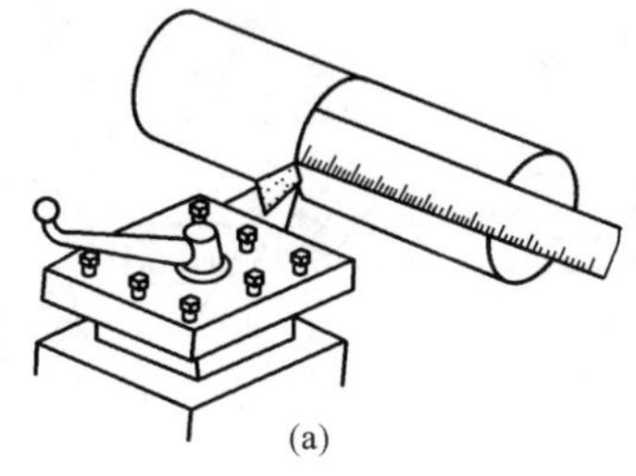


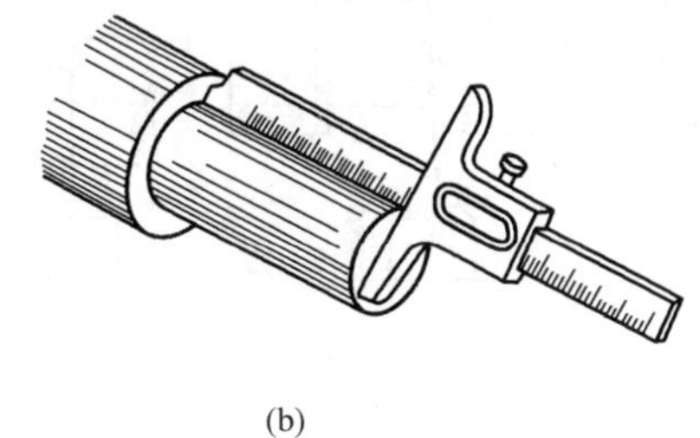


图 3-31 台阶长度的控制和测量
(a) 钢直尺测量；(b) 深度尺测量

1. 切槽刀的角度及安装。轴上槽要用切槽刀进行车削，切槽刀的几何形状和角度如图 3-33 (a) 所示。安装时，刀尖要对准工件轴线，主切削刃平行于工件轴线，两侧副偏角一定要对称相等（1°～2°），两侧刃副后角也需对称（0.5°～1°，切不可一侧为负值，以防刮伤槽的端面或折断刀头），切槽刀的安装如图 3-33 (b) 所示。

2. 切槽的方法。切削宽度在 5mm 以下的窄槽时，可采用主切削刃的宽度等于槽宽的切槽刀，在一次横向进给中切出。

切削宽度在 5mm 以上的宽槽时，一般采用先分段横向粗车，如图 3-34 (a) 所示，在

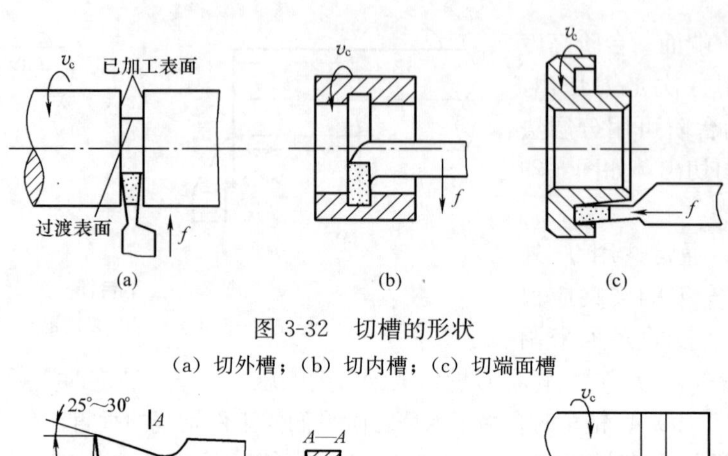


图 3-32 切槽的形状

(a) 切外槽；(b) 切内槽；(c) 切端面槽

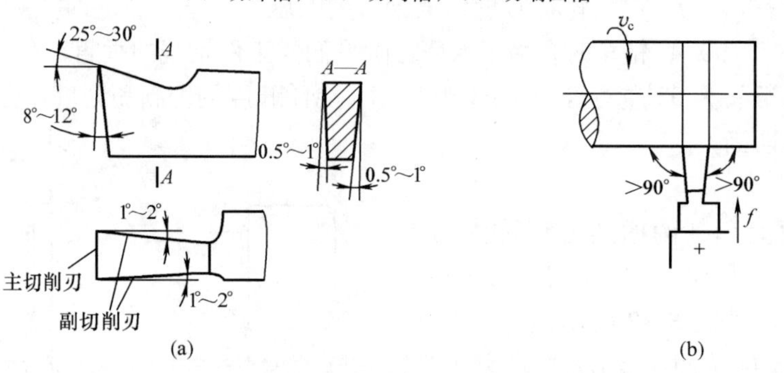


图 3-33 切槽刀及安装

(a) 切槽刀；(b) 安装

最后一次横向切削后，再进行纵向精车的加工方法，如图 3-34（b）所示。

3. 切槽的尺寸测量。槽的宽度和深度粗略测量时可用钢直尺，也可用游标卡尺和千分尺测量。图 3-35 所示为测量外槽时的情形。

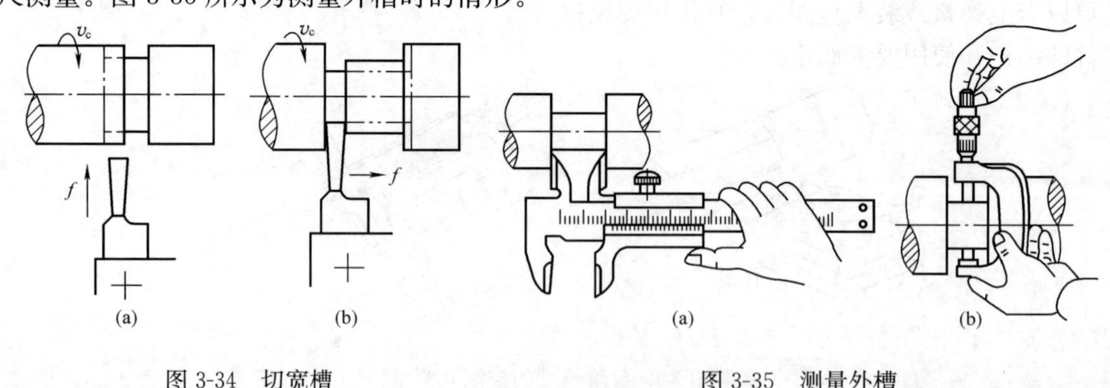


图 3-34 切宽槽

(a) 横向粗车；(b) 精车

图 3-35 测量外槽

(a) 用游标卡尺测量槽宽；(b) 用千分尺测量槽的底径

（二）切断

把坯料或工件分成两段或若干段的车削方法称为切断（图 3-36），主要用于圆棒料按尺寸要求下料或把加工完的工件从坯料上切下来。

1. 切断刀。切断刀与切槽刀形状相似，不同点是刀头窄而长，容易折断，因此，用切断刀也可以切槽，但不能用切槽刀来切断。

切断时，刀头伸进工件内部，散热条件差，排屑困难，易引起振动，如不注意刀头就会折断，因此，必须合理地选择切断刀。切断刀的种类很多，按材料可分为高速钢和硬质合金两种，按结构又分为整体式、焊接式、机械夹固式等几种。通常为了改善切削条件，常用整体式高速钢切断刀进行切断，图 3-37 所示为高速钢切断刀的几何角度。图 3-38 所示为弹性切断刀，在切断过程中，这种刀可以减少产生的振动和冲击，提高切断的质量和生产率。

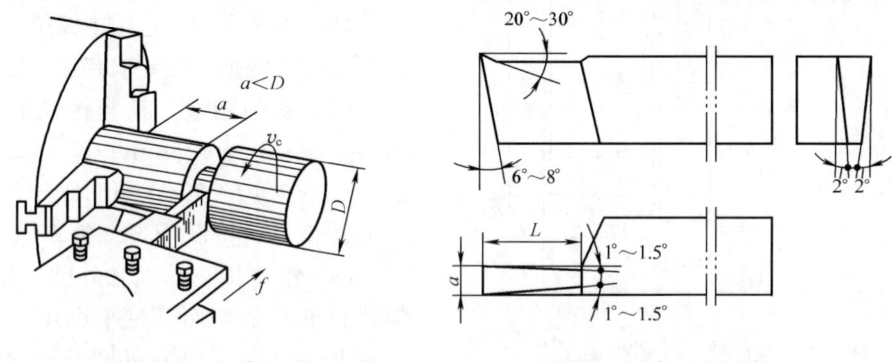


图 3-36 切断　　图 3-37 高速钢切断刀

2. 切断方法。常用的切断方法有直进法和左右借刀法的两种（图 3-39）。直进法常用于切削铸铁等脆性材料，左右借刀法常用切削钢等塑性材料。

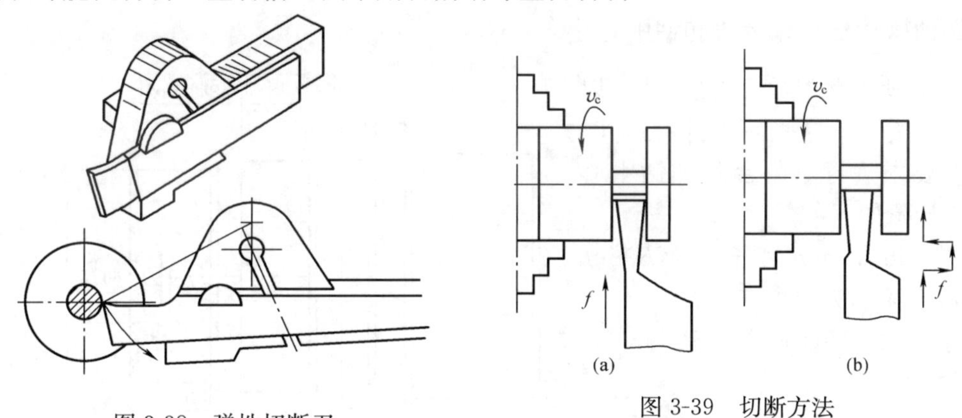


图 3-38 弹性切断刀

图 3-39 切断方法

（a）直进法；（b）左右借刀法

## 实训操作一 粗车外圆及端面

选取直径为$\phi$ 90mm、长度为 125mm 的灰铸铁棒料（HT150）为毛坯，粗车后的直径为$\phi$ 85mm、长度为 120mm。

1. 装夹工件。由于铸件毛坯表面粗糙不平整，在用三爪自定心卡盘装夹时，一定要使三个爪全部接触外圆表面后再夹紧，以防松动。

2. 安装车刀。选用主偏角 $\kappa_r=45°$的外圆车刀，按要求安装在方刀架上。

3. 切削用量。$a_p \leqslant 2\text{mm}$、$f=0.1\sim0.2\text{mm/r}$、$v_c=60\sim100\text{m/min}$（$n=285\sim476$ r/min），按此切削用量来调整车床。

4. 粗车端面及外圆。先车一端的端面和外圆，再调头装夹车另一端面和外圆。车第一刀的背吃刀量要大于硬皮的厚度，以防刀具磨损，另外，外圆尺寸可用试切法控制。

## 实训操作二 粗、精车外圆和端面

以粗车后的铸铁棒为坯料，按图 3-40 所示工件的尺寸和表面粗糙度要求，进行粗、精

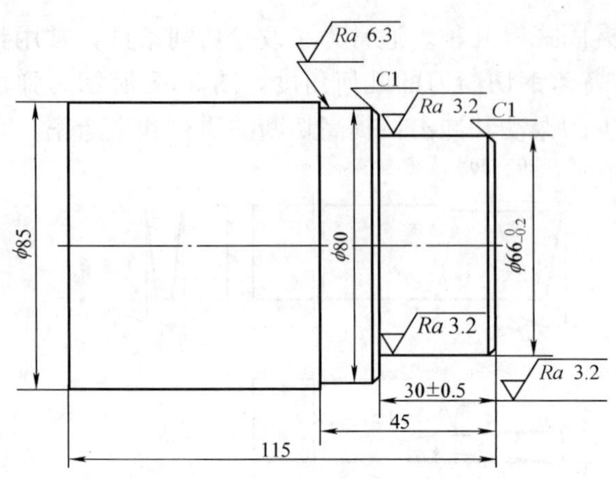


图 3-40 粗、精车外圆和端面工件图（材料：HT150）

车外圆和端面。

（1）装夹工件。用三爪自定心卡盘夹紧工件，其夹紧长度为 50mm 左右。

（2）安装车刀。选用主偏角 $\kappa_r=45°$ 和 $\kappa_r\geqslant 90°$ 的偏刀两把，按要求装在方刀架上。

（3）切削用量。精车铸铁的切削用量为 $a_p=0.1\sim0.5$mm、$f=0.05\sim0.1$mm/r、$v_c=40\sim60$m/min（$n=150\sim225$r/min），精车时按此用量调整车床。

（4）粗、精车端面和外圆。先用 45°外圆端面车刀车端面，见平即可。接下来用 90°外圆偏刀粗、精车外圆及台阶端面，先粗车$\phi$ 80mm×45mm 尺寸，再粗车$\phi$ 67mm×29mm 尺寸，最后用试切法精车$\phi\ 66_{-0.2}^{\ 0}$mm×(30±0.5)mm 尺寸。车好后用 45°车刀倒角。

## 实训操作三 车台阶和钻中心孔

图 3-40 所示为精车后的工件，以它为坯料，按图 3-41 所示工件的尺寸、形位公差要求进行车削台阶和钻中心孔。加工步骤如下：

1. 以$\phi\ 66_{-0.2}^{\ 0}$ mm 和长度为 30mm ±0.5mm 台阶面为定位基准。
2. 车端面，保证长度为 80mm。
3. 钻$\phi$ 4mm 中心孔。
4. 粗、精车$\phi\ 68_{-0.2}^{\ 0}$ mm ×（70 ± 0.2)mm 台阶尺寸。
5. 粗、精车$\phi\ 66_{-0.15}^{\ 0}$ mm ×（55 ± 0.15)mm 台阶尺寸。
6. 粗、精车$\phi\ 54_{-0.1}^{\ 0}$ mm ×（20 ± 0.1)mm 台阶尺寸。
7. 倒角。

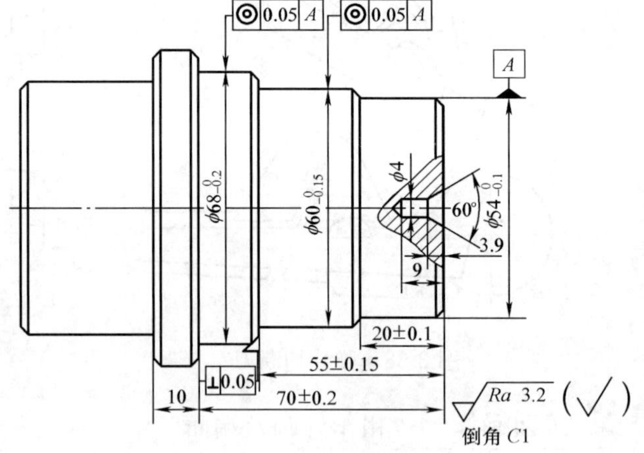


图 3-41 车台阶和钻中心孔工件图（材料：HT150）

## 实训操作四 切槽

以图 3-41 所示的工件为坯料，按图 3-42 所示工件图的要求车削 4mm 宽的窄槽和 10mm 宽的宽槽。车削时，因台阶的轴向尺寸已经车好，对刀时应注意不可再车削台阶的端面。窄槽用直进法车削，宽槽用多次横向粗车再纵向精车的方法车削，而槽的深度利用横向进给刻度盘来控制。

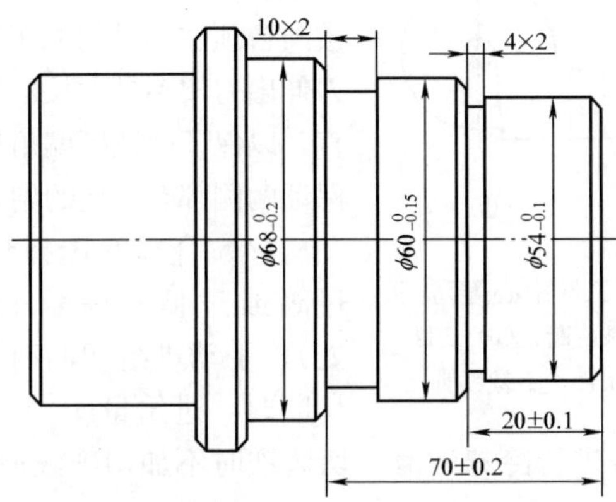


图 3-42 切槽工件图（材料：HT150）

**实训操作五** 下料切断（根据现场生产的实际情况进行下料切断）

**操作要点**

1. 利用刻度盘控制尺寸精度。用试切法试切外圆时，必须利用刀架横向移动手柄刻度盘上的刻线来控制背吃刀量。对刀后，需计算手柄顺时针转动的格数 $n$，可用式（3-3）计算：

$$n=\frac{d_1-d_2}{0.1}(\text{格}) \tag{3-3}$$

式中 $d_1$——对刀时工件的直径（mm）；

$d_2$——要车好的工件直径（mm）；

0.1——吃刀 1 格所切去的圆周余量（mm）。

试切测量的尺寸等于 $d_2$时，即可正式进行车削，如果试切后测量的尺寸大于 $d_2$，则需重新计算吃刀格数试切。

2. 机动进给要求对车床各操作手柄位置非常熟悉。机动进给车削至接近工件中心（横向）或接近所需长度（纵向）时，应停止机动进给，并改用手动进给车至工件中心或长度尺寸，然后退刀、停车。

3. 外圆尺寸的测量，粗略测量时可用钢直尺，一般应使用游标卡尺，还可以用千分尺。

4. 切槽和切断操作简单，但要达到相应的技术要求很不容易，特别是切断，操作时稍不注意，刀头就会折断，其操作注意事项如下：

（1）工件和车刀的装夹一定要牢固，刀架要锁紧以防松动。切断时，切断刀距卡盘应近些，但不能碰上卡盘，以免切断时因刚性不足而产生振动。

（2）切断刀必须有合理的几何角度和形状。一般切钢时前角 $\gamma_o=20°\sim25°$，切铸铁时 $\gamma_o=5°\sim10°$；副偏角 $\kappa'_r=1°30'$；后角 $\alpha_o=8°\sim12°$，副后角叫 $\alpha'_o=2°$；刀头宽度为 3～4mm；刃磨时要特别注意两副偏角及两副后角各自对应相等。

（3）安装切断刀时刀尖一定要对准工件中心。安装位置如低于中心时，车刀还没有切至中心

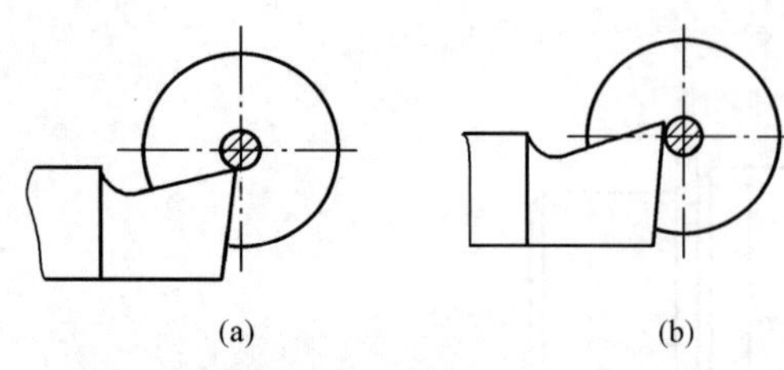


图 3-43　切断刀刀尖应与工件中心等高
(a) 切断刀安装过低，刀头易被折断；(b) 切断刀安装过高，刀具后面顶住工件，不易切削

就会被折断，如高于中心时，车刀在接近中心时会被凸台顶住不易切断工件，如图3-43所示。同时车刀伸出刀架不易太长，车刀对称线要与工件轴线垂直，以保证两侧副偏角相等。另外底面要垫平，以保证两侧都有一定的副后角。

(4) 合理的选择切削用量。切削速度不宜过高或过低，一般 $v_c = 40 \sim 60$m/min（外圆处）。手动进给切断时，进给要均匀，机动进给切断时，进给量 $f=0.05 \sim 0.15$mm/r。

(5) 切钢时需加切削液进行冷却润滑，切铸铁时不加切削液但必要时应使用煤油进行冷却润滑。

**教师演示一**　简单外圆工件加工（图 3-44）

1. 用三爪自定心卡盘夹住工件外圆长 50mm，找正并夹紧。

2. 粗车端面、外圆 $\phi$ 20.5mm，长 30.5mm。

3. 粗车外圆 $\phi$ 16.3mm，长 20mm。

4. 精车端面、外圆 $\phi 16_{-0.2}^{\ 0}$mm，长 20mm，倒角 $C1$，表面粗糙度 $Ra3.2\mu$m。

5. 精车外圆 $\phi$ 20mm ± 0.1mm，长 10.5mm，表面粗糙度 $Ra3.2\mu$m，切断。

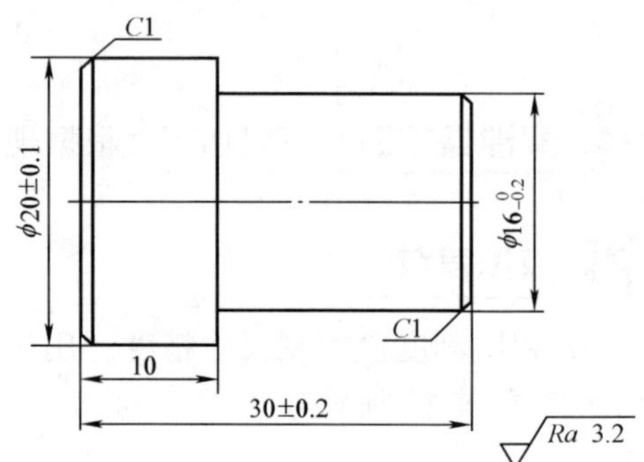


图 3-44　简单外圆工件（材料：HT150）

6. 调头，夹住 $\phi 16_{-0.2}^{\ 0}$mm 外圆，台阶面紧贴卡爪，找正夹紧工件。

7. 精车端面，保证总长 30mm±0.2mm，倒角 $C1$，表面粗糙度 $Ra3.2\mu$m。

8. 检查质量后取下工件。

**教师演示二**　细长轴类工件加工（图 3-45，$\phi$ 40mm×235mm）

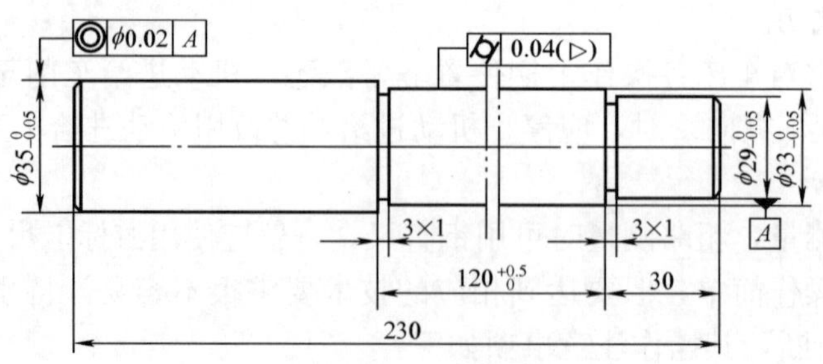


图 3-45　台阶轴（材料：45 钢）

1. 工艺分析。该零件形状较简单，结构尺寸变化不大，为一般用途的轴。

零件有 3 个台阶面、2 个直槽，前后两台阶同轴度公差为 $\phi$ 0.02mm，中段台阶轴颈圆柱度公差为 0.04mm，且只允许左大右小，零件精度要求较高。

因此，加工时应分粗、精加工阶段。粗加工时采用一夹一顶的装夹方法，精加工时采取两顶尖支撑装夹方法，车槽安排在精车后进行。为保证工件对圆柱度的要求，粗加工阶段应找正好车床的锥度。

2. 加工要点。

（1）一夹一顶装夹工件。工件一端用卡盘夹持，另一端用后顶尖支撑。这种装夹方法安全可靠，能承受较大的轴向切削力。但对相互位置精度要求较高的工件，调头车削时找正较困难。

（2）两顶尖支撑装夹工件（图 3-46）。主要用于加工较长或必须经多道工序才能完成的轴类工件。这种装夹方法装夹方便，不需要找正，而且定位精度很高，但其刚度较低，尤其是对粗大笨重的工件装夹时稳定性不够，切削用量的选择受到限制。装夹前必须先在工件两端面加工出合适的中心孔。

（3）通过调整尾座的横向偏移量找正工件的锥度。调整方法是：车出工件右端直径大、左端直径小，尾座应向操作者方向移动；车出工件右端直径小、左端直径大，尾座移动方向则相反，如图 3-47 所示。

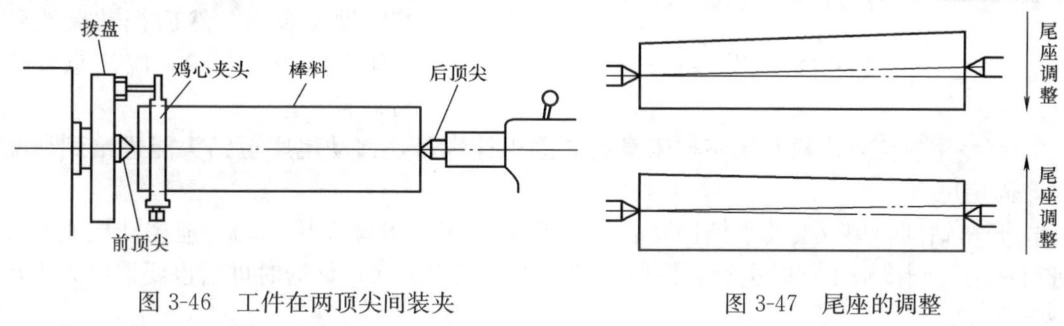


图 3-46　工件在两顶尖间装夹　　图 3-47　尾座的调整

## 复习思考题

1. 车外圆时为什么要分为粗车和精车？粗车和精车应如何选择切削用量？

2. 工件外径尺寸为$\phi$ 67mm，要一刀车成$\phi$ 66.5mm，对刀后刀架横向移动手柄应转过多少小格？如试切测量后尺寸小于$\phi$ 66.5mm，为什么必须将手柄退回两转后再重新对刀试切？

3. 测量外径尺寸有哪些方法？请测量一下。

4. 一般阶梯轴上的几个退刀槽的宽度都相等，为什么？退刀槽的作用是什么？

5. 宽槽和窄槽的深度和宽度尺寸应怎样切削才能保证？

6. 切断时，切断刀易折断的原因是什么？操作过程中怎样防止切断刀折断？

# 项目五　钻 孔 和 车 内 圆

## 基本知识

### 一、钻孔

用钻头在工件上加工孔的方法称为钻孔，钻孔通常在钻床或车床上进行。

#### （一）车床上钻孔与钻床上钻孔的不同点

1. 切削运动不同。钻床上钻孔时，工件不动，钻头旋转并移动，其钻头的旋转运动为主运动，钻头的移动为进给运动。车床上钻孔时，工件旋转，钻头不转动只移动，其工件旋转为主运动，钻头移动为进给运动。

2. 加工工件的位置精度不同。钻床上钻孔需按划线位置钻孔，孔易钻偏，不易保证孔的位置精度。车床上钻孔，不需划线，易保证孔与外圆的同轴度及孔与端面的垂直度。

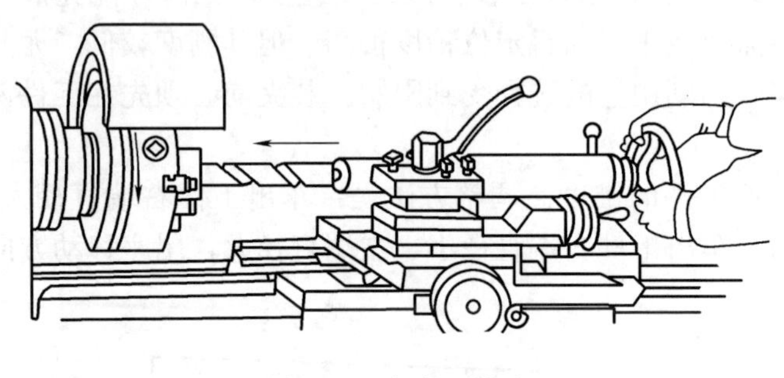

图 3-48　车床上钻孔

（二）车床上的钻孔方法

车床上钻孔方法如图 3-48 所示，其操作步骤如下：

1. 车端面。钻中心孔以便于钻头定心，可防止孔钻偏。

2. 装夹钻头。锥柄钻头直接装在尾座套筒的锥孔内，直柄钻头要装在钻夹头内，然后把钻夹头装在尾座套筒的锥孔内，应注意要擦净后再装入。

3. 调整尾座位置。松开尾座与床身的紧固螺栓螺母，移动尾座至钻头能进给到所需长度时，固定尾座。

4. 开车钻削。尾座套筒手柄松开后（但不宜过松），开动车床，均匀地摇动尾座套筒手轮进行钻削。刚接触工件时进给要慢些，切削中要经常退回，钻透时进给也要慢些，退出钻头后再停车。

5. 钻不通孔时要控制孔深。可先在钻头上利用粉笔画好孔深线再钻削的方法控制孔深，也还可用钢直尺、深度尺测量孔深的方法控制孔深。

钻孔的精度较低，尺寸公差等级在 IT10 级以下，表面粗糙度值 $Ra=6.3\mu m$，因此，钻孔往往是车孔和镗孔、扩孔和铰孔的预备工序。

**二、车内圆**

对工件上的孔进行车削的方法称为车内圆，即车孔。

图 3-49（a）所示为用通孔内圆车刀车通孔，图 3-49（b）所示为用不通孔内圆车刀车不通孔。车内圆与车外圆的方法基本相同，都是通过工件转动及车刀移动的方法从毛坯上切去一层多余金属。在切削过程中也要分粗车和精车，以保证孔的加工质量。

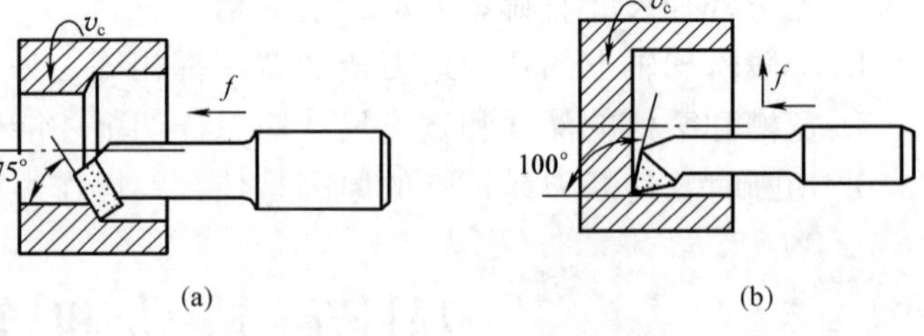


图 3-49　车内圆

（a）车通孔；（b）车不通孔

车内圆与车外圆的方法虽然基本相同。

由于车内圆时的工作条件比车外圆差，所以车内圆的精度较低，一般尺寸公差等级为 IT8～IT7，表面粗糙度 $Ra=3.2\sim1.6\mu m$。

## 操作要点

1. 在车床上钻孔时的注意事项。

(1) 修磨横刃。钻削时因进给力大会使钻头产生弯曲变形，影响加工孔的形状，而且进给力过大时钻头易折断。修磨横刃、减少横刃宽度可以大大减小进给力，这样就改善了切削条件，可提高孔的加工质量。

(2) 切削用量适度。开始钻削时进给量应小些，以使钻头能对准工件中心；钻头头部进入工件后进给量应大些，以提高生产率；快要钻透时进给量应小些，以防折断钻头。钻大孔时车床旋转速度应低些，而钻小孔时转速应高些，即使切削速度适度以改善钻小孔时的切削条件。

(3) 操作要正确。装夹钻头时，钻头的中心必须对准工件的中心，以防孔径钻大。调整尾座后，尾座的位置必须能保证钻孔的深度。钻削时，尾座套筒应松紧适度、进给均匀，这些措施都可防止孔被钻偏。

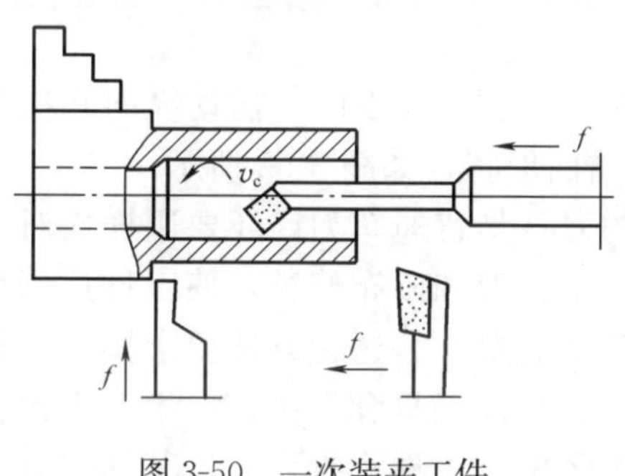


图 3-50 一次装夹工件

2. 车内圆时的注意事项。

(1) 一次装夹工件（图 3-50）。车内圆时，如果孔与某些表面有位置公差要求（孔与外圆表面的同轴度、与端面的垂直度等），则工件必须在一次装夹中完成孔与这些表面的全部切削任务，否则难以保证其位置公差要求。如必须两次装夹工件时，则应找正工件后再切削，这样才能保证工件质量。

(2) 车刀的选择与安装。加工通孔选择通孔内圆车刀，加工不通孔选择不通孔内圆车刀。在方刀架上安装好车刀后，一定要在不开车的情况下手动试走一遍，确实不妨碍车刀工作后再开车切削。

(3) 吃刀方向要正确。试切时刀架横向移动手柄转向不能摇错，逆时针转动为吃刀，顺时针转动为退刀，与车外圆正好相反。如摇错，把退刀摇成吃刀，则造成工件的报废。

## 复习思考题

1. 车床上钻孔与钻床上钻孔有什么不同？车床上如何钻孔？

2. 内圆直径测量尺寸为$\phi$ 22.5mm，要车成$\phi$ 23mm 的孔，对刀后刀架横向移动手柄应吃刀多少小格？是逆时针转动还是顺时针转动？

3. 为什么在车削对位置精度有要求的工件各表面时，必须在一次装夹中完成各表面的切削？

# 项目六 车成形面与表面修饰

## 基本知识

### 一、车成形面

用成形加工方法进行的车削称为车成形面。

（一）成形面的用途

有些零件如手柄、手轮、圆球等，为了使用方便且美观、耐用等原因，它们的表面不是平直的，而要做成曲面；有些零件如材料力学实验用的拉伸试验棒、轴类零件的连接圆弧等，为了使用上的某种特殊要求需把表面做成曲面。上述的这种具有曲面形状的表面被称为成形面（或特形面），如图 3-51 所示。

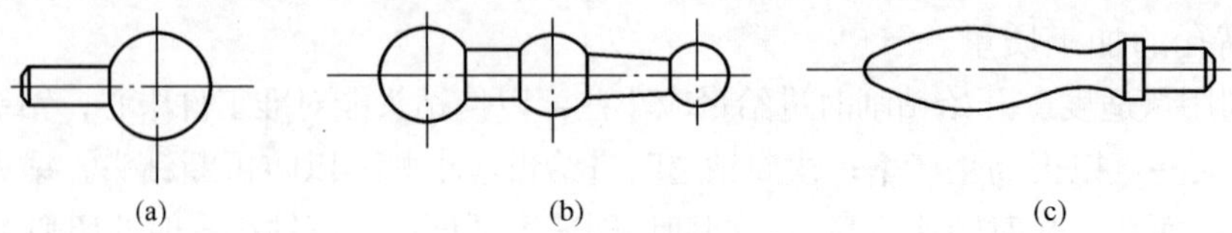


图 3-51 具有成形面的零件

（a）圆球（单球）手柄；（b）圆球（三球）手柄；（c）橄榄手柄

（二）成形面的车削方法

成形面的车削方法有下面几种：

1. 用普通车刀车削成形面。该方法也称为双手摇法，它是靠双手同时摇动纵向和横向移动手柄进行车削的，以使刀尖的运动轨迹符合工件的曲面形状，如图 3-52 所示。

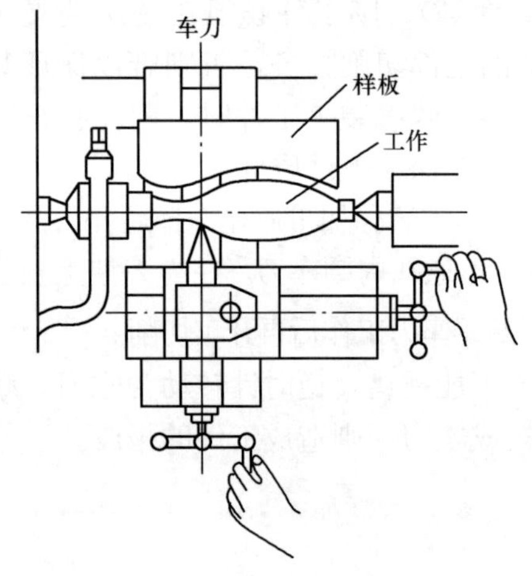


图 3-52 双手控制法车成形面

车削时所用的刀具是普通车刀，还要用样板对工件反复度量，最后用锉刀和砂布修整，使工件达到尺寸公差和表面粗糙度的要求。这种方法要求操作者具有较高技术，但不需特殊工具和设备，在生产中被普遍采用。这种方法多用于单件小批生产，其加工方法如图 3-53 所示。

（1）圆球部分长度计算。单球手柄（图 3-54）的圆球部分长度 $L$ 按式（3-4）计算：

$$L=\frac{1}{2}(D+\sqrt{D^2-d^2}) \tag{3-4}$$

式中 $L$——圆球部分的长度（mm）；

$D$——圆球的直径（mm）；

$d$——柄部直径（mm）。

（2）车刀移动速度分析。双手控制法车圆球时，车刀刀尖在圆球各不同位置处的纵、横向进

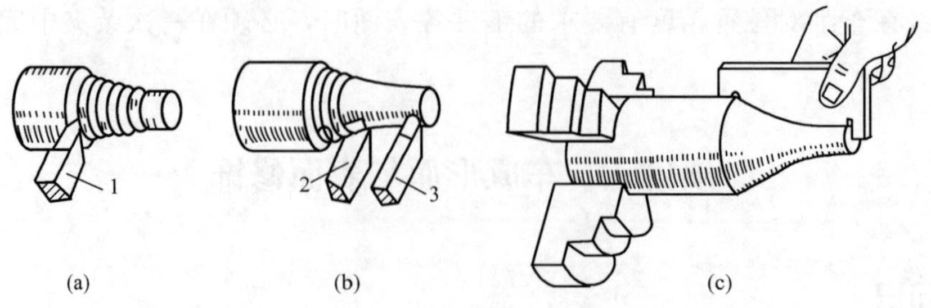


图 3-53 普通车刀车成形面

（a）粗车台阶；（b）用双手控制粗、精车轮廓；（c）用样板测量

1—尖刀；2—偏刀；3—圆弧刀

给速度是不相同的，如图 3-55 所示。车刀从 $a$ 点出发至 $c$ 点，纵向进给速度由快→中→慢；横向进给速度则由慢→中→快。也就是在车削 $a$ 点时，中滑板度横向进给速度要比床鞍（或小滑板）的纵向进给速度慢；在车削 $b$ 点时，横向与纵向进给速度基本相等；在车削 $c$ 点时，横向进给速度要比纵向进给速度快。

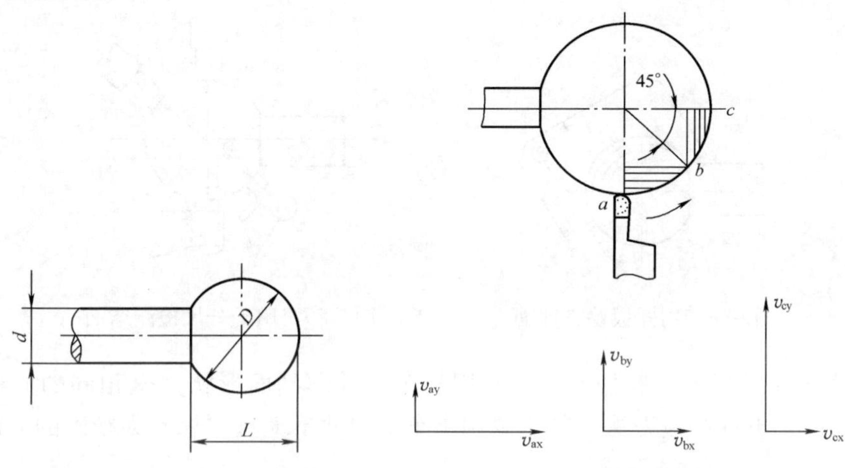


图 3-54 单球手柄计算　　图 3-55 车刀纵、横向移动速度的变化

（3）单球手柄车削。

①先车圆球直径 $D$ 和柄部直径 $d$，以及根据式（3-4）计算所得圆球部分长度 $L$，留精车余量 0.2～0.3mm，如图 3-56 所示。

②用半径 $R$ 为 2～3mm 的圆头车刀从 $a$ 点向左（$c$ 点）、右（$b$ 点）方向逐步把余量车去，如图 3-57 所示。

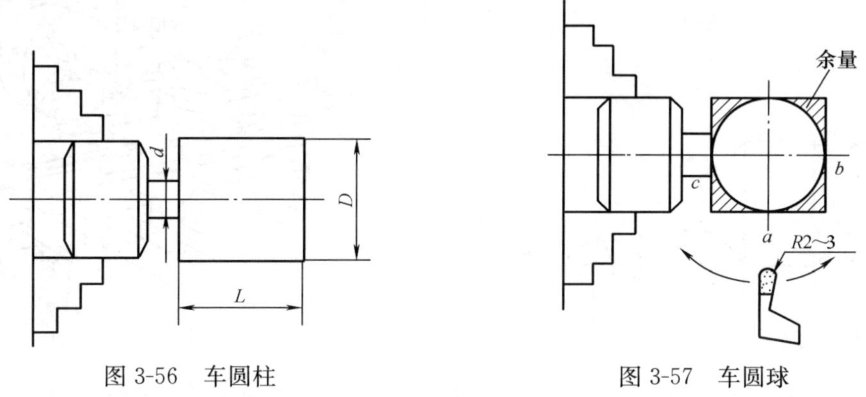


图 3-56 车圆柱　　图 3-57 车圆球

③在 $c$ 点处用切断刀修清角。

（4）修整。由于双手控制法为手动进给车削，工件表面不可避免地留下高低不平的刀痕，所以必须用细齿纹平锉进行修光，再用 1 号或 0 号砂布砂光。

（5）球面的检测。为保证球面的外形正确，在车削过程中应边车边检测。检测球面的常用方法有：

①用样板检查。用样板检查时，样板应对准工件中心，观察样板与工件之间间隙的大

小，并根据间隙情形进行修整（图 3-58）。

②用千分尺检测。用千分尺检测时，千分尺测微螺杆轴线应通过工件球面中心，并应多次变换测量方向，根据测量结果进行修整。合格的球面，各测量方向所测得的量值应在图样规定的范围内（图 3-59）。

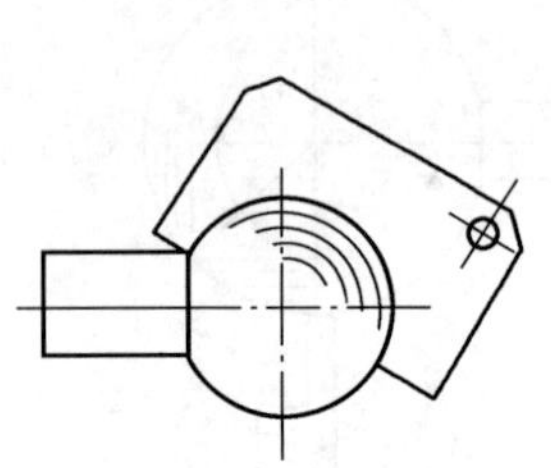

图3-58 用样板检查球面

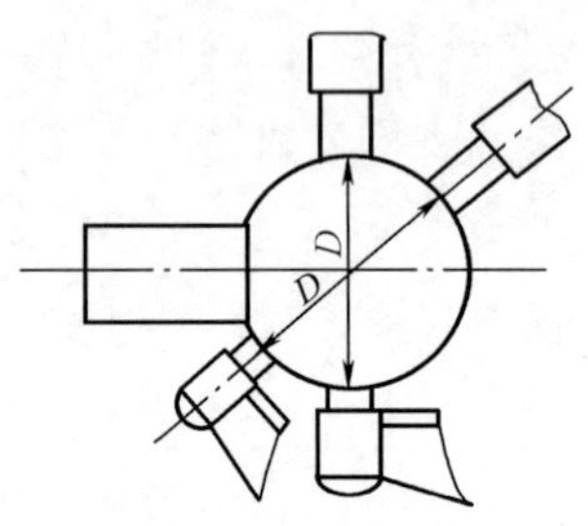


图 3-59 用千分尺检测球面

2. 成形车刀车成形面。这种方法是利用与工件轴向剖面形状完全相同的成形车刀来车出所需的成形面，也称样板刀法，其主要用于车削尺寸不大且要求不太精确的成形面，如图 3-60 所示。

3. 靠模法车成形面。它是利用刀尖的运动轨迹与靠模（板或槽）的形状完全相同的方法车出成形面。图 3-61 所示为加工手柄的成形面时的工作过程，即中滑板已经与丝杠脱开，由于其前端的拉杆上装有滚柱，所以当床鞍纵向走刀时，滚柱即在靠模的曲线槽内移动，从而使车刀刀尖的运动轨迹与曲线槽形状相同，在此同时用小滑板控制背吃刀量，即可车出手柄的成形面。这种方法操作简单，生产率高，多用于大批量生产。当靠模为斜槽时，该方法可用于车削锥体。

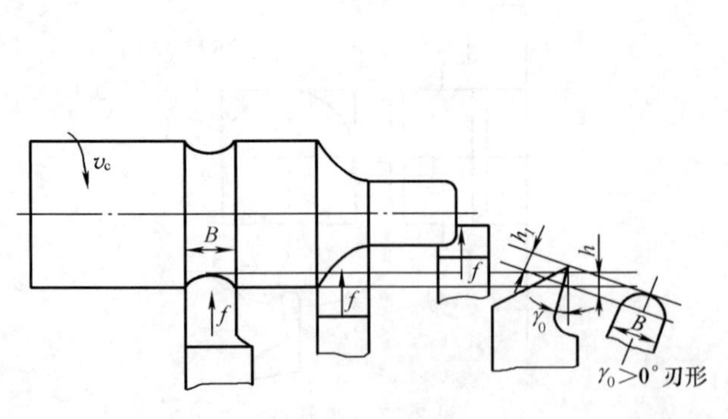


图 3-60 成形车刀车成形面

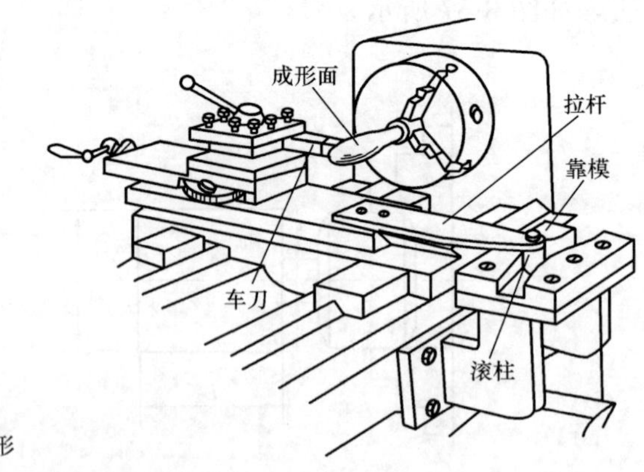


图 3-61 靠模法车成形面

## 二、表面修饰

### （一）滚花

用滚花刀将工件表面滚压出直线或网纹的方法称为滚花。

1. 滚花表面的用途及加工方法。各种工具和机械零件的手握部分，为了便于握持防止打滑以及美观，常常在表面上滚压出各种不同的花纹，如千分尺的套管，铰杠扳手及螺纹量规等。这些花纹一般都是在车床上用滚花刀滚压而成的，如图 3-62 所示。

滚花的实质是用滚花刀对工件表面挤压，使其表面产生塑性变形而形成花纹，因此滚花后的外径比滚花前的外径增大 0.02～0.5mm。滚花时切削速度要低些，一般还要充分供给切削液，以免研坏滚花刀和防止产生乱纹。

2. 滚花刀的种类。滚花刀按花纹的式样分为直纹和网纹两种，其花纹的粗细决定于不同的滚花轮。滚花刀按滚花轮的数量又可分为单轮、双轮、三轮三种，如图 3-63 所示，其中最常用的是网纹式双轮滚花刀。

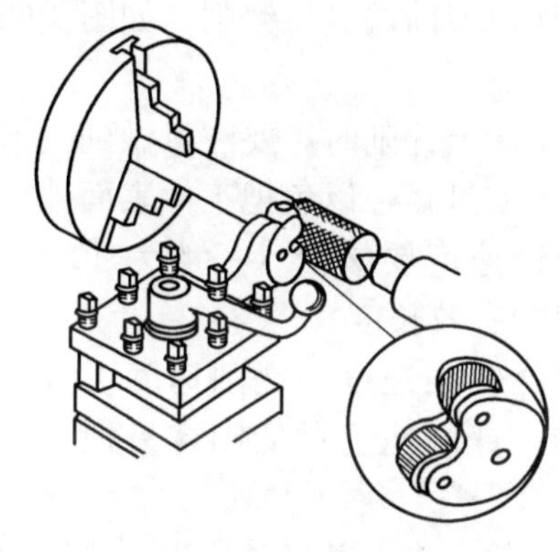

图 3-62 滚花

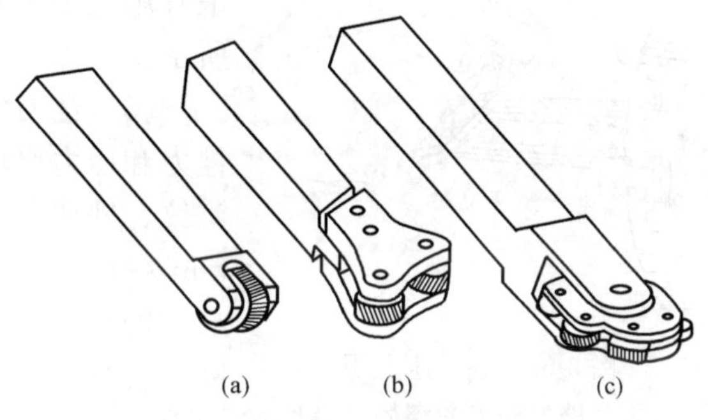

图 3-63 滚花刀

(a) 单轮滚花刀；(b) 双轮滚花刀；(c) 三轮滚花刀

3. 滚花前的工件直径。由于滚花过程是利用滚花刀的滚轮来滚压工件表面的金属层，使其产生一定的塑性变形而形成花纹的，随着花纹的形成，滚花后工件直径会增大。为此，在滚花前滚花表面的直径应相应车小些。

一般在滚花前，根据工件材料的性质和花纹模数的大小，应将工件滚花表面的直径车小 (0.8～1.6)$m$，$m$ 为模数。

4. 滚花操作要点。

(1) 在滚花刀接触工件开始滚压时，挤压力要大且猛一些，使工件圆周上一开始就形成较深的花纹，这样就不易产生乱纹。

(2) 为了减小滚花开始时的径向压力，可以使滚轮表面宽度的 1/3～1/2 与工件接触，使滚花刀容易切入工件表面，如图 3-64 所示。在停车检查花纹符合要求后，即可纵向机动进给。反复滚压 1～3 次，直至花纹凸出达到要求为止。

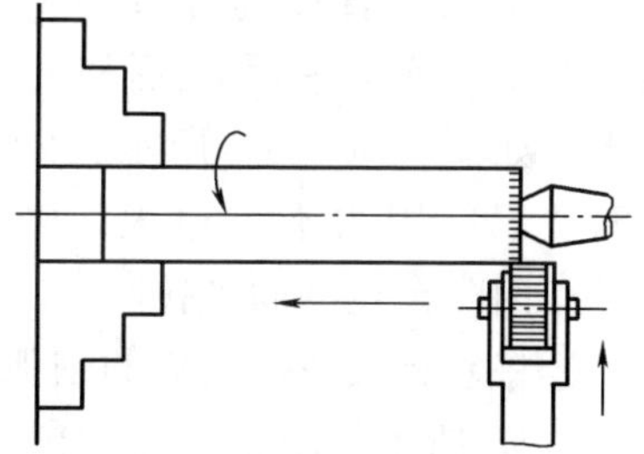

图 3-64 滚花刀横向进给位置

(3) 滚花时，应选较低的切削速度，一般为 5～10m/min。纵向进给量可选择大些，一般为 0.3～0.6mm/r。

(4) 滚花时应充分浇注切削液以润滑滚轮和防止滚轮发热损坏，并经常清除滚压产生的切屑。

(5) 滚花时背向力很大，所用设备应刚度较高，工件必须装夹牢靠。由于滚花时工件移位现象难以完全避免，所以车削带有滚花表面的工件时，滚花应安排在粗车之后、精车之前进行。

(二) 表面抛光

利用机械、化学或电化学的作用，使工件获得光亮、平整表面的加工方法称为抛光。在车削加工时由于手动进给不均匀，尤其是双手同时进给车削成形面时，往往在工件表面留下不均匀的刀痕。抛光的目的就在于去除这些刀痕和减小表面粗糙度。在车床上抛光通常采用锉刀修光和砂布砂光两种方法。

1. 锉刀修光。

(1) 锉刀。修光用的锉刀常用细齿纹的平锉和整形锉或特细齿纹的油光锉。修光的锉削余量一般为 0.01～0.03mm。

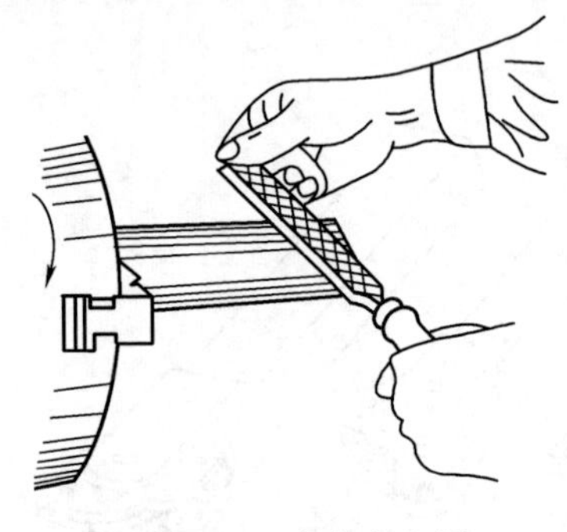

图 3-65 在车床上用锉刀修光的姿势

(2) 握锉方法。在车床上用锉刀修光时，为保证安全，最好用左手握锉柄，右手扶住锉刀前端进行锉削，如图 3-65 所示。

(3) 锉刀修光要点。在车床上锉削时，要注意做到：推锉力和压力要均匀，不可过大或过猛，以免把工件表面锉出沟纹、锉成节状或锉扁；推锉速度要缓慢（一般为 40 次/min 左右），并尽量利用锉刀的有效长度。

锉削修光时，应合理选择锉削速度。锉削速度不宜过高，否则容易造成锉齿磨钝；锉削速度过低则容易把工件锉扁。

精细修锉时，除选用油光锉外，可在锉刀的锉齿面涂一层粉笔末，并经常用铜丝刷清理齿缝，以防锉屑嵌入齿缝划伤工件表面。

2. 砂布砂光。用砂布或砂纸磨光工件表面的过程称为砂光。

(1) 砂布。工件表面经过精车或锉刀修光后，如果表面粗糙度还不够小，可用砂布砂光的抛光方法。

在车床上抛光用的砂布，常用细粒度的 0 号或 1 号砂布。砂布越细，抛光后的表面粗糙度值越小。

(2) 砂光外圆。

①用砂布垫在锉刀下面进行砂光。

②用双手直接捏住砂布两端，右手在前，左手在后进行砂光，如图 3-66 (a) 所示。砂光时，双手用力不可过大，防止砂布因摩擦过度而被拉断。

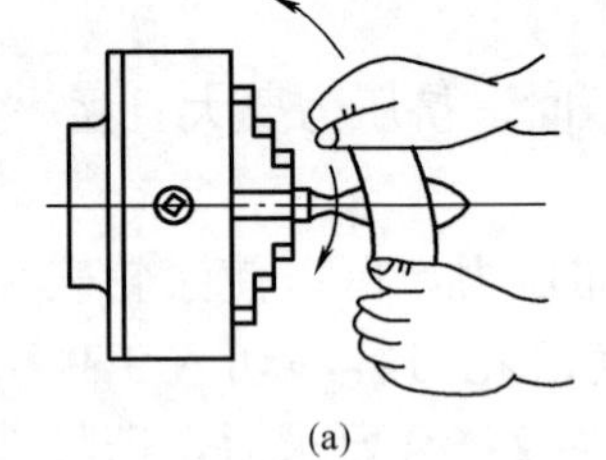

(a)

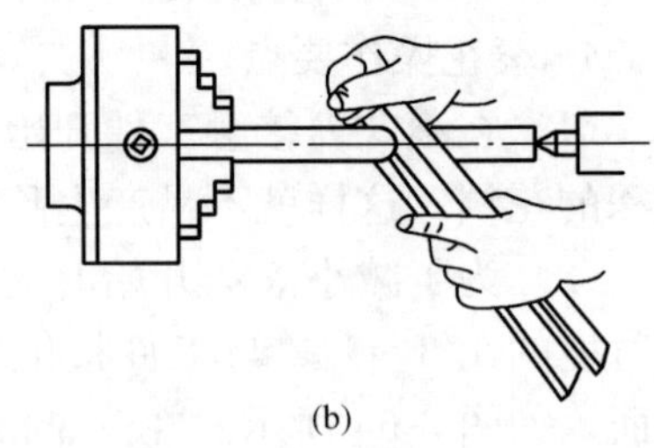

(b)

图 3-66 砂光外圆

(a) 手捏砂布砂光；(b) 用抛光夹砂光

③将砂布夹在抛光夹的圆弧槽内，套在工件上后，手握抛光夹纵向移动砂光工件，如图 3-66 (b) 所示。用抛光夹砂光比手捏砂布砂光安全，适于成批砂光，但仅适合形状简单的工件砂光。

(3) 砂光内孔。用砂布砂光内孔时，可用一根比内孔孔径小的木棒，在一端开槽，如图 3-67 (a) 所示。将砂布撕成条状，一端插在木棒槽内，并按顺时针方向将砂布缠紧在木棒上，然后进行内孔砂光，如图 3-67 (b) 所示。

(4) 砂布砂光要点。用砂布砂光工件时，应选择较高的转速，并使砂布在工件表面来回缓慢而均匀移动。最后精砂时，可在砂布上加些许机油或金刚砂粉，这样可以获得更好的表

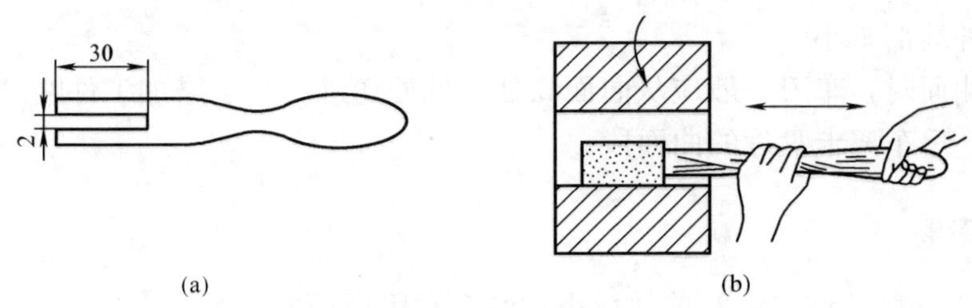


图 3-67 砂光内孔

（a）抛光棒；（b）用抛光棒砂光

面质量。

砂光内孔时，若内孔孔径较大，除用抛光棒砂光外，可以用手捏住砂布进行砂光；但砂光小孔时必须使用抛光棒，严禁将砂布缠绕在手指上伸入孔内砂光，以免发生事故。

## 实训操作一 车圆球

按图 3-68 所示手柄的技术要求，用双手控制法车削$\phi$15mm 的圆球表面。

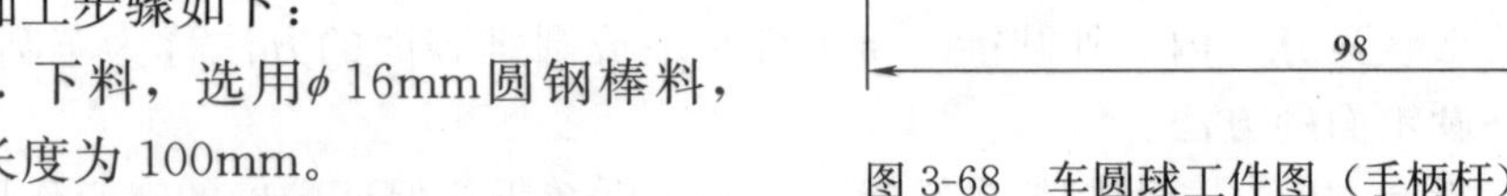


图 3-68 车圆球工件图（手柄杆）（材料：45 钢）

加工步骤如下：

1. 下料，选用$\phi$16mm圆钢棒料，下料长度为 100mm。
2. 车左端面，钻左端中心孔。
3. 车左端外圆$\phi$8mm×84mm、$\phi$5.8mm×8mm尺寸及倒角。
4. 套螺纹，用板牙套 M6 螺纹。
5. 调头车削球面$\phi$15mm。

加工要点：车手柄杆左端外圆及套螺纹时，采用一夹一顶（夹右端、顶左端）的装夹方法。调头车削圆球时，以$\phi$8mm的外圆表面定位。

车削球面时，要培养目测球形的能力，防止把球形车扁。

## 实训操作二 车橄榄成形面（图 3-69，$\phi$25mm×135mm）

加工要点：用双手控制法车成形面时，双手配合应协调、熟练。车刀切入深度应控制准

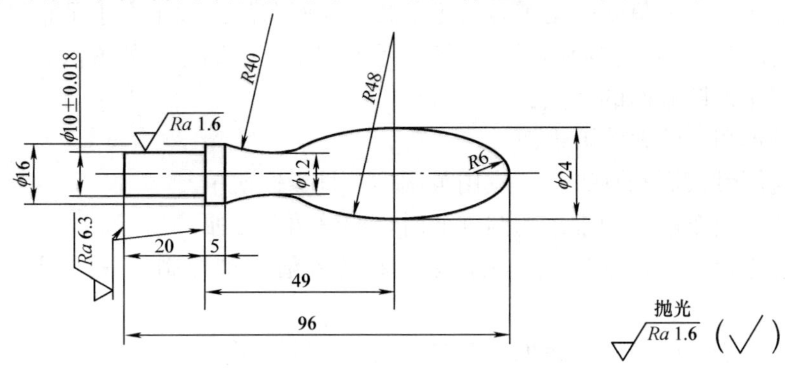


图 3-69 橄榄手柄（材料：45 钢）

确，防止将工件局部车小。

车削成形曲面时，车刀一般应从曲面高处向低处送进。为了增加工件刚度，应先车离卡盘远的曲面段，后车离卡盘近的曲面段。

**复习思考题**

1. 车成形面有哪几种方法？单件、小批生产常用哪种方法？

2. 用普通精车刀车成形面时，为什么要有前角？在单件、小批生产中，用成形车刀车成形面时，为什么前角必须为零度？

# 项目七　车　圆　锥　面

**基本知识**

## 一、圆锥的种类及作用

圆锥按其用途分为一般用途圆锥和特殊用途圆锥两类。一般用途圆锥的圆锥角 $\alpha$ 较大时，圆锥角可直接用角度表示，如 30°、45°、60°、90°等；圆锥角较小时用锥度 $C$ 表示，如 1∶5、1∶10、1∶20、1∶50 等。特殊用途圆锥是根据某种要求专门制定的，如 7∶24、莫氏锥度等。圆锥按其形状又分为内、外圆锥。将工件车削成圆锥表面的方法称为车圆锥面，这里主要介绍车削外圆锥面的方法。

圆锥面配合不但拆卸方便，还可以传递转矩，经多次拆卸仍能保证准确的定心作用，所以应用很广。例如，顶尖和中心孔的配合圆锥角 $\alpha=60°$，易拆卸零件的锥面锥度 $C=1∶5$，工具尾柄锥面锥度 $C=1∶20$，机床主轴锥孔锥度 $C=7∶24$，特殊用途圆锥应用于纺织、医疗等行业等。

## 二、车外圆锥面的方法

在车床上车削外圆锥面的方法主要有：转动小滑板法、偏移尾座法、仿形法和宽刃刀车削法四种。现主要学习和掌握转动小滑板法车削外圆锥面的方法。

### （一）转动小滑板法车外圆锥面

1. 转动小滑板法的特点与转动角度的确定。

（1）转动小滑板法及其特点。转动小滑板法就是将小滑板沿顺时针或逆时针方向按工件的圆锥半角 $\alpha/2$ 转动一个角度，使车刀的运动轨迹与所需加工圆锥在水平轴平面内的素线平行，用双手配合均匀不间断转动小滑板手柄，手动进给车削圆锥面的方法，如图 3-70 所示。

转动小滑板车外圆锥面的特点：

①能车削圆锥角 $\alpha$ 较大的圆锥面。

②能车削整圆锥表面和圆锥孔，应用范围广，且操作简单。

③在同一工件上车削不同锥角的圆锥面时，调整角度方便。

④只能手动进给，劳动强度大，工件表面粗糙度值较难控制，只适用于单件、小批量生产。

⑤受小滑板行程的限制，只能加工素线长度不长的圆锥面。

（2）小滑板法转动角度的确定。小滑板转动的角度，根据被加工工件的已知条件（图

3-71)，可由式（3-5）计算求得。

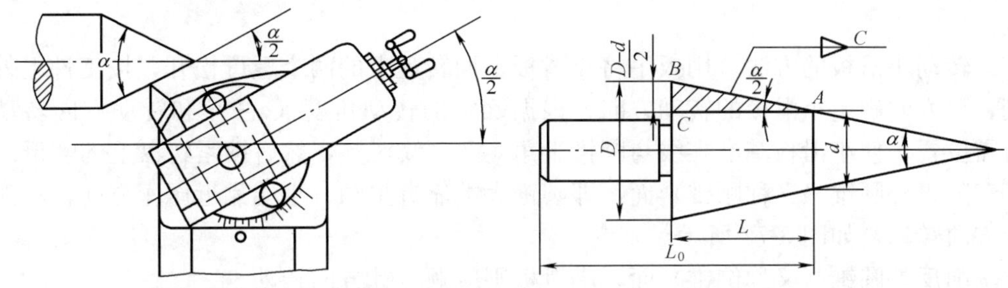


图 3-70 转动小滑板车圆锥面　　　　图 3-71 圆锥的计算

$$\tan\frac{\alpha}{2}=\frac{1}{2}C=\frac{D-d}{2L} \qquad (3\text{-}5)$$

式中 $\alpha/2$——圆锥半角（即小滑板转动角度）(°)；

$C$——锥度（$\tan\alpha/2$ 为圆锥斜度，以 $S$ 表示）；

$D$——圆锥大端直径（mm）；

$d$——圆锥小端直径（mm）；

$L$——圆锥大端直径与小端直径处的轴向距离（mm）。

车削常用的标准锥度（一般用途和特殊用途）圆锥时，小滑板转动角度见表 3-1 和表 3-2。

**表 3-1　车削一般用途圆锥时小滑板转动角度**

| 基本值 | 锥度 $C$ | 小滑板转动角度 | 基本值 | 锥度 $C$ | 小滑板转动角度 |
|---|---|---|---|---|---|
| 120° | 1∶0.289 | 60° | 1∶8 | — | 3°34′35″ |
| 90° | 1∶0.500 | 45° | 1∶10 | — | 2°51′45″ |
| 75° | 1∶0.652 | 37°30′ | 1∶12 | — | 2°23′09″ |
| 60° | 1∶0.866 | 30° | 1∶15 | — | 1°54′33″ |
| 45° | 1∶1.207 | 22°30′ | 1∶20 | — | 1°25′56″ |
| 30° | 1∶1.866 | 15° | 1∶30 | — | 0°57′17″ |
| 1∶3 | — | 9°27′44″ | 1∶50 | — | 0°34′23″ |
| 1∶5 | — | 5°42′38″ | 1∶100 | — | 0°17′11″ |
| 1∶7 | — | 4°05′08″ | 1∶200 | — | 0°08′36″ |

**表 3-2　车削特殊用途圆锥时小滑板转动角度**

| 基本值 | 锥度 $C$ | 小滑板转动角度 | 备注 |
|---|---|---|---|
| 7∶24 | 1∶3.429 | 8°17′50″ | 机床主轴、工具配合 |
| 1∶19.002 | — | 1°30′26″ | 莫氏锥度 No.5 |
| 1∶19.180 | — | 1°29′36″ | 莫氏锥度 No.6 |
| 1∶19.212 | — | 1°29′27″ | 莫氏锥度 No.0 |
| 1∶19.254 | — | 1°29′15″ | 莫氏锥度 No.4 |
| 1∶19.922 | — | 1°26′16″ | 莫氏锥度 No.3 |
| 1∶20.020 | — | 1°25′50″ | 莫氏锥度 No.2 |
| 1∶20.047 | — | 1°25′43″ | 莫氏锥度 No.1 |

2. 外圆锥面的车削方法。

（1）车刀的装夹。车刀的装夹方法及车刀刀尖对准工件回转中心的方法与车端面时装刀方法相同。车刀的刀尖必须严格对准工件的回转中心，否则车出的圆锥素线不是直线，而是双曲线。

（2）转动小滑板的方法。用扳手将小滑板下面转盘上的两个螺母松开，按工件上外圆锥面的倒、顺方向确定小滑板的转动方向；根据确定的转动角度（$\alpha/2$）和转动方向转动小滑板至所需位置，使小滑板基准零线与圆锥半角 $\alpha/2$ 刻线对齐，然后锁紧转盘上的螺母。

①车削正外圆锥（又称顺锥）面，即圆锥大端靠近主轴、小端靠近尾座方向，小滑板应逆时针方向转动，如图 3-72 所示。

②车削反外圆锥（又称倒锥）面，小滑板则应顺时针方向转动。

当圆锥半角 $\alpha/2$ 不是整数值时，其小数部分用目测的方法估计，大致对准后再通过试车逐步找正。

**注意：**转动小滑板时，可以使小滑板转角略大于圆锥半角 $\alpha/2$，但不能小于 $\alpha/2$。转角偏小会使圆锥素线车长而难以修正圆锥长度尺寸，如图 3-73 所示。

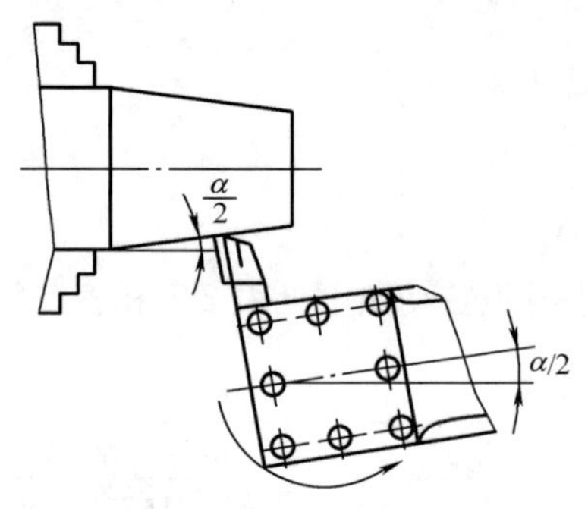


图 3-72 车正外圆锥面

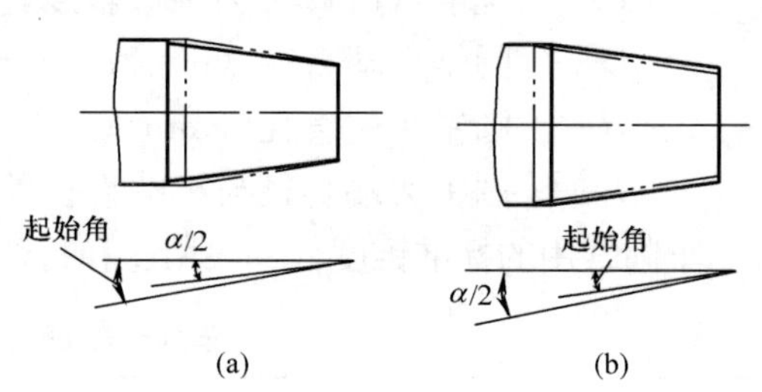


图 3-73 小滑板转动角度的影响

(a) 起始角大于 $\alpha/2$；(b) 起始角小于 $\alpha/2$

（3）小滑板镶条的调整。车削外圆锥面前，应检查和调整小滑板导轨与镶条间的配合间隙。

配合间隙调得过紧，手动进给费力，小滑板移动不均匀；配合间隙调得过松，则小滑板间隙太大，车削时刀纹时深时浅。配合间隙调整应合适，过紧或过松都会使车出的锥面表面粗糙度增大，且圆锥的素线不直。

（4）粗车外圆锥面。

①按圆锥大端直径（增加 1mm 余量）和圆锥长度将圆锥部分先车成圆柱体。

②移动中、小滑板，使车刀刀尖与轴端外圆面轻轻接触，如图 3-74（a）所示。然后将小滑板向后退出，中滑板刻度调至零位，作为粗车外圆锥面的起始位置。

③按刻线移动中滑板向前进切并调整吃刀量，开动车床，双手交替转动小滑板手柄，手动进给速度应保持均匀一致和不间断，如图 3-74（b）所示。当车至终端，将中滑板退出，小滑板快速后退复位。

④反复步骤③，调整吃刀量，手动进给车削外圆锥面，直至工件能塞入套规约 1/2 为止。

⑤检测圆锥锥角，找正小滑板转角。

A. 用套规检测圆锥锥角。将套规轻轻套在工件上，用手捏住套规左、右两端分别上下摆动［图 3-75（a）］，应均无间隙。若大端有间隙［图 3-75（b）］，说明圆锥锥角太小；若

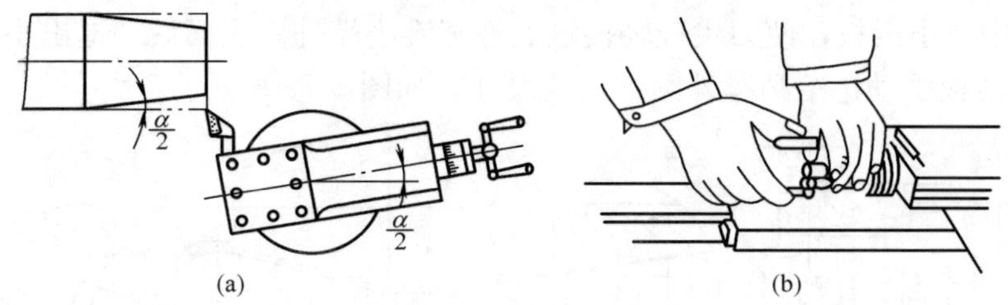


图 3-74　车外圆锥面

(a) 确定起始位置；(b) 手动进给车削外圆锥面

小端有间隙［图 3-75 (c)］，说明圆锥锥角太大。这时可松开转盘螺母，按需用铜锤轻轻敲动小滑板使其微量转动，然后拧紧螺母。试车后再检测，直至找正为止。

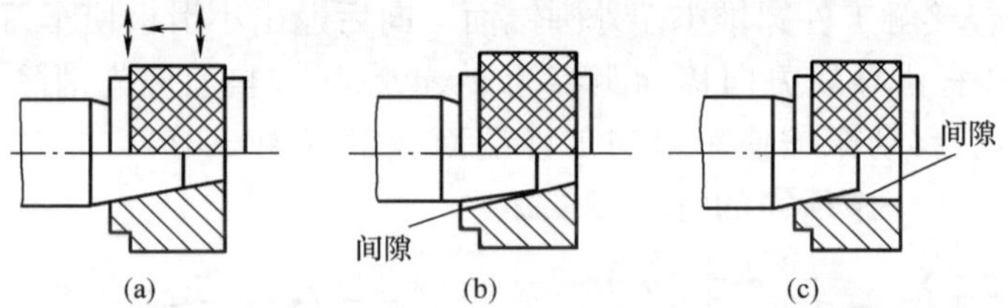


图 3-75　用套规检测圆锥锥角，找正小滑板转角

(a) 用套规上下摆动观察间隙部位判定圆锥锥角大小；

(b) 锥角太小；(c) 锥角太大

B. 用游标万能角度尺检测圆锥锥角。将游标万能角度尺调整到要测的角度，基尺通过工件中心靠在端面上，刀口尺靠在圆锥面素线上，用透光法检测（图 3-76）。

C. 用角度样板透光检测圆锥锥角（图 3-77）。角度样板属于专用量具，用于成批和大量生产。用角度样板检测快捷方便，但精度较低，且不能测得实际的角度值。

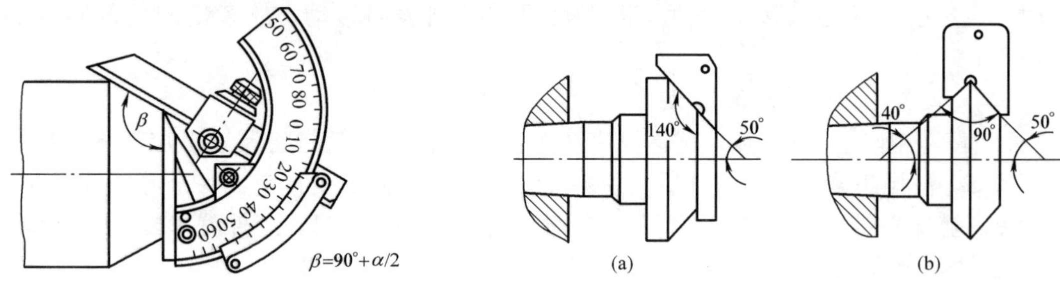


图 3-76　用游标万能角度尺透光法检测锥角　　图 3-77　用角度样板检测锥齿轮坯角度

⑥找正小滑板转角后，粗车圆锥面，留精车余量 0.5～1mm，精车外圆锥面。

(5) 精车外圆锥面。小滑板转角调整准确后，精车外圆锥面主要是提高工件的表面质量和控制外圆锥面的尺寸精度。因此精车外圆锥面时，车刀必须锋利、耐磨，进给必须均匀、连续，背吃刀量的控制方法有：

①先测量出工件小端端面至套规过此小端端面界面的距离 $a$（图 3-78），用式（3-6）计算出背吃刀量 $a_p$：

$$a_p = a\tan\frac{\alpha}{2} \text{ 或 } a_p = a\frac{C}{2} \tag{3-6}$$

然后移动中、小滑板，使刀尖轻轻接触工件圆锥小端外圆表面后，退出小滑板，中滑板按 $a_p$ 值进，小滑板手动进给精车外圆锥面至尺寸，如图 3-79 所示。

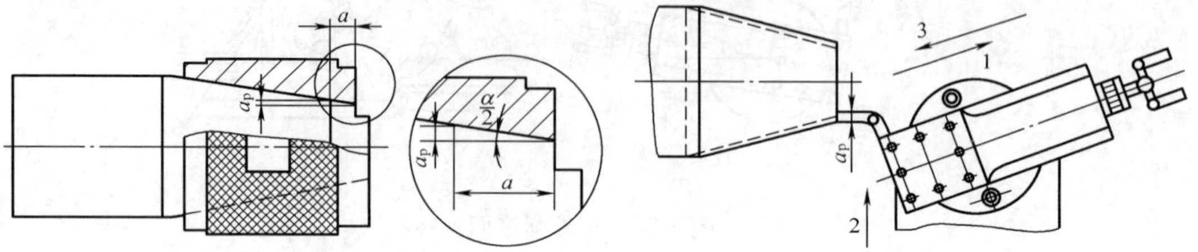


图 3-78 用套规测量外圆锥锥角　　图 3-79 用中滑板调整精车背吃刀量 $a_p$

②根据量出的距离 $a$ 用移动床鞍的方法控制背吃刀量 $a_p$。

使车刀刀尖轻轻接触工件圆锥小端外圆锥面，向后退出小滑板使车刀沿轴向离开工件端面一个距离 $a$（小滑板沿导轨方向移动距离为 $a\sec\alpha/2$，调整前应先消除小滑板丝杆间隙），如图 3-80 所示。然后移动床鞍使车刀与工件端面接触（图 3-81），此时虽然没有移动中滑板，但车刀已经切入了一个所需的背吃刀量 $a_p$。

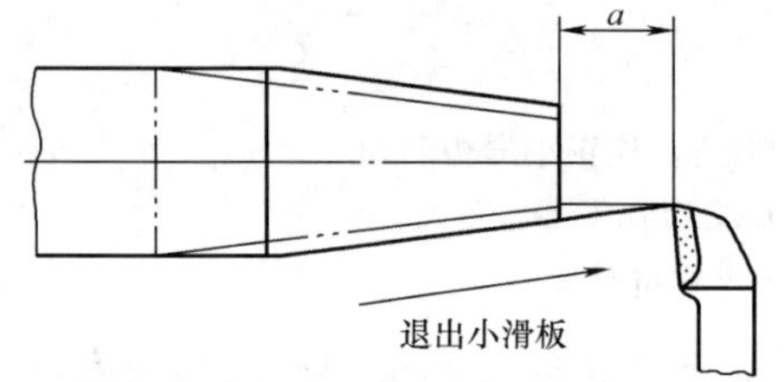


图 3-80 用退出小滑板调整精车背吃刀量 $a_p$

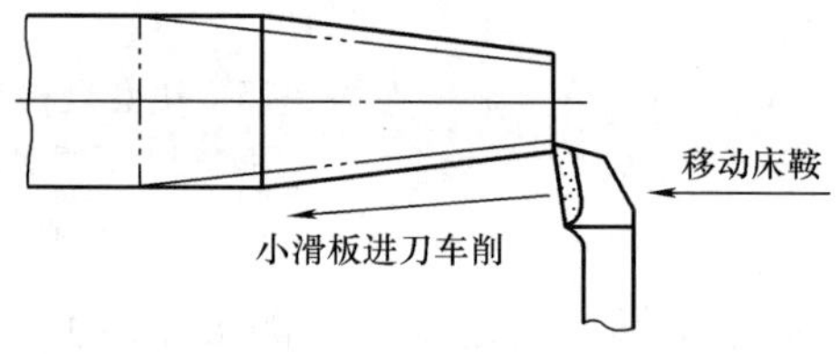


图 3-81 移动床鞍完成 $a_p$ 调整

**注意：**车削中只能通过手动小滑板进给进行操作，严禁使用机动纵向进给。机动纵向进给时，虽然小滑板已扳转了角度，但刀具仍按外圆表面移动，故车出的是外圆表面而非锥面。

（二）偏移尾座法车外圆锥面

1. 偏移尾座法及其特点。偏移尾座法车削外圆锥面，就是将尾座上层滑板横向偏移一个距离 $S$，使尾座偏移后，前、后两顶尖连线与车床主轴轴线相交成一个等于圆锥半角 $\alpha/2$ 的角度，当床鞍带着车刀沿着平行于主轴轴线方向移动切削时，工件就车成一个圆锥体，如图 3-82 所示。

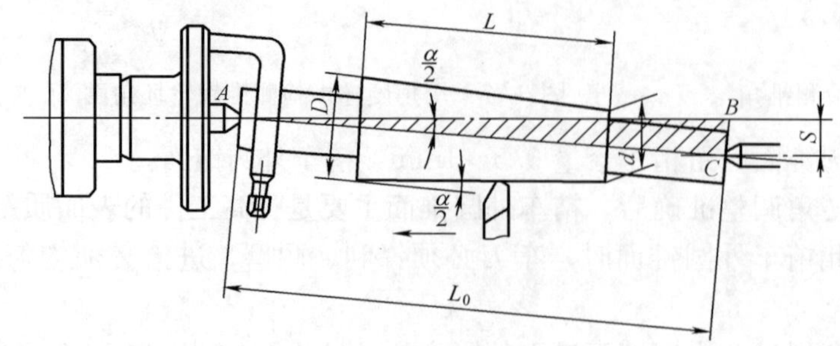


图 3-82 偏移尾座车外圆锥面

偏移尾座车外圆锥面的特点：

（1）适宜于加工锥度小（一般 $\alpha/2<8°$）、精度不高、锥体较长的工件；受尾座偏移量的限制，不能加工锥度大的工件。

（2）可以用纵向机动进给车削，使加工表面刀纹均匀，表面粗糙度值小，表面质量较好。

(3) 由于工件需用两顶尖装夹，因此不能车削整锥体，也不能车削圆锥孔。

(4) 因顶尖在中心孔中是歪斜的，接触不良，所以顶尖和中心孔磨损不均匀。

2. 尾座偏移量的计算。用偏移尾座法车削圆锥时，尾座的偏移量不仅与圆锥长度有关，而且还与两顶尖之间的距离有关，这段距离一般可近似地看做工件的全长 $L_0$。尾座偏移量可根据式 (3-7) 计算求得：

$$S = L_0 \tan\frac{\alpha}{2} = \frac{D-d}{2L}L_0 \text{ 或 } S = \frac{C}{2}L_0 \tag{3-7}$$

式中 $S$——尾座偏移量 (mm)；

$D$——圆锥大端直径 (mm)；

$d$——圆锥小端直径 (mm)；

$L$——圆锥大端直径与小端直径处的轴向距离（即圆锥长度）(mm)；

$L_0$——工件全长 (mm)；

$C$——锥度。

3. 偏移尾座的方法。

先将前、后两顶尖对齐（尾座上、下层零线对齐），然后根据计算所得偏移量 $S$，利用车床尾座刻度、中滑板刻度、百分表以及锥度棒或标准样件等方法偏移尾座上层（具体方法本教材不予详述）。

**注意：**由于尾座偏移量的计算公式中，用两顶尖间距离近似看做工件全长，计算结果所得的偏移量 $S$ 为近似值。所以除利用锥度量棒或标准件偏移尾座之外，其他三种按 $S$ 值偏移尾座的方法都必须经试切和逐步修正来达到精确的圆锥半角，满足工件的要求。

4. 偏移尾座车削外圆锥面的车削方法，本书不予详述。

**三、外圆锥面的检测**

圆锥的检测主要指圆锥角度和尺寸精度检测。常用游标万能角度尺、角度样板检测圆锥角度和采用正弦规或涂色法来评定圆锥精度（游标万能角度尺与角度样板的检测前面已有介绍）。

（一）角度或锥度的检测

1. 用正弦规检测。正弦规是利用正弦三角函数计算原理制成的，用来间接测量角度、锥度的精密量具。其结构组成与测量方法如图 3-83 所示。

使用正弦规测量时，圆锥半角 $\alpha/2$ 与量块组高度 $H$ 间的关系为式 (3-8)：

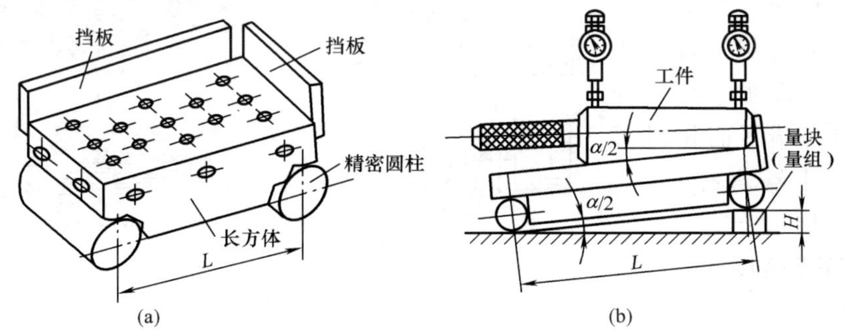


图 3-83 正弦规

(a) 结构组成；(b) 测量方法

$$H=L\sin\frac{\alpha}{2} \text{ 或 } \sin\frac{\alpha}{2}=\frac{H}{L} \tag{3-8}$$

式中 $L$——正弦规中心距（mm）。

正弦规的中心距 $L$ 为标准值，有 100mm、200mm。

用正弦规测量小锥度（$\alpha/2<3°$）的外圆锥面，可以达到很高的测量精度。

2. 用涂色法检测。标准圆锥或配合精度要求较高的外圆锥工件，可使用圆锥套规［图 3-84（a）］检测。被检测工件的外圆锥表面粗糙度值应小于 $Ra3.2\mu m$，且无毛刺。检测时要求工件与套规表面清洁。方法是：

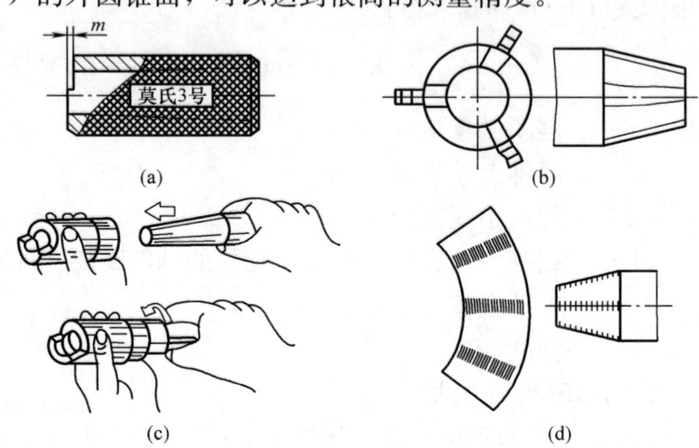


图 3-84 用圆锥套规涂色法检测圆锥角度

（a）圆锥套规；（b）涂色方法；（c）用套规检查圆锥；（d）合格的圆锥面及展开图

（1）在工件表面顺着圆锥素线薄而均匀地涂上周向均布的三条显示剂［图 3-84（b）］。

（2）将圆锥套规轻轻套在工件上，稍加轴向推力，并将套规转动 1/3 圈［图 3-84（c）］。

（3）取下套规，观察工件表面显示剂被擦去的情况。若三条显示剂全长擦痕均匀，表明圆锥接触良好，锥度正确［图 3-84（d）］。如圆锥大端显示剂被擦去，小端未被擦去，说明圆锥角大了；反之，若小端被擦去，大端未被擦去，则说明圆锥角小了。

（二）圆锥尺寸的检测

1. 精度要求较低的圆锥和加工中粗测圆锥尺寸，一般使用千分尺测量。测量法时，千分尺的测微螺杆应与工件轴线垂直，测量位置必须在圆锥体的最大端处或最小端处。

2. 用圆锥套规检测。圆锥套规上，根据工件的直径尺寸和公差，在小端处开有轴向距离为 $m$ 的缺口［图 3-85（a）］，表示通端与止端。检测时，锥体的小端平面在缺口之间，说明小端直径尺寸合格；若锥体未能进入缺口，说明小端直径大了；若锥体小端平面超过了止端，说明其小端直径小了，如图 3-85（a）所示。

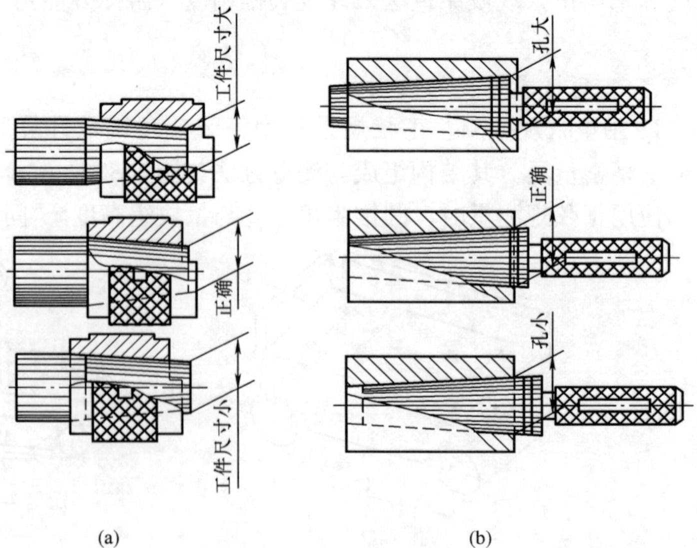


图 3-85 测量圆锥面尺寸

（a）用套规测量外锥面尺寸；（b）用塞规测量内锥面尺寸

## 四、内圆锥面的车削

车内圆锥面（锥孔）比车外圆锥面困难，因为车削时车刀在孔内切削，不易观察和测量。为了便于加工和测量，装夹工件时应使锥孔大端直径的位置在外端（靠近尾座方向），锥孔小端直径的位置则靠近车床主轴。

在车床上加工内圆锥面的方法主要有：转动小滑板法、宽刃刀法和铰内圆锥法。

内圆锥面尺寸常用锥形塞规测量，如图 3-85（b）所示。

**注意**：车圆锥时，虽经多次调整小滑板的转角，但仍不能找正；用圆锥套规检测外圆锥时，发现两端显示剂被擦去，而中间未接触；用圆锥塞规检测内圆锥时，发现中间部位显示剂被擦去，而两端未接触。造成上述情况的原因，是由于车刀刀尖没有对准工件回转轴线而产生双曲线误差（图 3-86）。

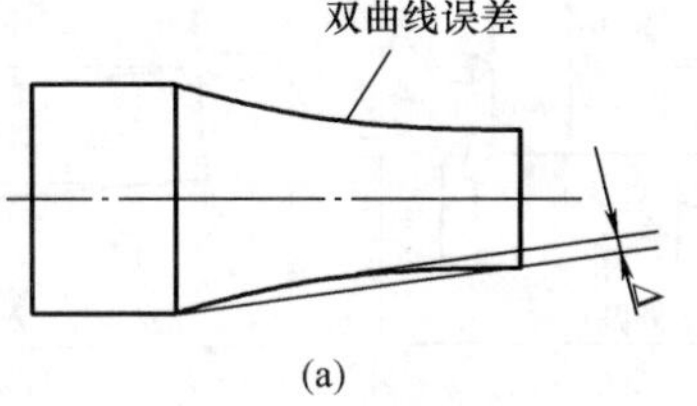


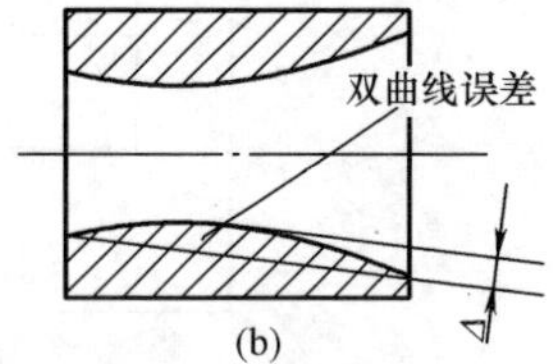


图 3-86　圆锥表面的双曲线误差

（a）外圆锥；（b）内圆锥

因此，车圆锥时，一定要使车刀刀尖严格对准工作的回转中心；车刀在中途经刃磨后再装刀时，必须调整垫片厚度，重新对中心。

## 实训操作　转动小滑板手动进给车莫氏 No. 4 锥棒（图 3-87，$\phi$ 45mm×125mm）

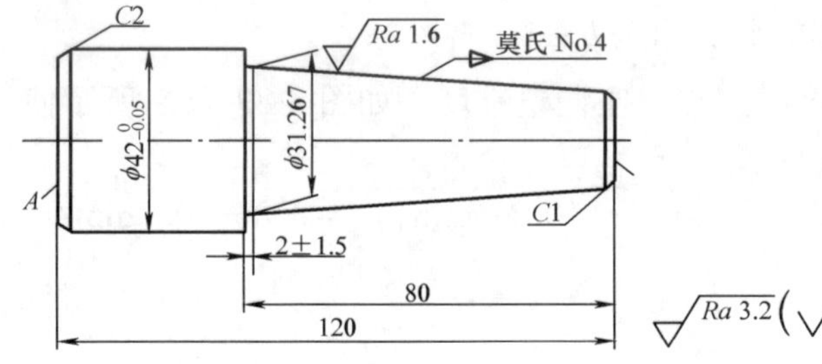


图 3-87　莫氏 No. 4 锥棒（材料：45 钢）

1. 用三爪自定心卡盘夹持棒料外圆，伸出长度 50mm 左右，找正并夹紧。
2. 车端面 $A$，粗、精车外圆 $\phi 42_{-0.05}^{0}$ mm，长度大于 40mm 至要求，倒角 $C2$。
3. 调头，夹持向$\phi 42_{-0.05}^{0}$ mm 外圆，伸出长度 85mm 左右，找正并夹紧。
4. 车端面 $B$，保证总长 120mm，车外圆$\phi$ 32mm，长 80mm。
5. 小滑板逆时针转动圆锥半角（$\alpha/2=1°29'15''$），粗车外圆锥面。
6. 用套规检查锥角并调整小滑板转角。
7. 精车外圆锥面至尺寸要求。
8. 倒角 $C1$，去毛刺。
9. 用标准莫氏套规检测，合格后卸下工件。

## 教师演示　圆锥体工件加工（图 3-88，$\phi$ 26mm×125mm）

该外圆锥体可采用偏移尾座法，加工方法与步骤如图 3-89 所示。

1. 车平两端面，钻中心孔；用双顶尖安装棒料，将外圆车至$\phi$ 24.5mm。
2. 计算尾座偏移量 $S$（mm），利用百分表将尾座向操作者方向移动 $S$（mm）。

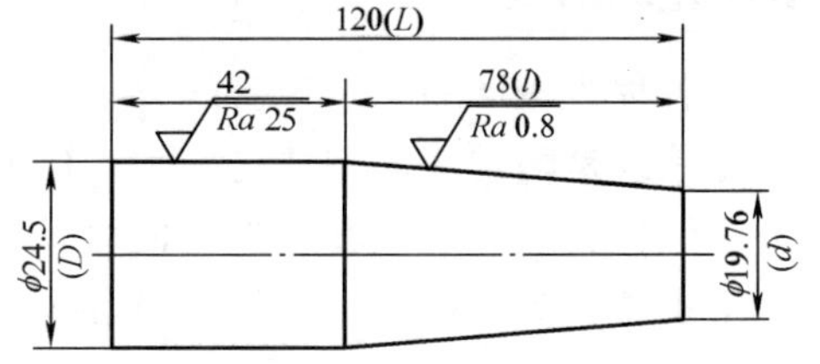


图 3-88　圆锥体工件（材料：HT150）

$$S=\frac{(D-d)L}{2l}=\frac{(24.5-19.76)\times 120}{2\times 78}\text{mm}=3.65\text{mm}$$

3. 画出圆锥体长度线 $l=78\text{mm}$，粗车圆锥，长度为 $l/2$ 左右。

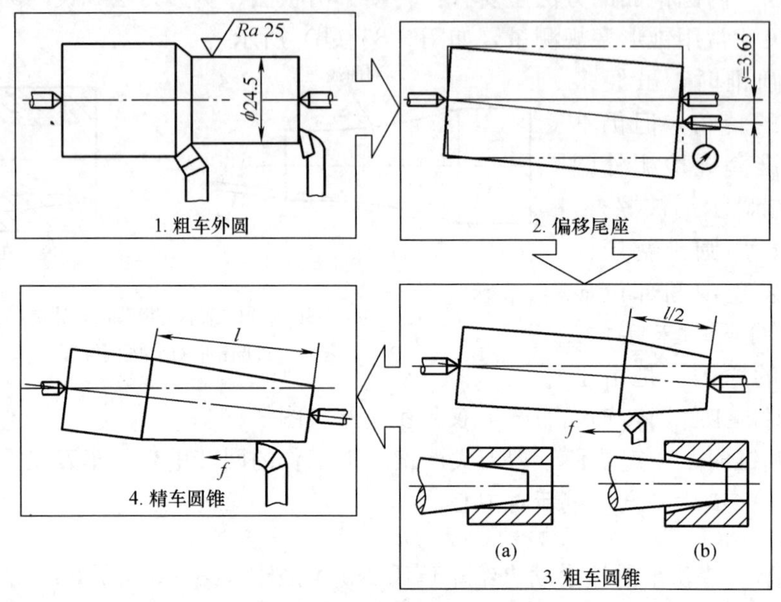


图 3-89 尾座偏移法车削外圆锥体的方法与步骤

在锥体上涂显示剂，用圆锥套规检验锥度。偏移尾座调整锥度，如图 3-89（a）所示使尾座移离操作者；如图 3-89（b）所示移向操作者。

4. 采用精车刀，机动进给车圆锥，切削速度 $v_c=60\sim100\text{m/min}$、$f=0.05\sim0.2\text{mm/r}$、$a_p=0.1\sim0.5\text{mm}$。

**复习思考题**

1. 圆锥的种类和作用有哪些？
2. 锥体的锥度和斜度有何不同又有何关系？
3. 试述转动小滑板法车锥体的优缺点及应用范围？
4. $C=1:10$，试求小滑板应扳转的角度 $\alpha/2$？

# 项目八 螺 纹 加 工

**基本知识**

在各种机械产品中，带有螺纹的零件应用广泛。螺纹的加工方法很多，其中，用车削方法加工螺纹是最常用的方法之一。车削螺纹也是车工的基本技能之一。

螺纹种类很多，按其用途不同可分为连接螺纹和传动螺纹两大类：按其牙型特征可分为三角形螺纹、矩形螺纹、梯形螺纹和锯齿形螺纹等。常用的螺纹简要分类如下：

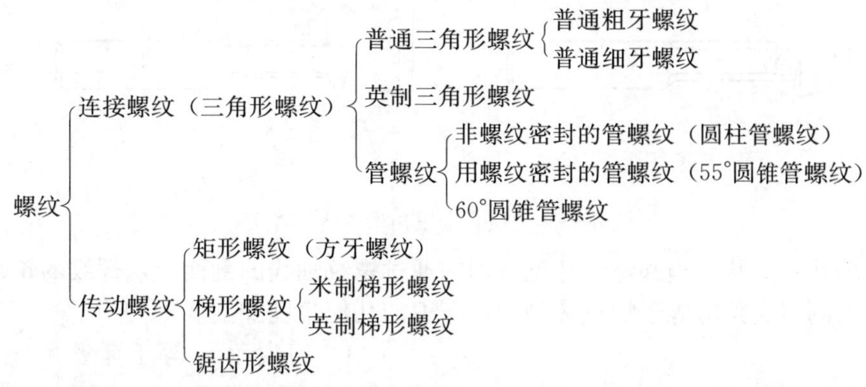


蜗杆也是一种常见的机械零件。蜗杆与蜗轮组成蜗杆副广泛用于机械传动中。蜗杆中应用最多的阿基米德蜗杆（ZA 蜗杆），其轴向齿廓是直线，形状类似于梯形螺纹，其加工方法也与车削梯形螺纹的方法相似。

各种螺纹按其使用性能的不同又可分为左旋或右旋、单线或多线、内螺纹或外螺纹。

## 一、车三角形螺纹

### （一）三角形螺纹车刀及其刃磨

1. 外螺纹车刀。

（1）高速钢外螺纹车刀（图 3-90）。高速钢外螺纹车刀刃磨方便，切削刃锋利，韧性好，车削时刀尖不易崩裂，车出螺纹的表面粗糙度小。但其热稳定性差，不宜高速车削，常用在低速切削，加工塑性材料的螺纹或作为螺纹的精车刀。

（2）硬质合金外螺纹车刀（图 3-91）。硬质合金外螺纹车刀硬度高，耐磨性好，耐高温，热稳定性好，常用在高速切削，加工脆性材料螺纹，缺点是抗冲击能力差。

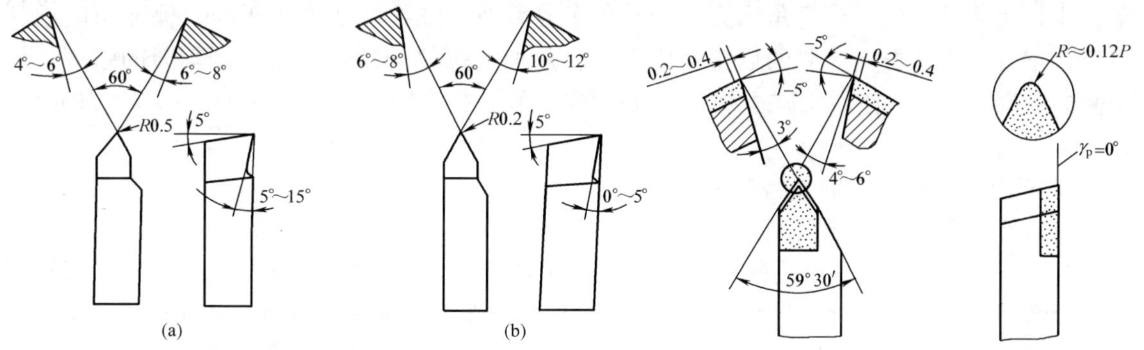


图 3-90 高速钢三角形外螺纹车刀

(a)粗车刀；(b)精车刀

图 3-91 硬质合金三角形外螺纹车刀

2. 内螺纹车刀。内螺纹车刀亦分高速钢内螺纹车刀（图 3-92）和硬质合金内螺纹车刀（图 3-93）。

内螺纹车刀的大小受内螺纹孔径大小的限制，其刀体的径向尺寸应比螺纹孔径小 3mm 以上。

3. 三角形螺纹车刀的几何角度。螺纹车刀按加工性质属于成形刀具，

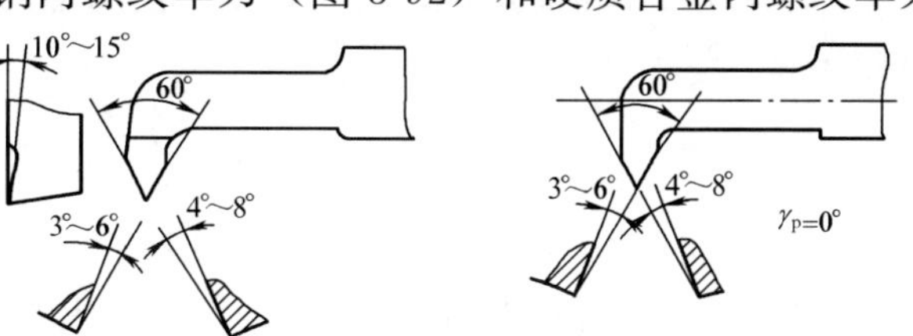


图 3-92 高速钢三角形内螺纹车刀

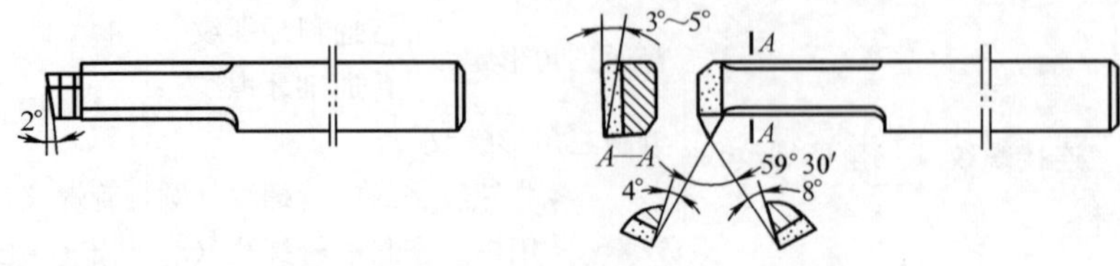


图 3-93 硬质合金三角形内螺纹车刀

其切削部分的几何形状应当和螺纹牙型（即在通过螺纹轴线的剖面上，螺纹的轮廓形状）相符合，即车刀的刀尖角应等于螺纹牙型角，车刀的几何角度如图 3-94 所示。

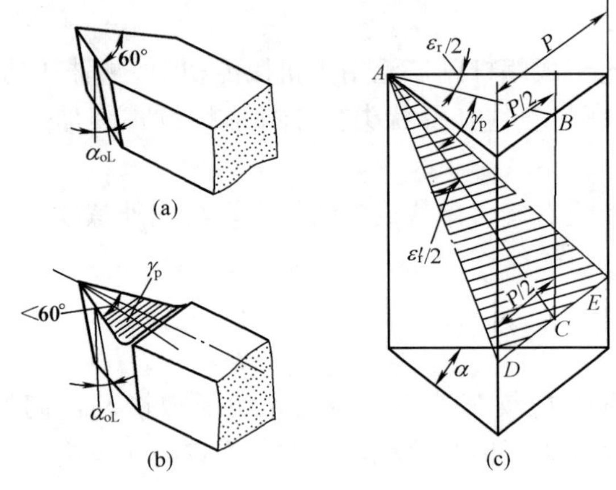


图 3-94 螺纹车刀的几何角度

(a) $\gamma_p=0°$；(b) $\gamma_p>0°$；(c) $\gamma_p>0°$时，$\varepsilon_r'/2<\varepsilon_r/2$

（1）刀尖角 $\varepsilon_r$ 等于牙型角 $\alpha$。刀尖角 $\varepsilon_r$ 是指车刀两切削刃在基面上的投影之间的夹角。

车普通螺纹时，$\varepsilon_r=60°$；车英制螺纹时，$\varepsilon_r=55°$。

（2）径向前角(即背前角) $\gamma_p$ 一般为 0°～15°。螺纹车刀的径向前角 $\gamma_p$ 对牙型角有很大影响。粗车时，为了切削顺利，径向前角可取得大一些，$\gamma_p=5°\sim15°$；精车时，为了减小对牙型角的影响，径向前角应取得小一些，$\gamma_p=0°\sim5°$。

（3）工作后角 $\alpha_{oe}$ 一般取 3°～5°。由于螺纹升角 $\psi$ 会使车刀沿进给方向一侧的工作后角变小，使另一侧的工作后角增大，为避免车刀后面与螺纹牙侧发生干涉，保证切削顺利进行，车刀沿进给方向一侧的后角磨成工作后角加上螺纹升角；为了保证车刀的强度，另一侧的后角则磨成工作后角减去螺纹升角。对于车削右旋螺纹，即 $\alpha_{oL}=(3°\sim5°)+\psi$；$\alpha_{oR}=(3°\sim5°)-\psi$。

4．三角形螺纹车刀的刃磨要求。

（1）刀尖角 $\varepsilon_r$ 应等于牙型角 $\alpha$，即 $\varepsilon_r=\alpha$。

螺纹车刀的刀尖角一般用螺纹对刀样板通过透光法检查。根据车刀两切削刃与对刀样板的贴合情况反复修正。检查与修正时，对刀样板应与车刀基面平行放置，才能使刃尖角近似等于牙型角。如果将对刀样板平行于车刀前面进行检查，车刀的刀尖角则没有被修正，用这样的螺纹车刀加工出的三角形螺纹，其牙型角将变大。

螺纹车刀的径向前角 $\gamma_p=0°$时，两切削刃之间的夹角（又称前面上的刀尖角）$\varepsilon_r'=\varepsilon_r=\alpha$；螺纹车刀的径向前角 $\gamma_p>0°$时，车刀前面上的刀尖角 $\varepsilon_r'<\varepsilon_r=\alpha$，$\varepsilon_r'$ 按式（3-9）或查表进行修正。

$$\tan\frac{\varepsilon_r'}{2}=\cos\gamma_p\tan\frac{\alpha}{2} \tag{3-9}$$

（2）螺纹车刀的两个切削刃必须刃磨平直，不允许出现崩刃。

（3）螺纹车刀的切削部分不能歪斜，刀尖半角 $\varepsilon_r'/2$ 应对称。

内螺纹车刀刀尖角 $\varepsilon_r'$ 的平分线必须与刀柄垂直，否则车削内螺纹时刀柄部分会碰伤内螺纹小径。

(4) 内螺纹车刀的后角应适当增大，通常磨成双重后角。

(5) 螺纹车刀的前面与两个主后面的表面粗糙度要小。

刃磨高速钢螺纹车刀时，应用细粒度砂轮（如粒度号 80 号的氧化铝砂轮），刃磨时车刀对砂轮的压力应小于一般车刀，并常蘸水冷却，以防过热引起退火。

(二) 车三角形外螺纹

三角形螺纹具有螺距小、一般螺纹长度较短、自锁性好的特点，在机械制造业中应用十分广泛，常用于机械零部件的连接、紧固。车削是三角形螺纹的常用加工方法之一，车削三角形螺纹的基本要求是：中径尺寸应符合相应的精度要求；牙型角必须准确，两牙型半角应相等；牙型两侧的表面粗糙度值要小；螺纹轴线与工件轴线应保持同轴。

1. 车削前的工艺准备。

(1) 螺纹车削前对工件的工艺要求。车削的三角形外螺纹，工艺结构上一般都有退刀槽，以方便螺纹车削时车刀的顺利退出和保证在螺纹的全长范围内牙型的完整。有的三角形外螺纹，在结构上则无退刀槽，螺纹末端有不完整的螺尾部分。

车削三角形外螺纹前对工件的主要工艺要求有：

①为保证车削后的螺纹牙顶处有 0.125$P$（$P$ 为螺距）的宽度，螺纹车削前的外圆直径应车至比螺纹公称直径小约 0.13$P$（$P$ 为螺距）。

②外圆端面处倒角至略小于螺纹小径。

③有退刀槽的螺纹，螺纹车削前应先切退刀槽，槽底直径应小于螺纹小径，槽宽等于(2～3)$P$。

④车削脆性材料（如铸铁）时，螺纹车削前的外圆表面，其表面粗糙度值要小，以免在车削螺纹时牙顶发生崩裂。

(2) 螺纹车刀的装夹。装夹外螺纹车刀如图 3-95 (a) 所示。

①螺纹车刀刀尖应与车床主轴轴线等高，一般可根据尾座顶尖高度调整和检查。

②螺纹车刀的两刀尖半角的对称中心线应与工件轴线垂直，装刀时可用螺纹对刀样板调整，如图 3-95 (a) 所示。如果把车刀装歪，会使车出的螺纹两牙型半角不相等，产生如图 3-95 (b) 所示的歪斜牙型（俗称倒牙）。

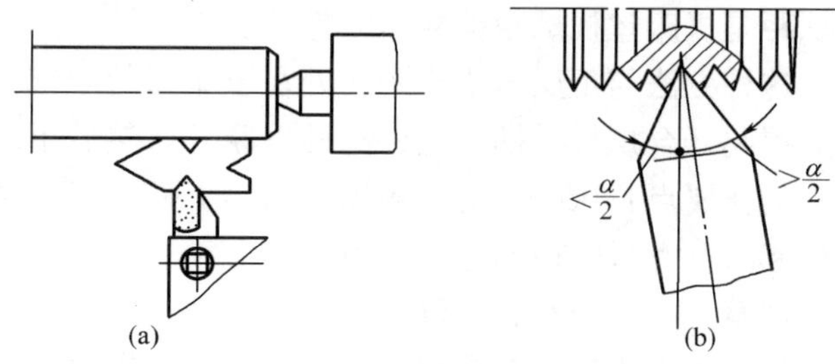

图 3-95 螺纹车刀的装夹

(a) 用对刀样板装螺纹车刀；(b) 装刀歪斜造成倒牙

③螺纹车刀不宜伸出刀架过长，一般伸出长度为刀柄厚度的 1.5 倍，为 25～30mm。

2. 低速车削三角形外螺纹。

(1) 车削有退刀槽螺纹。车削有退刀槽螺纹常采用正反车法和提开合螺母法。

①正反车法（又称倒顺车法）车螺纹，这种方法适于加工各种螺纹，具体操作如图 3-96 所示（机床部件参考图 3-6）。

车削时，选择较低的主轴转速（100～160r/min），试刀后，右手压下开合螺母手柄 11，使中滑板径向进给 0.05mm 左右，左手握正反车手柄 9，右手握中滑板手柄 19，开始车螺

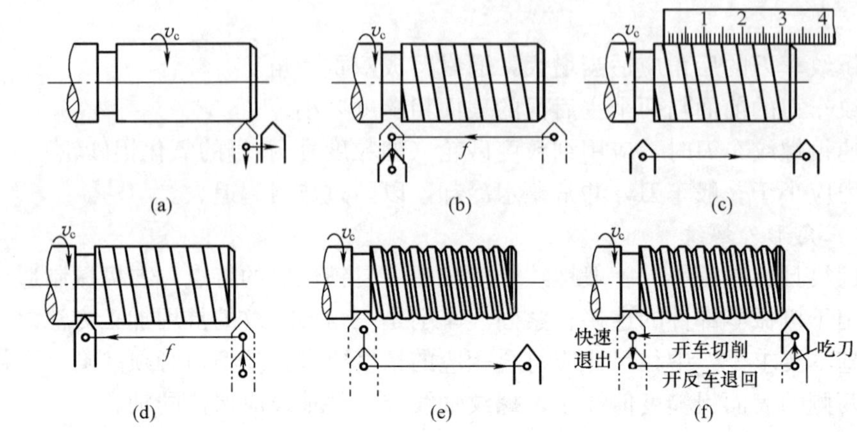


图 3-96　正反车三角外螺纹的方法与步骤

(a) 开车，使车刀与工件轻微接触，记下刻度盘读数，向右退出车刀；(b) 合上开合螺母，在工件表面上车出一条螺旋线，横向退出车刀；(c) 开反车把车刀退到工件右端，停车，用钢直尺检查螺距是否正确；(d) 利用刻度盘调整背吃刀量，进行切削；(e) 车刀将至行程终了时，应做好退刀停车准备，先快速退出车刀，然后开反；(f) 再次横向吃力，继续切削，其切削过程的路线如图所示

纹。车螺纹时，第一次进刀的背吃刀量可适当大些，以后每次车削时，背吃刀量逐渐减少，经多次车削后使背吃刀量等于牙型深度后，停车检查螺纹是否合格。

动作要点：在螺纹的车削过程中，始终压下开合螺母，当螺纹车刀车削到退刀槽内时，快速退出中滑板，同时压下操纵杆，使车床主轴反转，机动退回床鞍、溜板箱到起始位置。

**注意：**中滑板的横向退出要快，双手操作中滑板手柄和操纵杆运作要协调一致。

②提开合螺母法（又称抬闸法）车螺纹。这种方法操作简单，但易乱扣，只适于加工工件螺距是机床丝杠螺距整数倍的螺纹。

这种方法与正反车法不同之处在于车刀行至终点时，横向退刀后不用开反车纵向退刀，只要提起开合螺母手柄使丝杠与螺母脱开，然后手动纵向退回，即可再吃刀车削。

动作要点：床鞍、溜板箱纵向退出工件端面→中滑板横向进给→压下开合螺母车削螺纹→提起开合螺母→横向退出中滑板。

**注意：**提、压开合螺母应果断、有力。

(2) 车削无退刀槽螺纹。车削无退刀槽螺纹时，先在螺纹的有效长度处用车刀刻划一道刻线。当螺纹车刀移动到螺纹终止刻线处时，横向迅速退刀并提起开合螺母或压下操纵杆开倒车，使螺纹收尾在 2/3 圈之内。

(3) 中途换刀方法。在车削螺纹的过程中，螺纹车刀磨钝经刃磨后重新装夹或中途更换螺纹车刀，这时需要重新调整车刀中心高和刀尖半角。车刀装夹正确后，不切入工件，开车合上开合螺母，当车刀纵向移动到工件端面处时，迅速将操纵杆放到中间位置，待车刀自然停稳后，移动小滑板和中滑板，使车刀刀尖对准已车出的螺旋槽，然后晃车（即将操纵杆轻提但不提到位，再迅速放回中间位置），使车床“点动”，观察车刀是否在螺旋槽内，反复调整直到刀尖对准螺旋槽为止，才能继续车削螺纹。

(4) 乱扣及防止方法。车削螺纹时，在第一刀车削完毕，车削第二刀时，螺纹车刀的刀尖不在第一刀车削的螺旋槽中央，以致造成螺旋槽被切的现象称为乱扣。

产生螺纹乱扣的原因是车床丝杠的螺距不能被工件螺纹的螺距整除（即不成整数倍），采用提开合螺母法车螺纹，车第二刀或后续刀次时，合上开合螺母后，螺纹车刀刀尖相对工件螺纹表面的轨迹不重合所造成的。

在车削车床丝杠螺距与工件螺纹的螺距不是整数倍的螺纹时，采用正反车法车削就可避免产生螺纹乱扣。

（5）车螺纹进刀方式。低速车削三角形外螺纹的进刀方式有直进法、左右切削法和斜进法三种。

①直进法。车螺纹时，每次车削只用中滑板进刀，螺纹车刀的左右切削刃同时参与切削的方法称直进法［图 3-97（a）］。

直进法操作简单，可以获得比较正确的螺纹牙型，常用于车削螺距 $P<2$mm 和脆性材料的螺纹车削。

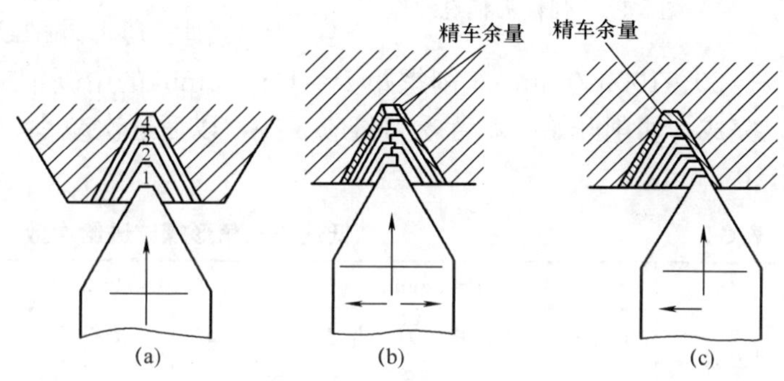


图 3-97　车螺纹进刀方式

（a）直进法；（b）左右切削法；（c）斜进法

②左右切削法。车螺纹时，除了用中滑板控制径向进给外，同时使用小滑板将螺纹车刀向左、向右作微量轴向移动（俗称借刀或赶刀），这种方法称左右切削法［图 3-97（b）］。

左右切削法常用于螺纹精车，为了使螺纹两侧面的表面粗糙度值减小，先向一侧赶刀，待这一侧表面达到要求后，再向另一侧赶刀，并控制螺纹中径尺寸及表面粗糙度，最后将车刀移到牙槽中间，用直进法车牙底，以保证牙型清晰。

③斜进法。车削螺距较大的螺纹时，由于螺纹牙槽较深，为了粗车切削顺利，除采用中滑板横向进给外，同时小滑板向一侧赶刀的车削方法称为斜进法［图 3-97（c）］。

直进法车螺纹是两切削刃同时切削；左右切削法与斜进法车螺纹则是单刃切削，车削中不易产生扎刀，且可获得较小的表面粗糙度。但操作较复杂，赶刀量不能太大，否则会将螺纹车乱或牙顶车尖。

（6）切削用量的选择。低速车削三角形外螺纹时，应根据工件的材质、螺纹的牙型角和螺距的大小及所处的加工阶段（粗车还是精车）等因素，合理选择切削用量。

①由于螺纹车刀两切削刃夹角较小，散热条件差，所以切削速度比车削外圆时低，一般粗车时，$v_c=10\sim15$m/min；精车时，$v_c=6$m/min。

②粗车第一、二刀时，螺纹车刀刚切入工件，总的切削面积不大，可以选择较大些的背吃刀量，以后每次进给的背吃刀量应逐步减小。精车时，背吃刀量更小，排出的切屑很薄（像锡箔一样），以获得较小的表面粗糙度。

③车削螺纹必须要在一定的走刀次数内完成。表 3-3 列出了车削 M24、M20、M16 螺纹的最少进给次数，以供参考。

3．高速车削三角形外螺纹。

（1）特点。在生产中普遍采用硬质合金螺纹车刀高速车削三角形外螺纹。与高速钢螺纹车刀车相比，其切削速度可提高 15～20 倍，且进刀次数可减少 2/3 以上，生产率大大提高，螺纹两侧面的表面粗糙度值也较小。

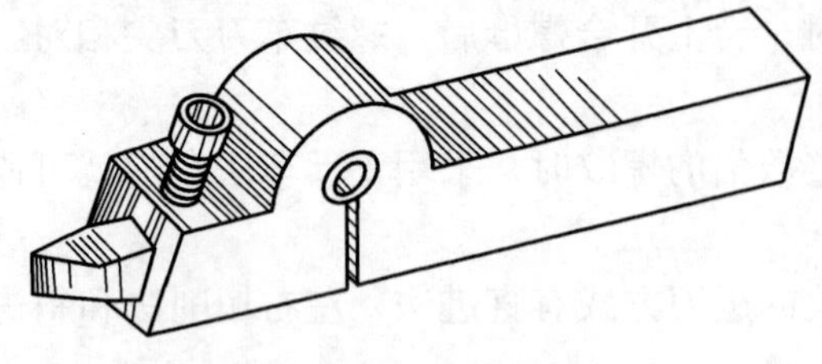

图 3-98　弹性刀柄螺纹车刀

（2）车刀的装夹。车刀的装夹方法与低速车三角形外螺纹时装夹法基本相同。为防止高速车削时产生振动和“扎刀”，刀尖应高于工件中心 0.1～0.2mm。此外，采用如图 3-98 所示的弹性刀柄螺纹车刀，可以吸振和防“扎刀”。

（3）车削方法。用硬质合金螺纹车刀高速车削三角形外螺纹时，只能用直进法进刀。切削速度 $v_c$＝50～100m/min。车削螺距 $P$＝1.5～3mm 的中碳钢螺纹时，一般只需 3～5 次切削就可以完成。切削开始时，背吃刀量应大些，以后逐次减小，但最后一次切削的背吃刀量应不小于 0.1mm。

**表 3-3　　低速车三角形螺纹进给次数**

| 进刀数 | M24　$P$＝3mm | | | M20　$P$＝2.5mm | | | M16　$P$＝2mm | | |
|---|---|---|---|---|---|---|---|---|---|
| | 中滑板进刀格数 | 小滑板赶刀（借刀）格数 | | 中滑板进刀格数 | 小滑板赶刀（借刀）格数 | | 中滑板进刀格数 | 小滑板赶刀（借刀）格数 | |
| | | 左 | 右 | | 左 | 右 | | 左 | 右 |
| 1 | 11 | 0 | | 11 | 0 | | 10 | 0 | |
| 2 | 7 | 3 | | 7 | 3 | | 6 | 3 | |
| 3 | 5 | 3 | | 5 | 3 | | 4 | 2 | |
| 4 | 4 | 2 | | 3 | 2 | | 2 | 2 | |
| 5 | 3 | 2 | | 2 | 1 | | 1 | 1/2 | |
| 6 | 3 | 1 | | 1 | 1 | | 1 | 1/2 | |
| 7 | 2 | 1 | | 1 | 0 | | 1/4 | 1/2 | |
| 8 | 1 | 1/2 | | 1/2 | 1/2 | | 1/4 | | $2\frac{1}{2}$ |
| 9 | 1/2 | 1 | | 1/4 | 1/2 | | 1/2 | | 1/2 |
| 10 | 1/2 | 0 | | 1/4 | | 3 | 1/2 | | 1/2 |
| 11 | 1/4 | 1/2 | | 1/2 | | 0 | 1/4 | | 1/2 |
| 12 | 1/4 | 1/2 | | 1/2 | | 1/2 | 1/4 | | 0 |
| 13 | 1/2 | | 3 | 1/4 | | 1/2 | 螺纹深度＝1.3mm　$n$＝26 格 | | |
| 14 | 1/2 | | 0 | 1/4 | | 0 | | | |
| 15 | 1/4 | | 1/2 | 螺纹深度＝1.625mm $n$＝$32\frac{1}{2}$格 | | | | | |
| 16 | 1/4 | | 0 | | | | | | |
| | 螺纹深度＝1.95mm $n$＝39 格 | | | | | | | | |

以高速车削螺距 $P$＝1.5mm（3 次切削完成）和 $P$＝2mm（4 次切削完成）的三角形外螺纹为例，背吃刀量的分配情况如下（图 3-99）：

①$P$＝1.5mm

总背吃刀量：$a_p \approx 0.65P = 0.975$mm

第 1 次切削背吃刀量：$a_{p1} = 0.5$mm

第 2 次切削背吃刀量：$a_{p2} = 0.375$mm

第 3 次切削背吃刀量：$a_{p3} = 0.1$mm

②$P = 2$mm

总背吃刀量：$a_p \approx 0.65P = 1.3$mm

第 1 次切削背吃刀量：$a_{p1} = 0.6$mm

第 2 次切削背吃刀量：$a_{p2} = 0.4$mm

第 3 次切削背吃刀量：$a_{p3} = 0.2$mm

第 4 次切削背吃刀量：$a_{p4} = 0.1$mm

图 3-99　高速车三角形外螺纹背吃刀量分配情况

用硬质合金螺纹车刀高速车削碳素结构钢和合金结构钢三角形外螺纹时，进给次数可参见表 3-4。

**表 3-4　高速车削三角形螺纹的进给次数**

| 螺距 $P$/mm | | 1.5～2 | 3 | 4 | 5 | 6 |
|---|---|---|---|---|---|---|
| 进给次数 | 粗车 | 2～3 | 3～4 | 4～5 | 5～6 | 6～7 |
| | 精车 | 1 | 2 | 2 | 2 | 2 |

4. 三角形外螺纹的检测。

（1）单项测量。单项测量是选择合适的量具来检测螺纹的某一单项参数，一般为检测螺纹的大径、螺距和中径。

①大径检测。螺纹的大径公差较大，一般可用游标卡尺检测。

②螺距检测。常用钢直尺［图 3-100（a）］或螺纹样板［图 3-100（b）］检测。

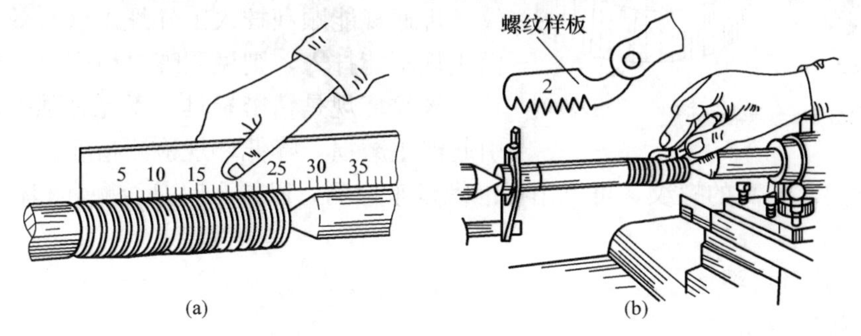


图 3-100　螺距检测

（a）用钢直尺检测螺距；（b）用螺纹样板（牙规）检测螺距

用钢直尺检测时，为了能准确检测出螺距，一般应检测几个螺距的总长度，然后取其平均值。

用螺纹样板检测时，螺纹样板应沿工件轴平面方向嵌入牙槽，如果与螺纹牙槽完全吻合，说明被检测螺距是正确的。

③中径检测。三角形外螺纹的中径一般用螺纹千分尺检测，如图 3-101 所示。螺纹千分尺的结构和使用方法与一般外径千分尺相似，读数原理相同，只是它有两个可以调整的测量头（上、下测量头）。检测时，两个与螺纹牙型角相同的测量头正好卡在螺纹的牙型面上，测得的千分尺读数即为螺纹中径的实际尺寸。

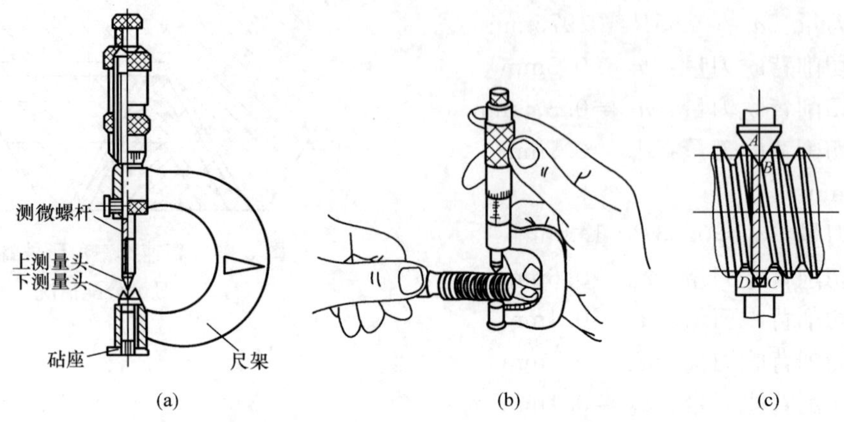

(a) (b) (c)

图 3-101 用螺纹千分尺检测中径

(a) 螺纹千分尺；(b) 测量方法；(c) 测量原理

螺纹千分尺附有两套（牙型角分别为 60°和 55°）不同螺距的测量头，以适应各种不同的三角形外螺纹中径的检测。

此外，中径也可用三针测量法检测，具体方法可参见梯形螺纹检测的部分内容。

(2) 综合测量。综合测量是采用螺纹量规对螺纹各部分主要尺寸（螺纹大径、中径、螺距等）同时进行综合检测的一种检验方法。综合测量检测效率高，使用方便，能较好地保证互换性，广泛地应用于对标准螺纹或大批量生产螺纹的检测。

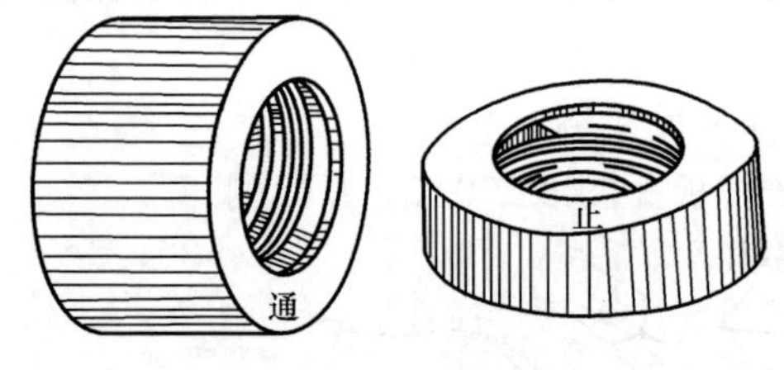

图 3-102 螺纹环规

三角形外螺纹使用螺纹环规（图 3-102）进行综合检测。检测前，应先检查螺纹的大径、牙型、螺距和表面粗糙度，然后用螺纹环规检测。如果螺纹环规通规能顺利拧入工件螺纹（有效长度范围），而止规不能拧入，则说明螺纹精度符合要求。

螺纹环规是精密量具，不允许强拧环规，以免引起严重磨损，降低环规检测精度。

对于精度要求不高的螺纹，可以用标准螺母来检测，以拧入时是否顺利和松紧程度来确定是否合格。

（三）车三角形内螺纹

1. 车削前的工艺准备。

(1) 内螺纹的形式与车削特点。三角形内螺纹有通孔内螺纹、台阶孔内螺纹和不通孔内螺纹三种形式，如图 3-103 所示。车内螺纹（尤其是直径较小的内螺纹）时，由于刀柄细长、刚度低、切屑不易排出、切削液不易注入及车削时不便于观察等原因，造成车内螺纹比车削三角形外螺纹要困难得多。

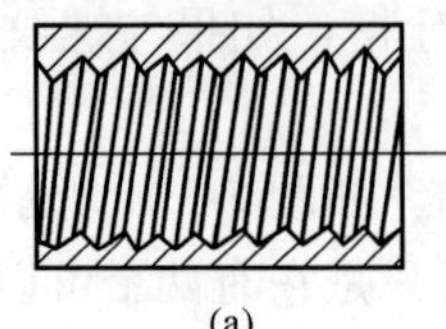
(a)

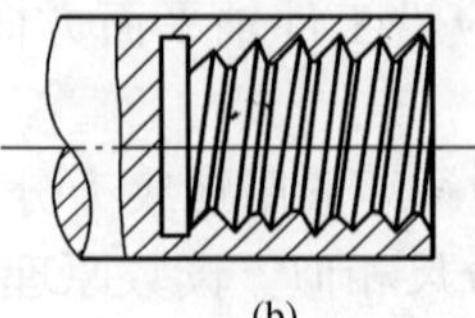
(b)

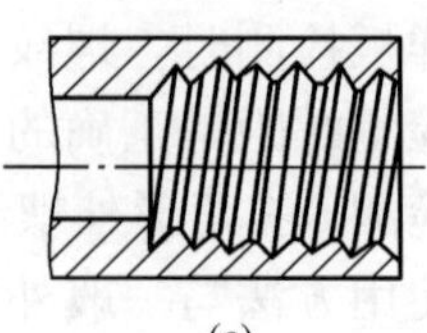
(c)

图 3-103 内螺纹的形式

(a) 通孔内螺纹；(b) 不通孔内螺纹；(c) 台阶孔内螺纹

(2) 内螺纹车刀的选择。车削内螺纹时，应根据不同的螺纹形式选用不同的内螺纹车刀。常见的内螺纹车刀如图 3-104 所示。

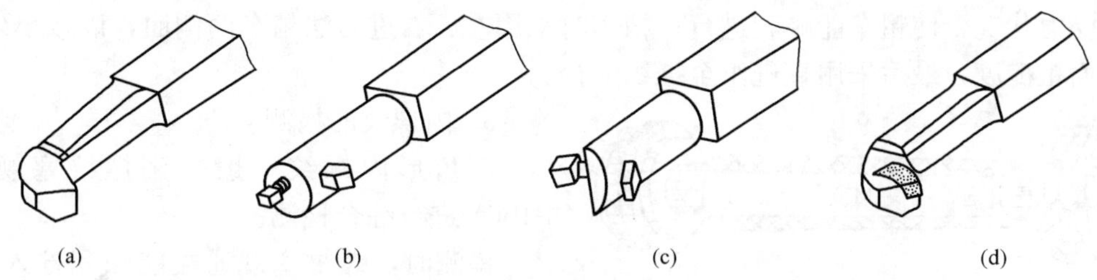

图 3-104 内螺纹车刀

(a)、(b) 通孔内螺纹车刀；(c) 不通孔内螺纹车刀；(d) 台阶孔内螺纹车刀

内螺纹车刀刀柄受螺纹孔径尺寸的限制，刀柄应在保证顺利车削的前提下尽量选截面积大些，一般选用车刀切削部分径向尺寸比孔径小 3～5mm 的螺纹车刀。刀柄太细车削时容易振动；刀柄太粗退刀时会碰伤内螺纹牙顶，甚至不能车削。

(3) 内螺纹车刀的装夹。

①刀柄伸出的长度应大于内螺纹长度为 10～20mm。

②调整车刀的高低位置，使刀尖对准工件回转中心，并轻轻压住。

③将螺纹对刀样板侧面靠平工件端平面，刀尖部分进入样板的槽内进行对刀，调整并夹紧车刀，如图 3-105 (a) 所示。

④装夹好的螺纹车刀应在底孔内试走一次（手动），防止刀柄与内孔相碰而影响车削，如图 3-105 (b) 所示。

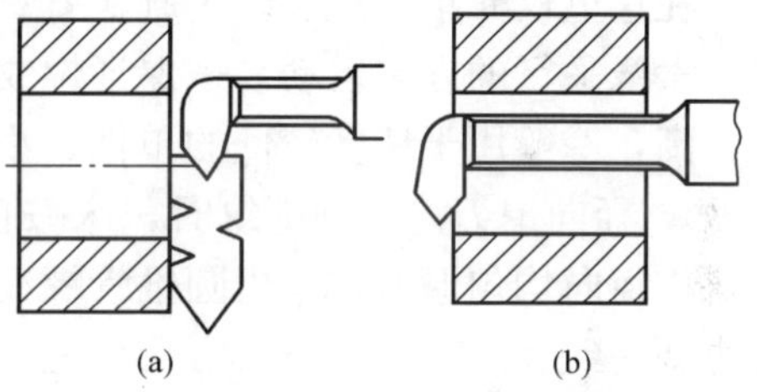

图 3-105 内螺纹车刀的装夹

(a) 对刀方法；(b) 检查刀柄是否与底孔相碰

(4) 底孔孔径的确定。车削内螺纹前，一般先钻孔或扩孔。由于车削时的挤压作用，内孔直径会缩小，对于塑性金属材料较为明显，所以车螺纹前的底孔孔径应略大于螺纹小径的基本尺寸。底孔孔径可按式 (3-10) 和式 (3-11) 计算确定。

车削塑性材料时：
$$D_{孔}=D-P \tag{3-10}$$

车削脆性材料时：
$$D_{孔}=D-1.05P \tag{3-11}$$

式中 $D_{孔}$——底孔直径（mm）；

$D$——内螺纹大径（mm）；

$P$——螺距（mm）。

2. 三角形内螺纹的车削方法。

(1) 车内螺纹前，先把工件的端平面、螺纹底孔及倒角等车好。车不通孔螺纹或台阶孔螺纹时，还需车好退刀槽，退刀槽直径应大于内螺纹大径，槽宽为 (2～3)$P$，并与台阶平面切平。

选择合理的切削速度，并根据螺纹的螺距调整进给箱各手柄的位置。

(2) 车三角形内螺纹的方法与车三角形外螺纹的方法基本相同，但刀架横向移动手柄的进刀与退刀的方向正好相反。

直径较小的内、外螺纹可用丝锥或板牙攻出。

(3) 螺距 $P \leqslant 2\text{mm}$ 的内螺纹一般采用直进法车削。

$P > 2\text{mm}$ 的内螺纹一般先用斜进法粗车，并向走刀相反方向一侧赶刀，以改善内螺纹车刀的受力状况，使粗车能顺利进行；精车时采用左、右进刀法精车两侧面，以减小牙型侧面的表面粗糙度，最后采用直进车至螺纹大径。

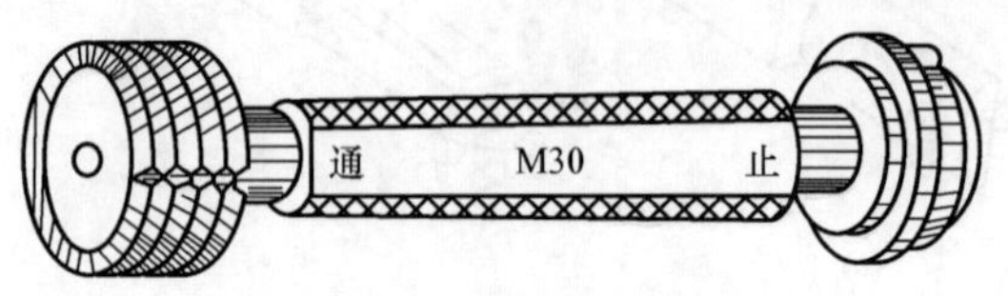

图 3-106 螺纹塞规

3. 内螺纹的检测。

三角形内螺纹一般采用螺纹塞规（图 3-106）进行综合检测。

检测时，螺纹塞规通端能顺利拧入工件，止端拧不进工件，说明螺纹合格。

（四）圆锥管螺纹及其车削方法

圆锥管螺纹是一种英制细牙螺纹，用于管路连接。圆锥管螺纹的牙型角有 55°和 60°两种，其公称直径是指管的孔径（以 in 为单位）。圆锥管螺纹有 1∶16 的锥度（圆锥半角 $\alpha/2=1°47'24''$）。圆锥管螺纹的大径、中径和小径应在基面内测量，如图 3-107 所示。

圆锥管螺纹的车削方法与三角形螺纹的车削方法相似，所不同的是需要解决螺纹的锥度问题。车削圆锥管螺纹的常用方法有：靠模法、偏移尾座法和手赶法等。

在这里仅介绍手赶法。手赶法就是在车削螺纹时，径向手动退刀或进刀，使刀尖沿着与圆锥素线平行的方向运动，来保证螺纹的锥度和尺寸的方法。由于锥度由手动保证，加工精度不高，一般用于精度较低的单件、小批量生产。

1. 径向退刀。车削螺纹时，床鞍自右向左纵向移动的同时，手动摇动刀架横向移动手柄，作径向均匀退刀，车出圆锥管螺纹。关键是手动退刀运作平稳均匀，退刀速度要与车螺纹协调一致。

2. 径向进刀。

(1) 车正锥管螺纹。将螺纹车刀反装，即前面向下，车床主轴反转，螺纹车刀由左向右纵向移动的同时，手动使中滑板径向均匀进刀，车出圆锥管螺纹，如图 3-108 (a) 所示。

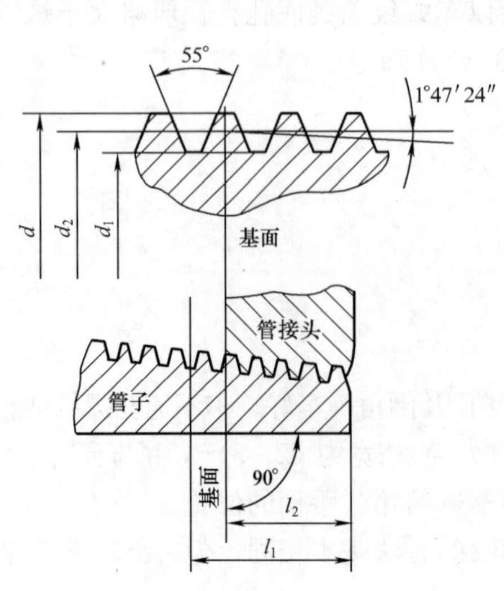

图 3-107 圆锥管螺纹

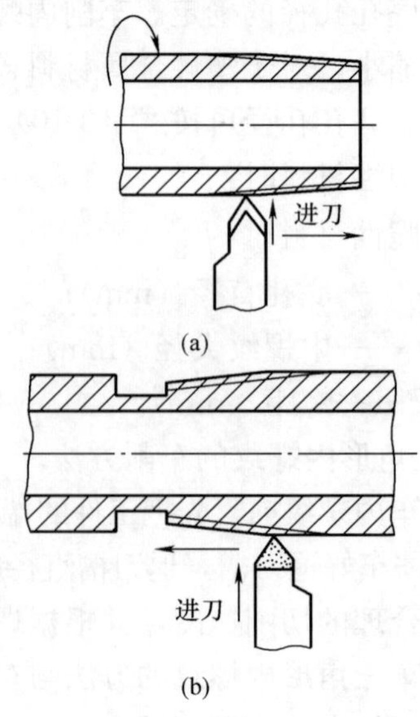

图 3-108 径向进刀法

(a) 车圆锥管螺纹；(b) 车倒锥管螺纹

(2) 车倒锥管螺纹。车削时，车床主轴正转，床鞍带动螺纹车刀自右向左纵向移动的同时，手动使中滑板径向均匀进刀，车出圆锥管螺纹，如图 3-108（b）所示。这种方法常用于车削长度较短的管接头。

(五) 套螺纹和攻螺纹

套螺纹和攻螺纹除由钳工手工操作外，也可在车床上进行。

用板牙套螺纹，通常适用于公称直径小于 16mm 或螺距小于 2mm 的外螺纹，在车床上主要用套螺纹工具（图 3-109）套螺纹。

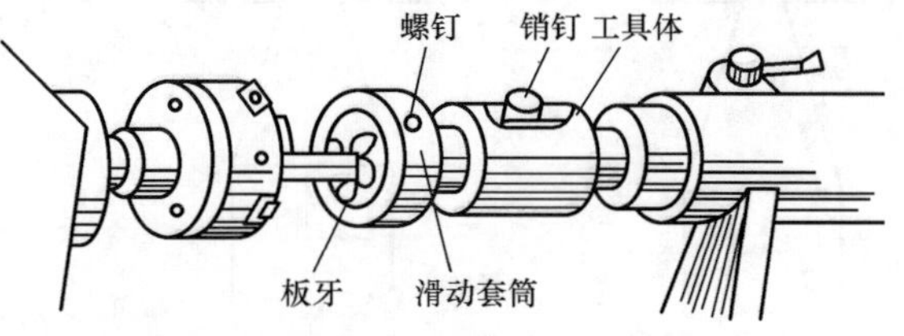


图 3-109 在车床上套螺纹

机用丝锥通常是用单支攻螺纹，一次成形效率高。在车床上攻螺纹使用的攻螺纹工具如图 3-110 所示。

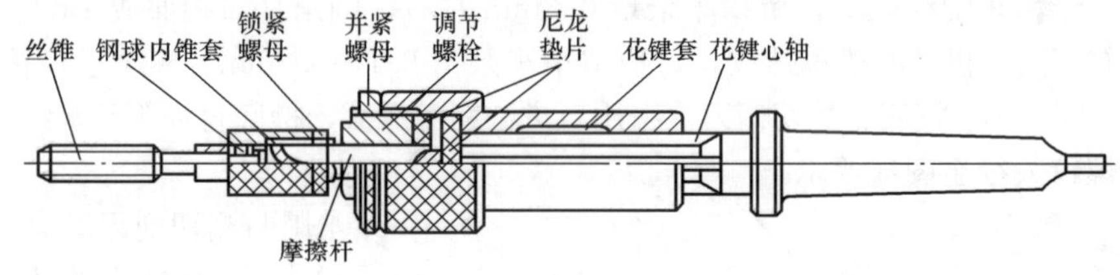


图 3-110 攻螺纹工具

## 二、车梯形螺纹

梯形螺纹是应用广泛的一种传动螺纹，车床上的长丝杠和中、小滑板丝杠都是梯形螺纹。

梯形螺纹分米制和英制两种，米制梯形螺纹的牙型角为 30°，英制梯形螺纹的牙型角为 29°。我国常用的是米制梯形螺纹。

(一) 梯形螺纹的车削

1. 梯形螺纹的一般技术要求。

梯形螺纹的轴向剖面形状是一等腰梯形。梯形螺纹用于传动，要求精度高，表面粗糙度小，车削梯形螺纹比车削三角形螺纹困难。主要技术要求如下：

(1) 梯形螺纹的中径必须与基准轴颈同轴，其大径尺寸应小于基本尺寸。

(2) 梯形螺纹的配合以中径定心，因此车削梯形螺纹时必须保证中径尺寸公差。

2. 工件装夹。车削梯形螺纹时，切削力较大，工件一般采用一夹一顶方式装夹。

粗车螺距较大的梯形螺纹时，可采用四爪单动卡盘一夹一顶，以保证装牢固。此外，轴向采用限位台阶或限位支撑固定工件的轴向位置，以防车削中工件轴向蹿动或移位而造成乱扣或撞坏车刀。

3. 车梯形外螺纹方法。

(1) 螺距小于 4mm、精度要求不高的梯形外螺纹，可用一把梯形螺纹车刀粗、精车至尺寸要求。粗车时可采用少量的左右切削法或斜进法（图 3-111），精车时采用直进法。

(2) 螺距为 4～8mm 或精度要求较高的梯形外螺纹，一般采用左右切削法或车直槽法车削，具体车削步骤如图 3-112 所示。

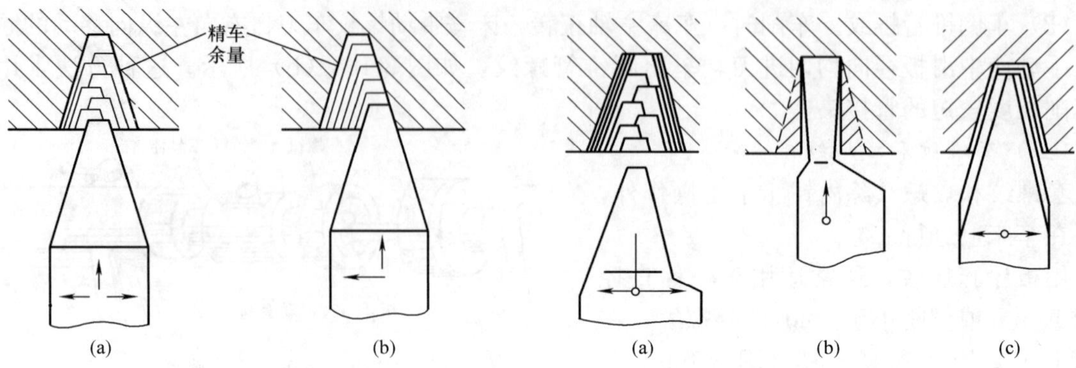


图 3-111 螺距小于 4mm 的进刀方式
(a) 左右切削法；(b) 斜进法

图 3-112 螺距在 4～8mm 的进刀方式
(a) 左右切削法粗、半精车螺纹；(b) 直进法粗车；(c) 精车

①粗车、半精车螺纹大径，留精车余量 0.3mm 左右，倒角（与端面成 15°）。

②用左右切削法粗、半精车螺纹，每边留精车余量 0.1～0.2mm，螺纹小径精车至尺寸。或选用刀头宽度稍小于槽底宽的切槽刀，采用直进法粗车螺纹，槽底直径等于螺纹小径。

③精车螺纹大径至图样要求。

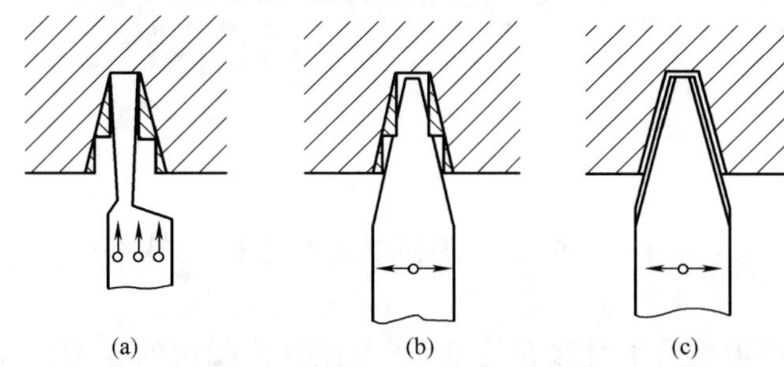


图 3-113 螺距大于 8mm 的进刀方式
(a) 车阶梯槽；(b) 左右切削法半精车两侧面；(c) 精车梯形螺纹

④用两侧切削刃磨有卷屑槽的梯形螺纹精车刀精车两侧面至图样要求。

(3) 螺距大于 8mm 的梯形外螺纹，一般采用切阶梯槽的方法车削（图 3-113)。

①粗车、半精车螺纹大径，留精车余量 0.3mm 左右，倒角（与端面成 15°)。

②用刀头宽度小于 $P/2$ 的切槽刀直进法粗车螺纹至接近中径处，再用刀头宽度略小于槽底宽的切槽刀直进法粗车螺纹，槽底直径等于螺纹小径，从而形成阶梯状的螺旋槽。

③用梯形螺纹粗车刀，采用左右切削法半精车螺纹槽两侧面，每面留精车余量 0.1～0.2mm。

④精车螺纹大径至图样要求。

⑤用梯形螺纹精车刀，精车两侧面，控制中径，完成螺纹加工。

4. 车梯形内螺纹。梯形内螺纹的车削方法与三角形内螺纹的车削方法基本相同。

(1) 首先加工内螺纹底孔，根据式 (3-10)，$D_{孔}=D_1=d-P$。

(2) 在端面上车一个轴向深度为 1～2mm，孔径等于螺纹基本尺寸的内台阶孔，如图 3-114 所示，作为车内螺纹时的对刀基准。

(3) 粗车内螺纹，采用斜进法（向背进刀方向赶刀，以有利粗车切削的顺利进行）。车刀刀尖与对刀基准间应保证有 0.10～0.15mm 的间隙。

(4) 精车内螺纹，采用左右切削法精车牙型两侧面。车刀刀尖与对刀基准相接触。

车制与梯形外螺纹（螺杆）配对的梯形螺母时，为保证车出的梯形螺母与螺杆的牙型角一致，常用梯形螺纹专用样板对刀。专用样板如图 3-115 所示，使用时将样板的基准面靠紧工件外圆表面来找正螺纹车刀的正确位置。

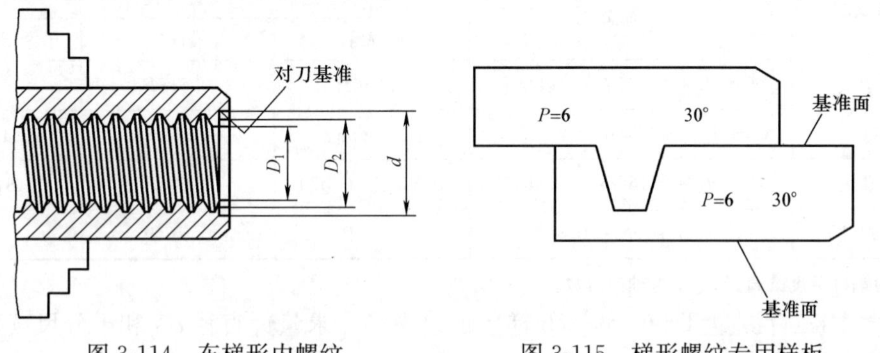


图 3-114 车梯形内螺纹　　图 3-115 梯形螺纹专用样板

（二）梯形螺纹的检测

1. 梯形外螺纹的检测。

(1) 三针测量法（图 3-116）。三针测量是一种比较精密的检测方法，适于测量精度要求较高、螺纹升角小于 4°的三角形螺纹、梯形螺纹和蜗杆的中径尺寸。

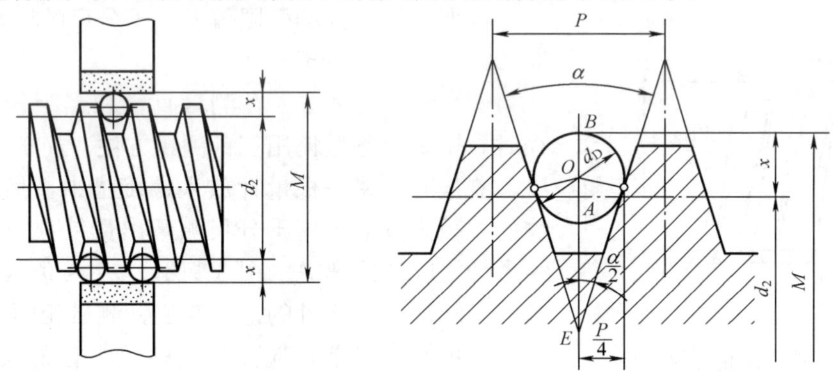


图 3-116 三针测量螺纹中径

测量时，将 3 根直径相等、尺寸合适的量针放置在螺纹两侧相对应的螺旋槽中，用千分尺测量两边量针顶点之间的距离 $M$，由 $M$ 值换算出螺纹中径的实际尺寸。

1）量针的选择。三针测量用的量针直径也不能太大，必须保证量针截面与螺纹牙侧相切；也不能太小，否则量针将陷入牙槽中，其顶点低于螺纹牙顶而无法测量。最佳的量针直径是指量针横截面与螺纹牙侧相切于螺纹中径处的量针直径（图 3-117）。

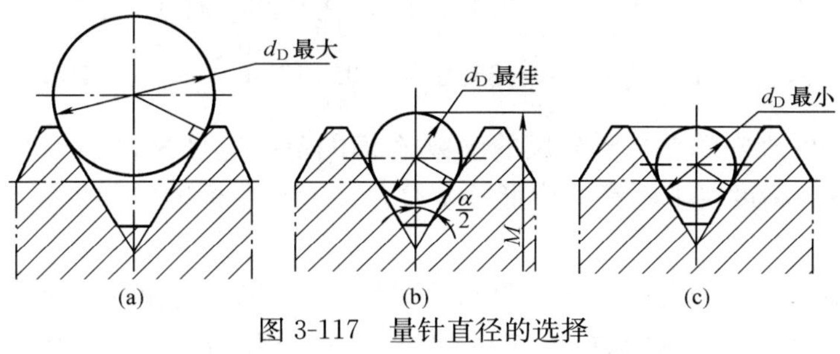


图 3-117 量针直径的选择

（a）最大量针直径；（b）最佳量针直径；（c）最小量针直径

2）$M$ 值和量针直径的计算（表 3-5）。

**表 3-5　$M$ 值及量针直径的简化计算公式**

| 螺纹牙型角 | $M$ 计算公式 | 量针直径 $d_D$ | | |
|---|---|---|---|---|
| | | 最大值 | 最佳值 | 最小值 |
| 30°（梯形螺纹） | $M=d_2+4.864d_D-1.866P$ | $0.656P$ | $0.518P$ | $0.486P$ |
| 40°（蜗杆） | $M=d_1+3.924d_D-4.316m_x$ | $2.466m_x$ | $1.675m_x$ | $1.61m_x$ |
| 55°（英制螺纹） | $M=d_2+3.166d_D-0.961P$ | $0.894P-0.029$ | $0.564P$ | $0.481P-0.016$ |
| 60°（普通螺纹） | $M=d_2+3d_D-0.866P$ | $1.01P$ | $0.577P$ | $0.505P$ |

**注**　$d_1$ 为蜗杆分度圆直径；$m_x$ 为轴向模数。

**例 3-1**　用三针测量 Tr36×6—7h 梯形螺纹中径，求量针直径 $d_D$ 和千分尺读数 $M$ 值。

**解：** 量针直径：$d_D=0.518P=0.518\times6=3.108\text{mm}$

选用量针直径：$d_D=3.177\text{mm}$

螺纹中径：$d_2=d-0.5P=36\text{mm}-0.5\times6\text{mm}=33\text{mm}$

由梯形螺纹公差标准查得中径尺寸和上、下偏差为：$d_2=33_{-0.355}^{\ 0}\text{mm}$

$M$ 值：$M=d_2+4.864d_D-1.866P=33\text{mm}+4.864\times3.177\text{mm}-1.866\times6\text{mm}=37.257\text{mm}$

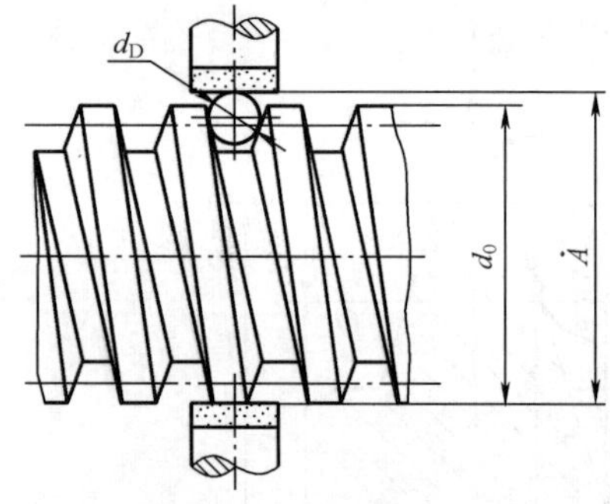


图 3-118　单针测量螺纹中径

根据中径允许的极限偏差，千分尺的读数 $M$ 值应为 36.902～37.257mm。

（2）单针测量法。在测量直径和螺距较大的螺纹中径时，用单针测量比用三针测量方便、简单。

测量时，将一根量针放入螺旋槽中，另一侧则以螺纹的大径为基准，用千分尺测量出量针顶点与另一侧螺纹大径之间的距离 $A$（图 3-118），由 $A$ 值换算出螺纹中径的实际尺寸。量针的选择与三针测量相同。

在单针测量前，应先量出螺纹大径的实际尺寸 $d_0$，并根据选用量针的直径 $d_D$ 计算出用三针测量时的 $M$ 值，然后按式（3-12）计算 $A$ 值。

$$A=\frac{1}{2}(M+d_0) \tag{3-12}$$

**例 3-2**　用单针测量 Tr36×6—7h 梯形螺纹中径，量得工件实际大径 $d_0=35.90\text{mm}$，求千分尺读数 $A$ 值。

**解：** 由例 3-1 可知，选用量针 $d_D=3.177\text{mm}$，三针测量时 $M=37.257\text{mm}$。

$$A=\frac{1}{2}(M+d_0)=\frac{1}{2}(37.257+3.177)\text{mm}=36.579\text{mm}$$

根据中径允许的极限偏差，千分尺的读数 $A$ 值的范围应是 36.224～36.579mm。

（3）综合测量。精度要求不高的梯形外螺纹，一般采用标准的梯形螺纹量规——螺纹环规进行综合检测。

检测前，先检查螺纹的大径、牙型角和牙型半角、螺距和表面粗糙度，然后用螺纹环规检测。如螺纹环规的通规能顺利拧入工件螺纹，而止规不能拧入，则说明被检梯形螺纹合格。

2. 梯形内螺纹综合测量。梯形内螺纹通常使用标准的梯形螺纹量规——螺纹塞规和小径塞规进行综合检测。

检测时，先用小径塞规（测量面为光滑外圆柱面）检查小径，小径塞规的通端应能顺利进入内螺纹，止端则不能进入（允许内螺纹小径两端进入不超过一个螺距）。

然后用螺纹塞规检测。若螺纹塞规的通端能顺利拧入工件内螺纹，而止端不能拧入，则说明被检梯形内螺纹合格。

## 三、车蜗杆

由蜗杆和蜗轮组成的蜗杆副能获得很大的传动比，因此常用于减速传动机构中，用来传递两轴在空间成 90°交错的运动。蜗杆一般可分为米制（齿形角 $\alpha=20°$）和英制（齿形角 $\alpha=14.5°$）两种。我国大多采用米制蜗杆，现只介绍米制蜗杆的车削。

米制蜗杆分有：阿基米德蜗杆（ZA 蜗杆）、法向直廓蜗杆（ZN 蜗杆）、渐开线蜗杆（ZI 蜗杆）、锥面包绕圆柱蜗杆（ZK 蜗杆）和圆弧圆柱蜗杆（ZC 蜗杆）等。其中，阿基米德蜗杆的端面齿廓是阿基米德螺旋线，轴向齿廓是直线（故又称轴向直廓蜗杆）；法向直廓蜗杆在垂直于齿线的法平面内的齿廓是直线，端面齿廓是延长渐开线。这两种蜗杆可以在车床上车削成形，它们的齿形如图 3-119 所示。

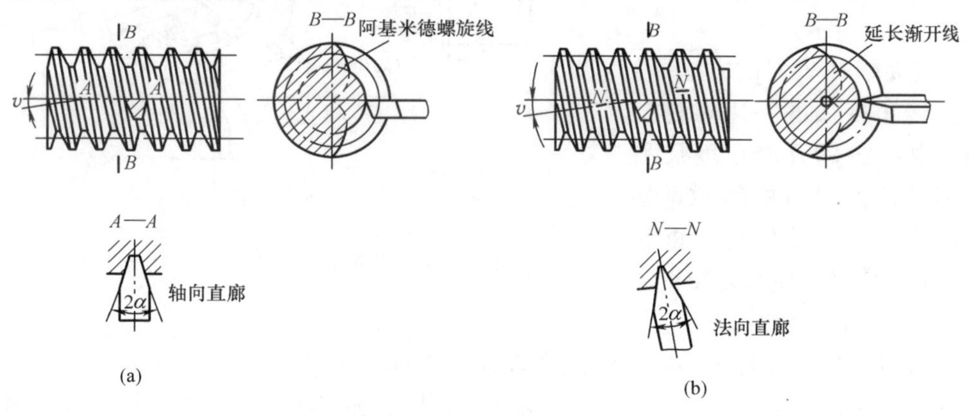


图 3-119　常用蜗杆齿形

（a）轴向直廓；（b）法向直廓

由于阿基米德蜗杆形状类似于梯形螺纹，其车削方法也与车削梯形螺纹方法类似，工艺性能好，制造、测量方便，应用最多，我国大多采用齿形角 $\alpha=20°$ 的阿基米德蜗杆蜗轮传动。以下介绍的内容中除特别注明是法向直廓蜗杆外，均为阿基米德蜗杆，并简称蜗杆。蜗杆的旋向为右旋（特殊要求左旋除外）。

### （一）蜗杆车刀及其装夹

蜗杆车刀一般用高速钢材料磨制。由于蜗杆的齿形较深、导程较大，加工的难度大于车削梯形螺纹。为提高蜗杆的加工质量，车削蜗杆时，蜗杆的粗车与精车一般应分开进行。

### （二）两种装刀法

1. 水平装刀法。使蜗杆车刀两侧切削刃组成的平面处于水平位置，且与蜗杆轴线等高，如图 3-119（a）所示，这种装刀法称为水平装刀法。

车削阿基米德蜗杆时，特别是精车时，应采用水平装刀法，以保证蜗杆齿形的正确。

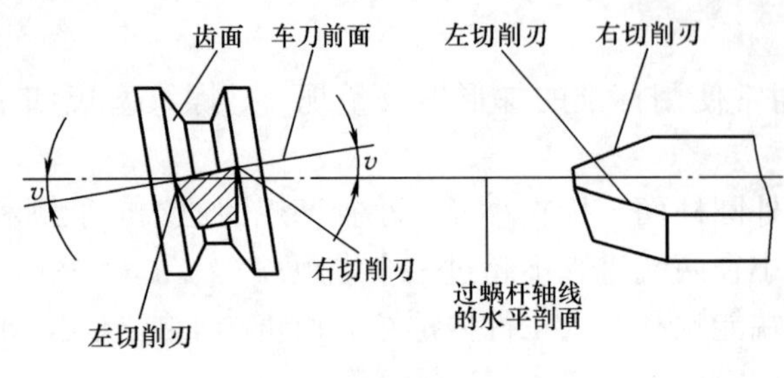


图 3-120 垂直装刀法

2. 垂直装刀法。使蜗杆车刀两侧切削刃组成的平面垂直于蜗杆齿面，两侧切削刃夹角的平分线在通过蜗杆轴线的水平面上，如图 3-119（b）所示，这种装刀法称为垂直装刀法。

车削法向直廓蜗杆时，应采用垂直装刀法。

粗车阿基米德蜗杆时，为减少因导程角引起一侧切削刃实际后角变小对蜗杆车削的影响，避免振动和扎刀现象，保证切削顺利，也可以采用垂直装刀法，如图3-120 所示。但精车阿基米德蜗杆时，一定要采用水平装刀法。

（三）车刀的装夹

车削模数较小的蜗杆，蜗杆车刀可用对刀样板找正装夹；车削模数较大的蜗杆时，蜗杆车刀通常用游标万能角度尺来找正装夹，如图 3-121 所示。

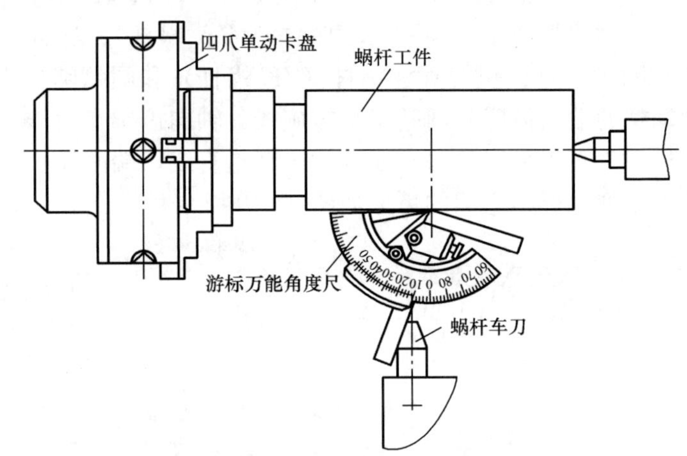


图 3-121 用游标万能角度尺找正装夹车刀

找正装夹蜗杆车刀的方法是：将游标万能角度尺的一边靠住工件外圆，观察游标万能角度尺另一边与车刀切削刃口的间隙，如有偏差，可松开压紧螺钉，重新调整刀尖角的位置，使车刀装正。

（四）蜗杆的车削方法

1. 工件的装夹。蜗杆车削时，切削力较大，工件应采用一夹一顶方式装夹。车削模数较大的蜗杆，应采用四爪单动卡盘与尾顶尖装夹，使装夹牢固可靠。工件轴向应采用限位台阶或限位支撑定位，以防蜗杆在车削中发生蹿动。

2. 蜗杆的车削。蜗杆的车削方法与梯形螺纹的车削方法基本相同。由于蜗杆的导程（即轴向齿距）不是整数，车削蜗杆时不能使用提开合螺母法，只能使用正反车法车削。

（1）车削前，先根据蜗杆的导程在车床进给箱铭牌上找到相应手柄的位置参数，并对各手柄位置进行调整。

（2）粗车时，蜗杆的轴向模数 $m_x \leqslant 3$mm 时，可采用左、右切削法车削；蜗杆的轴向模数 $m_x > 3$mm 时，一般先采用切槽法粗车，然后再用左、右切削法半精车；如果蜗杆的轴向模数很大，$m_x > 5$mm 时，则采用切阶梯槽（即分层切削）法粗车，再用左、右切削法半精车。单边留 0.2～0.4mm 的精车余量。

（3）精车时，用两侧带有卷屑槽的蜗杆精车刀，分左、右单边切削成形，最后用刀尖角略小于 2 倍齿形角的精车刀精车蜗杆齿根圆直径，把齿形修整清晰。

（五）蜗杆的检测

蜗杆主要的测量参数有齿顶圆直径 $d_a$、分度圆直径 $d_1$、轴向齿距 $p_x$ 和齿厚 $s$。齿顶圆

直径 $d_a$ 可用千分尺测量；轴向齿距 $p_x$ 主要由车床传动链保证，也可用钢直尺或游标卡尺粗略测量；分度圆直径 $d_1$ 可用三针或单针测量，用三针（或单针）测量分度圆直径的量针直径和 $M$ 值（或 $A$ 值）的计算公式见表 3-5。

1. 用齿厚游标卡尺测量。当蜗杆的精度较低时，蜗杆的齿厚可用齿厚游标卡尺测量，如图 3-122 所示。

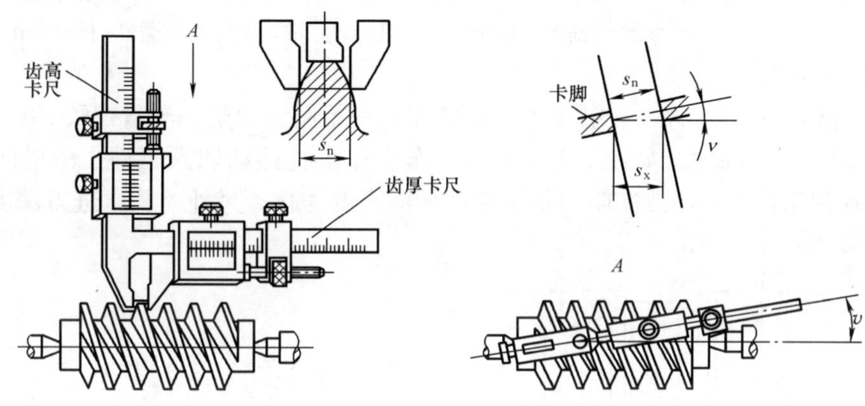


图 3-122　用齿厚游标卡尺测量齿厚

齿厚游标卡尺由相互垂直的齿高、齿厚游标卡尺组成，测量时，将齿高游标卡尺的读数调整为蜗杆的齿顶高尺寸（必要时应按工件实际齿顶圆直径 $d_a$ 进行修正），使齿厚游标卡尺的两卡脚法向切入蜗杆齿廓（卡尺与蜗杆轴线相交成一个导程角 $\nu$），齿高游标卡尺的卡脚则顶住齿廓顶部。微量摆动游标卡尺，测出的最小读数即为蜗杆分度圆处的法向齿厚 $s_n$。

蜗杆零件图样上常给出的是轴向齿厚 $s_x$，法向齿厚 $s_n$ 与轴向齿厚 $s_x$ 按式（3-13）换算：

$$s_n = s_x \cos\nu \tag{3-13}$$

2. 用三针或单针间接测量齿厚。当蜗杆精度要求较高，在图样上标注的是齿厚偏差时，为了提高检测精度，可将齿厚偏差换算成三针（或单针）测量值 $M$（或 $A$）的偏差，改用三针（或单针）测量法来间接检测，如图 3-123 所示。

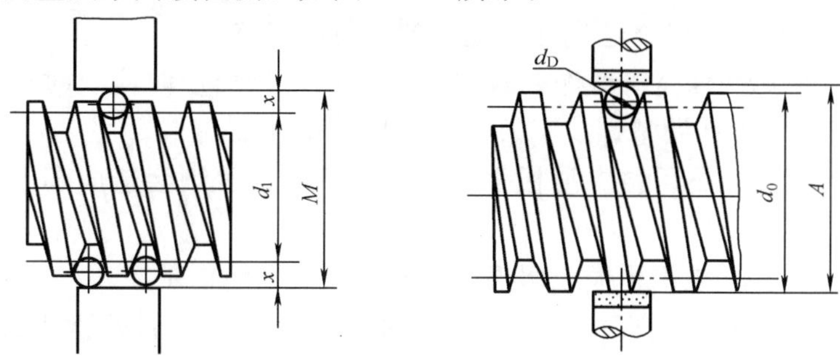


图 3-123　用三针或单针间接测量齿厚偏差

根据 $\Delta M = \Delta s\cos\alpha$ 得换算式（3-14）：

$$\Delta A = \Delta M/2 = (\Delta s\cos\alpha)/2 \tag{3-14}$$

即　三针测量值的偏差：　$\Delta M = 2.7475 \times \Delta s$

　　单针测量值的偏差：　$\Delta M = 1.3737 \times \Delta s$

式中 $\Delta s$——齿厚偏差；

$\alpha$——蜗杆齿形角，$\alpha=20°$。

## 实训操作一 车螺纹（图 3-124）

按图 3-124 所示工件的尺寸要求，进行车削 M60×2 的螺纹［M 为三角形螺纹代号；60 为螺纹公称直径（mm）；2 为螺纹螺距（mm）］。在车削时，要保证螺距 $P=2$mm、牙型角 $\alpha=60°$和中径 $d_2=58.7$mm。

1. 操作过程。装夹工件—安装车刀—调整车床—抬闸法切削—测量螺纹。

2. 控制螺纹牙深高度。如图 3-125 所示，车刀作垂直移动切入工件，由横向进给手柄刻度盘来控制背吃刀量，经几次吃刀切至螺纹牙深高度为止。另外，几次进刀深度的总和应比 0.54$P$ 大 0.05～0.1mm。

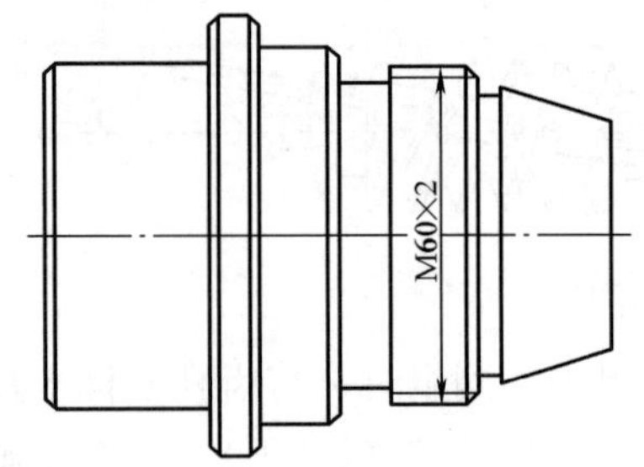


图 3-124 车螺纹工作图（材料：HT150）

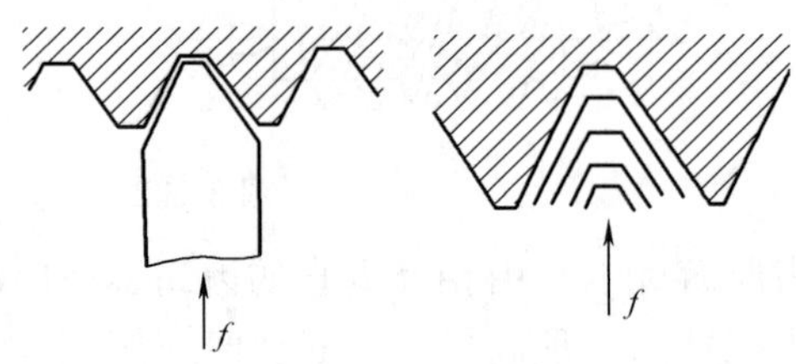


图 3-125 垂直吃刀控制牙深

## 操作要点

1. 车螺纹前应首先调整好床鞍和中、小滑板的松紧程度（车内螺纹时，小滑板应适当调紧些）。

2. 车螺纹时思想要集中，特别是初学者在开始练习时，主轴转速不宜过高，待操作熟练后，逐步提高主轴转速，最终达到能高速车削三角形螺纹。

3. 车螺纹时，应始终保持螺纹车刀锋利，刀尖出现积屑瘤时应及时清除。中途换刀或刃磨后重新装刀，必须重新调整螺纹车刀刀尖的高低和对刀。

4. 车螺纹时，应注意不可将中滑板手柄多摇进一圈，否则会造成车刀刀尖崩刃或损坏工件。

5. 车螺纹过程中，不准用手摸或用棉纱去擦螺纹，以免伤手。

6. 车无退刀槽螺纹时，应保证每次收尾均在 1/2 圈左右，且每次退刀位置大致相同，否则容易损坏螺纹车刀刀尖。

7. 车脆性材料螺纹时，径向进给量（背吃刀量）不宜过大，否则会使螺纹牙尖爆裂，造成废品。低速精车螺纹时，最后几刀采取微量进给或无进给车削，以车光螺纹侧面。

8. 车内螺纹时，退刀要及时、准确。如退刀过迟碰撞孔底时，应及时重新对刀，以防因车刀移位造成“乱扣”。

9. 车内螺纹时，赶刀量不宜过多，以防精车螺纹时没有余量。

10. 粗、精车分开车削螺纹时，应留适当的精车余量。

## 实训操作二 车梯形外螺纹

（图 3-126，$\phi$ 40mm×120mm）

1. 夹持外圆，伸出长度 100mm 左右，找正并夹紧。

2. 车平端面，钻中心孔；用尾座顶尖支撑工件成一夹一顶装夹。

3. 粗、精车梯形螺纹大径至$\phi 36.3_{-0.1}^{0}$mm，长度大于 65mm。

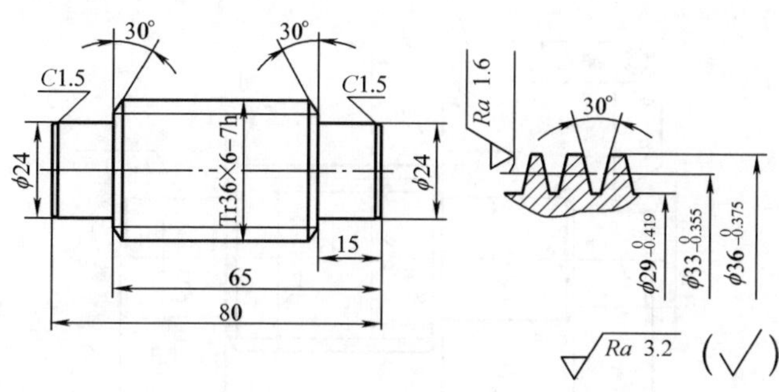


图 3-126 车梯形外螺纹（材料：45 钢）

4. 粗、精车外圆$\phi$ 24mm 至尺寸要求，长 15mm。

5. 粗、精车退刀槽至$\phi$ 24mm，宽度大于 15mm，控制长度尺寸 65mm。

6. 两端倒 15°角和倒角 C1.5。

7. 粗车梯形螺纹 Tr36×6—7h，小径车至$\phi 29_{-0.149}^{0}$mm 要求，两牙侧留余量 0.2mm。

8. 精车梯形螺纹大径至尺寸要求，$\phi 36_{-0.375}^{0}$mm。

9. 精车两牙侧面，用三针测量，控制中径尺寸至$\phi 33_{-0.355}^{0}$mm 要求。

10. 切断，总长 81mm。

11. 调头，垫铜皮装夹，车端面，控制总长 80mm，倒角 C1.5。

## 操作要点

1. 为防止因溜板箱手轮转动时的不平衡而使床鞍发生蹿动，可在手轮上安装平衡块，最好采用手轮脱离装置。

2. 梯形螺纹精车刀两侧刃应刃磨平直，切削刃应保持锋利。

3. 精车前，最好重新修正中心孔，以保证螺纹的同轴精度。

4. 车梯形螺纹时，选择较小的切削用量，减少工件的变形，同时应充分加注切削液。

## 实训操作三 车单头蜗杆（图 3-127，$\phi$ 36mm×105mm）

1. 夹持外圆，工件伸出长度 80mm 左右，找正并夹紧。

2. 车端面，钻中心孔，用后顶尖顶住工件成一夹一顶装夹。

3. 车外圆至$\phi$ 34mm，长度大于 60mm。

4. 粗车$\phi 20_{-0.033}^{0}$mm 外圆至$\phi$ 21mm，长 19.5mm，倒角。

5. 调头装夹，找正并夹紧。

6. 车端面，控制总长 100mm，钻中心孔。

7. 粗车$\phi 20_{-0.033}^{0}$mm 外圆至$\phi$ 21mm，长 39.5mm。

8. 粗车$\phi 16_{-0.027}^{0}$mm 外圆至$\phi$ 18mm，长 14.5mm。

9. 调头装夹，夹持$\phi$ 18mm 外圆，用后顶尖成一夹一顶装夹。

10. 粗车蜗杆。

11. 采用两顶尖装夹，分别精车各外圆至图样要求，倒角。

12. 精车蜗杆至图样要求。

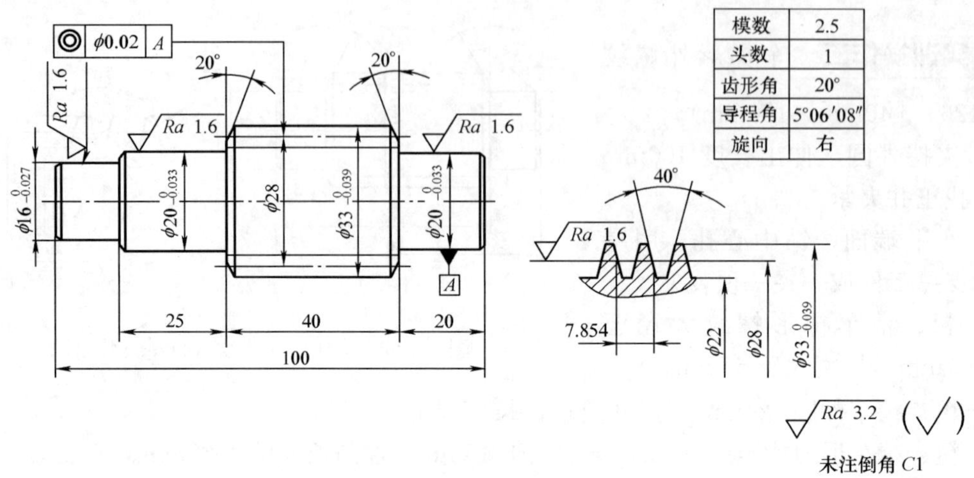


图 3-127 单头蜗杆（材料：45 钢）

13. 检查。

## 操作要点

1. 车削蜗杆时，车第一刀后，应先检查蜗杆的轴向齿距是否正确。

2. 由于蜗杆的导程角较大，蜗杆车刀的两侧后角应适当增减。

3. 鸡心夹头应靠紧卡爪并牢固夹住工件，防止车蜗杆时发生移位，损坏工件，并在车削过程中经常检查前后顶尖松紧情形。

4. 粗车蜗杆时，应尽可能提高工件的装夹刚度；减小机床床鞍与导轨之间的间隙，以减小蹿动量。

5. 精车蜗杆时，采用低速车削，并充分加注切削液，为了提高蜗杆齿面的表面质量，可采用点动（刚开车就立即停车）利用主轴惯性进行慢速切削。

6. 粗车蜗杆时，每次切入深度要适当，并经常检测（法向）齿厚，以控制精车余量。

## 教师演示一 观察乱扣现象

如果车床丝杠的螺距不是工件螺距的整数倍，采用提开合螺母法车削就会乱扣；如果开合螺母手柄没有完全压合，使螺母没有抱紧丝杠，也会乱扣；另外因车刀重磨后重新安装，没有对刀，车刀与工件的相对位置发生了变化，则也会乱扣。

选取螺距 $P=2.5$mm 的工件，在 C6132 车床上先用提开合螺母法车削，观察乱扣现象，然后再用正反车法车削，观察不乱扣现象。

## 教师演示二 车有退刀槽的外螺纹（图 3-128）

1. 夹持毛坯外圆，伸出长度 55～60mm，找正并夹紧。

2. 车平端面；粗、精车外圆（螺纹大径）至$\phi$ 15.8mm，长 20mm 至尺寸要求。

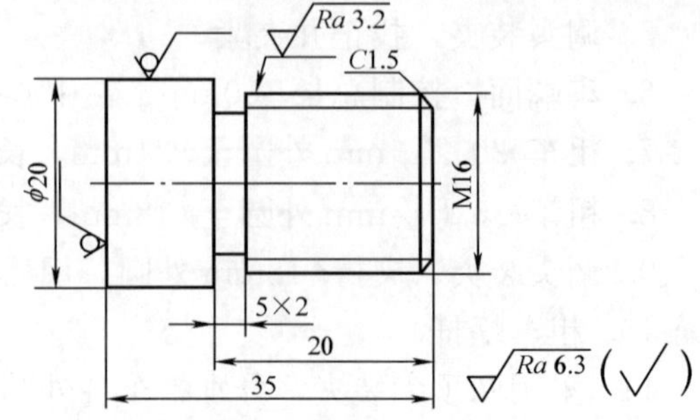


图 3-128 有退刀槽外螺纹工件（材料：HT150）

3. 切槽 5mm×2mm，倒角 C1.5。

4. 用正反车法粗、精车螺纹 M16×2 至要求。

5. 检测合格后卸下工件。

## 复习思考题

1. 加工螺纹必须满足的运动关系是什么？怎样满足这个运动关系？螺距 $P=2\text{mm}$ 的螺纹如何调整车床？

2. 为什么精车螺纹车刀的前角为零度？安装时刀杆还能不能倾斜？粗车螺纹的车刀前角一定是零度吗？安装时可否倾斜？为什么？

3. 提开合螺母法和正反车法车螺纹的步骤是什么？两者在操作上有何不同？

4. 什么情况采用抬闸法车削会乱扣？为什么采用正反车法不乱扣？

# 项目九　车 偏 心 工 件

## 基本知识

外圆与外圆或外圆与内孔的轴线相互平行但不相重合的工件称为偏心工件。外圆与外圆偏心的工件称偏心轴（外圆轴向尺寸较小时也称偏心盘），外圆与内孔偏心的工件称偏心套，如图 3-129 所示。两平行轴线间的距离称为偏心距 $e$。

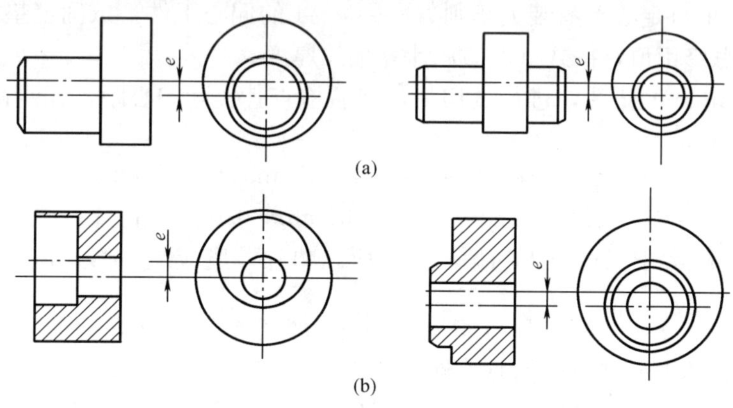


图 3-129　偏心工件

（a）偏心轴；（b）偏心套

在机械传动中，一般多采用曲柄滑块（连杆）机构来实现运动形式的转换，使回转运动转变为往复直线运动或使往复直线运动转变为回转运动，偏心轴、曲柄、曲轴等零件都是偏心工件的实例。

偏心轴、偏心套一般都在车床上加工，其加工原理基本相同，都是通过采取适当的装夹方法，将需要加工的偏心外圆或内孔的轴线找正到与车床主轴轴线重合的位置后，再进行车削。

偏心工件可以在车床上用三爪自定心卡盘、四爪单动卡盘和用两顶尖装夹进行车削。在成批生产或偏心距精度要求较高时，则采用专用偏心夹具装夹车削。

用四爪单动卡盘或用两顶尖装夹工件时，应先划线确定偏心轴（套）轴线的位置。

## 一、用三爪自定心卡盘装夹车偏心工件

用三爪自定心卡盘装夹车偏心工件一般适用于加工精度要求不高，偏心距 $e \leqslant 6$mm 的短偏心工件。

1. 偏心原理

在三爪自定心卡盘的任意一个卡爪与工件基准外圆柱面（已加工好）的接触部位之间，垫上一块预先选好厚度的垫片，使工件的轴线相对车床主轴轴线产生等于工件偏心距 $e$ 的位移，夹紧工件后，即可车削，如图 3-130 所示。垫垫片的卡爪应作好标记。

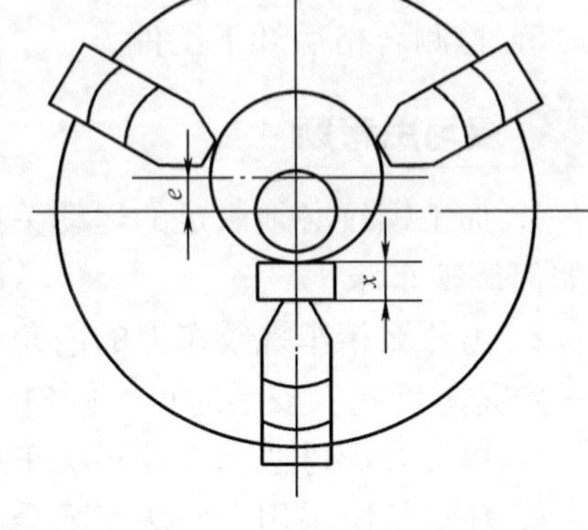


图 3-130　在三爪自定心卡盘上车偏心工件

此法适用于长度较短、形状较简单且加工数量较多的偏心工件的车削。

2. 垫片厚度的计算

垫片的厚度 $x$ 可按式（3-15）计算：

$$x = 1.5e \pm K (K \approx 1.5\Delta e) \tag{3-15}$$

式中　$x$——垫片厚度（mm）；

$e$——偏心距（mm）；

$K$——偏心距修正值，正负值应按实测结果确定（mm）；

$\Delta e$——试切后，实测偏心距误差（mm）。

**例 3-3**　用三爪自定心卡盘装夹车削偏心距 $e=4$ 的偏心工件，试确定垫片厚度。

**解：** 先不考虑修正值，按式（3-15）计算垫片厚度。

垫片厚度为 6mm 的垫片，进行试切削，然后检查其实际偏心距，如测得 $e_{实}=4.05$mm，则其偏心距误差：

$$\Delta e = |e - e_{实}| = |4 - 4.05|\text{mm} = 0.05\text{mm}。$$

$$K \approx 1.5\Delta e = 1.5 \times 0.05\text{mm} = 0.075\text{mm}$$

由于实测偏心距大于工件要求的偏心距，所以垫片厚度应减去修正值，垫片厚度的正确值为：

$$x = 1.5e - K = 1.5 \times 4\text{mm} - 0.075\text{mm} = 5.925\text{mm}$$

## 二、用四爪单动卡盘装夹车偏心工件

数量少、偏心距小、长度较短、不便于两顶尖装夹或形状比较复杂的偏心工件，可以用四爪单动卡盘装夹车削。装夹工件时，必须根据坯件上已划好的线找正工件，使偏心圆柱的轴线与车床主轴轴线重合，并找正工件外圆侧素线与车床主轴轴线是否平行。

### （一）偏心工件位置的找正

可用划线或百分表找正偏心位置，具体方法本教材不详细介绍。

由于存在划线误差和找正误差，按划线找正偏心工件位置的方法仅适用于加工精度要求不高的偏心工件。

### （二）车削方法

工件如图 3-131 所示。

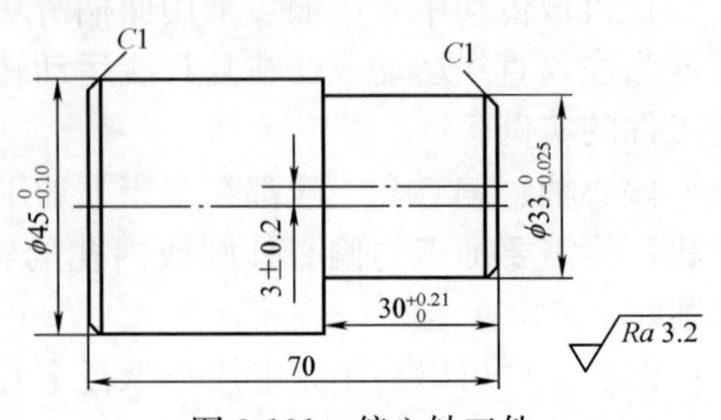


图 3-131　偏心轴工件

1. 用车刀刀尖在离工件端面 30mm 处刻线。

2. 粗车偏心圆柱面，留精车余量 0.5mm。

3. 检查偏心距

(1) 用分度值为 0.02mm 的游标卡尺（或深度游标卡尺）检测两外圆间的最大距离和最小距离［图 3-132 (a)］，其差值的一半即为偏心距，即：

$$e=(a-b)/2 \tag{3-16}$$

(2) 用百分表检测，如图 3-132 (b) 所示，将百分表测量杆触头与工件基准外圆柱面接触，使卡盘缓慢转过一圈，百分表指示的最大值与最小值差的一半即为偏心距。

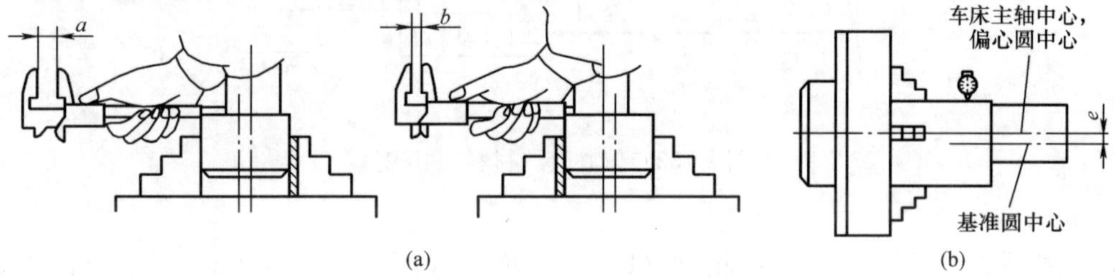


图 3-132　车削偏心工件时检测偏心距

(a) 用游标卡尺检测偏心距；(b) 用百分表检测偏心距

检测结果若偏心距误差较大时，可少量调节不对称位置的两卡爪；若偏小距误差不大时，则仅需继续夹紧某一只卡爪（$e$ 偏大时，夹紧离偏心轴线远的那一只卡爪，$e$ 偏小时，夹紧离偏心轴线近的那只卡爪）。

(三) 精车偏心外圆柱面

粗车偏心圆柱面是在光轴的基础上进行切削的，切削余量极不均匀，且为断续切削，会产生一定的冲击和振动。因此，外圆车刀应采取负刃倾角；刚开始切削时，进给量和切削深度要小；起动车床前应使车刀远离工件，以免打刀。

### 三、用两顶尖装夹车偏心工件

较长的偏心轴，只要两端能钻中心孔，且有装夹鸡心夹头的位置，都可以用两顶尖装夹进行车削。

用两偏心的中心孔定位装夹工件车削偏心圆柱，与在两顶尖间车削一般外圆柱方法相似，主要的差别是车削偏心圆柱时，在工件一转中加工余量变化很大，且是断续切削，因此，会产生较大的冲击和振动。用两顶尖装夹车偏心工件，不需要用很多的时间去找正工件的偏心位置，关键是要保证基准圆柱中心孔和偏心圆柱中心孔的钻孔位置精度，否则偏心距精度将无法保证。

顶尖与中心孔的接触松紧程度要适当，且在其间要经常加注润滑油，以减少彼此磨损。

**教师演示**　偏心套（图 3-133，$\phi$55mm×75mm）

工艺分析：1. 工件为一偏心套，其基准是$\phi36^{+0.064}_{+0.025}$mm，深度为 $\phi45^{+0.15}_{0}$mm 的台阶孔，8 级精度（F8），表面粗糙度 $Ra$ 值为 1.6μm。

2. 工件外圆为$\phi52^{\ 0}_{-0.074}$mm、长 60mm 的光轴，9 级精度（H9），表面粗糙度 $Ra$ 值为 3.2μm，外圆对基准孔的同轴度允差为$\phi$ 0.025mm。右端面对基准孔轴线的垂直度允差

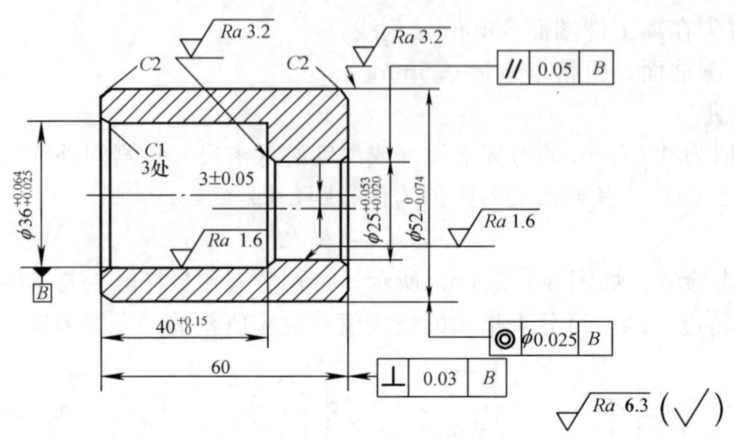


图 3-133 偏心套（材料：45 钢）

为 0.03mm。

3. 偏心孔$\phi 25^{+0.053}_{+0.020}$mm，8 级精度（F8），表面粗糙度 $Ra=1.6\mu$m，对基准孔的偏心距 $e=(3\pm0.05)$mm，两孔轴线的平行度允差为 0.05mm。

为保证外圆与基准孔同轴，且外圆表面光整无接刀（用作划线基准），应设置工艺凸台，使外圆与基准孔在一次装夹（用三爪自定心卡盘）中加工完成。

偏心孔加工采用四爪单动卡盘装夹，由于偏心距精度要求较高，拟采用百分表找正。

**操作要点**

1. 应选择具有足够硬度的材料做垫片，以防装夹时发生挤压变形。垫片与卡爪接触的一面应做成与卡爪圆弧相匹配的圆弧面，否则垫片与卡爪之间会产生间隙，造成偏心距误差。

2. 装夹工件时，工件轴线不能歪斜，以免影响加工质量。为保证偏心轴两轴线平行，装夹时应用百分表找正工件外圆，检查外圆侧素线与车床主轴轴线是否平行。

3. 由于工件偏心，在开车前车刀不能靠近工件，以防工件碰撞车刀。

4. 车偏心工件时，建议采用高速钢车刀车削。

为了保证偏心零件的工作精度，在车削偏心工件时，应特别注意控制轴线间的平行度和偏心距的精度。

## 项目十　综合零件考核与加工工艺总结

综合零件是学生对某一工件独立实际操作的作业。通过综合零件的练习，可以检验并提高学生的实际动手能力。选择综合做零件应结合实际，尽量选择生产中的产品为实训件，在没有合适的产品情况下，也可用自行设计实训件作为学生进行综合零件的练习，同时要求学生掌握一定的工艺分析能力，根据图样要求制定编写加工工艺。

# 第四章　铣削加工实训

## 目的和要求

1. 了解铣削加工的工艺特点及加工范围。

2. 了解常用铣床的组成、运动和用途，了解铣床常用刀具和附件的大致结构与用途。

3. 熟悉铣削的加工方法和测量方法，了解用分度头进行简单分度的方法以及铣削加工所能达到的尺寸精度、表面粗糙度范围。

4. 在铣床上能正确安装工件、刀具，能完成铣平面、铣沟槽以及用简单分度进行的加工。

## 安全技术

1. 上岗前穿戴好劳动保护用品，长发操作者戴好工作帽，不准穿背心、拖鞋、凉鞋和裙子进入实训区，严禁戴手套操作。高速铣削或刃磨刀具时应戴防护镜。

2. 操作前，对机床各滑动部分浇注润滑油，检查机床各手柄是否放在规定位置上。检查各进给方向，自动停止挡铁是否紧固在最大行程以内。起动机床检查主轴和进给系统工作是否正常，油路是否畅通。检查夹具、工件是否装夹牢固。

3. 装卸工件、更换铣刀、擦拭机床必须停机，并防止被铣刀齿刃割伤。

4. 在进给中不准抚摸工件加工表面，以免被铣刀切伤手指。

5. 主轴未停稳不准测量工件。

6. 操作时不要站立在铁屑流出的方向，以免铁屑飞入眼中。

7. 要用专用工具清除铁屑，不准用嘴吹或用手抓。

8. 高速铣削或冲注切削液时，应加放挡板，以防铁屑飞出及切削液外溢。

9. 操作时，工具与量具应分类整齐地安放在工具车上，不要随便乱放在工作台上或与铁屑等混在一起。

10. 工作时要集中思想，不得擅自离开机床。离开机床时，要切断电源。

11. 操作中如果发生事故，应立即停机，切断电源，保护现场。

12. 下课时应保持机床、地面的整洁，地上无油污、积水、积油。

## 项目一　概　　述

### 基本知识

在铣床上用旋转的铣刀切削工件上各种表面或沟槽的方法称为铣削，铣削是金属切削加工中常用的方法之一。

#### 一、铣削运动与铣削用量

铣削时工件与铣刀的相对运动称为铣削运动，它包括主运动和进给运动。

主运动是切除工件表面多余材料所需的最基本的运动，是指直接切除工件上待切削层，使之转变为切屑的主要运动。主运动是消耗机床功率最多的运动。铣削运动中铣刀的旋转运动是主运动。

进给运动是使工件切削层材料相继投入切削，从而加工出完整表面所需的运动。铣削运动中，工件的移动或回转、铣刀的移动等都是进给运动。

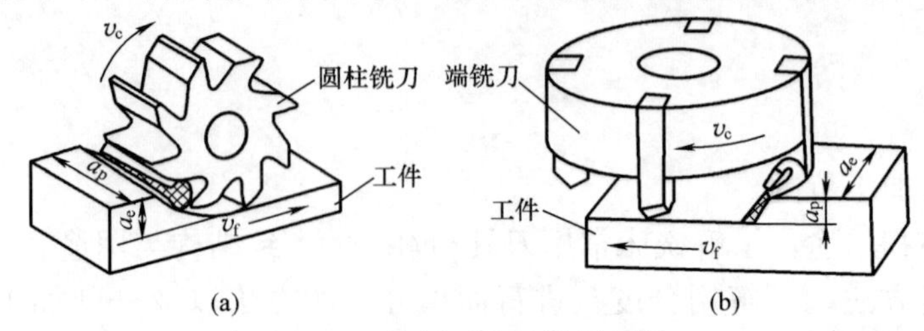


图 4-1 铣削运动及铣削用量

(a) 在卧铣上铣平面；(b) 在立铣上铣平面

铣削用量有切削速度、进给量、铣削深度 $a_p$ 和铣削宽度 $a_e$，如图 4-1 所示。

（一）主运动及切削速度($v_c$)

铣刀的旋转运动是主运动。切削刃的选定点相对于工件的主运动的瞬时速度称为切削速度，可用式（4-1）计算：

$$v_c = \frac{\pi Dn}{1000}(m/\min) = \frac{\pi Dn}{1000 \times 60}(\mathrm{m/s}) \tag{4-1}$$

式中 $D$——铣刀直径（mm）；

$n$——铣刀每分钟转速（r/min）。

（二）进给运动及进给量

工件的移动是进给运动。铣削进给量有下列三种表示方法：

1. 进给速度（$v_f$）。进给速度是指每分钟内铣刀相对于工件的进给运动的瞬时速度，单位为 mm/min，也称为每分钟进给量。

2. 每转进给量（$f$）。它是指铣刀每转过一转时，铣刀在进给运动方向上相对于工件的位移量，单位为 mm/r。

3. 每齿进给量（$f_z$）。它是指铣刀每转过一个齿时，铣刀在进给运动方向上相对于工件的位移量，单位为 mm/z。

三种进给量之间的关系式如式（4-2）：

$$v_f = fn = f_z zn \tag{4-2}$$

式中 $n$——铣刀每分钟转速（r/min）；

$z$——铣刀齿数。

（三）铣削深度 $a_p$

铣削深度 $a_p$ 是指平行于铣刀杆轴线方向上测得的切削层尺寸，单位为 mm。

（四）铣削宽度 $a_e$

铣削宽度 $a_e$ 是指在垂直于铣刀杆轴线方向、工件进给方向上测得的切削层尺寸，单位为 mm。

铣削时，由于采用的铣削方法和选用的铣刀不同，铣削深度 $a_p$ 和铣削宽度 $a_e$ 的表示也不同。图 4-1 所示为用圆柱铣刀进行圆周铣与用端铣刀进行端铣时，铣削深度和铣削宽度的表示。不难看出：不论是采用圆周铣还是端铣，铣削宽度 $a_e$ 都表示铣削弧深。因为不论使用哪一种铣刀铣削，其铣削弧深的方向均垂直于铣刀杆轴线。

## 二、铣削特点及加工范围

（一）铣削特点

铣削时，由于铣刀是旋转的多齿刀具，刀齿能实现轮换切削，因而刀具的散热条件好，可以提高切削速度。此外由于铣刀的主运动是旋转运动，故可提高铣削用量和生产率。但另一方面由于铣刀刀齿的不断切入和切出，使切削力不断的变化，因此易产生冲击和振动。铣刀的种类很多，铣削的加工范围也很广。

（二）铣削加工范围

铣削主要用于加工平面如水平面、垂直面、台阶面及各种沟槽表面和成形面等。另外也可以利用万能分度头进行分度件的铣削加工，也可以对工件上的孔进行钻削或铣削加工。常见的铣削加工如图 4-2 所示。

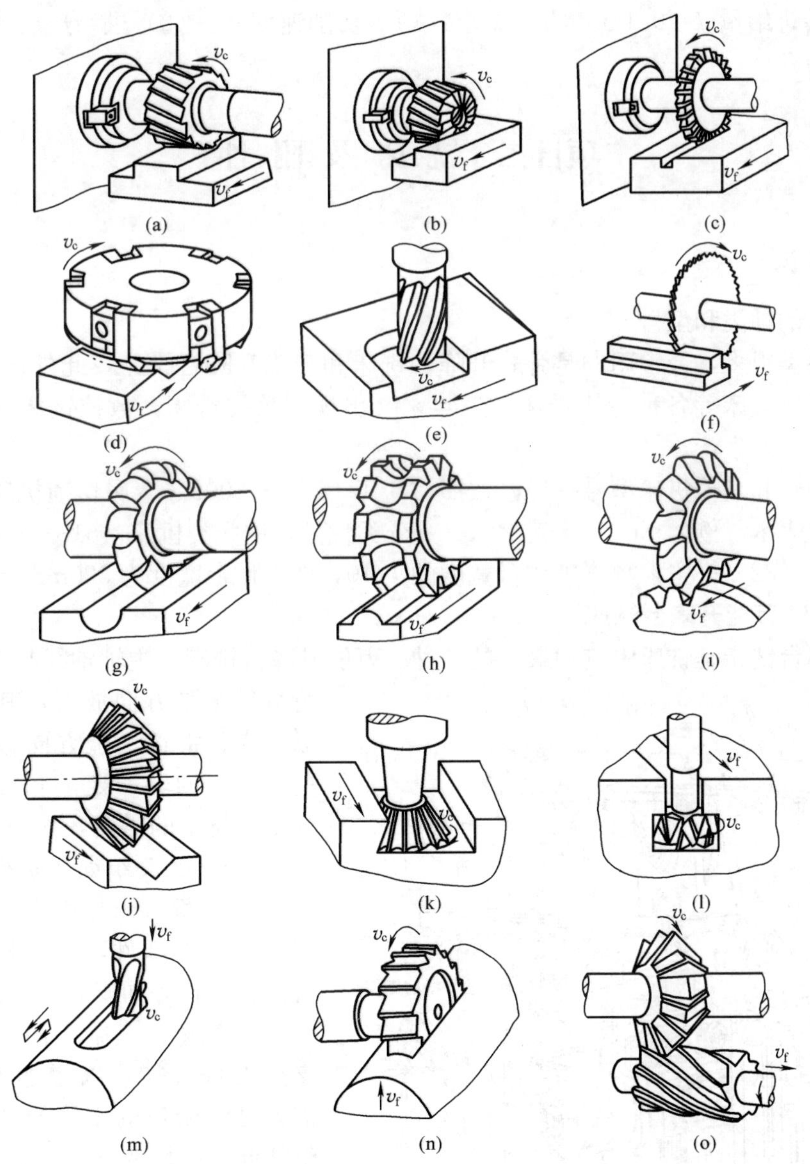


图 4-2　铣削加工举例

（a）圆柱形铣刀铣平面；（b）套式面铣刀铣台阶面；（c）三面刃铣刀铣直角槽；（d）端铣刀铣平面；（e）立铣刀铣凹平面；（f）锯片铣刀切断；（g）凸半圆铣刀铣凹圆弧面；（h）凹半圆铣刀铣凸圆弧面；（i）齿轮铣刀铣齿轮；（j）角度铣刀铣 V 形槽；（k）燕尾槽铣刀铣燕尾槽；（l）T 形槽铣刀铣 T 形槽；（m）键槽铣刀铣键槽；（n）半圆键槽铣刀铣半圆键槽；（o）角度铣刀铣螺旋槽

铣削加工的工件尺寸公差等级一般为IT9～IT7，表面粗糙度 $Ra=6.3\sim1.6\mu m$。

## 复习思考题

1. 什么是铣削的主运动和进给运动？

2. 铣削的进给量有几种？它们之间的关系是什么？

3. 铣削的主要加工范围是什么？

4. 若铣床主轴的转速 $n=210r/min$，铣刀的外径 $D=100mm$，铣削工件的长度 $l=200mm$，每转进给量 $f=0.15mm/r$，试求：(1) 切削速度 $v_c$。(2) 进给速度 $v_f$。(3) 走一刀所用的时间 $T$。

# 项目二　铣床及附件

## 基本知识

### 一、铣床的种类和型号

铣床的种类很多，最常用的是卧式升降台铣床和立式升降台铣床，此外还有龙门铣床、工具铣床、键槽铣床等各种专用铣床。近年来又出现了数控铣床，数控铣床可以满足多品种、小批量工件的生产。

铣床的型号和其他机床型号一样，按照GB/T 15375—2008《金属切削机床　型号编制方法》的规定表示。例如X6132：其中X——分类代号，铣床类机床；61——组系代号，万能升降台铣床；32——主参数，工作台宽度的1/10，即工作台宽度为320mm。

### 二、X6132万能升降台铣床

万能升降台铣床是铣床中应用最广的一种。万能升降台铣床的主轴轴线与工作台平面平行且呈水平方向放置，其工作台可沿纵、横、垂直三个方向移动并可在水平平面内回转一定的角度，以适应不同工件铣削的需要，如图4-3所示。

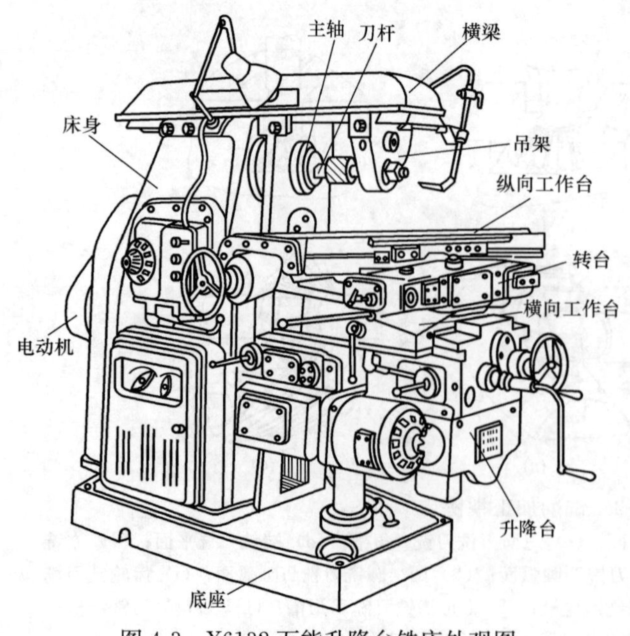


图4-3　X6132万能升降台铣床外观图

(一) 主要组成部分及作用

1. 床身。床身用来固定和支撑铣床上所有的部件，电动机、主轴变速机构、主轴等均安装在其内部。

2. 横梁。横梁上面装有吊架用以支撑刀杆外伸，以增加刀杆的刚性。横梁可沿床身的水平导轨移动，以调整其伸出的长度。

3. 主轴。主轴是空心轴，前端有7∶24的精密锥孔，用以安装铣刀刀杆并带动铣刀旋转。

4. 纵向工作台。纵向工作台上面

有T形槽用以装夹工件或夹具，下面通过螺母与丝杠螺纹连接，可在转台的导轨上纵向移动，侧面有固定挡铁以实现机床的机动纵向进给。

5. 转台。转台上面有水平导轨，供工作台纵向移动，下面与横向工作台用螺栓连接，如松开螺栓可使纵向工作台在水平平面内旋转一个角度（最大为±45°），这样便可获得斜向移动，可便于加工螺旋工件。

6. 横向工作台。横向工作台位于升降台上面的水平导轨上，可带动纵向工作台作横向移动，用以调整工件与铣刀之间的横向位置或获得横向进给。

7. 升降台。升降台可使整个工作台沿床身的垂直导轨上下移动，用以调整工作台面到铣刀的距离，还可作垂向进给。

带转台的卧式升降台铣床称为万能升降台铣床，不带转台即不能扳转角度的铣床称为卧式升降台铣床。

（二）传动路线

其主运动和进给运动的传动路线分述如下：

1. 主运动传动：

主电动机 → 主轴变速机构 → 主 轴 → 刀具旋转运动

2. 进给运动传动：

进给电动机 → 进给变速机构 → 纵向进给离合器 → 丝杠螺母 → 纵向进给

进给电动机 → 进给变速机构 → 横向进给离合器 → 丝杠螺母 → 横向进给

进给电动机 → 进给变速机构 → 垂直进给离合器 → 丝杠螺母 → 垂直进给

## 三、X5325C型摇臂铣床

摇臂铣床如图4-4所示，具有广泛的使用范围，适用于圆柱铣刀、角度铣刀、成形铣刀和端面铣刀来铣切各种零件，可完成钻、镗、铰及平面、曲面、特型面、斜面等加工，配置相应附件，可选削螺旋面、沟槽、齿轮、花键等。内置式冷却系统，$x$、$y$、$z$三向机械式进给，并可快速移动，提高工作效率。

（一）机床特点

1. 机床具有很大的灵活性，铣头装在摇臂上能作左右各90°的回转。摇臂不仅能前后移动，且可以在机床顶面作360°的水平回转，不仅可以加工任意角度，而且极大地扩大了机床有效工作范围，甚至可以担当摇臂钻床的部分工作。

2. 铣头具有很高的速度和很大的变速范围，可以充分发挥刀具效能。主轴套筒能自动进给、自动停刀，并装有精密的微调限位装置，使深度镗孔时能准确定位。自动进刀机构内设有限力保护装置，在进给力超过允许值时，离合器打滑，实现过载保护。

3. 铣头传动采用V带及同步齿形带，具有传动

图4-4 X5325C摇臂铣床外观图

平稳、噪声低、振动小等优点。另外采用倍轮传动机构，可以避免齿轮副在高速下噪声大的缺点，使整机噪声降到最小限度。

4. 主要传动轴均装在滚动轴承上，提高了传动效率，主轴的支撑采用高精度滚动轴承，保证了主轴精度。

5. 工作台纵、横、垂三向既可手动进给又可机动进给，各导轨及传动丝杆均有良好的润滑条件，各加油点均设在明显处。

6. 机床的重要传动零件均采用合金钢制成，并经特殊处理。容易磨损的零件或部件均采用耐磨材料制成或采取相应的耐磨措施。机床导轨有防屑装置，这些都保证了机床有足够的寿命。

（二）机床结构与性能（图 4-5）

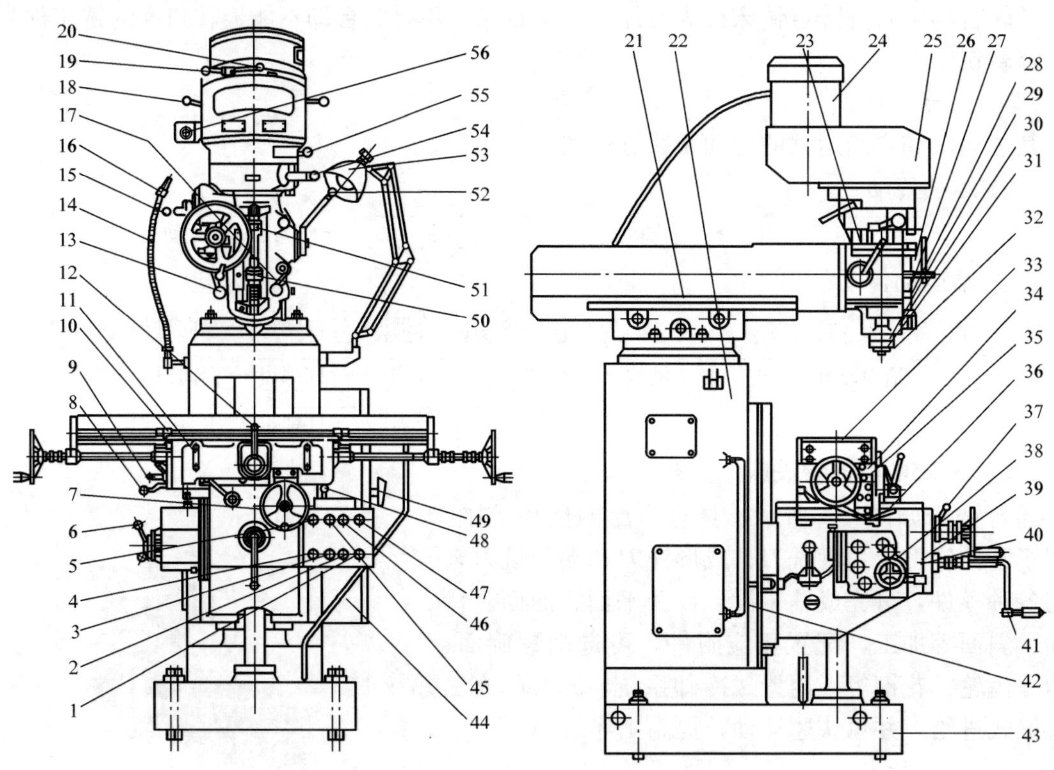


图 4-5　X5325C 摇臂铣床结构及操纵位置图

1—冷却泵按钮；2—快速按钮；3—进给点动按钮；4—进给停止按钮；5—向床柱、升、纵向按钮；6—进给变速手柄；7—工作台横向移动手轮；8—工作台横向移动锁紧手柄；9—手动油泵手柄；10—工作台纵向行程限位块；11—工作台纵向移动锁紧手柄；12—工作台纵向机动进给换向手柄；13—主轴套筒机动进给控制手柄；14—切削液管；15—主轴套筒机动进给量选择手柄；16—切削液流量调节阀；17—主轴套筒锁紧手柄；18—主轴传动带松紧及变速操纵杆；19—主轴刹车及固定杆；20—主轴离合器操纵杆；21—滑枕；22—床柱；23—铣头本体；24—主传动电动机；25—.铣头变速传动箱；26—主轴套筒手动微动进给手轮；27—主轴套筒进给限位螺杆；28—主轴套筒进给方向选择拉手；29—主轴套筒；30—主轴套筒进给限位微调螺母；31—主轴套筒进给限位锁紧螺母；32—主轴；33—工作台；34—滑鞍；35—工作台纵向移动手轮；36—工作台横向行程限位块；37—工作台横向及垂向进给转换手柄；38—进给变速箱；39—横向、垂向操纵箱；40—升降台；41—工作台升降手柄；42—工作台升降行程限位块；43—底座；44—电气箱；45—离床柱升、降按钮；46—电源指示灯按钮；47—急停按钮；48—升降台锁紧手柄；49—电源总开关；50—主轴套筒进给量游标尺；51—主轴套筒进给行程定位块；52—主轴套筒手动快速移动把手；53—工作灯；54—主轴套筒机动进给啮合手柄；55—主轴转速调节手柄；56—主轴电机开关

1. 铣头部分。铣头为一个具有单独动力驱动的独立部件，由变速箱和铣头体两部分组成。电机装在变速箱25顶端，铣头本体23安装在摇臂前端，通过连接点能实现±90°纵向回转，铣头在其回转范围内任一位置上均可紧固。

(1) 变速传动箱。变速箱右侧装有主轴高低速变换手柄55，置前位时为主轴高速挡(550～4500r/min)；置后位为主轴低速挡(70～540r/min)；中间位置为空挡。

由于有反向传动结构，当高低速度变换时，主轴转向同时改变，需通过电机可逆开关换向改变电机旋转方向，保持刀具旋转方向不变。铣头上装有主轴刹车机构，通过扳动制动手柄可松开锁紧使主轴立即制动；扳动手柄(稍用力，不可太大)后上抬，即可将主轴套筒在行程范围内任意位置上锁定。

(2) 铣头本体。铣头本体内装有主轴套筒29，操纵手柄54可自动或手动进给；变速箱盖上装有套筒机动进给量选择手柄15，可使主轴得到三种机动进给量；操纵主轴套筒进给方向选择拉手28可使换向啮合或断开，断开时，可操纵换向轴端部的手轮26使主轴手动微动进给。

主轴套筒进给机构内还有一套安全离合器机构，机动进给时，若进给力超过已调好的负荷力，安全离合器立即打滑，实现对进给机构的安全保护。轴的右端装有平衡主轴套筒自重用的螺旋形平卷簧，防止松开套筒锁紧手柄使主轴套筒自动下滑；平卷簧外的轴颈上装有带离合器的把手52，用来操纵主轴手动快速进给。

在铣头本体的前面装有一套预调加工尺寸的机构和套筒进给限位机构及一套主轴机动进给控制机构。当主轴套筒机动进给控制手柄13向左扳时，套筒实现机动进给，并实现安全离合器的锁住。套筒向下机动进给时，通过定位块51、螺母30、螺杆27等使结合的离合器脱开，停止主轴向下机动进给；当套筒向上机动进给到极限位置时，同样可停止主轴向上机动进给。

2. 床柱部分。转盘与摇臂安置在床柱顶部，并可在其上回转。摇臂可在转盘燕尾槽内前后移动。床柱与底座为分体式结构，床柱底座内部为切削液箱。

3. 升降台。升降台部件40与床柱垂直导轨抱连，其后方的手柄48将升降台夹紧在床柱上。

4. 进给变速部分。进给变速箱是个独立部件，由左侧装入升降台内。

变速操纵机构由箱体左边的进给变速手柄6控制，手柄附有进给变速指示盘。在变速过程中，如出现齿轮顶撞，可点动进给点动按钮。

**注意：**变速应在电机停止时进行。

5. 横向、垂向进给箱。横向、垂向进给箱39装在升降台内部正中央，装有横向移动手轮7和垂向移动手柄41。

横向和垂向的机动、手动进给由转换手柄37控制，操纵三个位置：上——垂向进给；中——空挡、手动进给；下——横向进给。横向和垂向、机动和手动均由此转换手柄互锁。

横向机动进给操作：(1) 向床柱——转换手柄37打到下方，按钮5(纵向/向床柱/升)
(2) 离床柱——转换手柄37打到下方，按钮45(离床柱/降)

垂向机动进给操作：(1) 升——转换手柄37打到上方，按钮5
(2) 降——转换手柄37打到上方，按钮45

纵向机动进给操作：转换手柄 37 打到中间，按钮 5 结合换向手柄 12 纵向左右移动

6. 工作台部分。工作台部分由工作台 33、滑鞍 34 组成，两端装有纵向手轮 35，右端设有装置分度头挂轮的结构，用时将手轮等有关零件拆下。

纵向进给运动方向是由换向机构，即换向手柄 12 和移动爪形离合器来实现。手柄有三个不同方向的转位——向左、向右和中间（停止）。

工作台纵向、横向和垂向运动，分别设有行程限位块 10、36、42，需要时可用以预选行程长度。

**特别注意：**工作台每次单向进给铣削完毕后，必须将纵向转换手柄 12 和垂向转换手柄 37 拨至中央位置。如对此疏忽，因纵向与横向、垂向之间无互锁装置。开动进给时，可能会出现纵向和横向或纵向和垂向的复合运动，因此，在起动进给电机前，必须检查二转换手柄确实在空挡位置，以策安全。

7. 超负荷信号。当进给机构超过负荷或是机床内部发生故障时，进给系统的安全离合器立即打滑，工作进给中断，并发生连续的“嗒、嗒”声，闻此声立即停止进给。

（三）传动系统

1. 主传动系统。主轴由安装在铣头顶部的法兰盘式电机拖动，电机通过塔形带轮、同步齿形带轮和齿轮副使主轴转速达到 70～540r/min，或直接通过离合器接合使主轴达到 550～4500r/min范围内的 16 级转速。

主轴机动进给是经齿轮、蜗轮副换向减速机构，使主轴得到每种转速的三种不同的进给量，并通过离合器与齿轮不同的啮合使主轴套筒自动升或降。当负荷超载时，离合器自动脱开，起过载保护作用。

2. 进给传动系统。进给系统由装在升降台右侧的法兰盘式电动机拖动，经变速箱内的变速齿轮分别啮合后，可获得 10～300mm/min（垂向为此值的 1/3）范围内的 9 级进给速度。

进给传动系统中纵向分配轴传递工作台左右运动；横向、垂向分配轴可选择传递横向或垂向运动，并为横向、垂向间的机械互锁机构。

纵向、横向和垂向三向快速运动由另一齿轮组传到快速输出轴，当需要将慢速移动变为快速移动时，可通过按“快速”按钮实现，快速移动量为 2115mm/min（垂向为此值的1/3）。

**四、铣床主要附件**

铣床主要附件有铣刀杆（见项目三铣刀部分）、万能分度头（见项目七分度方法部分）、机用平口钳和圆形工作台等。

（一）机用平口钳

机用平口钳是一种通用夹具，使用时应先找正其在工作台上的位置，然后再夹紧工件。找正平口钳的方法有 3 种：

（1）用百分表找正如图 4-6（a）所示。

（2）用 90°角尺找正。

（3）用划线针找正。

找正的目的是保证固定钳口与工作台台面的垂直度和平行度，校正后利用螺栓与工作台 T 形槽连接将平口钳装夹在工作台上。装夹工件时，要按划线找正工件，然后转动平口钳丝杠使活动钳口移动并夹紧工件，如图 4-6（b）所示。

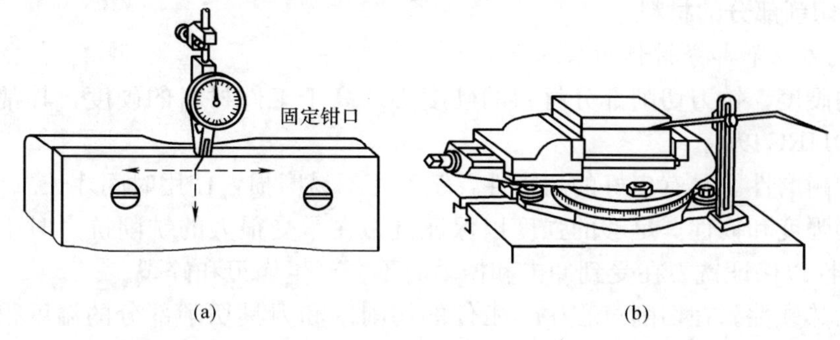


图 4-6　机用平口钳

(a) 百分表找正平口钳；(b) 按划线找正工件

(二) 圆形工作台

圆形工作台即回转工作台，如图 4-7 (a) 所示。它的内部有一副蜗轮蜗杆，手轮与蜗杆同轴连接，转台与蜗轮连接，转动手轮，通过蜗轮蜗杆的传动使转台转动。转台周围有刻度用来观察和确定转台位置，手轮上的刻度盘也可读出转台的准确位置。图 4-7 (b) 所示为在回转工作台上铣圆弧槽的情况，即利用螺栓压板把工件夹紧在转台上，铣刀旋转后，摇动手轮使转台带动工件进行圆周进给，铣削圆弧槽。

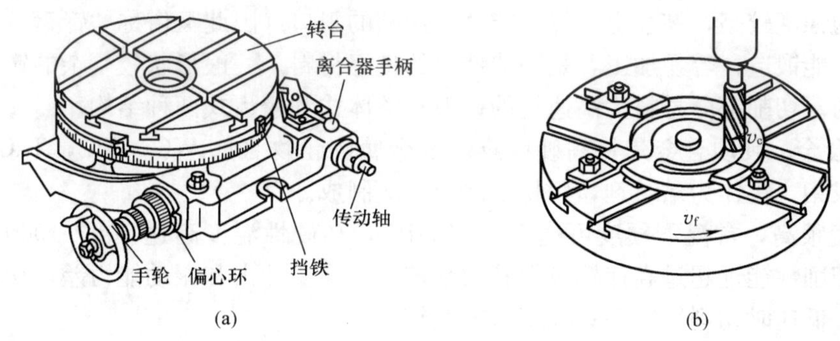


图 4-7　回转工作台

(a) 圆形工作台；(b) 铣圆弧槽

## 复习思考题

1. X5325C 机床型号表示的含义是什么？

2. 试正确变换两种主轴转速，正确调整两种进给量，正确操纵手动和机动纵向、横向、垂向进给。

# 项目三　铣　刀　简　介

## 基本知识

铣刀是用于铣削加工的一类刀具。

## 一、铣刀切削部分的材料

### （一）对铣刀切削部分材料的基本要求

1. 较高的硬度。铣刀切削部分材料的硬度必须高于工件材料的硬度，其常温下的硬度一般要求在 60HRC 以上。

2. 良好的耐磨性。具有良好的耐磨性，铣刀才不易磨损，使用时间才长。

3. 足够的强度和韧性。足够的强度以保证铣刀在承受很大的铣削抗力时不致断裂和损坏，足够的韧性以保证铣刀在受到冲击和振动时不会产生崩刃和碎裂。

4. 良好的热硬性。在切削过程中，工件的切削区和刀具切削部分的温度很高，在速度较高时尤为明显，良好的热硬性使刀具在高温下有足够的硬度，才能继续进行切削。

5. 良好的工艺性。一般是指材料的可锻性、焊接性、切削加工性、可磨性、高温塑性以及热处理性能等。材料的工艺性越好，越便于刀具的制造，对形状比较复杂的铣刀，尤为重要。

### （二）铣刀切削部分的常用材料

常用的铣刀切削部分材料有高速工具钢和硬质合金两大类。

1. 高速工具钢，简称高速钢。高速钢热处理后硬度可达 63～70HRC，热硬性温度达 550～600℃（在 600℃高温下硬度为 47～55HRC），具有较好的切削性能，切削速度一般为 16～35m/min。

高速钢的强度较高，韧性也较好，能磨出锋利的刃口（因此又俗称“锋钢”），且具有良好的工艺性，能锻造，容易加工，是制造铣刀的良好材料。一般形状较复杂的铣刀都是采用高速钢制造的。切削部分材料为高速钢的铣刀有整体式和镶齿式两种结构。

2. 硬质合金。硬质合金是将高硬度难熔的金属碳化物（如 WC，TiC，TaC，NbC 等）粉末，用钴或钼、钨作为黏结剂，用粉末冶金方法制成。

它的硬度很高，常温下硬度可达 74～82HRC，热硬性温度高达 900～1000℃，耐磨性好，因此，切削性能远超过高速钢，但其韧性较差，承受冲击和振动能力差；切削刃不易磨得非常锐利，低速时切削性能差；加工工艺性较差。

硬质合金多用于制造高速切削用铣刀。铣刀大都不是整体式，而是将硬质合金刀片以焊接或机械夹固的方法镶装于铣刀刀体上。

## 二、铣刀的标记

### （一）铣刀标记的内容

为了便于辨别铣刀的规格、材料和制造单位等，在铣刀上一般都刻有标记。标记的内容主要包括以下几个方面：

1. 制造厂家的商标。我国制造铣刀的工具厂很多，如上海工具厂、哈尔滨量具刃具厂、成都量具刃具厂等。各制造厂家都有经注册的商标置于其产品上。

2. 制造铣刀的材料。制造铣刀的材料一般均用材料的牌号标记，如 WI8Cr4V。

3. 铣刀的尺寸规格。铣刀标记中的尺寸，均为基本尺寸，铣刀在使用和刃磨后，往往会产生变化，在使用时应加以注意。

### （二）各类铣刀尺寸规格的标注

铣刀的尺寸规格标注内容随铣刀种类不同而略有区别。

1. 圆柱形铣刀、三面刃铣刀、锯片铣刀等，都以外圆直径×宽度×内孔直径来表示。

例如，圆柱形铣刀的外径为80mm、宽度为100mm、内孔直径为32mm，则其尺寸规格标记为80×100×32。

2. 立铣刀、键槽铣刀等一般只以其外圆直径作为其尺寸规格的标记。

3. 角度铣刀、半圆铣刀等，一般以外圆直径×宽度×内孔直径×角度（或圆弧半径）表示。例如，角度铣刀的外径为80mm、宽度为18mm、内径为27mm、角度为60°，则标记为80×18×27×60°；凹半圆铣刀的外径为80mm、宽度为32mm、内径为27mm、圆弧半径为8mm，则标记为80×32×27×8R。

常用的标准铣刀的规格可参见有关手册。

**三、铣刀主要部分的名称和几何角度**

铣刀是多刃刀具，每一个刀齿相当于一把简单的刀具（如切刀）。刀具上起切削作用的部分称为切削部分（多刃刀具有多个切削部分），它是由切削刃、前面及后面等产生切屑的各要素所组成。除切削部分外，组成刀具的要素还有刀体、刀柄、刀孔等。刀体是刀具上夹持刀条或刀片的部分，或由它形成切削刃的部分；刀柄是刀具上的夹持部分；刀孔是刀具上用以安装或紧固于主轴、心杆或心轴上的内孔。

（一）*切刀切削时各部分名称和几何角度*

最简单的单刃刀具切刀的切削情形如图4-8所示，切刀、工件上各部分的名称和几何角度如下：

1. 待加工表面。待加工表面指工件上有待切除的表面。

2. 已加工表面。已加工表面指工件上经刀具切削后产生的表面。

3. 基面。基面是一个假想平面。它是通过切削刃上选定点并与该点切削速度方向垂直的平面。

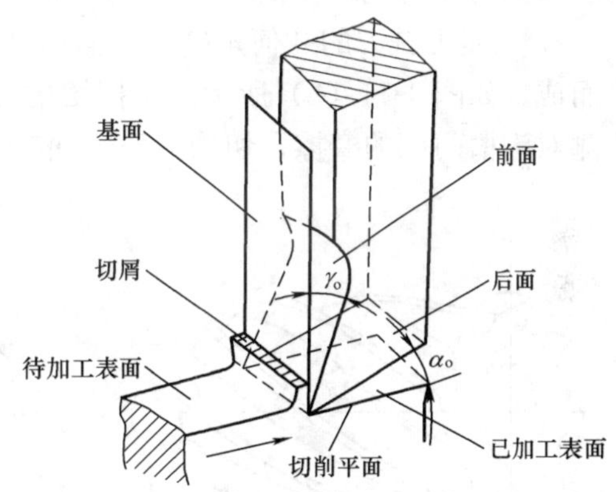

图4-8 切刀切削时各部分的名称和几何角度

4. 切削平面。切削平面是一个假想平面。它是通过切削刃上选定点并与基面垂直的平面。在图4-8中，切削平面与已加工表面重合。

5. 前面，又称前刀面。它是刀具上切屑流过的表面。

6. 后面，又称后刀面。它是与工件上切削中产生的表面相对的表面。

7. 切削刃。切削刃是指在刀具前面上拟作切削用的刃。图4-8中，切削刃即前面与后面的交线。

8. 前角。前角指前面与基面间的夹角，符号是$\gamma_o$。

9. 后角。后角指后面与切削平面间的夹角，符号是$\alpha_o$。

（二）*铣刀的主要几何角度。*

1. 圆柱形铣刀的主要几何角度。圆柱形铣刀可以看成由几把切刀均匀分布在圆周上而成，如图4-9（a）所示。由于铣刀呈圆柱形，所以铣刀的基面是通过切削刃上选定点和圆柱轴线的假想平面。铣刀各部分的名称和几何角度如图4-9（b）所示。

在圆柱形铣刀的切削过程中，工件上会形成三种表面，除待加工表面和已加工表面外，还有过渡表面。过渡表面是工件上由切削刃形成的那部分表面，它在下一切削行程，刀具或

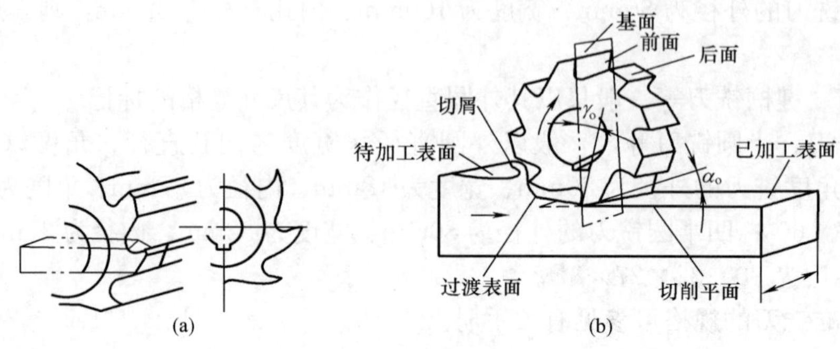


图 4-9 圆柱形铣刀及其组成部分

工件的下一转里被切除，或者由下一切削刃切除。过渡表面可以简单地理解成切削过程中待加工表面与已加工表面之间的那部分连接表面，如图 4-9（b）中的弧柱形表面。

为了使铣削平稳，排屑顺畅，圆柱形铣刀的刀齿一般都做成螺旋形（图 4-10)。螺旋齿切削刃的切线与铣刀杆轴线间的夹角称为圆柱形铣刀的螺旋角，符号是 $\beta$。

2. 三面刃铣刀的几何角度。三面刃铣刀可以看成由几把简单的切槽刀均匀分布在圆周上而成，如图 4-11（b）所示。单把切槽刀切削的情形如图 4-11（a）所示，为了减少刀具两侧对沟槽两侧的摩擦，切槽刀两侧加工出副后角 $\alpha'$ 和副偏角 $\kappa'_r$。

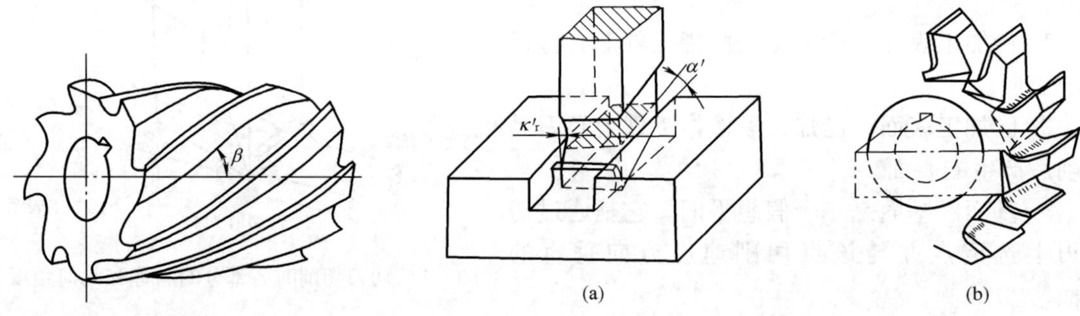


图 4-10 螺旋齿圆柱形铣刀及其螺旋角

图 4-11 三面刃铣刀的构成

三面刃铣刀圆柱面上的切削刃是主切削刃，主切削刃有直齿和斜齿（螺旋齿）两种，其几何角度前角、后角等与圆柱形铣刀相同。斜齿三面刃铣刀的刀齿间隔向两个方向倾斜，以平衡切削过程中因刀齿倾斜而引起的轴向切削抗力，故称错齿三面刃铣刀。三面刃铣刀两侧面上的切削刃是副切削刃。

3. 端铣刀的几何角度。端铣刀可以看成由几把外圆车刀平行铣刀杆轴线且沿圆周均匀分布在刀体上而成，如图 4-12 所示。每把外圆车刀有两个切削刃，端铣刀的主切削刃与已加工表面之间的夹角是主偏角 $\kappa_r$，副切削刃与已加工表面之间的夹角是副偏角 $\kappa'_r$。主切削刃相对于基面倾斜的角度是刃倾角 $\lambda_s$。

## 四、铣刀的安装

### （一）带孔铣刀的安装

带孔铣刀中的圆柱形铣刀或三面刃等盘形铣刀常用长刀杆安装（图 4-13)。

带孔铣刀中的端铣刀常用短刀杆安装（图 4-14)。

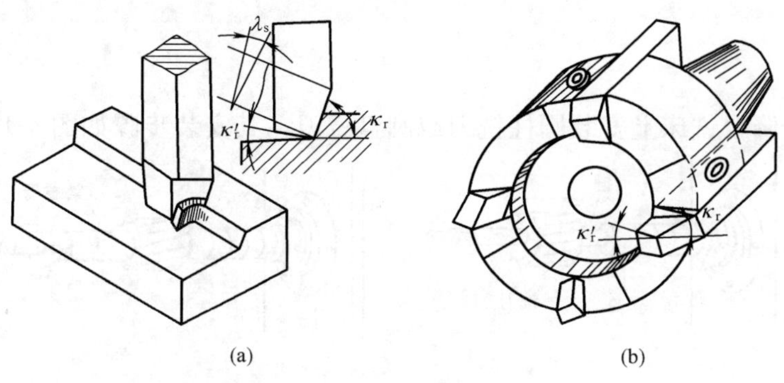


图 4-12　端铣刀的构成

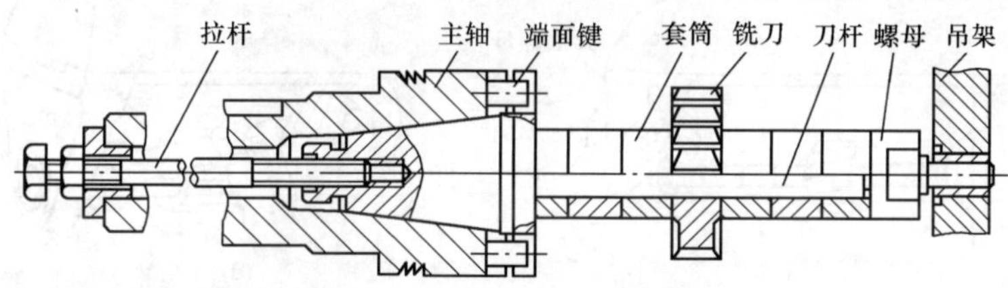


图 4-13　圆盘铣刀的安装

（二）带柄铣刀的安装

1. 锥柄铣刀的安装。如图 4-15（a）所示，安装时，要根据铣刀锥柄的大小选择合适的变锥套，还要将各种配合表面擦净，然后用拉杆把铣刀及变锥套一起拉紧在主轴上。

2. 直柄铣刀的安装。如图 4-15（b）所示，安装时，要用弹簧夹头安装，即铣刀的直柄要插入弹簧套内，然后旋紧螺母以压紧弹簧套的端面，使弹簧套的外锥面受压使孔径缩小，夹紧直柄铣刀。

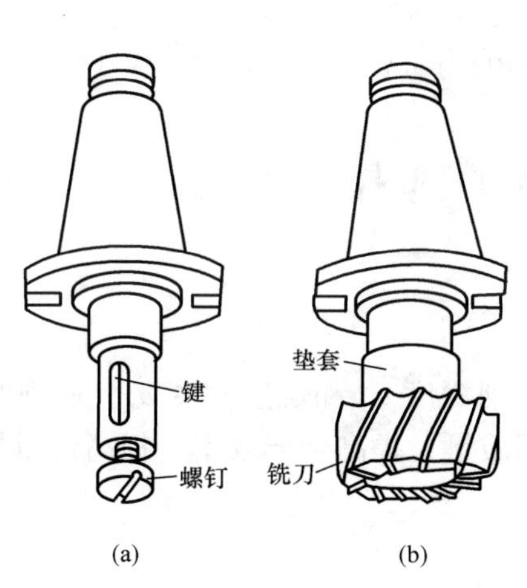


图 4-14　端铣刀的安装

（a）短刀杆；（b）安装在短刀杆上的端铣刀

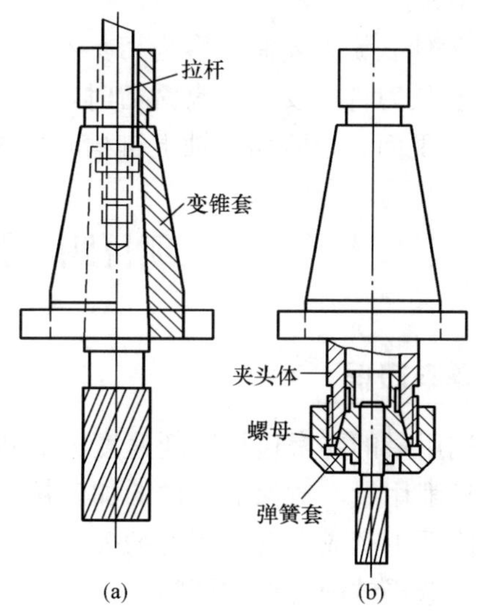


图 4-15　带柄铣刀的安装

（a）锥柄铣刀的安装；（b）直柄铣刀的安装

## 实训操作

1. 在卧式升降台铣床上安装圆柱铣刀或圆盘铣刀，其安装步骤如图 4-16 所示。

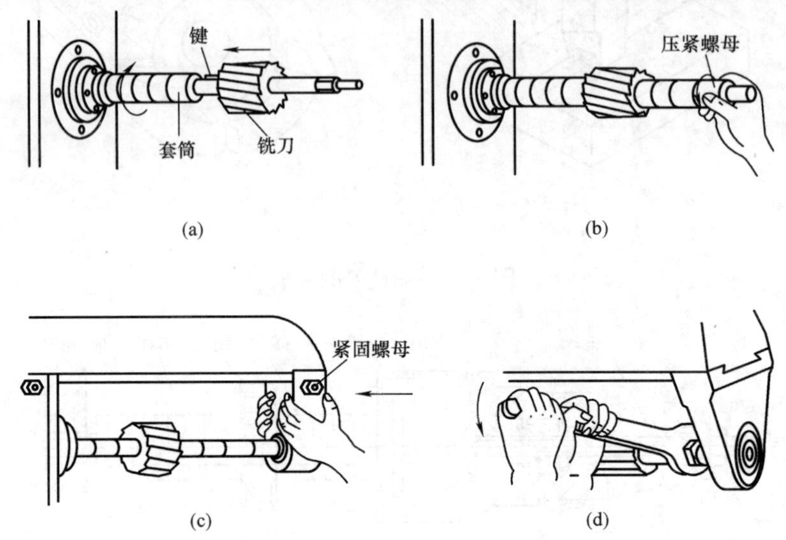


图 4-16 安装圆柱铣刀的步骤

(a) 安装刀杆和铣刀；(b) 套上几个套筒后，拧上螺母；(c) 装上吊架；(d) 拧紧螺母

2. 在立式升降台铣床上安装端铣刀，如图 4-14 所示。

## 复习思考题

1. 试指出圆柱铣刀、端铣刀、三面刃铣刀、键槽铣刀的主、副切削刃，并指出这几种铣刀的用途。

2. 为什么铣刀要制成多齿刀具？为什么多数铣刀制成螺旋齿形状？

3. 在长刀杆上安装圆盘铣刀时，应注意哪些事项？

4. 铣平面、台阶面、轴上键槽时应选用哪些种类的刀具？

# 项目四 铣削用量的选择

## 基本知识

铣削用量的要素包括铣削速度 $v_c$、进给量 $f$、铣削深度 $a_p$ 和铣削宽度 $a_e$。铣削时合理地选择铣削用量，对保证零件的加工精度与加工表面质量、提高生产效率、提高铣刀的使用寿命、降低生产成本有着密切的关系。

### 一、选择铣削用量的原则

所谓合理的铣削用量，是指充分利用铣刀的切削能力和机床性能，在保证加工质量的前提下，获得高生产效率和低加工成本的铣削用量。

选择铣削用量的原则是在保证加工质量、降低加工成本和提高生产率的前提下，使铣削宽度（或铣削深度）、进给量、铣削速度的乘积最大。这时工序的切削工时最少。

粗铣时，在机床动力和工艺系统刚性允许并具有合理的铣刀寿命的条件下，按铣削宽度（或铣削深度）、进给量、铣削速度的次序，选择和确定铣削用量。在铣削用量中，铣削宽度（或铣削深度）对铣刀寿命影响最小，进给量的影响次之，而铣削速度对铣刀寿命的影响最大。因此，在确定铣削用量时，应尽可能选择较大的铣削宽度（或铣削深度），然后按工艺装备和技术条件选择允许的较大的每齿进给量，最后根据铣刀的寿命选择允许的铣削速度。

精铣时，为了保证加工精度和表面粗糙度的要求，工件切削层宽度应尽量一次铣出，切削层深度一般在0.5mm左右，再根据表面粗糙度要求选择合适的每齿进给量，最后根据铣刀的寿命确定铣削速度。

## 二、铣削用量的选择

### （一）切削层深度的选择

端铣时的铣削深度 $a_p$、圆周铣削时的铣削宽度 $a_e$，即为被切金属层的深度（切削层深度）。当铣床功率足够、工艺系统的刚度和强度允许，且加工精度要求不高及加工余量不大时，可一次进给铣去全部余量。当加工精度要求较高或加工表面的表面粗糙度 $Ra$ 要小于6.3$\mu$m时，应分粗铣和精铣。粗铣时，除留下精铣余量（0.5～2.0mm）外，应尽可能一次进给切除全部粗加工余量。

端铣时，铣削深度 $a_p$ 的推荐数值见表4-1。当工件材料的硬度和强度较高时，取表中较小值。当加工余量较大时，除增加进给次数外，可采用阶梯铣削法铣削（图4-17），以提高生产效率。

**表4-1　端铣时铣削深度 $a_p$ 的推荐值**　（单位：mm）

| 工件材料 | 高速工具钢铣刀 | | 硬质合金铣刀 | |
|---|---|---|---|---|
| | 粗铣 | 精铣 | 粗铣 | 精铣 |
| 铸铁 | 5～7 | 0.5～1 | 10～18 | 1～2 |
| 软钢 | <5 | 0.5～1 | <12 | 1～2 |
| 中硬钢 | <4 | 0.5～1 | <7 | 1～2 |
| 硬钢 | <3 | 0.5～1 | <4 | 1～2 |

圆周铣削时的铣削宽度 $a_e$，粗铣时可比端铣时的铣削深度 $a_p$ 大，因此，在铣床功率足够和工艺系统的刚度、强度允许的条件下，尽量在一次进给中把粗铣余量全部切除。精铣时，$a_e$ 值可参照端铣时的 $a_p$ 值。

阶梯铣削所用阶梯铣刀的刀齿分布在刀体不同的回转半径上，且各刀齿在轴向伸出刀体的距离也不相同。回转半径越大的刀齿在轴向伸出的距离越短，也就是后刀齿的位置比前刀齿在半径上小 $\Delta R$ 的距离，而在轴向则比前刀齿多伸出 $\Delta a_p$ 的距离。阶梯铣削法能使工件的全部加工余量，沿铣削深度方向分配到各刀齿上。采用阶梯铣削，

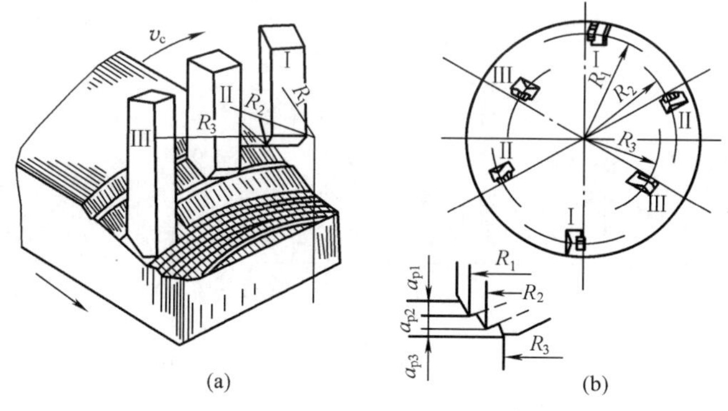

图4-17　阶梯铣刀和阶梯铣削

（a）阶梯铣削的形式；（b）刀齿分布情况

使每齿进给量和切削层深度增大，切削层宽度减小，切出的切屑窄而厚，既降低了铣削力，又有利于排屑，故可减小振动和功率消耗。

（二）进给量的选择

粗铣时，限制进给量提高的主要因素是铣削力。进给量主要根据铣床进给机构的强度、铣刀杆尺寸、刀齿强度以及工艺系统（如机床、夹具等）的刚度来确定。在上述条件许可的情况下，进给量应尽量取得大些。

精铣时，限制进给量提高的主要因素是加工表面的表面粗糙度，进给量越大，表面粗糙度也越大。为了减小工艺系统的弹性变形，减小已加工表面残留面积的高度，一般采用较小的进给量。

表 4-2 所列为各种常用铣刀对不同工件材料铣削时的每齿进给量，粗铣时取较大值，精铣时取较小值。

**表 4-2　　每齿进给量 $f_z$ 的推荐值**　　（单位：mm/齿）

| 工件材料 | 工件材料硬度 HBW | 硬质合金 | | 高速钢 | | | |
|---|---|---|---|---|---|---|---|
| | | 端铣刀 | 三面刃铣刀 | 圆柱铣刀 | 立铣刀 | 端铣刀 | 三面刃铣刀 |
| 低碳钢 | ～150 | 0.20～0.40 | 0.15～0.30 | 0.12～0.30 | 0.04～0.20 | 0.15～0.30 | 0.12～0.20 |
| | 150～200 | 0.20～0.35 | 0.12～0.25 | 0.12～0.20 | 0.03～0.18 | 0.15～0.30 | 0.10～0.15 |
| 中、高碳钢 | 120～180 | 0.15～0.50 | 0.14～0.30 | 0.12～0.20 | 0.05～0.20 | 0.15～0.30 | 0.12～0.20 |
| | 180～220 | 0.15～0.40 | 0.12～0.25 | 0.12～0.20 | 0.04～0.20 | 0.15～0.25 | 0.07～0.15 |
| | 220～300 | 0.12～0.25 | 0.07～0.20 | 0.07～0.15 | 0.03～0.15 | 0.10～0.20 | 0.05～0.12 |
| 灰铸铁 | 150～180 | 0.20～0.50 | 0.12～0.30 | 0.20～0.30 | 0.07～0.18 | 0.20～0.35 | 0.15～0.25 |
| | 180～220 | 0.20～0.40 | 0.12～0.25 | 0.15～0.25 | 0.05～0.15 | 0.15～0.30 | 0.12～0.20 |
| | 220～300 | 0.15～0.30 | 0.10～0.20 | 0.10～0.20 | 0.03～0.10 | 0.10～0.15 | 0.07～0.12 |
| 可锻铸铁 | 110～160 | 0.20～0.50 | 0.10～0.30 | 0.20～0.35 | 0.08～0.20 | 0.20～0.40 | 0.15～0.25 |
| | 160～200 | 0.20～0.40 | 0.10～0.25 | 0.20～0.30 | 0.07～0.20 | 0.20～0.35 | 0.15～0.20 |
| | 200～240 | 0.15～0.30 | 0.10～0.20 | 0.12～0.25 | 0.05～0.15 | 0.15～0.30 | 0.12～0.20 |
| | 240～280 | 0.10～0.30 | 0.10～0.15 | 0.10～0.20 | 0.02～0.08 | 0.10～0.20 | 0.07～0.12 |
| 含 $w$（C）<0.3% 合金钢 | 125～170 | 0.15～0.50 | 0.12～0.30 | 0.12～0.20 | 0.05～0.20 | 0.15～0.30 | 0.12～0.20 |
| | 170～220 | 0.15～0.40 | 0.12～0.25 | 0.10～0.20 | 0.05～0.10 | 0.15～0.25 | 0.07～0.15 |
| | 220～280 | 0.20～0.30 | 0.08～0.20 | 0.07～0.12 | 0.03～0.08 | 0.12～0.20 | 0.07～0.12 |
| | 280～320 | 0.08～0.20 | 0.05～0.15 | 0.05～0.10 | 0.025～0.05 | 0.07～0.12 | 0.05～0.10 |
| 含 $w$（C）>0.3% 合金钢 | 170～220 | 0.125～0.40 | 0.12～0.30 | 0.12～0.20 | 0.12～0.20 | 0.15～0.25 | 0.07～0.15 |
| | 220～280 | 0.10～0.30 | 0.08～0.20 | 0.07～0.15 | 0.07～0.15 | 0.12～0.20 | 0.07～0.12 |
| | 280～320 | 0.08～0.20 | 0.05～0.15 | 0.05～0.12 | 0.05～0.12 | 0.07～0.12 | 0.05～0.10 |
| | 320～380 | 0.06～0.15 | 0.05～0.12 | 0.05～0.10 | 0.05～0.10 | 0.05～0.10 | 0.05～0.10 |
| 工具钢 | 退火状态 | 0.15～0.50 | 0.12～0.30 | 0.07～0.15 | 0.05～0.10 | 0.12～0.20 | 0.07～0.15 |
| | 36HRC | 0.12～0.25 | 0.08～0.15 | 0.05～0.10 | 0.03～0.08 | 0.07～0.12 | 0.05～0.10 |
| | 46HRC | 0.10～0.20 | 0.06～0.12 | — | — | — | — |
| | 50HRC | 0.07～0.10 | 0.05～0.10 | — | — | — | — |
| 铝镁合金 | 95～100 | 0.15～0.38 | 0.125～0.30 | 0.15～0.20 | 0.05～0.15 | 0.20～0.30 | 0.07～0.20 |

### （三）铣削速度的选择

在铣削深度 $a_p$、铣削宽度 $a_e$、进给量 $f$ 确定后，最后选择确定铣削速度 $v_c$。铣削速度 $v_c$ 是在保证加工质量和铣刀寿命的前提下确定的。

铣削时，影响铣削速度的主要因素有：铣刀材料的性质和铣刀寿命、工件材料的性质、铣削条件及切削液的使用情况等。

粗铣时，由于金属切除量大，产生热量多，切削温度高，为了保证合理的铣刀寿命，铣削速度要比精铣时低一些。在铣削不锈钢等韧性好、强度高的材料，以及其他一些硬度高、热强度性能高的材料时，铣削速度更应低一些。此外，粗铣时铣削力大，必须考虑铣床功率是否足够，必要时应适当降低铣削速度，以减小功率。

精铣时，由于金属切除量小，所以在一般情形下，可采用比粗铣时高一些的铣削速度。但铣削速度的提高将加快铣刀的磨损速度，从而影响加工精度。因此，精铣时限制铣削速度的主要因素是加工精度和铣刀寿命。在精铣加工面积大的工件（即一次铣削宽而长的加工面）时，往往采用铣削速度比粗铣时还要低的低速铣削，以使切削刃和刀尖的磨损量极少，从而获得高的加工精度。

表 4-3 所列为常用材料的铣削速度推荐数值，实际工作中可按具体情况适当修正。

**表 4-3　　铣削速度 $v_c$ 的推荐数值**　　（单位：m/min）

| 工件材料 | 硬度 HBW | 铣削速度 $v_c$ | |
|---|---|---|---|
| | | 硬质合金铣刀 | 高速工具钢铣刀 |
| 低碳钢、中碳钢 | <220<br>225～290<br>300～45 | 80～150<br>60～115<br>40～75 | 21～40<br>15～36<br>9～20 |
| 高碳钢 | <220<br>225～325<br>325～375<br>375～425 | 60～130<br>53～105<br>36～48<br>35～45 | 18～36<br>14～24<br>9～12<br>9～10 |
| 合金钢 | <220<br>225～325<br>325～425 | 33～120<br>40～60<br>30～60 | 15～35<br>10～24<br>5～9 |
| 工具钢 | 200～150 | 45～83 | 12～23 |
| 灰铸铁 | 100～140<br>150～225<br>230～290<br>300～320 | 110～115<br>60～110<br>45～90<br>21～30 | 24～36<br>15～21<br>9～18<br>5～10 |
| 可锻铸铁 | 110～160<br>160～200<br>200～240<br>240～280 | 100～200<br>83～120<br>72～110<br>40～60 | 42～50<br>24～33<br>15～24<br>9～21 |
| 铝镁合金 | 95～100 | 360～600 | 180～300 |

## 复习思考题

1. 选择铣削用量的原则是什么？按什么顺序选择切削用量要素？为什么？
2. 铣削时的切削层宽度与切削层深度根据什么原则选择？
3. 粗铣和精铣时，进给量如何选择？
4. 粗铣和精铣时，如何选择铣削速度？

# 项目五　铣平面、斜面、台阶面

## 基本知识

### 一、铣平面

（一）用圆柱铣刀铣平面

在卧式升降台铣床上，利用圆柱铣刀的周边齿切削刃进行的铣削称为周边铣削，简称周铣，如图 4-2（a）所示。

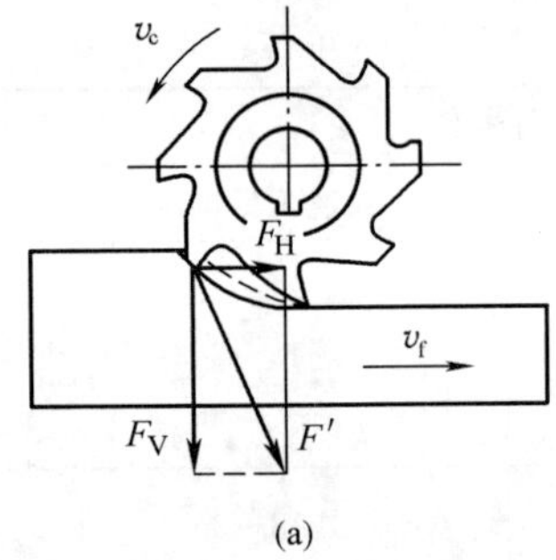



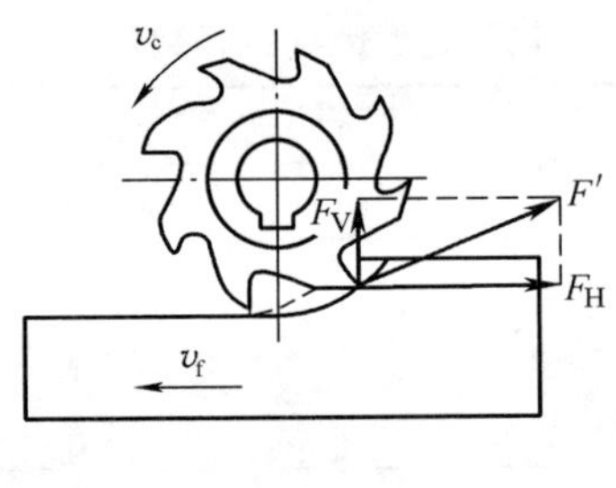



图 4-18　顺铣与逆铣
（a）顺铣；（b）逆铣

1. 顺铣与逆铣。

（1）顺铣。在铣刀与工件已加工面的切点处，铣刀切削刃的旋转运动方向与工件进给方向相同的铣削称为顺铣，如图 4-18（a）所示。

（2）逆铣。在铣刀与工件已加工面的切点处，铣刀切削刃的旋转运动方向与工件进给方向相反的铣削称为逆铣，如图 4-18（b）所示。

顺铣时，刀齿切下的切屑由厚逐渐变薄，易切入工件。由于铣刀对工件的垂直分力向下 $F_V$ 压紧工件，所以切削时不易产生振动，铣削平稳。但是，由于铣刀对工件的水平分力 $F_H$ 与工作台的进给方向一致且工作台丝杠与螺母之间有间隙，因此在水平分力的作用下，工作台会消除间隙而突然蹿动，致使工作台出现爬行或产生啃刀现象，造成刀杆弯曲、刀头折断。

逆铣时，刀齿切下的切屑是由薄逐渐变厚的。由于刀齿的切削刃具有一定的圆角半径，所以刀齿接触工件后要滑移一段距离才能切入，因此刀具与工件摩擦严重，致使切削温度升高，工件已加工表面粗糙度增大。另外铣刀对工件的垂直分力是向上的，也会促使工件产生抬起趋势，易产生振动而影响表面粗糙度。但另一方面，铣刀对工件的水平分力与工作台的进给方向相反，在水平分力的作用下，工作台丝杠与螺母间总是保持紧密接触而不会松动，故丝杠与螺母的间隙对铣削没有影响。

综上所述，从提高刀具寿命和工件表面质量以及增加工件夹持的稳定性等观点出发，一般以采用顺铣法为宜。但需要注意的是，铣床必须具备丝杠与螺母的间隙调整机构，且间隙调整为零时才能采取顺铣。目前，除万能升降台铣床外，尚没有消除丝杠与螺母之间间隙的机构，所以，在生产中仍多采用逆铣法。另外，当铣削带有黑皮的工件表面时，如对铸件或锻件表面进行粗加工，若用顺铣法，因刀齿首先接触黑皮将会加剧刀齿的磨损，所以应采用逆铣法。

2. 铣削步骤。用圆柱铣刀铣削平面的步骤如下：

（1）铣刀的选择与安装。由于螺旋齿铣刀铣平面时，排屑顺利，铣削平稳，所以常用螺旋齿圆柱铣刀铣平面。在工件表面粗糙度 $Ra$ 值较小且加工余量不大时，选用细齿铣刀；表面粗糙度 $Ra$ 值较大且加工余量较大时，选用粗齿铣刀。铣刀的宽度要大于工件待加工表面的宽度，以保证一次进给就可铣完待加工表面。另外，应尽量选用小直径铣刀，以免产生振动而影响表面加工质量。圆柱铣刀的安装方法如图 4-16 所示。

（2）切削用量的选择。选择切削用量时，要根据工件材料、加工余量、工件宽度及表面粗糙度要求来综合选择合理的切削用量。一般来说，铣削应采用粗铣和精铣两次铣削的方法来完成工件的加工。由于粗铣时加工余量较大，故选择每齿进给量，而精铣时加工余量较小，常选择每转进给量，但不管是粗铣还是精铣，均应按每分钟进给速度来调整铣床。

粗铣：侧吃刀量 $a_e=2\sim8$mm，每齿进给量 $f_z=0.03\sim0.16$mm/z，铣削速度 $v_c=15\sim40$m/min。

根据毛坯的加工余量，选择的顺序是：先选取较大的侧吃刀量 $a_e$，再选择较大的进给量 $f_z$，最后选取合适的铣削速度 $v_c$。

精铣：铣削速度 $v_c\leqslant10$m/min 或 $v_c\geqslant50$m/min，每转进给量 $f=0.1\sim1.5$mm/r。侧吃刀量 $a_e=0.2\sim1$mm。选择的顺序是：先选取较低或较高的铣削速度 $v_c$，再选择较小的进给量 $f$，最后根据零件图样尺寸确定侧吃刀量 $a_e$。

（3）工件的装夹方法。根据工件的形状、加工平面的部位以及尺寸公差和形位公差的要求，选择合适的装夹方法，一般常用平口钳或螺栓压板装夹工件。用平口钳装夹工件时，要找正平口钳的固定钳口并对工件进行找正（图 4-6），还要根据选定的铣削方式调整好铣刀与工件的相对位置。

（4）操作方法。根据选取的铣削速度 $v_c$，按式（4-3）调整铣床主轴的转速（r/min）：

$$n=\frac{1000v_c}{\pi D} \tag{4-3}$$

根据选取的进给量按式（4-4）来调整铣床的每分钟进给量（mm/min）：

$$v_f=fn=f_z zn \tag{4-4}$$

侧吃刀量的调整要在铣刀旋转（主电动机起动）后进行，即先使铣刀轻微接触工件表面，记住此时升降手柄的分度值，再将铣刀退离工件，转动升降手柄升高工作台并调整好侧吃刀量，最后固定升降和横向进给手柄并调整纵向工作台机动停止挡铁，即可试切铣削。

（二）用端铣刀铣平面

在卧式和立式升降台铣床上用铣刀端面齿刃进行的铣削称为端面铣削，简称端铣（图 4-19）。

由于端铣刀多采用硬质合金刀头，又因为端铣刀的刀杆短、强度高、刚性好以及铣削中的振动小，因此用端铣刀可以高速强力铣削平面，其生产率高于周铣。目前在生产实际中，端铣已被广泛采用。

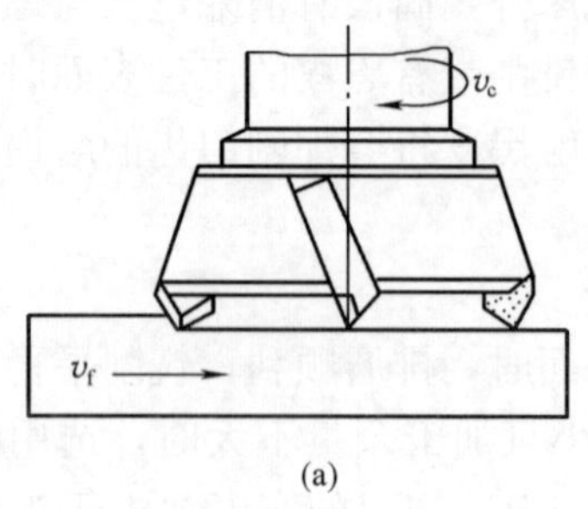

(a)

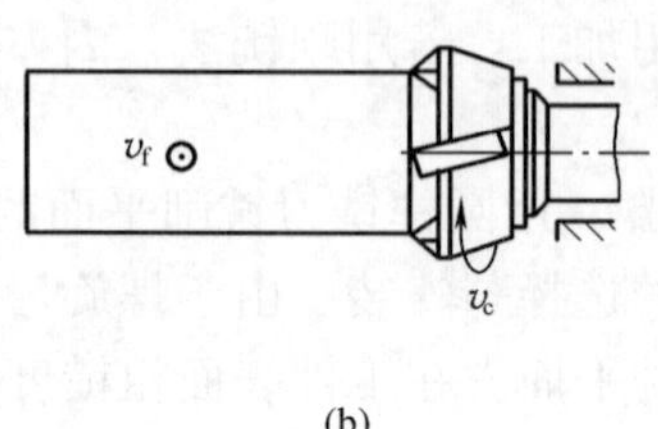

(b)

图 4-19 用端铣刀铣平面

(a) 在立铣上；(b) 在卧铣上

用端铣刀铣平面的方法与步骤，基本上与用圆柱铣刀铣平面的方法和步骤相同，其铣削用量的选择、工件的装夹和操作方法等均可参照圆柱铣刀铣平面的方法进行。

## 二、铣斜面

工件上的斜面常用下面几种方法进行铣削。

### （一）使用斜垫铁铣斜面

如图 4-20 所示，在工件的基准下面垫一块斜垫铁，则铣出的工件平面就会与基准面倾斜一定角度，如果改变斜垫铁的角度，即可加工出不同角度的工件斜面。

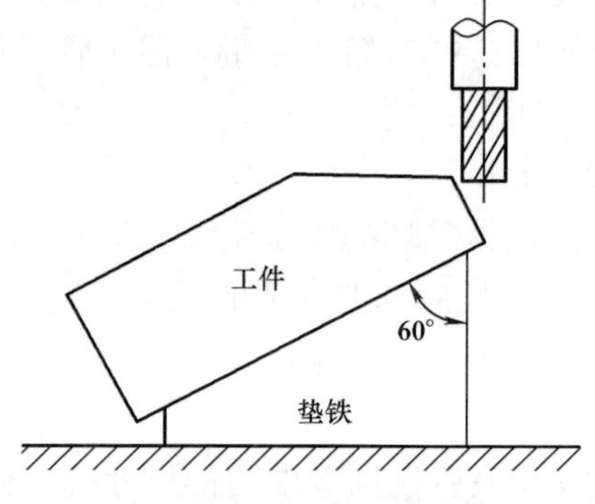

图 4-20 用斜垫铁铣斜面

### （二）利用摇臂铣床铣斜面

由于摇臂铣床能方便地改变刀杆的空间位置，因此可通过转动摇臂使刀具相对工件倾斜一个角度即可铣削出斜面，如图 4-21 所示。

## 三、铣台阶面

在铣床上，可用三面刃盘铣刀或立铣刀铣台阶面。在成批生产中，大都采用组合铣刀同时铣削几个台阶面，如图 4-22 所示。

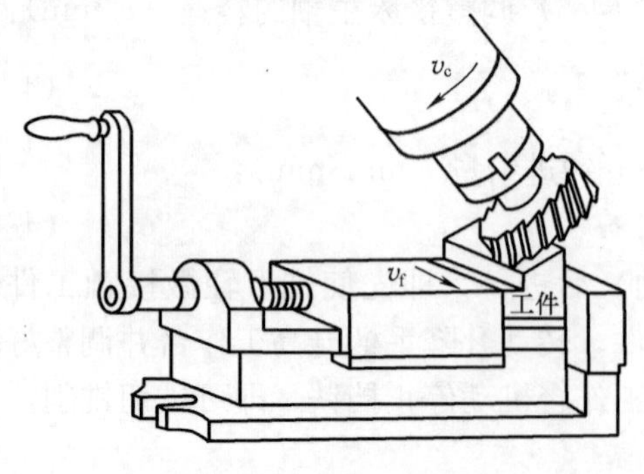

图 4-21 用摇臂铣斜面

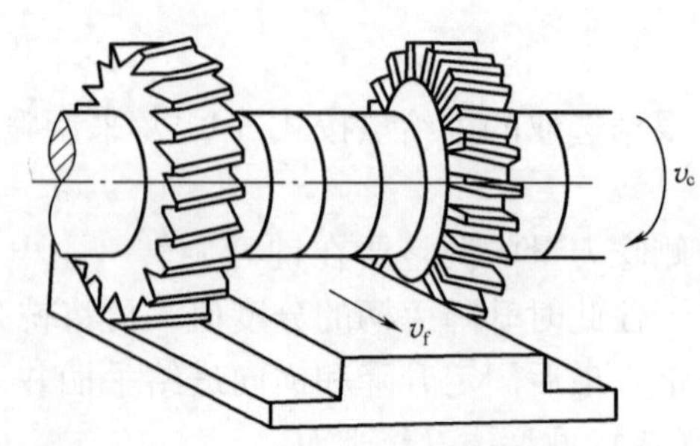

图 4-22 铣台阶面

## 复习思考题

1. 铣削平面、斜面、台阶面常用的方法有哪些？

2. 什么叫顺铣？什么叫逆铣？如何选择？

3. 铣削正六面体时，如何保证各面间的垂直度和平行度？

# 项目六 铣 沟 槽

## 基本知识

在铣床上利用不同的铣刀可以加工直角、V形槽、T形槽、燕尾槽、轴上的键槽和成形面等，这里着重介绍轴上键槽和T形槽的铣削方法。

### 一、铣键槽

轴上的键槽有开口式和封闭式两种。铣键槽时，工件的装夹方法很多，一般常用平口钳或专用抱钳、V形块、分度头等装夹工件，但不论哪一种装夹方法，都必须使工件的轴线与工作台的进给方向一致并与工作台台面平行。

#### （一）铣开口式键槽

如图4-23所示，使用三面刃铣刀铣削。由于铣刀的振摆会使槽宽扩大，所以铣刀的宽度应稍小于键槽宽度。对于宽度要求较严的键槽，可先进行试铣，以便确定铣刀合适的宽度。

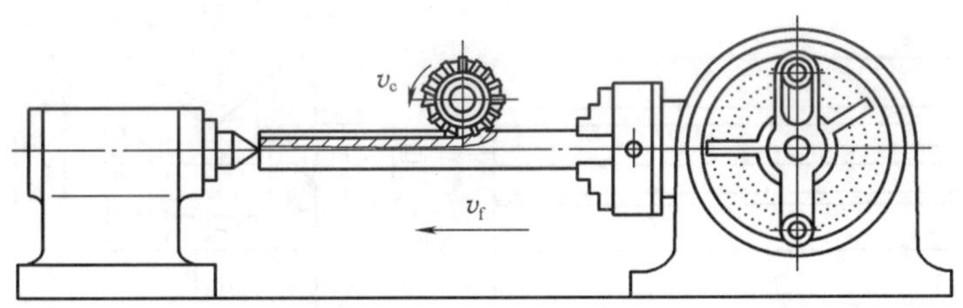


图4-23 铣开口式键槽

铣刀和工件安装好后，要进行仔细地对刀，也就是使工件的轴线与铣刀的中心平面对准，以保证所铣键槽的对称性。随后进行铣削槽深的调整，调好后才可加工。当键槽较深时，需分多次走刀进行铣削。

#### （二）铣封闭式键槽

如图4-24所示，通常使用键槽铣刀，也可用立铣刀铣削。用键槽铣刀铣封闭式键槽时，可用图4-24（a）所示的抱钳装夹工件，也可用V形块装夹工件。铣削封闭式键槽的长度是由工作台纵向进给手轮上的刻线来控制的，深度由工作台升降手柄上的刻线来控制，宽度由铣刀的直径来控制。铣封闭式键槽的操作过程如图4-24（b）所示，即先将工件垂向进给移向铣刀，采用一定的吃刀量将工件纵向进给切至键槽的全长，再垂向进给吃刀，最后反向纵向进给，经多次反复直到完成键槽的加工。

用立铣刀铣键槽时，由于铣刀的端面齿是垂直的故吃刀困难，所以应先在封闭式键槽的一端圆弧处用相同半径的钻头钻一个孔，然后再用立铣刀铣削。

### 二、铣T形槽

如图4-25所示，要加工T形槽，必须首先用三面刃铣刀或立铣刀铣出直角槽，然后再用T形槽铣刀铣出T形槽，最后用角度铣刀倒角。由于T形槽的铣削条件差，排屑困难，所以切削用量应取小些，并加注充足的切削液。

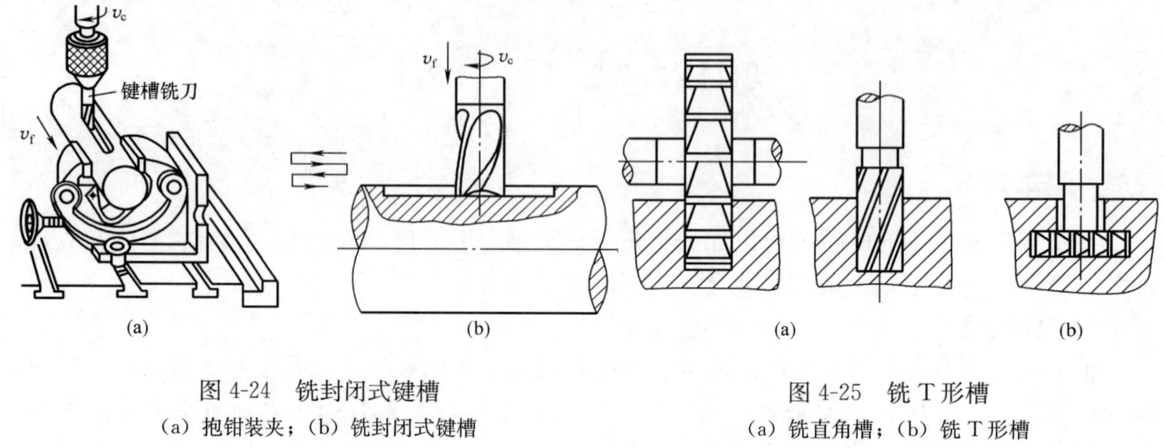


图 4-24 铣封闭式键槽
(a) 抱钳装夹；(b) 铣封闭式键槽

图 4-25 铣T形槽
(a) 铣直角槽；(b) 铣T形槽

## 三、铣V形槽

图4-26所示为具有V形槽的V形铁。V形槽两侧面间的夹角（槽角）一般为90°或60°，也有120°的，以槽角为90°的V形槽最为常用。

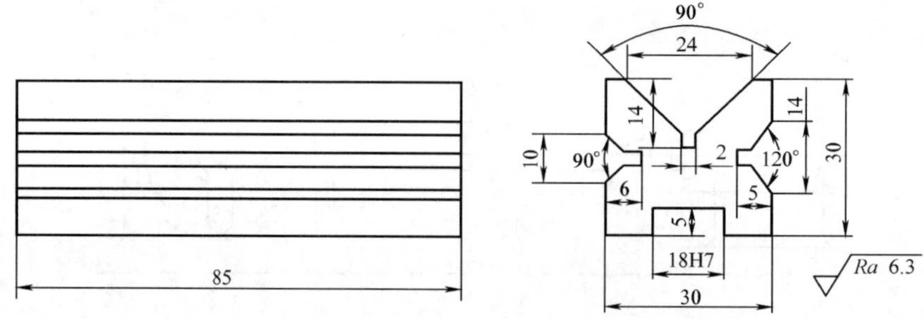


图 4-26 V形铁

### （一）V形槽的主要技术要求

1. V形槽的中心平面应垂直于的工件基准面。

2. 工件的两侧面应对称于V形槽中心平面。

3. V形槽窄槽的两侧面应对称于V形槽中心平面，窄槽的槽底面应略超出V形槽两侧面的延长交线。

### （二）V形槽的铣削方法

1. 倾斜主轴铣V形槽。槽角大于或等于90°、尺寸较大的V形槽，可在立式铣床上调整主轴角度，用立铣刀或端铣刀铣削（图4-27）。铣V形槽前应先铣出窄槽。铣V形槽时，铣完一侧槽面后，将工件松开调转180°后重新夹紧，再铣另一侧槽面，也可以将主轴反方向调转角度后铣另一侧槽面。

2. 倾斜工件铣V形槽。槽角大于90°、精度要求不高的V形槽，可以按划线找正V形槽的一侧槽面，使之与工作台台面平行后夹紧工件，铣完一侧槽面后，重新找正另一侧槽面并夹紧工件，铣削成形（图4-28）。槽角等于90°，且尺寸不太大的V形槽，则可以一次找正装夹铣削成形。

3. 用角度铣刀铣V形槽。槽角小于或等于90°的V形槽，一般采用与其角度相同的对称双角铣刀在卧式铣床上铣削，铣V形槽前应先用锯片铣刀铣出窄槽，夹具或工件的基准面应与工作台纵向进给方向平行（图4-29）。

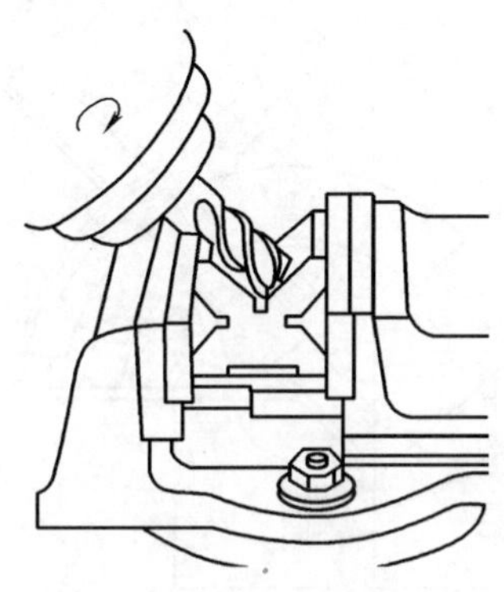

图4-27 倾斜主轴铣V形槽

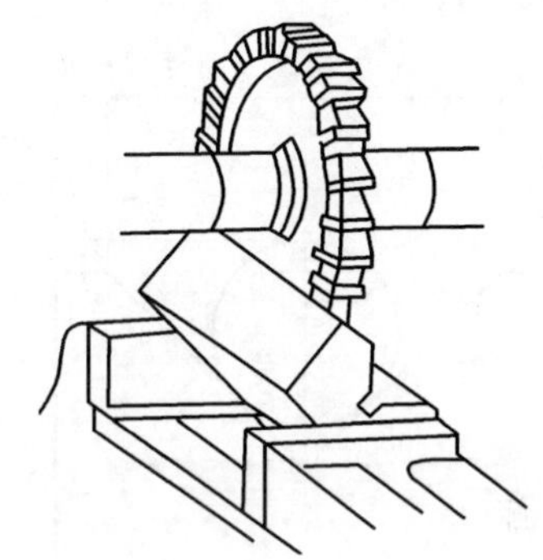

图4-28 倾斜工件铣V形槽

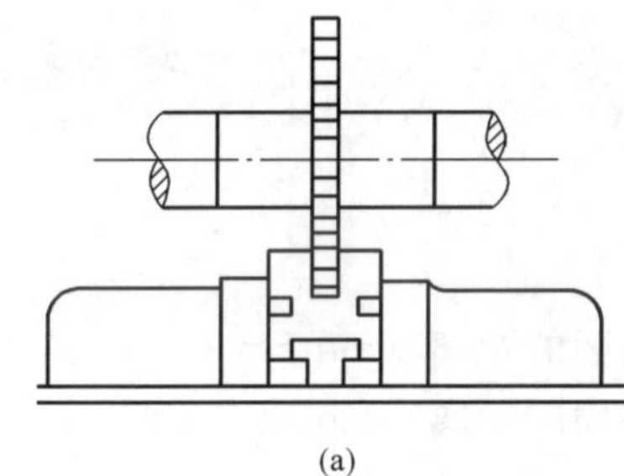

(a)

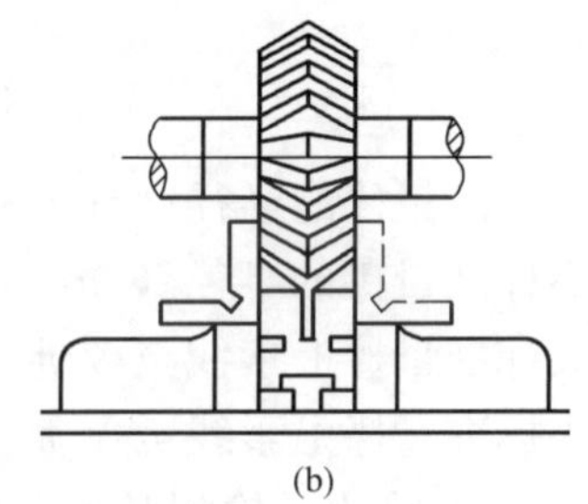

(b)

图4-29 用对称双角铣刀铣V形槽

(a) 用锯片铣刀铣窄槽；(b) 铣V形槽

（三）V形槽的检测

V形槽的检测项目主要有V形槽宽度 $B$、V形槽槽角 $\alpha$ 和V形槽对称度。

1. V形槽（槽口）宽度 $B$ 的检测。

(1) 如图4-30所示，先间接测得尺寸 $h$，然后根据式（4-5）计算得出V形槽宽度 $B$：

$$B = 2\tan\frac{\alpha}{2}\left(\frac{R}{\sin\frac{\alpha}{2}} + R - h\right) \tag{4-5}$$

式中 $R$——标准量棒半径（mm）；

$\alpha$——V形槽槽角（°）；

$h$——标准量棒上素线至V形槽上平面的距离（mm）。

(2) 可用游标卡尺直接测量槽口宽度 $B$，测量简便，但测量精度差。

2. V形槽槽角 $\alpha$ 的检测。

(1) 可以用角度样板检测，通过观察工件与样板间的缝隙判断V形槽槽角 $\alpha$ 是否合格。

(2) 也可以用游标万能角度尺测量，如图4-31所示。测量角度 $A$ 或 $B$，间接测得V形

槽半槽角 $\alpha/2$。

（3）用标准量棒间接测量槽角 $\alpha$，如图 4-32 所示。此法测量精度较高，测量时，先后用两根不同直径的标准量棒进行间接测量，分别测得尺寸 $H$ 和 $h$，然后根据式（4-6）计算，求出槽角 $\alpha$ 的实际值：

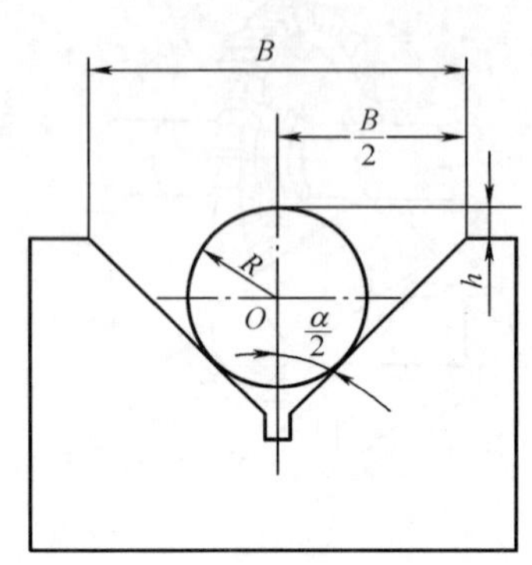

图 4-30 V 形槽宽度 $B$ 的测量计算

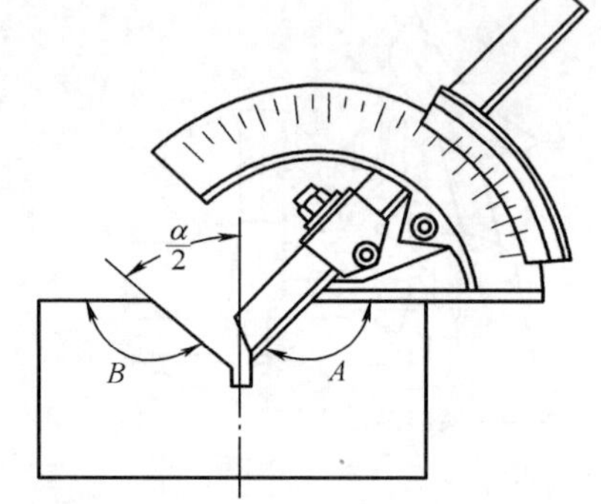

图 4-31 用游标万能角度尺测量 V 形槽槽角 $\alpha$

$$\sin\frac{\alpha}{2}=\frac{R-r}{(H-R)-(h-r)} \tag{4-6}$$

式中 $R$——较大标准量棒的半径（mm）；

$r$——较小标准量棒的半径（mm）；

$H$——较大标准量棒上素线至 V 形垫铁底面的距离（mm）；

$h$——较小标准量棒上素线至 V 形垫铁底面的距离（mm）。

3. V 形槽对称度的检测。检测时，在 V 形槽内放一标准量棒，分别以 V 形铁的两侧侧面为基准，放在平板上，用杠杆百分表测量量棒的最高点，读数之差即为对称度误差，如图 4-33 所示。如果使用高度游标卡尺测量量棒最高点，则可求得 V 形槽中心平面至 V 形铁的实际距离。

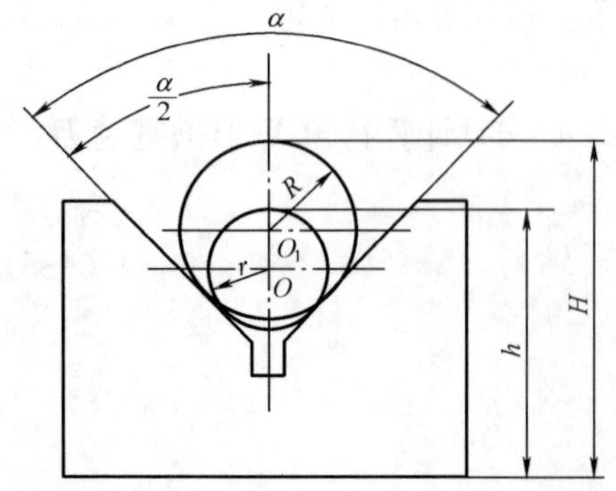

图 4-32 V 形槽槽角 $\alpha$ 的测量计算

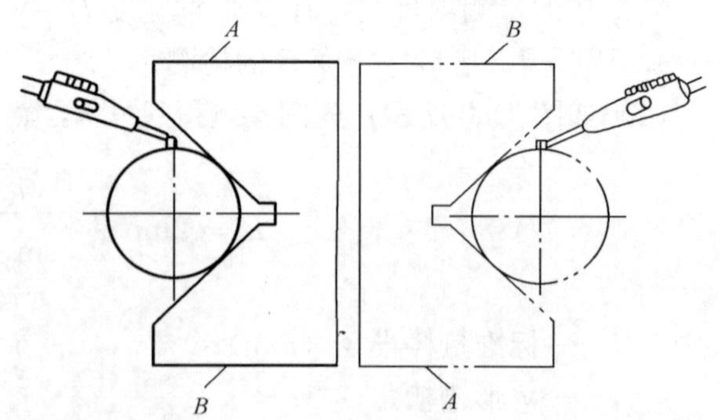

图 4-33 V 形槽对称度的检测

## 实训操作

铣削 V 形架（V 形铁）（图 4-34）

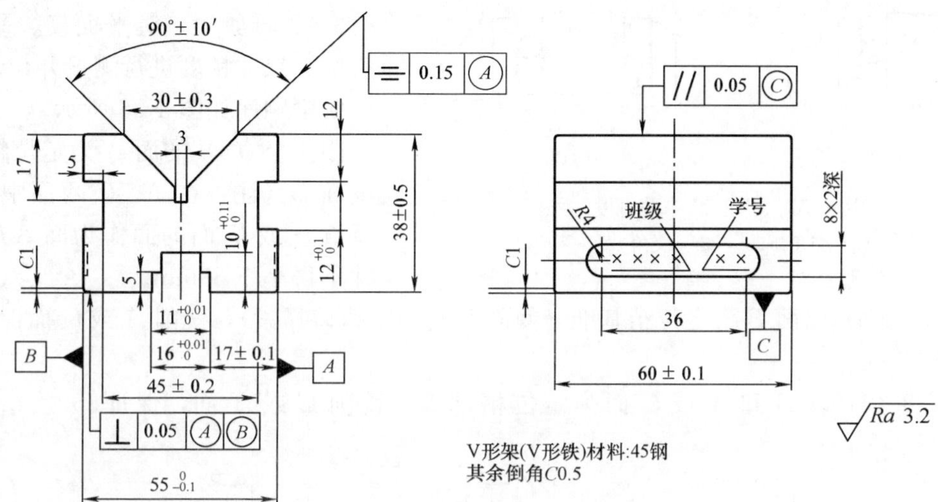


图 4-34　V 形架工件图

## 教师演示

1. 工件装夹、找正，装刀、卸刀和对刀（图 4-35）。

安装铣刀时，刀头伸出刀体外的距离不要太长，以免产生振动；同时，刀体、刀头要夹紧牢固以免产生振动或刀头飞出伤人。

2. 试切铣削。

在加工时，一般应先试铣一刀，然后测量铣削平面与基准面的尺寸大小和平行度以及铣削平面与侧面的垂直度。

铣削平面与基准面的尺寸控制可通过机床工作台升降手柄的转动来实现，即根据工件的测量尺寸与要铣削的尺寸差值，来确定手动升降手柄转过的分度值。

当试切后的铣削平面与基准面不平行时，即工件的 $A$ 处厚度大于 $B$ 处的厚度，可在 $A$ 处下面垫入适当的纸片或铜片，然后再试切，直至调整到平行为止（图 4-36）。

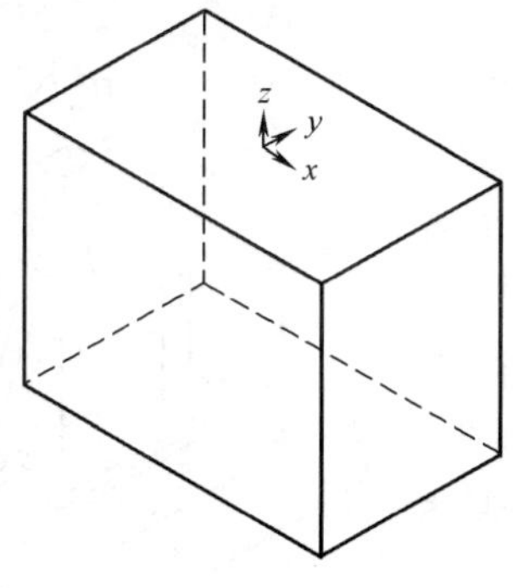


图 4-35　长方体对刀图

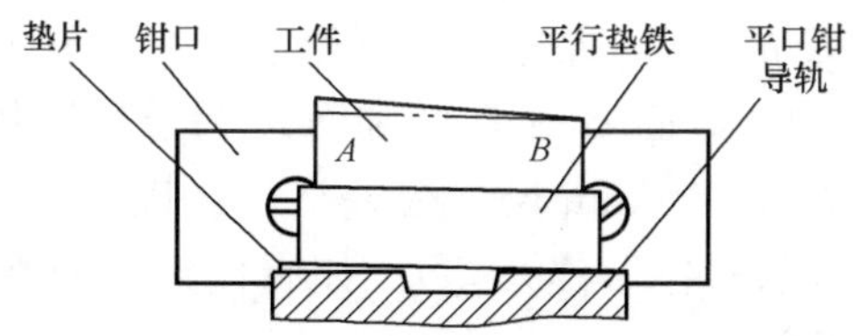


图 4-36　找正工件平行度

当铣削平面与侧面不垂直时，可在侧面与固定钳口间垫纸片或铜片。当铣削平面与侧面交角大于 90°时，铜片应垫在下面，如图 4-37（a）所示；如两个面交角小于 90°，则应垫在上面，如图 4-37（b）所示。

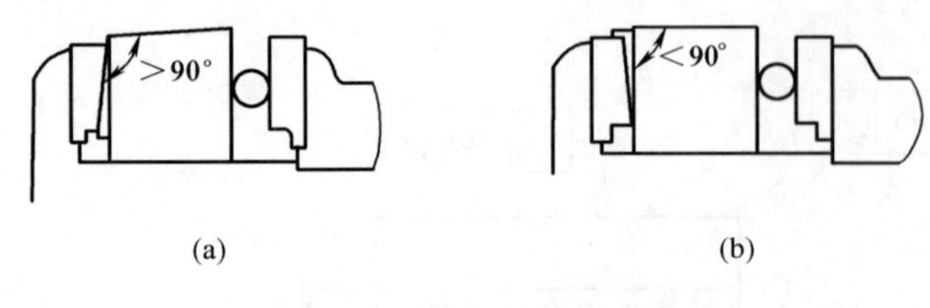


图 4-37 找正工件垂直度

(a) 交角>90°；(b) 交角<90°

3. 平面加工，对平面度、平行度、垂直度、尺寸精度进行测量并记录。

铣削顺序如图 4-38 所示。

图 4-38（a）的面 $A$ 为定位粗基准，铣削面 $B$（注：在 $A$、$C$ 两面中找一相对垂直 $B$ 或 $D$ 面的面作为面 $A$），保证尺寸不得小于 39mm。

图 4-38（b）以面 $B$ 为定位精基准（使面 B 与固定钳口靠紧），铣削 $A$ 或 $C$ 面保证尺寸不得小于 57mm。

图 4-38（c）以 $B$ 和 $A$ 或 $C$ 面为定位精基准，铣削 $C$ 或 $A$ 面，保证 $55_{-0.1}^{\ 0}$ mm 尺寸公差。

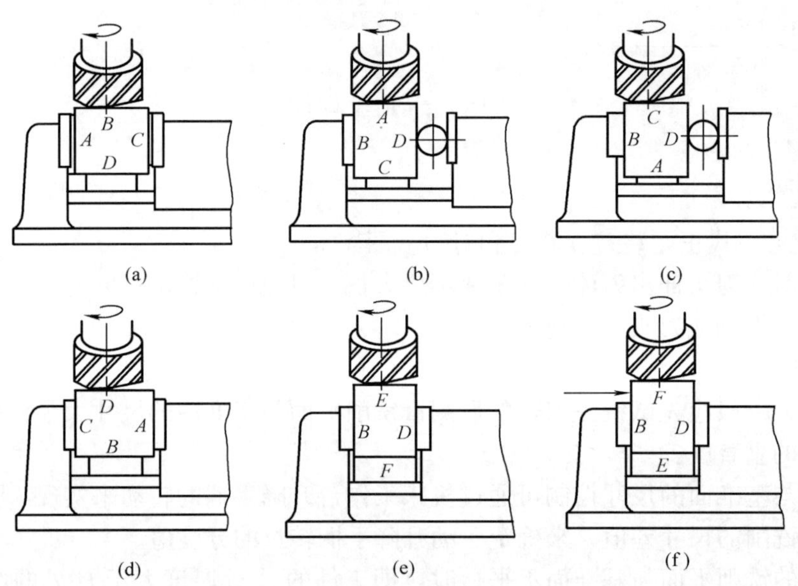


图 4-38 平面铣削顺序

图 4-38（d）以 $C$ 或 $A$ 面为定位精基准，铣削面 $D$，保证（38±0.5）mm 尺寸公差。

图 4-38（e）以 $B$ 或 $D$ 为定位精基准，铣削面 $E$ 或面 $F$，第一面一定要用 90°角尺测定垂直角，以保证面 $E$ 或面 $F$ 垂直于面 $A$ 或面 $C$ 的 90°，保证尺寸不得小于 62mm（图 4-39）。

图 4-38（f）以面 $B$ 或面 $D$ 和面 $E$ 为定位精基准，铣削面 $F$，保证（60±0.1）mm 尺寸公差（注：以上 6 面在铣削中，应注意图上所示的各形位公差）。如有偏差，应在各尺寸未达图样尺寸要求前进行修复。

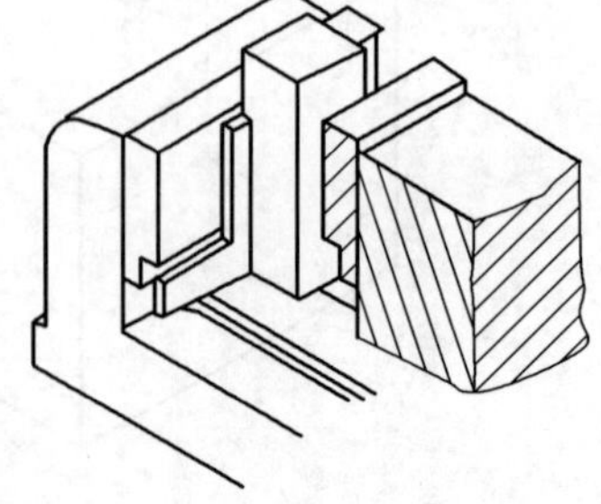

图 4-39 校验装夹时的垂直度

平面度、平行度、垂直度的检测如图 4-40 和图 4-41 所示。

4. 两条通槽、一条键槽加工，对位置度、平行度、尺寸精度进行测量并记录。

在立式铣床上铣削 12mm 通槽和 16mm×11mm×10mm 凹槽，封闭式键槽，采用

$\phi$ 10mm立铣刀和$\phi$ 8mm 键槽铣刀铣削。

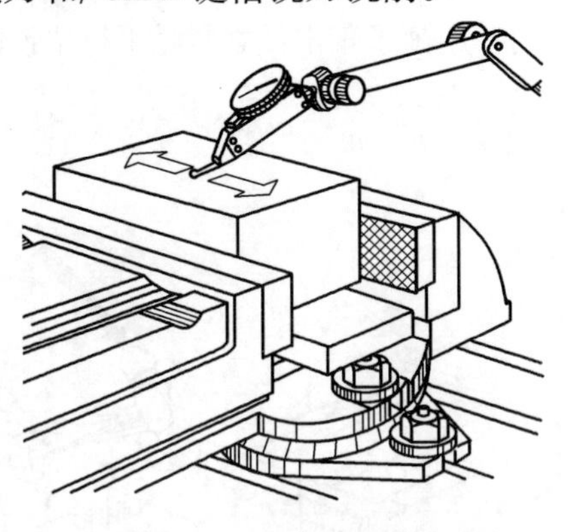

图 4-40　校验平面平行度

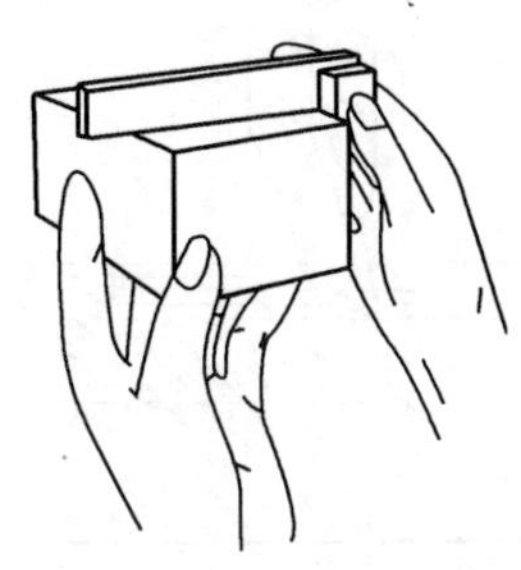

图 4-41　检测垂直度

铣削顺序：按图划线。按线先以面 $B$ 为定位精基准，铣削 $A$ 或 $C$ 面上的直角通槽，如图 4-38（a）、（b）所示，采用$\phi$ 10mm 立铣刀铣削，而槽的尺寸是$12^{+0.1}_{0}$mm，所以需要偏刀才能达到图上的尺寸要求，也就是两边需精加工一刀。

（1）对刀方法一。可直接用$\phi$ 10mm 的立铣刀对刀，为了不损伤零件，可在面 $B$ 贴一张小纸，主轴开动，移动纵、横和上升工作台，以碰到小纸为准，下降工作台，横向移动工作台 23mm（向床身），紧固工作台横向移动锁紧手柄 8，然后在 $A$ 或 $C$ 面对刀、退刀；工作台上升 4.5mm，纵向走刀；槽通后，停机测量 12mm 端头尺寸，在保证 12mm 尺寸后，工作台上升 0.5mm，紧固工作台横向移动锁紧手柄 8 精铣走刀；完后松开工作台横向移动锁紧手柄 8，横向移动工作台 2mm，纵向走刀、退刀（以铣削过了铣刀直径为准）；测量，在保证$12^{+0.1}_{0}$mm 尺寸公差后，就可以紧固工作台横向移动锁紧手柄 8 精加工完成此槽，通常是 3 刀就铣削完成（注：第二条通槽也一定是以面 $B$ 为精基准面）。

（2）对刀方法二。按划线目测法，主轴开机，横向移动工作台 12mm 至槽的中心，上升工作台，以铣刀碰到零件 0.1mm 为准，纵向移动工作台，拖出一条 10mm 的痕迹，依照痕迹来判断铣刀与工件划线的位置，从而适当横向移动工作台，逐渐趋于中心，依照加工方法一一进行。

铣削凹槽的顺序，使用$\phi$ 10mm 立铣刀，以面 $A$ 为定位精基准，铣削面 $B$ 或 $D$ 的凹槽。首先铣削 11mm 槽，用$\phi$ 10mm 分中棒对刀，$A=(55+10)/2\text{mm}=32.5\text{mm}$，下降工作台，横向移动工作台 32.5mm 至中心，紧固工作台横向移动锁紧手柄 8，对刀、退出，上升工作台 9.8mm，纵向走刀至槽通；然后用手动、移动纵向工作台(逆铣方向)，空刀走出一缺口(铣刀直径)，退刀；测量，保证$22^{0}_{-0.05}$mm 尺寸公差；上升工作台 0.25mm，精铣走刀；完后，横向(向床身)移动 1mm，铣一缺口，退刀；测量，保证$11^{0}_{-0.05}$mm 尺寸公差，紧固手柄 8，精铣停机，下降工作台 5mm，把工作台纵向退回原来起点的位置上，然后横向(向床身)移动 2.5mm，保证$19.5^{+0.1}_{0}$mm 尺寸公差，顺序方法和做 11mm 槽一样，封闭式键槽和上述对刀方法一样(图 4-42)，用$\phi$ 8mm 的键槽铣刀一刀铣出来。

5. 加工 V 形槽，铣削顺序如下：

（1）用$\phi$ 22mm 的直柄立铣刀。

（2）主轴转速，$n=390\text{r/min}$，$v_c=25\sim26\text{m/min}$，每分钟进给量 $v_f=36\text{mm/min}$。

(3) 立铣头（主轴），转角，工件槽形角 $\alpha=90°$，主轴扳转 $\alpha/2=45°$（图 4-27）。

(4) 以面 $E$ 或面 $F$ 为精基准，夹紧在平口钳内，用锤子敲击使之紧贴平行垫铁内(图 4-43)。

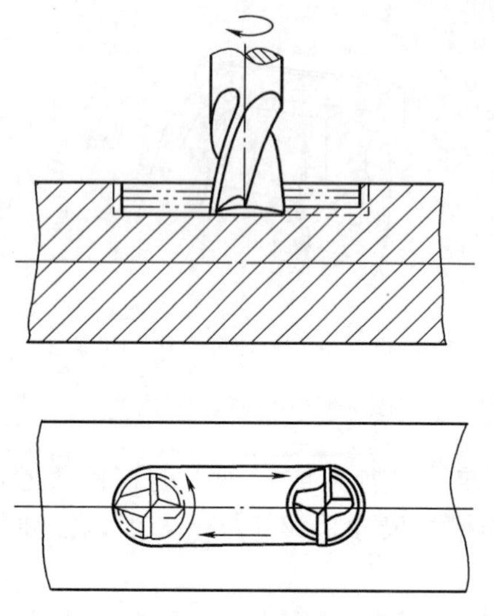

图 4-42　封闭式键槽对刀方法

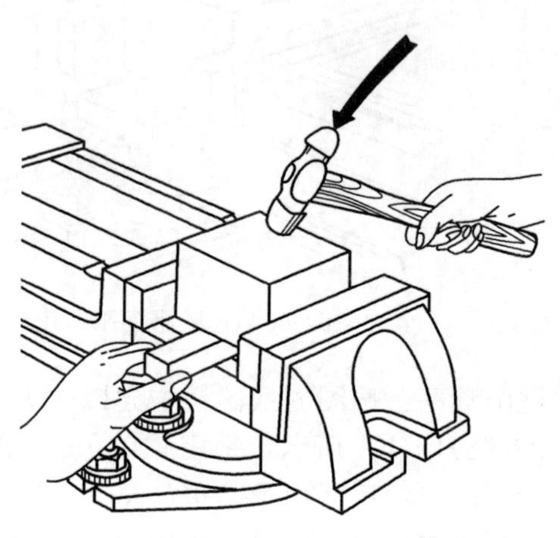

图 4-43　装夹方法

(5) 铣削对刀，主轴开动，升高工作台，纵、横向移动工作台，使立铣刀刀尖对准 V 形槽的中心线（图 4-44）；横向移动工作台，使刀尖切出的刀痕和中心线重叠，纵向固紧工作台（锁紧手柄 11），横向退刀；上升工作台 9mm，切去。

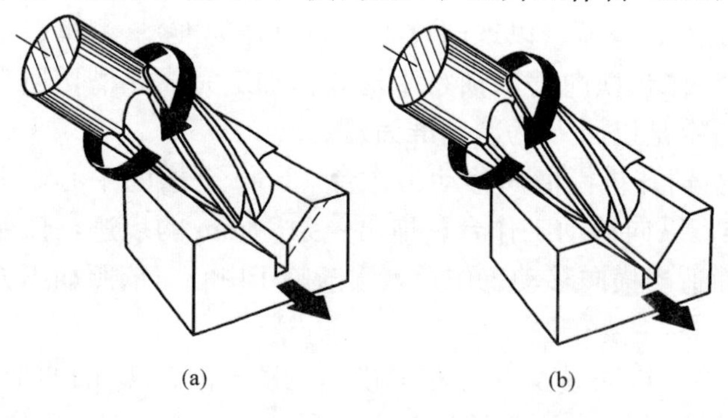


图 4-44　V 形槽中心对刀方法

然后用游标万能角度尺测量 V 形槽半角，以确定立铣头扳转的角度是否准确（图 4-31）；如果不准，则重新调整立铣头转角，直至符合要求。角度调整完毕后，接下来还要用标准的圆柱棒测量中心（对称度）（图 4-30）。

如果不对称，纵向移动工作台进行调整（误差数除以 2），上升工作台一定的高度（视误差大小而定），横向走刀，直到调整到准确为准。由于图样上 V 形槽的宽度有要求（30mm±0.3mm），工作台上升的高度一定要控制好，因为立铣刀的切削刃都有圆角半径（每把铣刀的切削刃圆角半径不同），且每人刀尖切出的刀痕深度不一样。所以，不能以碰到零件后进刀到 15mm 尺寸，而要以测量槽宽的实际尺寸，精铣时可采用顺铣的方法进行，可适当提高铣削速度，进刀量可取 0.2mm，以保证表面粗糙度。

最后在卧铣上用锯片铣刀加工窄槽，这样，整个 V 形零件的加工就完成了。

6. 按检测手段（三个步骤）进行测量并记录。

## 操作要点

1. 在铣削过程中，不能中途停止工作台的进给运动，以防铣刀停在工件上空转。当铣刀空转时，轴向铣削力减小，会使已加工面出现凸台，这在精铣时是绝对不允许的。如必须停止进给运动时，应先将工作台下降，使工件与铣刀脱离，才可停车。

2. 在进给运动结束后，工件不能立即在旋转的铣刀下面退回，否则会切伤已加工面。正确的方法是，在进给运动结束后，应该首先使铣刀停止旋转，把工件卸下或把工作台下降后，再退回工作台。

V 形块的评分标准可参考表 4-4。

**表 4-4　　V 形块评分表**

| 姓名 | | 学号 | | 实训日期 | 自评分 | 老师评分 | |
|---|---|---|---|---|---|---|---|
| 序号 | 考核要求 | 配分 | 检测结果 | 评分标准 | 量具 | 扣分 | 得分 |
| 1 | $52_{-0.1}^{0}$ | 8 | | 超差 0.05 扣 2 分，超差 0.1 扣 4 分，以外不得分 | 游标卡尺或千分尺 | | |
| 2 | 37±0.2 | 5 | | 超差 0.1 扣 2 分，超差 0.2 扣 4 分，以外不得分 | 游标卡尺 | | |
| 3 | 56±0.2 | 5 | | 超差 0.1 扣 2 分，超差 0.2 扣 4 分，以外不得分 | 游标卡尺 | | |
| 4 | 42±0.2 | 5 | | 超差 0.1 扣 2 分，超差 0.2 扣 4 分，以外不得分 | 游标卡尺或千分尺 | | |
| 5 | 90°±10′ | 5 | | 超差 10′扣 3 分，以外不得分 | 游标万能角度尺、百分表、检测棒 | | |
| 6 | 28±0.2 | 5 | | 超差 0.1 扣 2 分，超差 0.2 扣 4 分，以外不得分 | 游标卡尺、高度游标卡尺、检测棒 | | |
| 7 | 8±0.1×1 深 | 2 | | 超差 0.1 扣 1 分，以外不得分 | 游标卡尺 | | |
| 8 | $12^{+0.1}_{0}$槽 | 4 | | 超差 0.1 扣 2 分，以外不得分 | 游标卡尺 | | |
| 9 | ⌯ 0.15 A | 6 | | 超差 0.1 扣 2 分，超差 0.2 扣 5 分，以外不得分 | 百分表、检测棒 | | |
| 10 | ⊥ 0.05 A B | 5 | | 超差 0.1 扣 2 分，以外不得分 | 角度尺或百分表 | | |
| 11 | // 0.05 C | 5 | | 超差 0.03 扣 2 分，以外不得分 | 百分表 | | |
| 12 | *Ra* 6.3（10 处） | 10 | | 超差 1 处扣 1 分，超差 5 处不得分 | 粗糙度对照样板 | | |
| 13 | 文明生产（工具摆放、设备保养） | 5 | | 工量具摆放差扣 2 分，设备、工具车保养及环境卫生差扣 3 分 | | | |
| 14 | 安全生产 | 5 | | 违反操作规程扣 5 分 | | | |
| 15 | 实训报告 | 25 | | 按工艺分析水平及态度评分 | | | |

## 复习思考题

1. 铣削轴上键槽的常用装夹方法有哪几种？比较理想的装夹方法是哪一种？为什么？

2. 铣轴上键槽时，如何进行对刀？对刀的目的是什么？

3. 在铣床上可加工哪些槽类零件？各选用何种铣刀？加工时其主运动和进给运动是什么？

# 项目七 分 度 方 法

## 基本知识

### 一、万能分度

机械分度头（简称分度头）是铣床的重要精密附件之一，在其他机床（如磨床、钻床、刨床和插床等）上也得到广泛的应用。分度头可以把夹持在顶尖间或卡盘上的工件转动任意角度；可以对工件进行圆周分度，使许多机械零件（如花键轴、牙嵌离合器、直齿圆柱齿轮等）上需要等分的齿槽，能在铣床上铣削。

机械分度头按是否具有差动挂轮装置分为万能型（FW 型）和半万能型（FB 型）两种。铣床上使用的主要是万能型分度头。

*（一）万能分度头的规格和功用*

1. 规格。按夹持工件最大直径，FW 型万能分度头常用规格有 160mm、200mm、250mm、320mm 等，其中 FW250 型万能分度头是铣床上应用最为普遍的一种。

2. 功用。万能分度头的主要功用是：

（1）能够将工件作任意的圆周等分或直线移距分度。

（2）可把工件的轴线置放成水平、垂直或任意角度的倾斜位置。

（3）通过交换齿轮，可使分度头主轴随铣床工作台的纵向进给运动作连续旋转，实现工件的复合进给运动。

*（二）万能分度头的结构和传动系统*

1. 万能分度头的结构。万能分度头的外形和组成如图 4-45 所示。

（1）基座。基座是分度头的本体，分度头的大部分零件均装在基座上。基座底面槽内装有两块定位键，可与铣床工作台台面上的中央 T 形槽相配合，实现精确定位。

（2）分度盘。分度盘又称孔盘，套装在分度手柄轴上，盘上（正、反面）有若干圈在圆周上均布的定位孔，作为各种分度计算和实施分度的依据。分度盘配合分度手柄完成不是整转数的分度工作。不同型号的分度头都配有 1 块或 2 块分度盘，FW250 型万能分度头有 2 块分度盘。分度盘上孔圈的孔数见表 4-5。

分度盘的左侧有一紧固螺钉，在一般工作情况下用来固定分度盘，松开紧固螺钉，可使分度手柄随分度盘一起作微量的转动调整，或完成差动分度、螺旋面加工等。

**表 4-5　　分度盘上孔圈的孔数**

| 分度头形式 | 分度盘上孔圈的孔数 | |
|---|---|---|
| 带 1 块分度盘 | 正面：24，25，28，30，34，37，38，39，41，42，43<br>反面：46，47，49，51，53，54，57，58，59，62，66 | |
| 带 2 块分度盘 | 第 1 块 | 正面：24，25，28，30，34，37<br>反面：38，39，41，42，43 |
| | 第 2 块 | 正面：46，47，49，51，53，54<br>反面：57，58，59，62，66 |

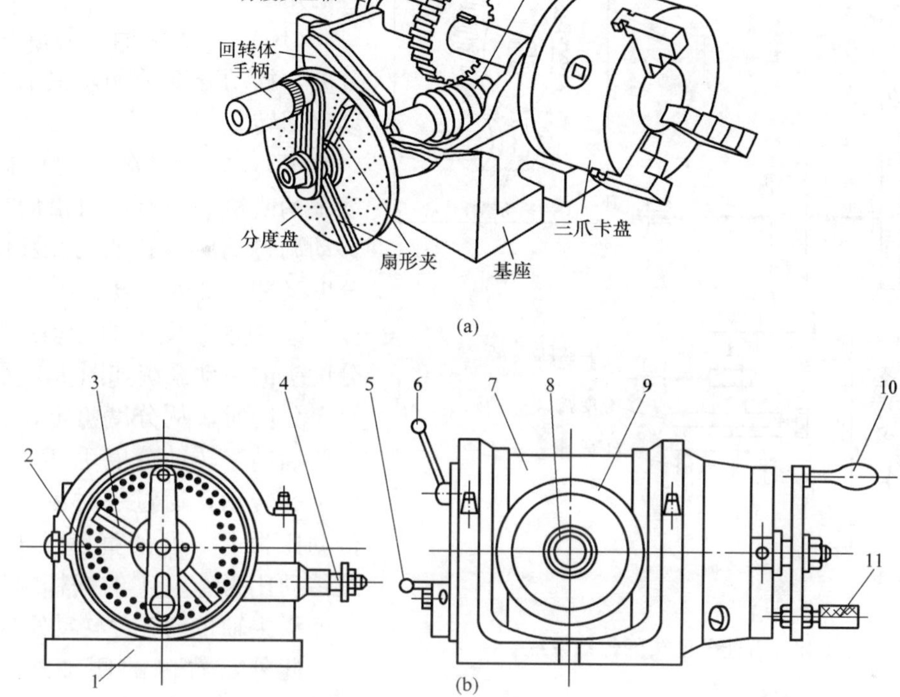


图 4-45 万能分度头的外观和组成

(a) 外观图；(b) 组成图

1—基座；2—分度盘；3—分度叉（又称扇形夹）；4—侧轴；5—蜗杆脱落手柄；6—主轴锁紧手柄；7—回转体；8—主轴；9—刻度盘；10—分度手柄；11—定位插销

(3) 分度叉。分度叉又称扇形夹，由两个叉脚组成，其开合角度的大小，按分度手柄所需转过的孔距数予以调整并固定。分度叉的功用是防止分度差错和方便分度。

(4) 侧轴。侧轴用于与分度头主轴间安装交换齿轮进行差动分度，或用于与铣床工作台纵向丝杠间安装交换齿轮进行直线移距分度或铣削螺旋面等。

(5) 蜗杆脱落手柄。蜗杆脱落手柄用以脱开蜗杆与蜗轮的啮合，按刻度盘 9 直接进行分度。

(6) 主轴锁紧手柄。主轴锁紧手柄通常用于在分度后锁紧主轴，使铣削力不致直接作用在分度头的蜗杆、蜗轮上，减小铣削时的振动，保持分度头的分度精度。

(7) 回转体。回转体是安装分度头主轴等的壳体形零件，主轴随回转体可沿基座 1 的环形导轨转动，使主轴轴线在以水平为基准的$-6°\sim+90°$范围内作不同仰角的调整。调整时，应先松开基座上靠近主轴后端的两个螺母，调整后再予以固紧。

(8) 主轴。分度头主轴是一空心轴，FW250 型分度头主轴前后两端均为莫氏 4 号锥孔，前锥孔用来安装顶尖或锥度心轴，后锥孔用来安装挂轮轴，用以安装交换齿轮。主轴前端的外部有一段定位锥体（短圆锥），用来安装三爪自定心卡盘的法兰盘。

(9) 刻度盘。刻度盘固定在主轴的前端，与主轴一起转动。其圆周上有 $0°\sim360°$的等分

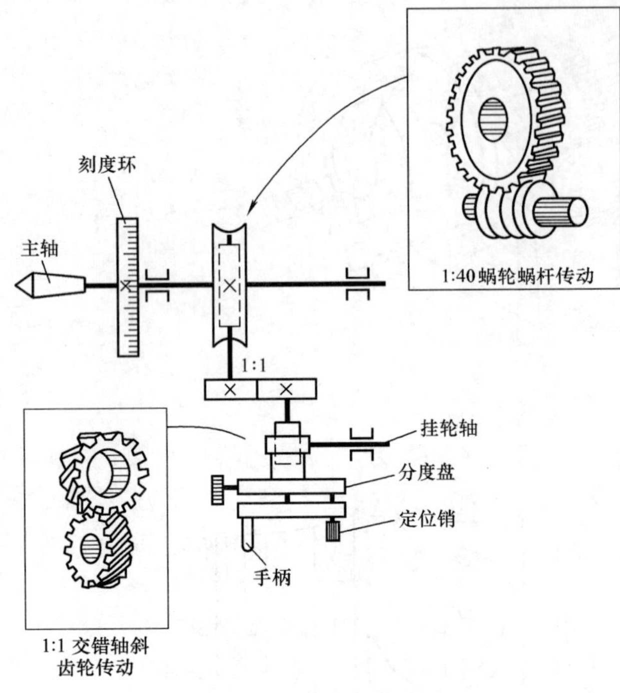

图 4-46 万能分度头的传动系统

刻线，在直接分度时用来确定主轴转过的角度。

(10) 分度手柄。分度手柄用来分度，摇动分度手柄，主轴按一定传动比回转。

(11) 定位插销。定位插销在分度手柄曲柄的一端，可沿曲柄作径向移动调整到所选孔数的孔圈圆周，与分度叉配合准确分度。

2. 万能分度头的传动系统。万能分度头的传动系统如图 4-46 所示。

分度时，从分度盘定位孔中拔出定位插销，转动分度手柄，手柄轴随着一起转动，通过一对齿数相同（即传动比为 1∶1）的直齿圆柱齿轮，以及传动比为 40∶1 的蜗杆蜗轮副，使分度头主轴带动工件转动实现分度。

此外，右侧的侧轴通过一对传动比为 1∶1 的交错轴传动的斜齿圆柱齿轮与空套在手柄轴上的分度盘相连，当侧轴转动时，带动分度盘转动，用以进行差动分度或铣削螺旋面。

（三）万能分度头的附件及其功用

1. 尾座。如图 4-47 所示，尾座配合分度头使用，装夹带中心孔的工件。

2. 顶尖、拨叉、鸡心夹。如图 4-48 所示，用来装夹带中心孔的轴类工件。

3. 挂轮轴、挂轮架。如图 4-49 所示，用来安装挂轮。

4. 交换齿轮。交换齿轮又称挂轮，FW256 型万能分度头配有交换齿轮 13 个，其齿数是 5 的整倍数，分别为：25（2 个），30，35，40，45，50，55，60，70，80，90，100。

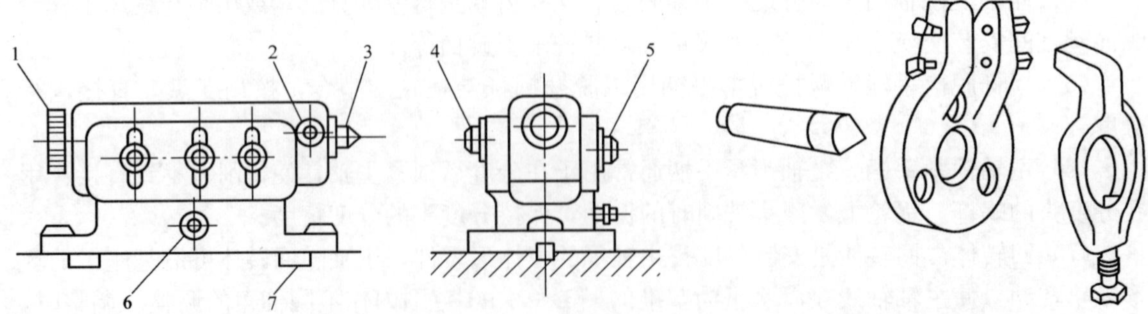

图 4-47 尾座

1—手轮；2、4、5—紧固螺钉；3—顶尖；6—调整螺钉；7—定位键

图 4-48 顶尖、拨叉、鸡心夹

（四）万能分度头的正确使用和维护

万能分度头是铣床上的重要精密附件，正确的使用及日常的维护对延长其使用寿命和保

持其精度十分重要，为此，在使用和维护时应注意以下要点：

1. 分度头蜗杆和蜗轮的啮合间隙应保持在 0.02～0.04mm 范围内，不允许随意调整。

2. 在装卸、搬运分度头时，要保护好主轴和两端锥孔以及基座底面，以免损坏。

3. 在分度头上夹持工件时，最好先锁紧分度头主轴，紧固工件时，切忌使用接长套管套在扳手上施力。

4. 分度前先松开主轴锁紧手柄，分度后紧固分度头主轴。铣削螺旋面时主轴锁紧手柄应松开。

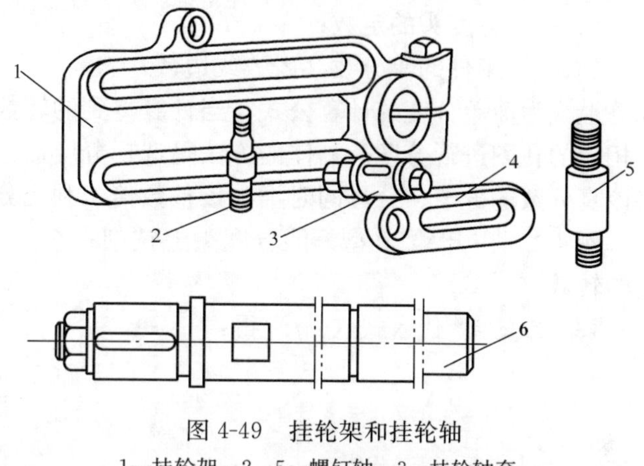


图 4-49 挂轮架和挂轮轴

1—挂轮架；2、5—螺钉轴；3—挂轮轴套；4—支撑板；6—锥度挂轮轴

5. 分度时，应顺时针转动分度手柄，如手柄摇错孔位，应将分度手柄逆时针转动半转后再顺时针转动到规定孔位。分度定位插销应缓慢插入分度盘的分度孔内，切勿突然将定位插销插入孔内，以免损坏定位插销和定位孔眼。

6. 调整分度头主轴的仰角时，不应将基座上部靠近主轴前端的两个内六角螺钉松开，否则会使主轴的“零位”位置变动。

7. 要经常保持分度头的清洁，使用前应清除其表面的脏物，并将主轴锥孔和基座底面擦拭干净。

8. 分度头各部分应按说明书规定定期加油润滑，分度头存放时应涂防锈油。

## 二、简单分度法

简单分度法又称单式分度法，是最常用的分度方法。在铣床上对工件简单分度可在万能分度头或回转工作台上进行。

### （一）用万能分度头简单分度

在万能分度头上用简单分度法分度时，应先将分度盘固定，转动分度手柄，使蜗杆带动蜗轮旋转，从而带动主轴和工件转过一定的转（度）数。

1. 分度原理。由图 4-46 所示的万能分度头传动系统可知，分度手柄转过 40r，分度头主轴转过 1r，即传动比为 40：1，“40”叫做分度头的定数。各种常用的分度头（FK 型数控分度头除外）都采用这个定数。定数也就是分度头内蜗杆蜗轮副的传动比。

例如，要分度头主轴转过 1/2r（即把圆周 2 等分），分度手柄需要转过 20r。如果分度头主轴要转过 1/5r（即把圆周 5 等分），分度手柄需要转过 8r。由此可知，分度手柄的转数与工件等分数的关系如式（4-7）：

$$40:1=n:\frac{1}{z}$$

即

$$n=\frac{40}{z} \tag{4-7}$$

式中 $n$——分度手柄转数（r）；

40——分度头的定数；

$z$——工件的等分数（齿数或边数）。

上式为简单分度的计算公式。当计算得到的转数 $n$ 不是整数而是分数时，可利用分度盘上相应的孔圈进行分度。具体的方法是选择分度盘上某孔圈，其孔数为分母的整倍数，然后将该真分数的分子、分母同时增大该整数倍，利用分度叉实现非整转数部分的分度。

**例 4-1**　在 FW250 型万能分度头上铣削一个正八边形的工件，试求每铣一边后分度手柄的转数。

**解**：以 $z=8$ 代入式（4-7）得：

$$n=\frac{40}{z}=\frac{40}{8}\text{r}=5\text{r}$$

答：每铣完一边后，分度手柄应转过 5r。

**例 4-2**　在 FW250 型万能分度头上铣削一六角头螺栓的六侧面，求每铣一面时，分度手柄应转过多少转?

**解**：以 $z=6$ 代入式（4-7）得：

$$n=\frac{40}{z}=\frac{40}{6}\text{r}=6\ \frac{2}{3}\text{r}=\left(6+\frac{44}{66}\right)\text{r}$$

答：分度手柄应转 6r，又在分度盘孔数为 66 的孔圈上转过 44 个孔距数，这时工件转过 1/6r。

**例 4-3**　铣削一个齿数为 48 的齿轮，分度手柄应转过多少转后再铣第二个齿?

**解**：以 $z=48$ 代入式（4-7）得：

$$n=\frac{40}{z}=\frac{40}{48}\text{r}=\frac{5}{6}\text{r}=\frac{55}{66}\text{r}$$

答：分度手柄应转 $\frac{55}{66}$r，这时工件转过 1/48r。

2. 分度盘和分度叉的使用。由例 4-2 和例 4-3 可以看出，当按式（4-7）计算得到的分度手柄转数为分数（带分数或真分数）时，其非整转数部分的分度需要用分度盘和分度叉进行。使用分度盘与分度叉时应注意以下两点：

（1）选择孔圈时，在满足孔数是分母整倍数的条件下，一般应选择孔数较多的孔圈。例如，例 4-2 中，$n=6\ \frac{2}{3}=6\ \frac{16}{24}=6\ \frac{20}{30}=6\ \frac{26}{39}=\cdots=6\ \frac{44}{66}$，可选择的孔圈孔数分别是 24，30，39，…，66 共 8 个，一般选择孔数为 42 或 66 的孔圈（分别在第 1 块和第 2 块分度盘的反面）。因为一方面在分度盘的第一面上孔数多的孔圈离轴心较远，操作方便；另一方面分度误差较小（准确度高）。

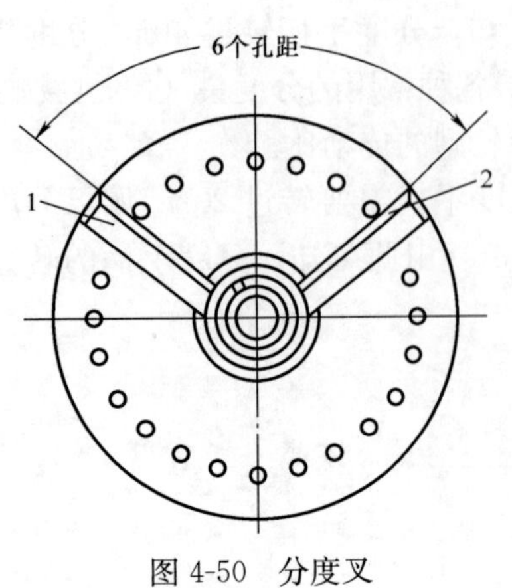

图 4-50　分度叉

（2）分度叉两叉脚间的夹角可调，调整的方法是使两叉脚间的孔数比需要的孔数应多 1 个。如图 4-50 所示，两叉脚间有 7 个孔，但只包含了 6 个孔距。

在例 4-2 中，$n=6\ \frac{2}{3}=6\ \frac{28}{42}$，如选择孔数为 42 位的

孔圈，分度叉两叉脚间应有 28+1=29 个分度孔。

每次分度时，将定位插销从叉脚 1 内侧的定位孔中拔出并转动 90°锁住，然后摇动分度手柄所需的整数圈后，将定位插销摇到叉脚 2 内侧的定位孔上方，将定位插销转动 90°后轻轻插入该定位孔内，然后转动分度叉使叉脚 1 靠紧定位插销（此时叉脚 2 转动到下一次分度时所需的定位位置）。

（二）用回转工作台简单分度

1. 回转工作台。回转工作台是铣床的主要附件之一。按对其施力方式不同，又分成手动进给和机动进给两种。手动进给回转工作台（图 4-51）只能手动进给；机动进给回转工作台（图 4-52）既可机动进给，又可手动进给。

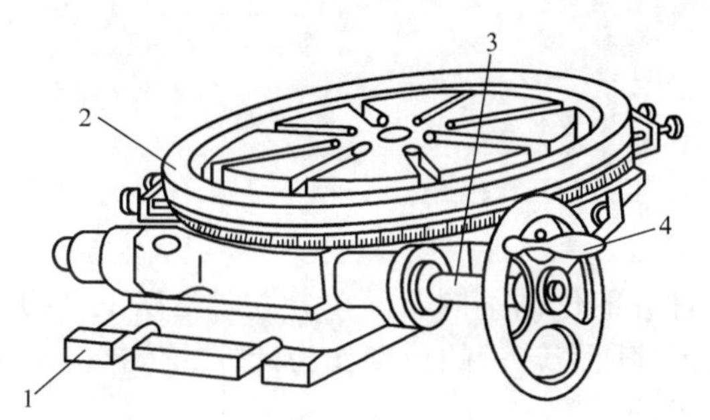


图 4-51 手动进给回转工作台

1—底座；2—圆工作台；3—蜗杆轴；4—手柄

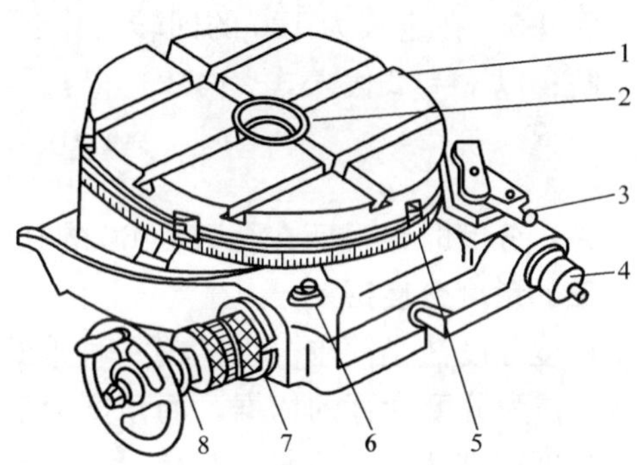


图 4-52 机动进给回转工作台

1—圆工作台；2—锥孔；3—离合器手柄；4—传动轴；5—挡铁；6—螺母；7—偏心环；8—手轮

回转工作台的规格以圆工作台的外径表示，有 160mm、200mm、250mm、320mm、400mm、500mm、630mm、800mm、1000mm 等规格，常用规格有 250mm、320mm、400mm、500mm 等。回转工作台的传动比，常用的有 60∶1、90∶1 和 120∶1 三种，即回转工作台的手轮转 1r，圆工作台相应地转过 1/60r（即 6°）、1/90r（即 4°）和 1/120r（即 3°），也就是回转工作台的定数有 60、90 和 120 三种。

回转工作台主要用于在圆工作台台面上装夹中、小型工件，进行圆周分度和作圆周进给铣削回转曲面，如铣削多边形工件、有分度要求的槽或孔、工件上的圆弧形周边、圆弧形槽等。

回转工作台可配带分度盘，对工件进行简单分度（或角度分度）。

2. 分度计算。根据回转工作台三种不同的定数和手柄与圆工作台转数间的关系，与用万能分度头进行简单分度的原理相同，可导出回转工作台简单分度法的计算公式：

$$n=\frac{60}{z} \tag{4-8}$$

$$n=\frac{90}{z} \tag{4-9}$$

$$n=\frac{120}{z} \tag{4-10}$$

式中 $n$——分度时回转工作台手柄转数（r）；

$z$——工件的圆周等分数；

60、90、120——回转工作台的定数。

**例 4-4** 已知工件的圆周等分数为 14，求作在定数为 90 的回转工作台上的简单分度计算。

**解**：把 $z=14$ 代入式（4-9）得：

$$n=\frac{90}{z}=\frac{90}{14}\text{r}=6\,\frac{3}{7}\text{r}=6\,\frac{18}{42}\text{r}$$

答：分度时，手柄在孔数为 42 的孔圈上转 6r 再加 8 个孔距。

**例 4-5** 在定数为 120 的回转工作台上，工件的等分数 $z=22$，求作简单分度计算。

**解**：以 $z=22$ 代入式（4-10）得：

$$n=\frac{120}{z}=\frac{120}{22}\text{r}=5\,\frac{5}{11}\text{r}=5\,\frac{30}{66}\text{r}$$

答：分度时，手柄在孔数为 66 的孔圈上转 5r 再加 30 个孔距。

**三、角度分度法**

角度分度法是简单分度的另一种形式，只是计算的依据不同，简单分度时是以工件的等分数 z 作为分度计算的依据，而角度分度法是以工件所需转过的角度作为计算的依据。而两者的分度原理相同，只是在具体计算方法上有些不同。

由分度头结构可知，分度手柄转过 40r，分度头主轴带动工件转过 1r，即 360°，所以分度手柄每转过 1r，工件则转过 9°或 540′。因此，可得出角度分度法的计算公式。

工件转动角度 $\theta$ 的单位为（°）时：

$$n=\frac{\theta}{9} \tag{4-11}$$

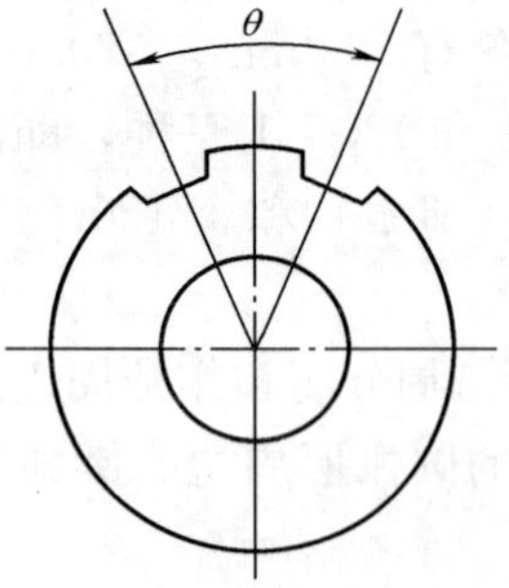

工件转动角度 $\theta$ 的单位为（′）时：

$$n=\frac{\theta}{540} \tag{4-12}$$

式中 $n$——分度手柄的转数（r）；

$\theta$——工件所需转的角度（°）或（′）。

图 4-53 带两槽的工件

**例 4-6** 在 FW250 型万能分度头上装夹工件，铣削夹角为 116°的两条槽，求分度手柄的转数。

**解** 把 $\theta=116°$ 代入式（4-11）得：

$$n=\frac{\theta}{9}=\frac{116}{9}\text{r}=12\,\frac{8}{9}\text{r}=12\,\frac{48}{54}\text{r}$$

答：分度手柄在孔数为 54 的孔圈上转 12r 再加 48 个孔距。

**例 4-7** 在图 4-53 所示圆柱形工件上铣两条直槽，其所夹圆心角 $\theta=38°10'$，求分度手柄应转的转数。

**解**：$\theta=38°10'=2290'$，代入式（4-12）得：

$$n=\frac{\theta}{540}=\frac{2290}{540}\text{r}=4\,\frac{13}{54}\text{r}$$

答：分度手柄在孔数为 54 的孔圈上转 4r 再加 13 个孔距。

## 复习思考题

1. 万能分度头的主要功用有哪些？万能型分度头与半万能型分度头的差异在哪里？利用万能分度头可以加工哪些零件？

2. 如何正确使用和维护万能分度头？

3. 什么叫万能分度头的定数？常用分度头的定数是多少？

4. 在铣床上用万能分度头有哪几种分度方法？各用在什么分度场合？

5. 在FW250型万能分度头上，试作下列角度分度计算：

(1) $\theta=20°$ (2) $\theta=67°$ (3) $\theta=42°50'$ (4) $\theta=85°20'$

6. 已知工件的圆周等分数为35，求作在定数为90的回转工作台上的简单分度计算。

7. 试计算 $z=32$ 的直齿圆柱齿轮每次分度时选择分度盘的孔圈孔数及转过的孔距数。

8. $z=67$ 的直齿圆柱齿轮如何进行分度？[提示：采用差动分度法，分度头主轴与侧轴之间挂轮齿数 $z_1$、$z_2$、$z_3$、$z_4$ 可用公式 $\frac{z_1 z_3}{z_2 z_4}=\frac{40\ (z_0-z)}{z_0}$ 计算，式中 $z_0$ 为假想的能用简单分度法进行分度的齿数]

# 项目八　铣等分零件

## 基本知识

在铣削加工中，经常需要铣削四方、六方、齿槽、花键键槽等等分零件。在加工中，可利用万能分度头对工件进行分度，即铣过工件的一个面或一个槽之后，将工件转过所需的角度，再铣第二个面或第二个槽，直至铣完所有的面或槽。

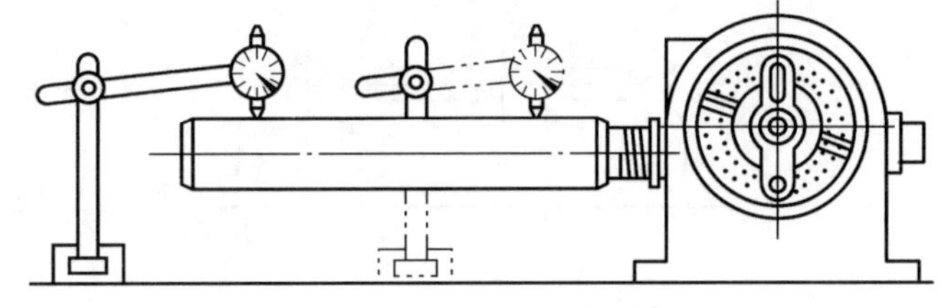

图4-54　主轴与台面平行度的找正

### 一、分度头的安装与调整

1. 分度头主轴轴线与铣床工作台台面平行度的找正。如图4-54所示，将$\phi$ 40、长400mm的找正棒插入分度头主轴孔内，以工作台台面为基准，用百分表测量找正棒两端，当两端百分表数值一致时，则分度头主轴轴线与工作台台面平行。

2. 分度头主轴与刀杆轴线垂直度的找正。如图4-55所示，将找正棒插入主轴孔内，使

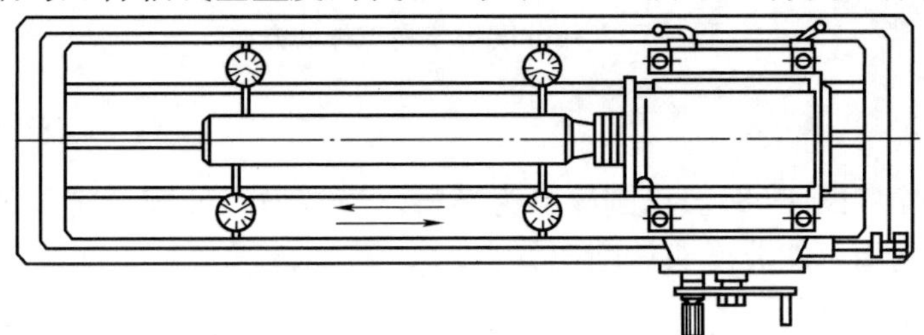

图4-55　主轴与刀杆轴线垂直度的找正

百分表的触头与找正棒的内侧面（或外侧面）接触，然后纵向移动工作台，当百分表指针稳定不动时，则表明分度头主轴与刀杆轴线垂直。

3. 分度头与后顶尖同轴度的找正。先找正好分度头，然后将找正棒装夹在分度头与后顶尖之间以找正后顶尖与分度头主轴等高，最后找正其同轴度，即两顶尖间的轴线平行于工作台台面且垂直于铣刀刀杆，如图 4-56 所示。

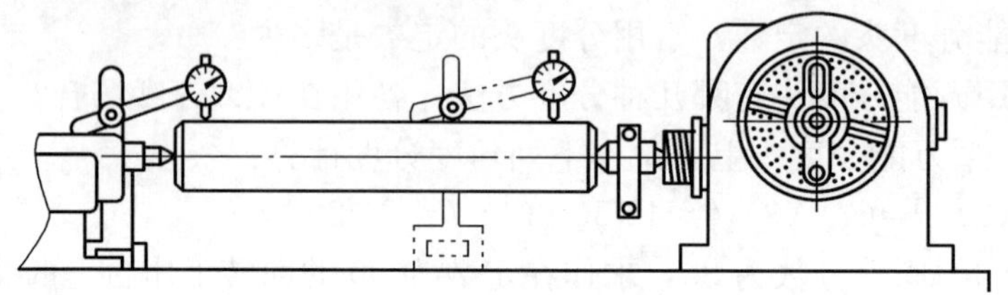

图 4-56 分度头与后顶尖同轴度的找正

**二、工作的装夹**

利用分度头装夹工件的方法，通常有以下几种：

1. 用三爪自定心卡盘和后顶尖装夹工件，如图 4-57（a）所示。

2. 用前后顶尖夹紧工件，如图 4-57（b）所示。

3. 工件套装在心轴上用螺母压紧，然后同心轴一起被顶持在分度头和后顶尖之间，如图 4-57（c）所示。

4. 工件套装在心轴上，心轴装夹在分度头的主轴锥孔内，并可按需要使主轴倾斜一定的角度，如图 4-57（d）所示。

5. 工件直接用三爪自定心卡盘夹紧，并可按需要使主轴倾斜一定的角度，如图 4-57（e）所示。

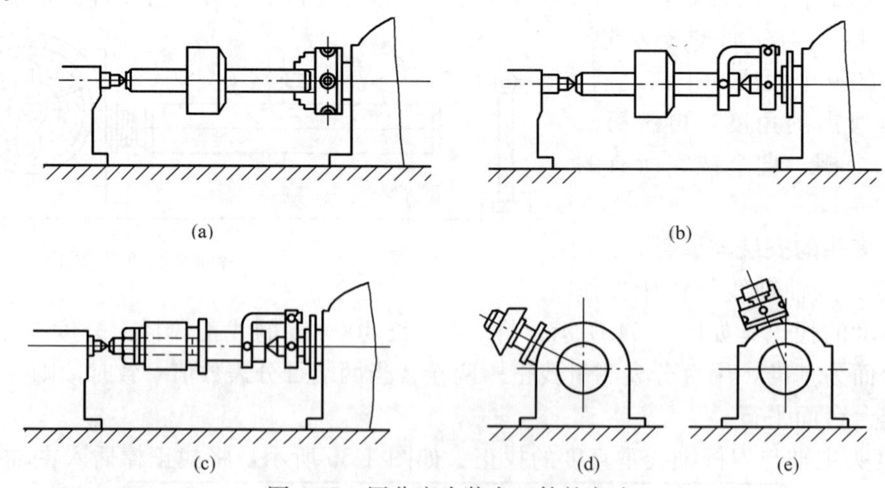


图 4-57 用分度头装夹工件的方法

## 实训操作

铣削四方头螺栓（图 4-58）。以圆棒料为坯料，当端面、外圆及螺纹均车削完成后，在卧式升降台铣床上利用万能分度头铣削四方头。

铣削方法有以下几种：

1. 分度头主轴处于水平位置，用三爪自定心卡盘装夹工件。当三面刃铣刀铣出一个平面后，用分度头分度，将工件转过 90°铣另一平面，直至铣出四方为止。

2. 分度头主轴处于垂直位置，用三爪自定心卡盘装夹工件。当三面刃铣刀铣出一个平面后，用分度头分度，将工件转过 90°就另一平面，直至铣出四方为止。

3. 分度头主轴处于垂直位置，用三爪自定心卡盘装夹工件，采用组合铣刀铣四方。这种方法是用两把相同的三面刃铣刀同时铣出两个平面，如图 4-59 所示，然后用分度头分度，将工件转过 90°再铣出另外两个平面。

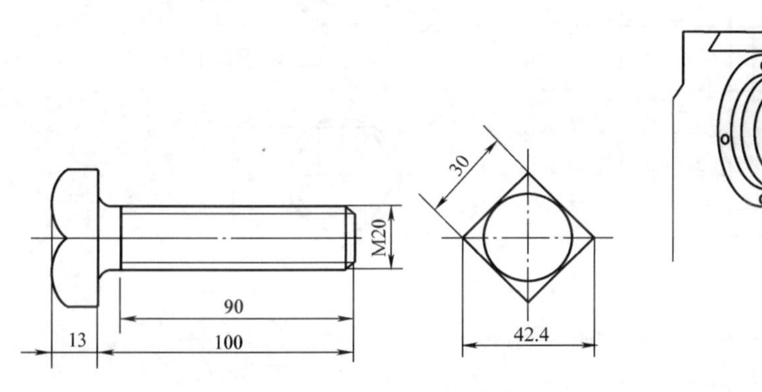


图 4-58 铣四方工件（螺栓）图（材料：45 钢）

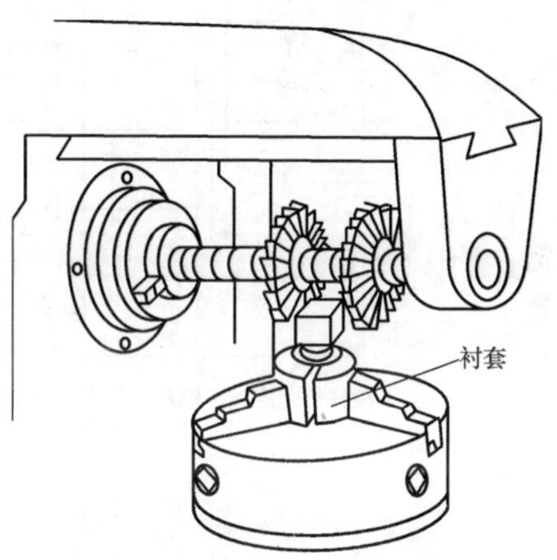


图 4-59 用组合铣刀铣四方

通过比较上述几种方法可知，采用组合铣刀铣削四方，铣削过程平稳，工件易于夹固，铣削效率高。

## 操作要点

采用组合铣刀铣四方时，应注意以下操作要点：

1. 将分度头主轴转至 90°，应与工作台台面垂直并需紧固。为防止卡盘把工件上的螺纹夹坏，需在螺纹部分套上开槽的衬套。

2. 采用简单分度法分度时，手柄的转数 $n=40/z=40/4\text{r}=10\text{r}$，即每次分度时分度手柄要转过 10r。采用直接分度法时，利用分度头上的刻线环将主轴扳转 90°即可。

3. 对刀方法（图 4-60）。先使组合铣刀的一个端面的切削刃与工件侧表面接触，然后下降工作台，在工作台横向移动一个距离 $A$ 后，再铣削。横向移动工作台的距离 $A$ 可按式（4-13）计算：

$$A=\frac{D}{2}+\frac{s}{2}+B \tag{4-13}$$

式中 $A$——横向工作台移动的距离（mm）；

$D$——工作外径（mm）；

$s$——工件四方的对边尺寸（mm）；

$B$——铣刀宽度（mm）。

4. 刀杆上装两把直径相同的三面刃铣刀，中间用轴套隔开的距离 $s$ 为 30mm。

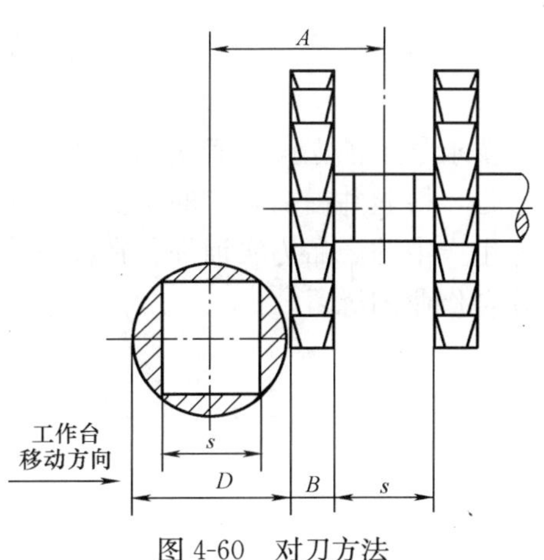


图 4-60 对刀方法

5. 横向工作台的位置确定后，将横向工作台锁紧，然后铣削。

**教师演示**

八角体加工及六角体（图 4-61）铣、钳工加工。

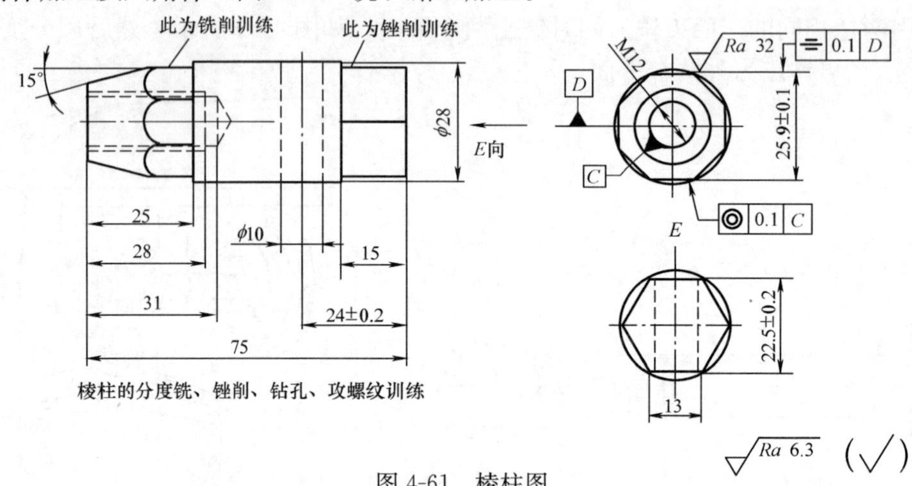


图 4-61 棱柱图

1. 常用附件圆盘工作台、分度头的结构及其使用方法。
2. 在铣床上试分度（图 4-62）。

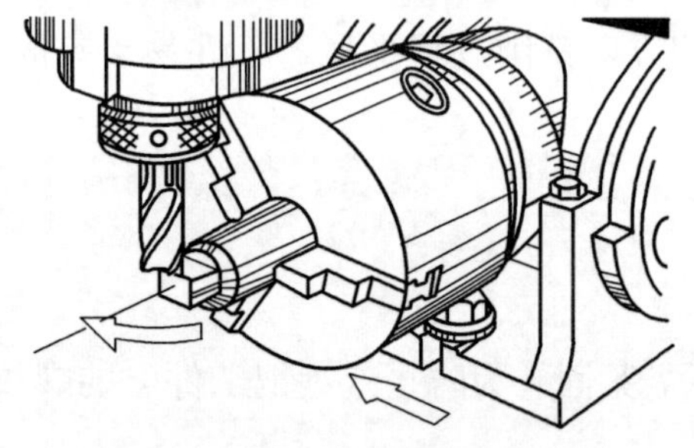

图 4-62 四方、六角、八角的铣削方法

3. 铣八角，进行测量并记录。
4. 分六等分，锉六角。
5. 用对刀棒取基准，使用电子尺，按坐标钻孔。
6. 攻螺纹。

**复习思考题**

1. 在铣床工作台上安装万能分度头时，为什么要用百分表找正？
2. 利用万能分度头装夹工件的方法有哪几种？其定位基准是什么？

# 项目九 综 合 作 业

要求学生独立操作完成综合作业，并根据相应的评分标准进行自检自评，并完成综合实训报告，检验并提高学生的实操水平和检测能力。选择综合作业的实训件应结合实际，尽量选择生产中的产品为实训件，在没有合适产品的情况下，也可用自行设计实训件作为学生进行综合作业的练习。

# 第五章　焊接与切割实训

## 目的和要求

1. 了解焊接生产工艺过程、特点和应用。

2. 了解手弧焊机的种类、结构、性能和使用。了解电焊条的组成与作用，熟悉常用结构钢焊条的种类、牌号及应用。

3. 熟悉焊条电弧焊焊条直径、焊接电流和焊接速度对焊缝质量的影响，正确选择焊接电流、焊条直径，独立完成焊条电弧焊的平焊焊接。

4. 了解常见焊接接头形式及坡口形式，焊缝空间位置。

5. 了解气焊设备的组成及作用，工具的结构，气焊火焰的种类、调节方法和应用，焊丝与焊剂的作用。正确调整气焊火焰，独立完成气焊的平焊焊接。

6. 熟悉切割原理、切割过程和金属气割条件。

7. 熟悉焊件常见缺陷及其产生的主要原因。

8. 了解焊接车间生产安全技术及简单经济分析。

## 安全技术

（一）电焊实训安全技术

1. 防止触电。工作前应检查电焊机是否接地，电缆、焊钳绝缘是否完好，操作时应穿绝缘胶鞋或站在绝缘底板上。

2. 防止弧光伤害和烫伤。电弧发射出大量紫外线和红外线，对人体有害，操作时必须戴手套和面罩，系好套袜等防护用具，特别要防止弧光照射眼睛；刚焊完的工件需用手钳夹持，而敲渣时应注意焊渣飞出的方向，以防伤人。

3. 保证设备安全。不得将焊钳放在工作台上，以免短路烧坏电焊机。发现电焊机或线路发热烫手时，应立即停止工作。操作完毕或检查电焊机及电路系统时，必须拉闸。

（二）氧气瓶使用安全技术

1. 氧气瓶不得撞击和高温烘晒，搬运中要避免碰撞和剧烈振动，不得沾上油脂或其他易燃物品。

2. 直立放置专用架上，并加以固定；个别情况卧放时，把瓶颈稍微垫高，并用木块垫紧。

3. 装减压阀前，慢慢打开阀门，吹干净接口，操作前站在出气口侧面。

4. 装上减压阀后，慢慢开启阀门，不能开启得太快。

5. 离开高温、明火 5m 以上距离，避免阳光直接照射。

6. 严禁气瓶阀、减压器、焊炬、割炬、氧气胶管沾上易燃物质或油脂，以防氧气遇到油脂而燃烧爆炸。

7. 严禁明火加热或用铁器敲击。

8. 氧气不能全部用完，要留 0.1～0.2MPa 氧气。

（三）乙炔瓶使用安全技术

1. 使用时只能直立，不准卧放。

2. 乙炔瓶和氧气瓶要隔开一定距离放置，使用的乙炔瓶应离明火 10m 以外，其附近严禁烟火。

3. 严禁烈日下暴晒或靠近热源；瓶温不得超过 40℃。

4. 乙炔减压阀和瓶阀的连接必须可靠。

5. 瓶阀在使用过程中，必须全部打开或全部关闭。

6. 瓶内气体不得全部用完，保留 0.5MPa，并将阀门关紧。

（四）气焊、气割实训安全技术

气焊、气割操作时，除了有关安全注意事项与电焊相同之外，还应注意以下几点：

1. 每个氧气减压阀、乙炔减压阀上只允许接一把焊炬或一把割炬使用。

2. 操作者应穿规定的工作服、手套、护目镜。

3. 点火应用火柴或专用打火枪。

4. 气焊或气割储存过汽油或其他油类容器时，需将容器上的孔盖全部打开，用碱水将容器内壁清洗干净，并用压缩空气吹干。

5. 焊前应检查焊炬、割炬的射吸能力，看看是否有漏气，焊嘴、割嘴是否有堵塞等。

6. 停止使用时，应先关闭乙炔调节阀，然后再关闭氧气调节阀，以防火焰倒袭和产生烟灰。

7. 气焊、气割过程中，若发生回火，应迅速关闭乙炔调节阀，再关闭氧气调节阀。等回火熄灭后，再打开氧气调节阀，吹除残留在焊炬内的余焰和烟灰。

8. 使用的氧气胶管为黑色，乙炔胶管为红色。氧气胶管与乙炔胶管不能相互换用，不能用其他胶管代替，禁止使用回火烧损的胶管。

9. 工作结束后，将氧气瓶阀、乙炔瓶阀关紧，减压器调节螺钉拧松。

**注：**回火——在气焊、气割过程中，偶然因金属飞溅堵塞喷嘴，使气体火焰在喷嘴内向乙炔瓶方向逆向燃烧。

# 项目一 概 述

焊接是将两个分离的金属工件，在接头处进行局部加热、加压或既加热又加压，使其连接成为一个整体的加工方法。作为不可拆卸的连接方法，在焊接被广泛应用以前，主要是用铆接来连接金属结构件（图 5-1）。焊接与铆接相比，具有节省金属、生产率高、致密性好和便于机械化、自动化操作等优点，故在工业生产中，大量铆接件已被焊接件所取代，焊接

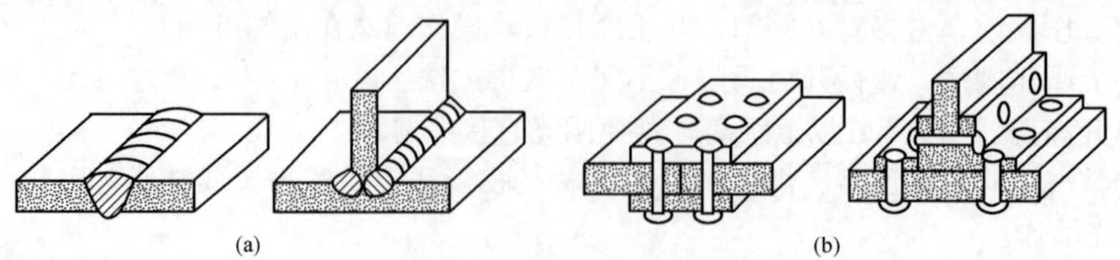


图 5-1 焊接与铆接

（a）焊接结构；（b）铆接结构

已成为制造金属结构和机器零件的一种基本工艺方法。例如，我国生产的万吨水压机、万吨级远洋货轮、高架吊车、汽车车身等都大量使用焊接，有些大型机床（如大型立式车床的机架）也常利用钢件焊接。此外，焊接还可用来修补铸、锻件的缺陷及磨损的机器零件。

焊接时，经受加热、熔化随后冷却凝固的那部分金属，称为焊缝。被焊的工件材料，称为母材(或称基本金属)。两个工件的连接处，称为焊接接头，它包括焊缝及焊缝附近的一段受热影响的区域(图 5-2)。

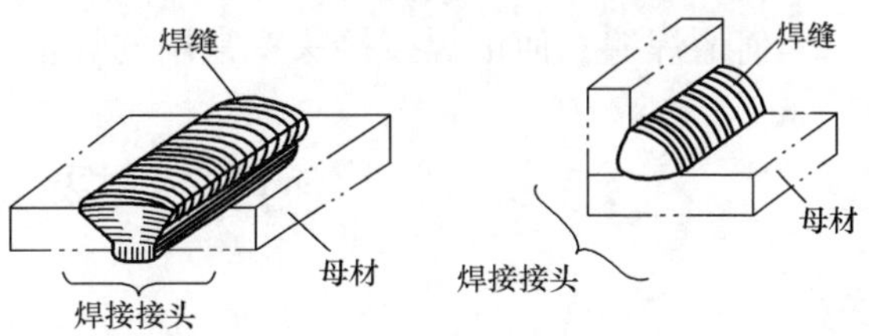


图 5-2　母材、焊缝和焊接接头示意图

焊接不仅可以连接金属材料，而且可以实现某些非金属材料的永久性连接，如玻璃焊接、陶瓷焊接、塑料焊接等。在工业生产中焊接主要用于金属材料的连接。

按照焊接过程中金属所处的状态不同，可以把焊接方法分为熔焊、压焊和钎焊三类。

1. 熔焊。熔焊是在焊接过程中，将焊件接头加热至熔化状态，不加压力完成焊接的方法。常见的有气焊、电弧焊、电渣焊、气体保护电弧焊等。

2. 压焊。压焊是在焊接过程中，必须对焊件施加压力（加热或不加热），以完成焊接的方法。这类焊接有两种形式：一是将被焊金属接触部分加热至塑性状态或局部熔化状态再施压，如锻焊、电阻焊、摩擦焊和气压焊等；二是不进行加热，仅在被焊金属的接触面上施加足够大的压力，如冷压焊、爆炸焊等。

3. 钎焊。钎焊是采用比母材熔点低的金属材料作钎料，将焊件和钎料加热到高于钎料熔点、低于母材熔点的温度，利用液态钎料温润母材，填充接头间隙，并与母材相互扩散实现连接焊件的方法。常见的钎焊方法有烙铁钎焊、火焰钎焊等。

焊接方法的简单分类如下，本教材主要介绍电弧焊和气焊等内容。

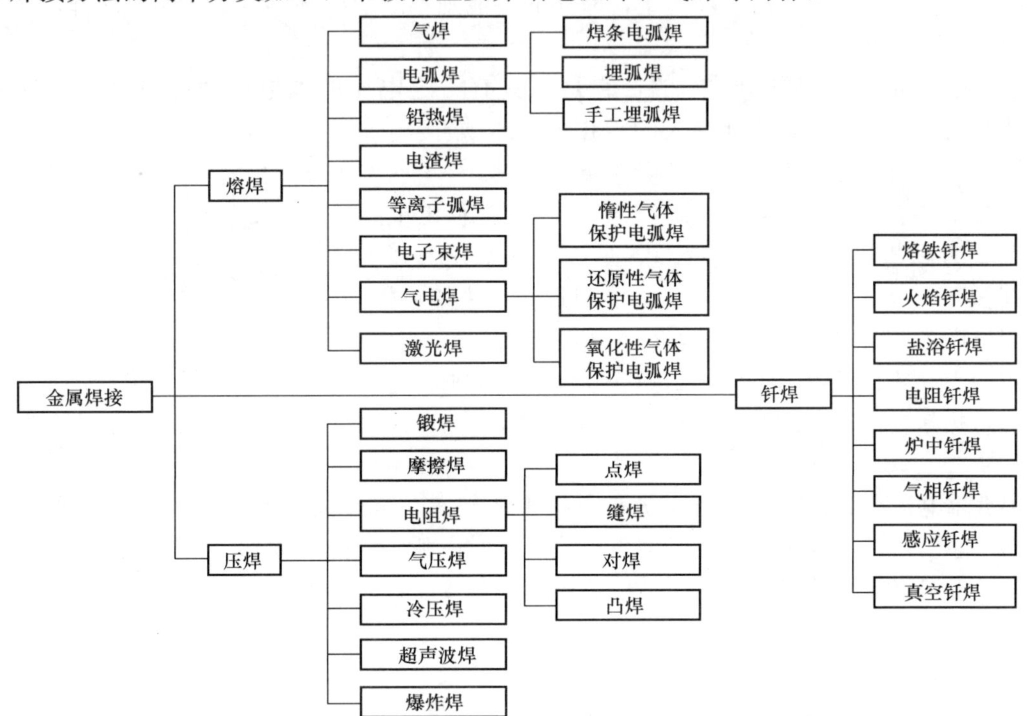

## 复习思考题

1. 什么是焊接？焊接与铆接比较，具有哪些优点？存在什么缺点？
2. 何谓焊缝？何谓焊接接头？常用的焊接方法有哪些？

# 项目二 焊条电弧焊

## 基本知识

焊条电弧焊是利用焊条与焊件之间产生的电弧热量，将焊条和焊件熔化，从而获得牢固接头的一种手工操作的焊接方法。

### 一、焊接过程及焊接电弧

焊条电弧焊的焊接过程如图 5-3 所示。焊接前，先将工件和焊钳通过导线分别接到电焊机的两极上，并用焊钳夹持焊条。焊接时，先将焊条与工件瞬时接触，造成短路，然后迅速提起焊条，并使焊条与工件保持一定距离，这时，在焊条与工件之间便产生了电弧。电弧热将工件接头处和焊条熔化，形成一个熔池，随着焊条沿焊接方向向前移动，新的熔池不断产生，原先的熔池则不断地冷却、凝固，形成焊缝，从而使分离的工件连成整体。

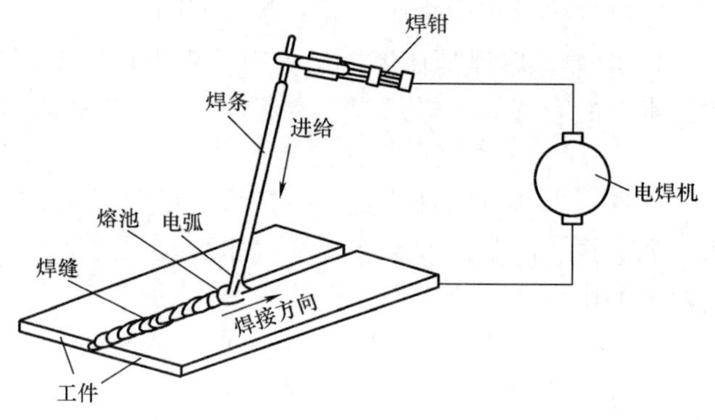


图 5-3 焊条电弧焊示意图

焊接电弧是由焊接电源供给的，它是在具有一定电压的两电极间或电极与焊件间及在气体介质中产生的强烈而持久的放电现象。焊接电弧由阴极区、阳极区和弧柱三部分组成，如图 5-4 所示。电弧紧靠负电极的区域为阴极区，电弧紧靠正电极的区域为阳极区，阴极区和阳极区之间的部分为弧柱，其长度相当于整个电弧长度。用钢焊条焊接钢材时，阴极区的温度为 2400℃，产生的热量约占电弧总热量的 36%，阳极区的温度为 2600℃，产生的热量约占电弧总热量的 43%，弧柱的中心温度最高，可达 6000～8000℃，热量约占总热量的 21%。

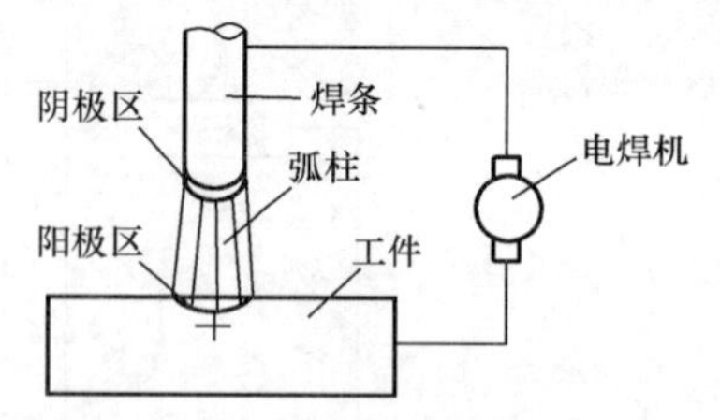


图 5-4 焊接电弧的组成

用直流电进行焊接时，由于正极与负极上的热量不同，所以有正接和反接两种接线方法。当工件接正极，焊条接负极时称正接法，这时电弧中的热量大部分集中在工件上，这种接法多用于焊接较厚的工件；若工件接负极，焊条接正极则称反接法，用于焊接较薄的钢制工件和有色金属件等。

在使用交流电进行焊接时，由于电弧极性瞬时交替变化，因此在焊条与工件上的热量和温度分布是相等的，不存在正接或反接问题。

## 二、焊条电弧焊的设备

焊条电弧焊的主要设备是电焊机，按产生电流的种类不同，电焊机分为交流电焊机和直流电焊机两大类。

### （一）电焊机的基本要求

为了便于引弧，保证电弧的稳定燃烧，电焊机必须满足下列基本要求：

1. 要有较高的空载电压，以便引弧。电压一般控制在50～80V之间，以保证工作安全。

2. 短路电流不能太大。因引弧时总是先有短暂的短路，如短路电流过大，会引起电焊机的过载，甚至损坏。一般短路电流不超过工作电流的1.5倍。

3. 焊接过程电弧要稳定。因在工作过程中，电弧不断受到频繁的短路和弧长变化的干扰，所以要求电焊机在弧长受到干扰时能自动地、迅速地恢复到稳定燃烧状态，使焊接过程稳定。

4. 焊接电流可以调节，以便焊接不同材料和厚度的工件。

### （二）焊机型号

电焊机的型号是根据GB/T 10249—1988《电焊机型号编制方法》制定的。型号的编排次序及含义如下：

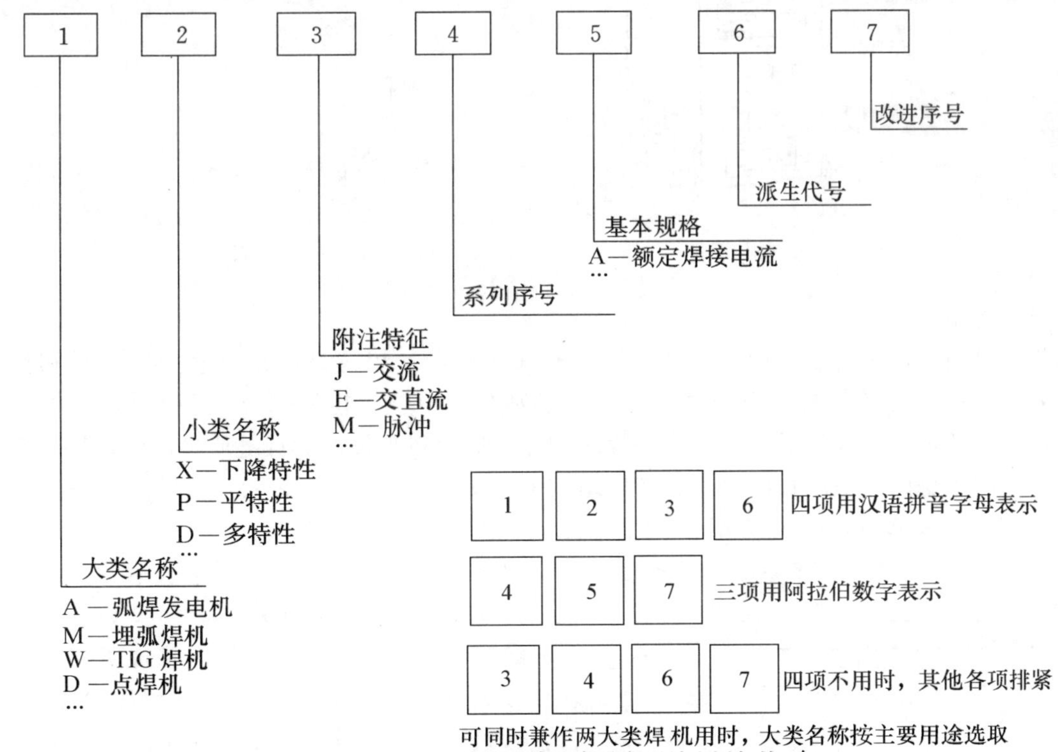


### （三）交流电焊机

交流电焊机（图5-5）供给焊接电弧的电流是交流电，它实际上是符合焊接要求的降压变压器，其输出电压与普通变压器的输出电压不同，它随输出电流（负载）的变化而变化。空载（不焊接）时，电焊机的电压为60～80V，既能满足顺利引弧的需要，对人身也比较安全。引弧以后，电压会自动下降到电弧正常工作所需的20～30V。当引弧开始，焊条与工件接触形成短路时，电焊机的电压会自动降到趋于零，使短路电流不致过大，另外它还可根据焊接的需要，调节电流的大小。调节电流一般分两级：一级是粗调，通过扭动转换开关来实现电流的大范围调节；另一级是细调，通过旋转调节手柄改变电焊机内可动铁芯或可动线圈的位置使电流调到焊接所需的数值。

交流电焊机的优点是结构简单，价格便宜，使用可靠，维修方便，工作噪声小；缺点是焊接时电弧不够稳定。

（四）直流电焊机

直流电焊机供给焊接电弧的电流是直流电。例如，硅整流直流电焊机，它的结构相当于在交流电焊机的基础上加上整流器（由大功率的硅整流元件组成），从而把交流电变成直流电，这样就弥补了交流电焊机电极稳定性不好的缺点。图5-6所示逆变式直流电焊机是一种新型的直流电焊机，目前已在不少工厂中应用。在焊接质量要求高或焊接薄的碳钢件、有色金属、铸铁和特殊钢件时，宜采用直流电焊机。

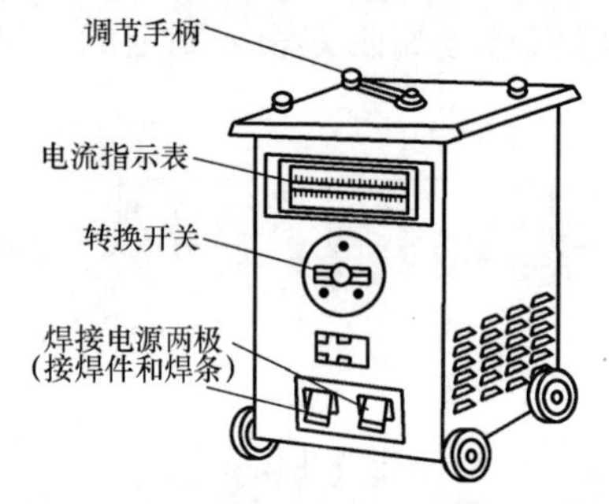


图5-5 交流电焊机

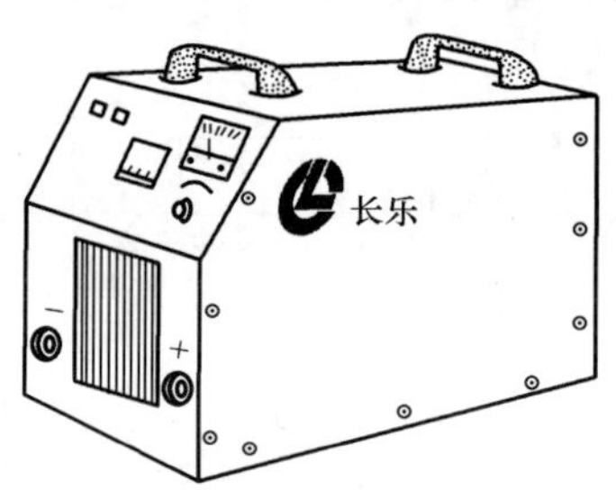


图5-6 逆变式直流电焊机

## 三、焊条

焊条是由焊芯和药皮（或称涂料）组成的（图5-7）。焊芯是一根具有一定直径和长度的金属丝。焊接时焊芯的作用有两个：一是作为电极，产生电弧；二是熔化后作为填充金属，与熔化的母材一起形成焊缝。由于焊芯的化学成分将直接影响焊缝质量，所以焊芯是由炼钢厂专门冶炼的。我国目前常用的碳素结构钢焊条焊芯牌号为H08、H08A，其平均含碳量为0.08%（“A”表示优质品）。

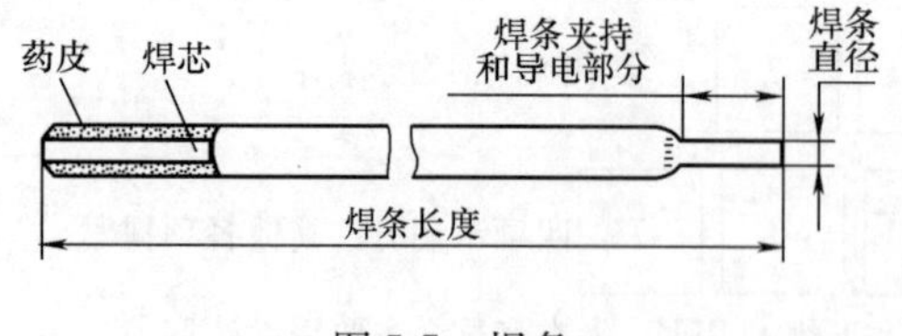


图5-7 焊条

焊条的直径是用焊芯直径来表示的，常用的直径为3.2～6mm，长度为350～450mm。

涂在焊芯外面的药皮，是由各种矿物质（大理石、萤石等）、有机物（纤维素、淀粉等）、铁合金（锰铁、硅铁等）等碾成粉末，用水玻璃黏结而成的。药皮的主要作用有：使电弧容易引燃并稳定燃烧以改善焊接工艺性能；产生大量气体和形成熔渣以保护熔池金属不被氧化，起到机械保护熔池的作用；添加合金元素，以提高焊缝金属的力学性能。

焊条按用途的不同可分为结构钢焊条、耐热钢焊条、不锈钢焊条、铸铁焊条、铜及铜合金焊条、铝及铝合金焊条等。由于焊条药皮类型的不同，适用的电源类型也不同，有些焊条交、直流电源都可以应用，有些焊条则只能用于直流电源不能用于交流电源。

焊条药皮的种类很多，按熔渣化学性质的不同，可将焊条分为酸性焊条和碱性焊条两大类。药皮中含有较多酸性氧化物（如 $SiO_2$，$TiO_2$）的焊条，称为酸性焊条。酸性焊条工艺性好（焊接时电弧稳定，飞溅小，易脱渣等），但氧化性较强，焊缝的力学性能及抗裂性较差，所以只适用于交、直流电源焊接一般结构。药皮中含有较多碱性氧化物（如 CaO）的焊条，称为碱性焊条。碱性焊条脱硫、脱磷能力强，金属焊缝具有良好的抗裂性和力学性能，特别是韧性高，但焊接时电弧稳定性差，对油、水和铁锈敏感，易产生气孔，故焊前需烘干（温度在350℃以上），并彻底清除焊件上的油污和铁锈，一般用于直流电源焊接重要的结构。

根据 GB/T 5117—1995《碳钢焊条》的规定，焊条电弧焊用碳钢焊条的型号以字母"E"加四位数字组成，即 E××××。"E"表示焊条，前两位数字表示熔敷金属抗拉强度的最小值；第三位数字表示焊接位置，"0"与"1"表示焊条适用于全位置焊接（平焊、立焊、仰焊、横焊），"2"表示焊条适用于平焊和平角焊，"4"表示焊条适用于向下立焊；第三位和第四位数字组合时，表示焊接电源种类及药皮类型。在第四位数字后附加"R"表示耐吸潮焊条；附加"M"表示耐吸潮和力学性能有特殊规定的焊条；附加"－1"表示冲击性能有特殊规定的焊条。例如 E4315：E——焊条，43——熔敷金属的抗拉强度大于或等于 $43kgf/mm^2$（约 420MPa），1——适用于全位置焊接，5——药皮类型低氢钠型，焊接电源为直流反接。

焊条牌号是生产企业制定的相对比较通用的叫法，机械工业部在《焊接材料产品样本》中统一规定了焊条行业牌号的编制方法（非部颁标准）。焊条型号大类（按化学成分分）与焊条牌号大类（按用途分）对应可查，如焊条型号 E4303 对应的牌号是 J422，差别在于牌号中没有区别焊接位置的编号。其表示方法是汉字拼音首字母加三位数字，例如 J422："J"——结构钢焊条；第一、二位数字"42"——焊缝金属的抗拉强度大于或等于 4200MPa；第三位数字表示药皮类型和焊接电源种类，"2"——钛钙型药皮，焊接电源、交、直流均适用（一般来说，最后一位数字为 6、7 时，表示碱性焊条）；有特殊结构或用途，在第三位数字后加符号表示，如"Fe"——铁粉焊条，"X"——立向下焊专用焊条。

## 四、焊条电弧焊焊接工艺

焊条电弧焊焊接工艺主要包括焊接接头形式、焊缝的空间位置和焊接规范。

### （一）焊接接头形式

根据工件厚度和工作条件的不同，需采用不同的焊接接头形式。常用的接头形式有对接、搭接、角接和 T 字接等，如图 5-8 所示。

对接接头是各种焊接结构中采用最多的一种接头形式。当工件较薄时，只要在工件接口

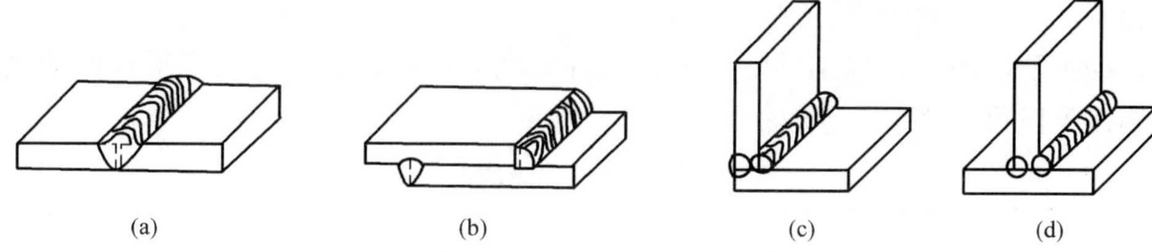


图 5-8　焊接接头形式

（a）对接；（b）搭接；（c）角接；（d）T 字接

处留出一定的间隙，就能保证焊透。工件厚度大于 6mm 时，为了保证焊透，焊接前需要把工件的接口边缘加工成一定的形状，称为坡口，对接接头常见的坡口形状如图 5-9 所示。

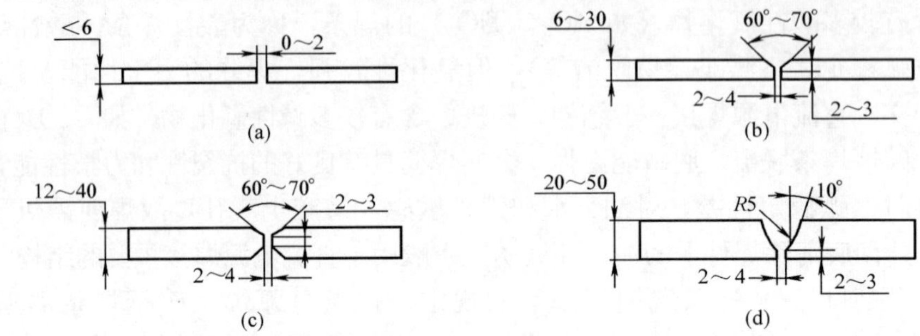


图 5-9 对接接头的坡口

(a) 平头对接；(b) V 形坡口；(c) X 形坡口；(d) U 形坡口

V 形坡口加工方便；X 形坡口，由于焊缝两面对称，焊接应力和变形小，当工件厚度相同时，较 V 形坡口节省焊条；U 形坡口，容易焊透，工件变形小，用于焊接锅炉、高压容器等重要厚壁构件。X 形和 U 形坡口加工比较费工时。

（二）焊缝的空间位置

按焊缝在空间的位置不同，可分为平焊、立焊、横焊和仰焊，如图 5-10 所示。

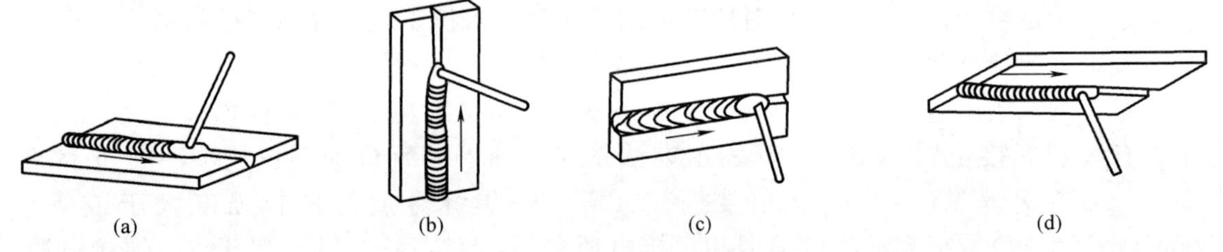


图 5-10 焊缝的空间位置

(a) 平焊；(b) 立焊；(c) 横焊；(d) 仰焊

平焊是将工件放在水平位置或在与水平面倾斜角度不大的位置上进行焊接，平焊操作方便，劳动强度小，易于保证焊缝质量。立焊是在立面或倾斜面上纵方向的焊接。横焊是在工件立面或倾斜面上横方向的焊接。仰焊是焊条位于工件下方，焊工仰视工件进行焊接。立焊和仰焊由于熔池中液体金属有滴落的趋势，操作难度大，生产率低，质量不易保证，所以应尽可能地采用平焊。

（三）焊接规范

焊接规范包括选择合适的焊条直径、焊接电流、焊接速度和电弧长度，焊接规范是影响焊接质量和生产率的重要因素。

焊条直径主要取决于被焊工件的厚度，工件厚则应选用较粗的焊条。平焊低碳钢时，焊条直径与焊接电流可按表 5-1 选取。

**表 5-1 焊条直径与焊接电流的选择**

| 焊件厚度/mm | 2 | 3 | 4～5 | 6～12 | ＞12 |
|---|---|---|---|---|---|
| 焊条直径/mm | 2 | 3.2 | 3.2～4 | 4～5 | 5～6 |
| 焊接电流/A | 55～60 | 100～130 | 160～210 | 200～270 | 270～300 |

焊接电流也可根据焊条直径选取。平焊低碳钢时，焊接电流和焊条直径的关系见式（5-1）：

$$I = (30 \sim 60)d \tag{5-1}$$

式中　$I$——焊接电流（A）；

$d$——焊条直径（mm）。

上式求得的焊接电流只是一个大概的数值。实际操作时，还要根据工件厚度、焊条种类、气候条件等因素，通过试焊来调整焊接电流的大小。

焊接速度是指焊条沿焊接方向移动的速度。焊条电弧焊时，焊接速度的快慢由焊工凭经验来掌握，不作规定。初学时，要注意避免速度太快，操作熟练后，在保证焊透的情况下，应尽可能增加焊接速度，以提高生产率。

电弧长度是指焊条芯端部与熔池之间的距离。电弧过长时，燃烧不稳定，并且容易产生缺陷，因此，操作时一般要求电弧长度不超过焊条直径（即采用短弧）。在运条过程中，要始终保持电弧长度基本不变，以保证整条焊缝的熔宽和熔深一致，获得高质量的焊缝。

**五、焊条电弧焊操作技术**

（一）引弧

引弧就是使焊条和工件之间产生稳定的电弧。引弧时，将焊条端部与工件表面接触，形成短路，然后迅速将焊条提起 2～4mm，电弧即被引燃。

引弧方法有敲击法和摩擦法两种，如图 5-11 所示。摩擦法类似擦火柴，焊条在工件表面划一下即可，敲击法是将焊条垂直地触及工件表面后立即提起。敲击法适用于全位置焊接；摩擦法不适于在狭小的工作面上引弧，主要用于碳钢焊接、厚板焊接、多层焊接的引弧。

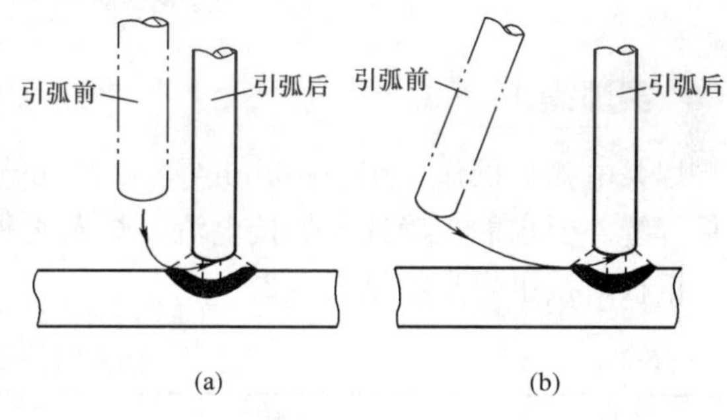


图 5-11　引弧方法

（a）敲击法；（b）摩擦法

引弧时，焊条提起动作要快，否则容易粘在工件上，这时焊机在短路状态下工作，长时间短路会导致焊机过载与烧损。摩擦法不易粘条适于初学者采用。如发生粘条，可将焊条左右摇动后拉开，若拉不开，则要松开焊钳，切断焊接电路，待焊条稍冷后再作处理。

有时焊条与工件瞬时接触后不能引弧，往往是焊条端部的药皮妨碍了导电，只要将包住焊芯的药皮敲掉即可。

焊条与工件瞬时接触后，提起不能太高，否则电弧会点燃后又熄灭。

（二）运条

焊接时，焊条应有三个基本运动（图 5-12）：焊条向熔池方向送进，送进的速度应等于焊条的熔化速度，以使弧长维持不变；焊条沿焊缝方向向前运动，其速度也就是焊接速度；焊条沿焊缝横向摆动，焊条以一定的运动轨道周期地向焊缝左右摆动，以获得一定宽度的焊缝。

（三）焊缝的收尾

焊缝收尾时，为了不出现尾坑，焊条应停止向前移动，而朝一个方向旋转，自下而上地慢慢拉断电弧，以保证焊缝尾部成形良好。

（四）焊前的点固

为了固定两工件的相对位置，焊接前要进行定位焊，通常称为点固，如图 5-13 所示。如工件较长，可每隔 300mm 左右，点固一个焊点。

（五）焊后清理

用钢丝刷等工具把焊渣和飞溅物等清理干净。

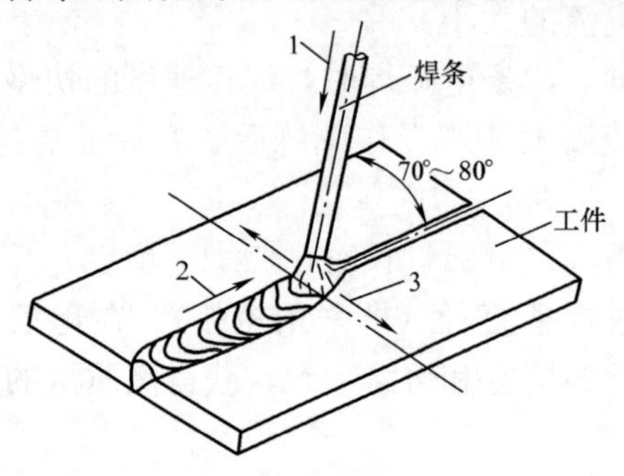


图 5-12 焊条运动

1—向熔池方向送进；2—沿焊缝方向移动；3—沿焊缝横向摆动

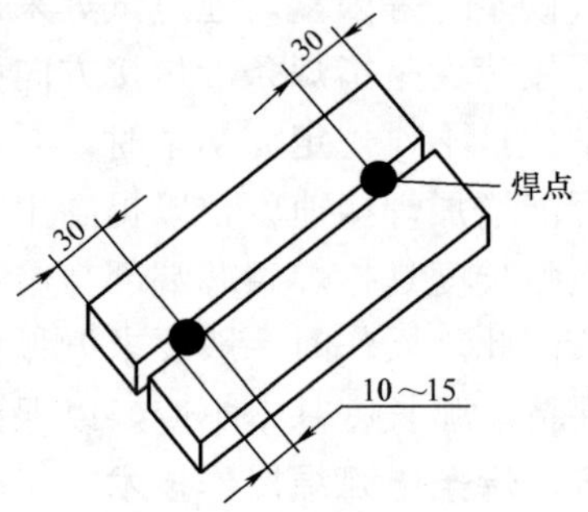


图 5-13 焊前点固

## 实训操作

焊条电弧焊操作：用 4～6mm 厚、150 mm×40 mm 的两块钢板，焊一条 150 mm 的对接平焊缝。要求能正确选择焊接电流、焊条直径，独立完成。

钢板对接平焊步骤见表 5-2。

表 5-2 钢板对接平焊步骤

| 步骤 | | 附图 | 说明 |
|---|---|---|---|
| 1 | 备料 | | 划线，用剪切或气割等方法下料，找正 |
| 2 | 选择及加工坡口 | | 钢板厚 4～6 mm，不用加工坡口 |
| 3 | 焊前清理 | 清理范围 20～30 | 清除焊缝周围的铁锈和油污 |
| 4 | 装配、点固 | 30 间隙 1～2 点固 30 10～15 | 将两板放平、对齐，留 1～2mm，用焊条在图示位置点固后除渣，如果是长工件可在中间每隔 300mm 点固一次 |

续表

| 步骤 | | 附图 | 说明 |
|---|---|---|---|
| 5 | 焊接 | $\delta/2$ $\delta$ | 首先选择焊接规范；焊接时先焊点固面的反面，使熔深大于板厚的一半，焊后除渣；再焊另一面，熔深也要大于板厚的一半，焊后除渣 |
| 6 | 焊后清理、检查 | | 除去工件表面飞溅物、熔渣；进行外观检查；有缺陷要进行补焊 |

## 复习思考题

1. 什么是焊接电弧？焊接电弧的构造及温度分布如何？何谓正接？何谓反接？

2. 常用的电焊机有哪几种？说明你在实训中使用的电焊机的种类、型号，主要参数及其含义。

3. 焊芯与药皮各起什么作用？用光丝能否进行焊接？若能，会产生什么后果？

4. 何谓酸性焊条和碱性焊条？它们的特点和应用有什么不同？

5. 焊条电弧焊的焊接规范主要包括哪些内容？应该怎样选择焊接规范？

6. 常见的焊接接头形式有哪些？坡口的作用是什么？

7. 焊条电弧焊操作时，应如何引弧、运条和收尾？

# 项目三　气焊和气割

## 基本知识

气焊是利用可燃性气体和氧气混合燃烧所产生的火焰来加热工件与熔化焊丝进行焊接的，如图 5-14 所示。

气焊通常使用的可燃性气体是乙炔（$C_2H_2$），氧气是气焊中的助燃气体。乙炔用纯氧助燃，与在空气中燃烧相比，能大大提高火焰的温度。乙炔和氧气在焊炬中混合均匀后从焊嘴喷出燃烧，将工件和焊丝熔化形成熔池，冷凝后形成焊缝。

气焊的主要优点是设备简单，操作灵活方便，不需要电源，但气焊火焰的温度比电弧低（最高约 3150℃），热量比较分散，生产率低，工件变形严重，所以应用不如电弧焊广泛。

气焊主要用于焊接厚度在 3mm 以下的薄钢板，铜、铝等有色金属及其合金，以及铸铁的补焊等，此外，没有电源的野外作业也常使用气焊。

### 一、气焊设备

气焊所用设备及管路系统的连接方式如图 5-15 所示。

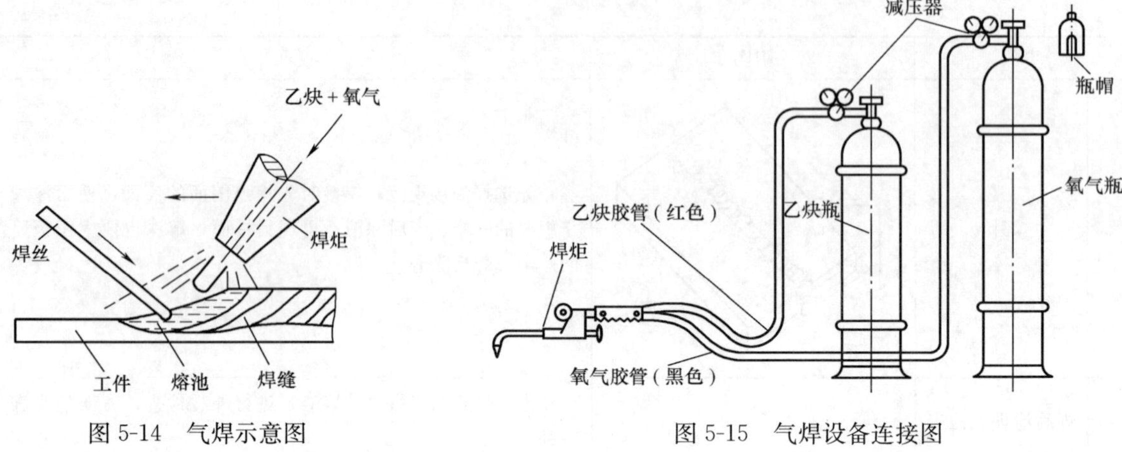


图 5-14 气焊示意图

图 5-15 气焊设备连接图

（一）乙炔瓶

乙炔瓶是储存溶解乙炔的装置，如图 5-16 所示。瓶内装有浸满丙酮的多孔填充物，丙酮对乙炔有良好的溶解能力，可使乙炔稳定而安全地储存在瓶中。瓶体上部装有瓶阀，可用方孔套筒扳手启闭。使用时，溶入丙酮中的乙炔，不断逸出，瓶内压力降低，剩下的丙酮，可供再次灌气使用。乙炔瓶的表面被涂成白色，并用红漆写上“乙炔”字样。

乙炔瓶阀的阀体旁没有侧接头，因此必须使用带有夹环的乙炔减压器。乙炔瓶的工作压力为 1.5 MPa。

（二）氧气瓶

氧气瓶是储运高压氧气的容器，如图 5-17 所示。容积为 40L，储氧的最大压力为 15MPa。氧气瓶外表漆成天蓝色，并用黑漆写上“氧气”字样。

氧气的助燃作用很大，如果在高压下遇到油脂，就会有自燃爆炸的危险，所以，应正确地保管和使用氧气瓶。氧气瓶必须放置得平稳可靠，不能与其他气瓶混在一起。气焊工作地和其他火源要距氧气瓶 5m 以上，禁止撞击氧气瓶，严禁沾染油脂等。

（三）液化石油气瓶

液化石油气钢瓶是储存液化石油气的专用容器，其壳体采用气瓶专用钢焊接而成，如图 5-18 所示。按用量及使用方式分，气瓶容量有 15kg、20kg、30kg、50kg 等多种规格。工业上常采用 30kg，如企业用量大，还可以制成容量为 1t、2t 或更大的储气罐。气瓶最大工作压力 1.6MPa，水压试验的压力为 3MPa。

气瓶外表面涂银灰色漆，并用红漆写有“液化石油气”字样。

（四）减压器

减压器是用来将氧气瓶（或乙炔瓶）中的高压氧（或乙炔），降低到焊炬需要的工作压力，并保持焊接过程中压力基本稳定的仪表。

氧气瓶内的氧气压力最高达 15MPa，乙炔瓶内的乙炔压力最高达 1.5MPa，工作时需用减压器降为工作所需压力（氧气的工作压力一般为 0.1～0.4MPa，乙炔的工作压力最高不超过 0.15MPa），并保持工作时压力稳定。

减压器按用途不同可分为氧气减压器、乙炔减压器、液化石油气减压器等；按构造不同可分为单级式和双级式两类；按工作原理不同可分为正作用式和反作用式两类。目前常用的是单级反作用式减压器。

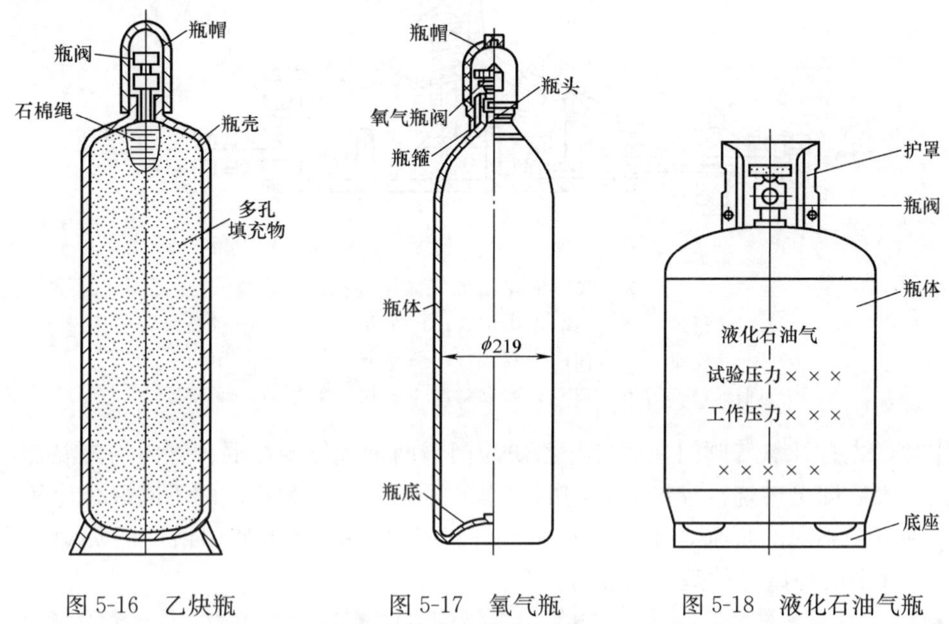


图 5-16 乙炔瓶　　图 5-17 氧气瓶　　图 5-18 液化石油气瓶

1. 氧气减压器。单级反作用式氧气减压器如图 5-19 所示。使用减压器时，先缓慢打开氧气瓶阀门，然后旋转减压器调压手柄，待压力达到所需要时为止。停止工作时，先松开调压螺钉，再关闭氧气瓶阀门。

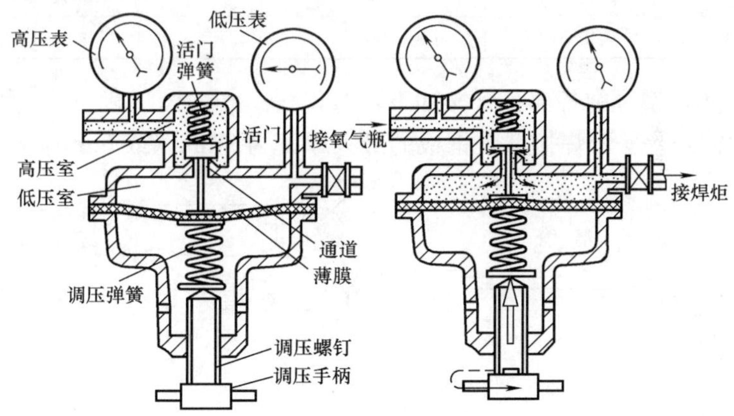


图 5-19 氧气减压器

2. 乙炔减压器。乙炔瓶用减压器的构造、工作原理和使用方法与氧气减压器基本相同，所不同的是乙炔减压器与乙炔瓶的连接是用特殊的夹环并借用紧固螺钉加以固定。

3. 液化石油气减压器。液化石油气瓶用的减压器构造如图 5-20 所示。其作用也是将气瓶内的压力降至工作压力并稳定输出压力，保证供气量均匀。一般民用的减压器稍加改制即可用于切割一般厚度的钢板。另外，液化石油气减压器也可以直接使用丙烷减压器。如果用乙炔瓶灌装液化石油气，则可使用乙炔减压器。

（五）焊炬

焊炬是使乙炔和氧气按一定比例混合并获得气焊火焰的工具，焊炬的外形如图 5-21 所

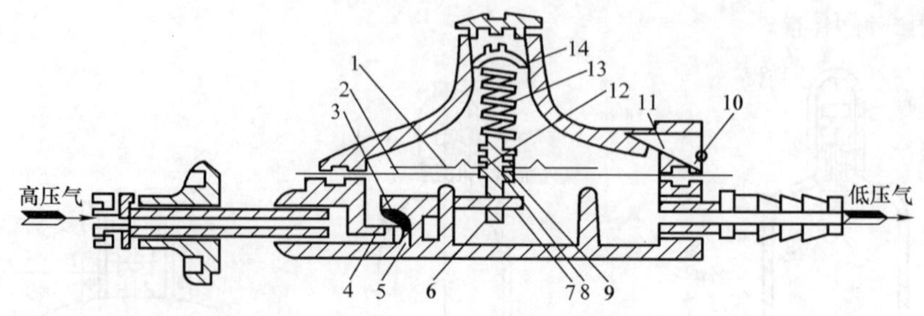


图 5-20 液化石油气减压器构造

1—压隔膜的金属片；2—橡胶隔膜；3—阀垫（橡胶）；4—喷嘴；
5—支柱轴；6—滚柱；7—横阀杆；8—纵阀杆；9—安全阀座；
10—网；11—安全孔；12—安全阀弹簧；13—调压弹簧；14—调整螺钉

示。工作时，先打开氧气阀门，后打开乙炔阀门，两种气体便在混合管内均匀混合，并从焊嘴喷出，点火后即可燃烧。控制各阀门的大小，可调节氧气和乙炔的不同混合比例。一般焊炬备有 5 种直径不同的焊嘴，用于焊接不同厚度的工件。我国使用最广的焊炬是 H01 型，表 5-3 列出其中两种型号的基本参数可供参考。

**表 5-3　　H01 型焊炬两种型号的基本参数**

| 型号 | 焊接低碳钢厚度/mm | 氧气工作压力/MPa | 乙炔工作压力/kPa | 可换焊嘴个数 | 焊嘴孔径范围/mm |
|---|---|---|---|---|---|
| H01—2 | 0.5～2 | 0.1～0.25 | 1～100 | 5 | 0.5、0.6、0.7、0.8、0.9 |
| H01—6 | 2～6 | 0.2～0. 4 | 1～100 | 5 | 0.9、1.0、1.1、1.2、1.3 |

H 01—2（或 6）型号中各部分含义如下："H"——焊炬，"0"——手工，"1"——射吸式，"2"（或"6"）——可焊接低碳钢板的最大厚度为 2mm（或 6mm）。

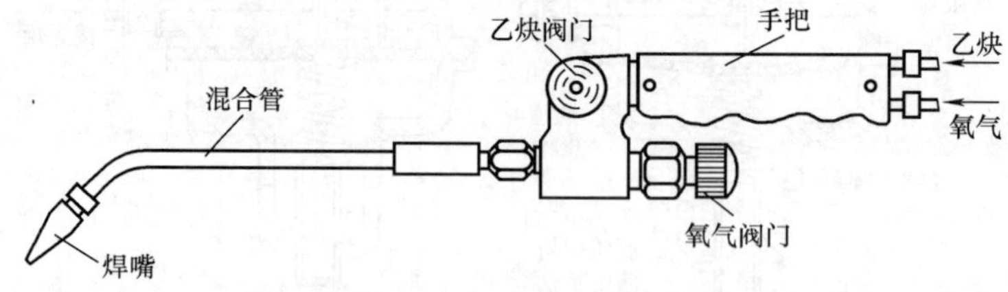


图 5-21 焊炬外形

由表 5-3 中数据可以看出，如焊接较厚的工件时，要选用较大的焊炬和焊嘴，才能将工件焊透，如工件小而薄时，则应使用小的焊炬和焊嘴。

## 二、气焊工艺参数

气焊工艺参数包括焊丝的型号、牌号及直径、气焊焊剂、火焰的性质及能率、焊炬的倾斜角度、焊接方向、焊接速度和接头形式等，它们是保证焊接质量的主要技术依据。

### （一）接头形式

气焊的接头形式有对接接头、卷边接头、角接接头等，如图 5-22 所示。对接接头是气焊采用的主要接头形式，角接接头、卷边接头一般只在薄板焊接时使用，搭接接头、T 形接头很少采用，因为这种接头会使焊件产生较大的变形。采用对接接头，当板厚大于 5mm 时应开坡口。

（二）焊丝

气焊时焊丝被熔化并填充到焊缝中，因此，焊丝质量对焊接的性能有很大影响。各种金属在进行焊接时，均应采用相应的焊丝。

焊丝的直径主要根据工件厚度来决定，选择碳钢气焊焊丝直径可参考表 5-4。

**表 5-4　碳钢气焊焊丝直径选择**

| 工件厚度/mm | 1.0～2.0 | 2.0～3.0 | 3.0～6.0 |
|---|---|---|---|
| 焊丝直径/mm | 1.0～2.0 或不用焊丝 | 2.0～3.0 | 3.0～6.0 |

（三）焊剂

焊剂的作用是去除焊缝表面的氧化物和保护熔池金属。在气焊低碳钢时因火焰本身已具有一定的保护作用，可不使用焊剂。在气焊铸铁、有色金属及合金钢时，则需用相应的焊剂。

常用的焊剂有 CJ101（用于焊接不锈钢、耐热钢，俗称不锈钢焊粉）、CJ201（用于铸铁）、CJ301（用于铜合金）、CJ401（用于铝合金）。

（四）气焊火焰

气焊操作时，调节焊炬的氧气阀门和乙炔阀门，可以改变氧气和乙炔的混合比例而得到三种不同的气焊火焰：中性焰、碳化焰和氧化焰，如图 5-23 所示，根据焊件的不同材料合理选择气体火焰的性质。

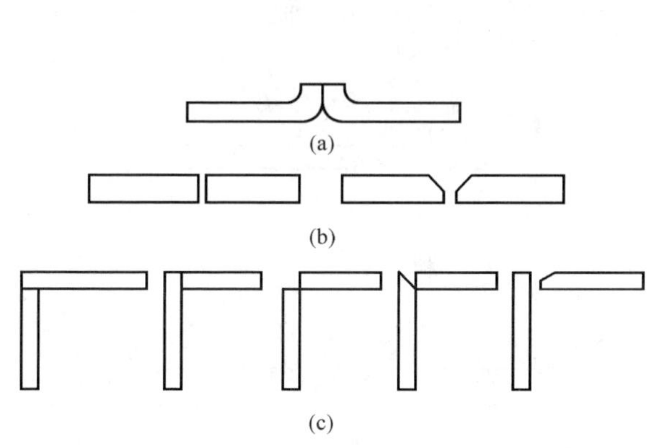


图 5-22　板料的气焊接头形式
（a）卷边接头；（b）对接接头；（c）角接接头

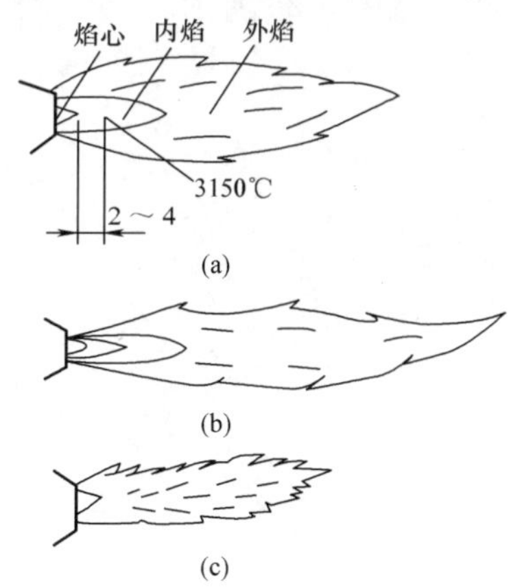


图 5-23　板料的气焊接头形式
（a）中性焰；（b）碳化焰；（c）氧化焰

1. 中性焰。当氧气和乙炔的体积比为 1～1.2 时，产生的火焰为中性焰，又称正常焰。正常焰由焰心、内焰和外焰组成，靠近喷嘴处为焰心，呈白亮色，其次为内焰，呈蓝紫色，最外层为外焰，呈橘红色。火焰的最高温度产生在焰心前端 2～4mm 处的内焰区，温度高达 3150℃，焊接时应以此区来加热工件和焊丝。

中性焰用于焊接低碳钢、中碳钢、合金钢、紫铜和铝合金等材料，是应用最广泛的一种气焊火焰。

2. 碳化焰。当氧气和乙炔的体积比小于1时，则得到碳化焰。由于氧气较少，燃烧不完全，整个火焰比中性焰长，且火焰中含乙炔比例越高，火焰就越长。当乙炔过多时，还会冒出黑烟（碳粒）。

碳化焰用于焊接高碳钢、铸铁和硬质合金等材料。在焊接其他材料时，会使焊缝金属增加碳分，变得硬而脆。

3. 氧化焰。当氧气和乙炔的体积比大于1.2时，则得到氧化焰。由于氧气较多，燃烧剧烈，火焰明显缩短，焰心呈锥形，内焰几乎消失，并有较强的嘶嘶声。

氧化焰易使金属氧化，故用途不广，仅用于焊接黄铜，其目的是防止锌在高温时蒸发。

（五）气焊火焰能率

气焊火焰能率主要是根据每小时可燃气体（乙炔）的消耗量（L/h）来确定，而气体消耗量又取决于焊嘴的大小。焊嘴号码越大，火焰能率也越大。在生产实际中，焊件较厚，金属材料熔点较高，导热性较好（如铜、铝及其合金），焊缝又是平焊位置，则应选择较大的火焰能率；反之，如果焊接薄板或其他位置焊接时，防止焊件被烧穿，火焰能率要适当减小。在保证焊接质量的前提下，应尽量选择较大的火焰能率。

（六）焊炬的倾斜角度

焊炬倾斜角度的大小主要取决于焊件的厚度和母材的熔点及导热性。焊件越厚、导热性及熔点越高，采用的焊炬倾斜角度越大，这样可使火焰的热量集中；相反，则采用较小的倾斜角。焊接碳素钢，焊炬倾斜角与焊件厚度的关系如图5-24所示。

在气焊过程中，焊丝与焊件表面的倾斜角一般为30°～40°，它与焊炬中心线的角度为90°～100°，如图5-25所示。

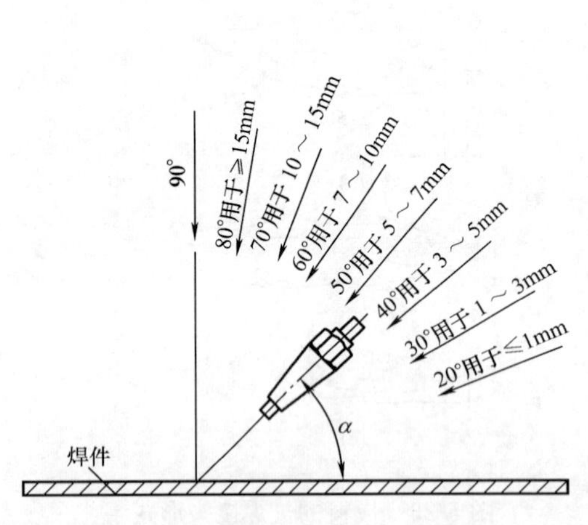

图5-24 焊炬倾斜角度与焊件厚度的关系

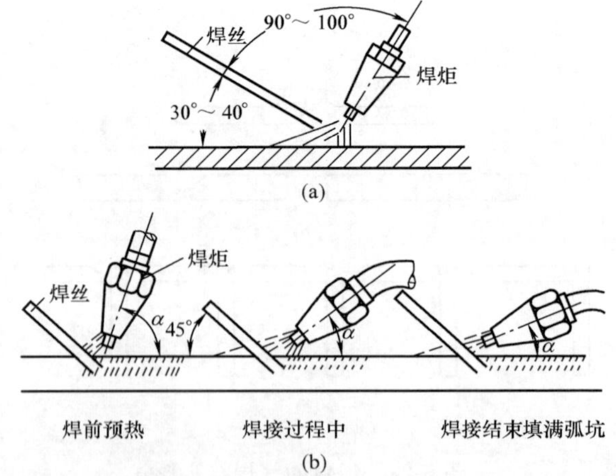

图5-25 焊炬与焊丝的位置
(a) 焊丝与焊炬、焊件的角度；(b) 焊炬、焊丝角度的变化

（七）焊接方向

气焊时，按照焊炬和焊丝的移动方向不同，可分为左向焊法和右向焊法两种。

1. 右向焊法。右向焊法如图5-26（a）所示，焊丝指向焊缝，焊接过程自左向右，焊炬在焊丝面前移动。右向焊法适合焊接厚度较大、熔点及导热性较高的焊件，但右向焊法不易掌握，一般较少采用。

2. 左向焊法。左向焊法如图 5-26（b）所示，焊炬是指向焊件未焊部分，焊接过程自右向左，而且焊炬是跟着焊丝。这种方法操作简便、容易掌握，适宜于薄板的焊接，是普遍应用的方法。左向焊法缺点是：焊缝易氧化，冷却较快，热量利用率低。

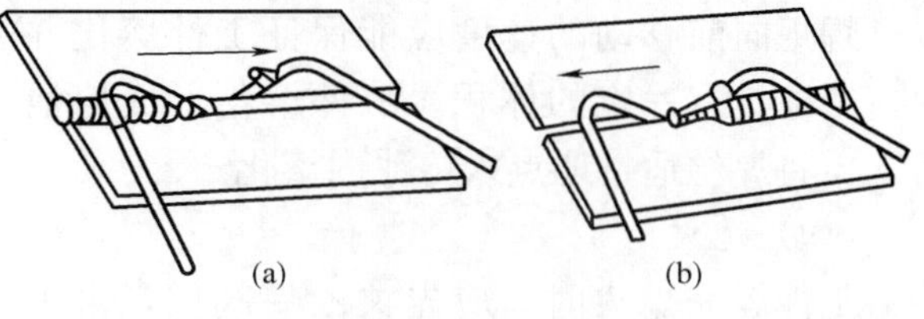


图 5-26　焊接方向示意图
(a) 右向焊法；(b) 左向焊法

（八）焊接速度

一般情况下，厚度大、熔点高的焊件，焊接速度要慢些，以免产生未焊透的缺陷；厚度小、熔点低的焊件，焊接速度要快些，以免烧穿和使焊件过热，降低产品质量。总之，在保证焊接质量的前提下，应尽量加快焊接速度，以提高生产率。

气焊工艺参数对焊接质量和焊缝成形的影响如图 5-27 所示。

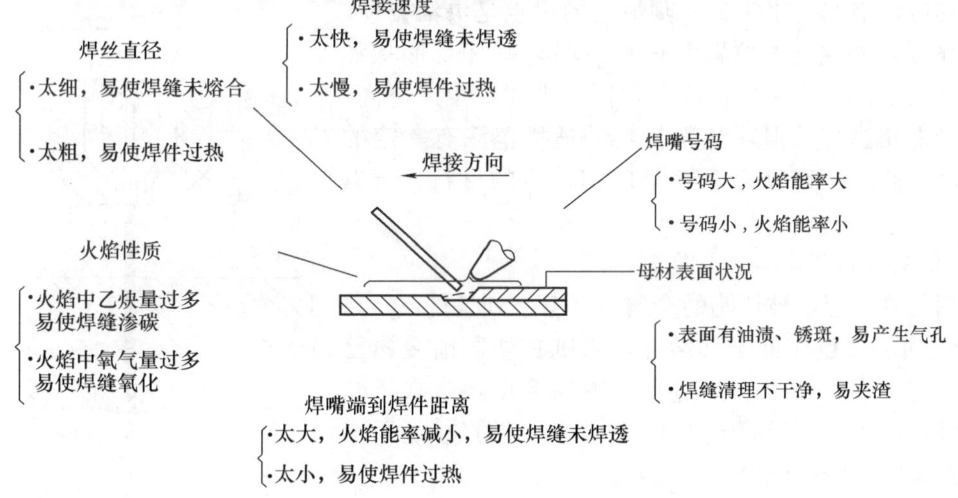


图 5-27　气焊工艺参数对焊接质量和焊缝成形的影响

## 三、气焊基本操作方法

气焊的基本操作有点火、调节火焰、焊接和熄火等几个步骤。

（一）点火

点火时，先把氧气阀门略微打开，以吹掉气路中的残留杂物，然后打开乙炔阀门，点燃火焰，这时的火焰是碳化焰。若有放炮声或者火焰点燃后即熄灭，则应减少氧气或放掉不纯的乙炔，再行点火。

（二）调节火焰

火焰点燃后，逐渐开大氧气阀门，将碳化焰调整成中性焰。

（三）焊接

焊接气焊时，右手握焊炬，左手拿焊丝。在焊接开始时，为了尽快地加热和熔化工件形成熔池，焊炬倾角应大些，接近于垂直工件，如图 5-28 所示。正常焊接时，焊炬倾角一般保持在 40°～50°之间。焊接结束时，则应将倾角减小一些，以便更好地填满弧坑及避免焊穿。

焊炬向前移动的速度应能保证工件熔化并保持熔池具有一定的体积。工件熔化形成熔池后，再将焊丝适量地点入熔池内熔化。

（四）熄火

工件焊完熄火时，应先关乙炔阀门，再关氧气阀门，以减少烟尘和避免发生回火。

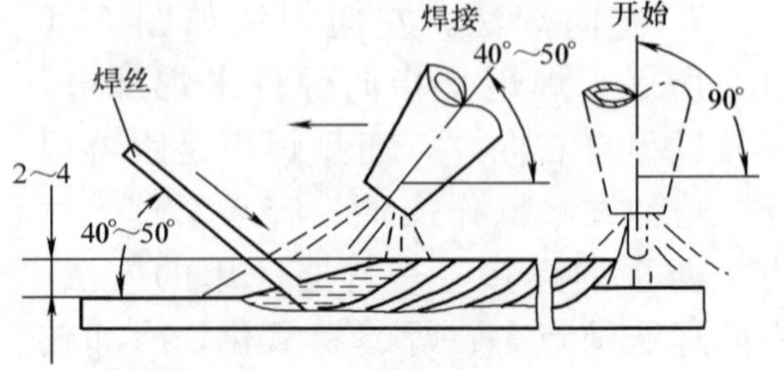


图 5-28 平焊过程的焊炬倾角变化

## 四、气割

气割是根据高温的金属能在纯氧中燃烧的原理进行的，它与气焊有着本质的不同，即气焊是熔化金属，而气割是金属在纯氧中燃烧。

气割时，先用火焰将金属预热到燃点，再用高压氧使金属燃烧，并将燃烧所生成的氧化物熔渣吹走，形成切口，如图 5-29 所示。金属燃烧时放出大量的热，又预热待切割的部分，所以，切割的过程实际上就是重复进行下面的过程：预热—燃烧—去渣。

与其他切割方法比较，气割最大的优点是灵活方便，适应性强，它可在任意位置和任意方向切割任意形状和任意厚度的工件。气割设备简单，操作方便，生产率高，切口质量也相当好，但对金属材料的适用范围有一定的限制。由于低碳钢和低合金钢是应用最广的材料，所以气割应用非常普遍。

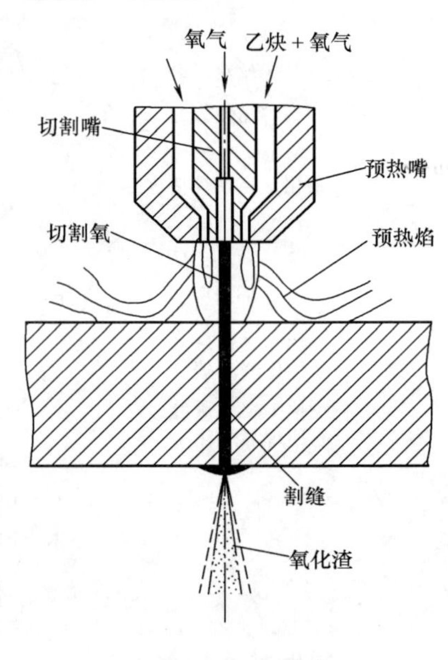


图 5-29 气割

（一）气割的条件

根据气割原理，被切割的金属应具备下列条件：

1. 金属的燃点应低于其熔点，否则在切割前金属已熔化，不能实现正常的切割过程。钢的熔点随含碳量的增加而降低，当含碳量等于 0.7%时，钢的熔点接近于燃点，故高碳钢和铸铁难以进行气割。

2. 燃烧生成的金属氧化物的熔点应低于金属本身的熔点，且要流动性好，以便氧化物能及时熔化并被吹掉。铝的熔点（660℃）低于其氧化物 $Al_2O_3$ 的熔点（2050℃），铬的熔点（1550℃）低于其氧化物 $Cr_2O_3$ 的熔点（1990℃），故铝合金和不锈钢不具备气割条件。

3. 金属燃烧时能放出足够的热量，而且金属本身的导热性低，这就保证了下层金属有足够的预热温度，有利于切割过程不间断地进行。铜及其合金燃烧时释放出的热量较小，且导热性又好，因而不能进行气割。

综上所述，能满足上述条件的金属材料是低碳钢、中碳钢和部分低合金钢。

（二）气割的设备与工具

气割设备及工具主要有氧气瓶、乙炔瓶、液化石油气瓶、减压器、割炬（或气割机）等。氧气瓶、乙炔瓶、液化石油气瓶、减压器与气焊用的相同。手工气割时使用的是手工割炬，机械化设备使用的是气割机。

1. 割炬。如图 5-30 所示，割炬与焊炬相比，增加了输送切割氧气的管道和阀门，其割嘴的结构与焊嘴也不相同。

割嘴的出口有两条通道，其周围的一圈是乙炔与氧的混合气体出口，中间的通道为切割氧的出口，两者互不相通。

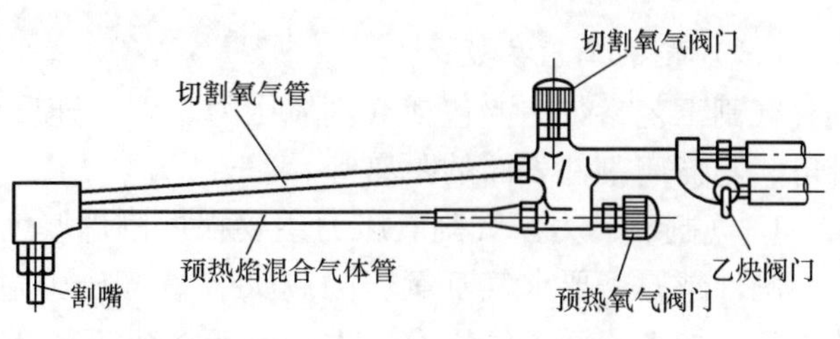

图 5-30 割炬

2. 气割机。气割机是代替手工割炬进行气割的机械化设备。它比手工气割的生产效率高，割口质量好，劳动强度和成本都较低。近年来，随着计算机技术发展，数控气割机也得到了广泛应用。

下面简单介绍常用的半自动气割机、仿形气割机、光电跟踪气割机和数控气割机。

(1) 半自动气割机。半自动气割机是一种最简单的机械化气割设备，一般是由一台小车带动割嘴在专用轨道上自动地移动，但轨道要人工调整。

当轨道是直线时，割嘴可以进行直线气割；当轨道呈一定的曲率时，割嘴可以进行一定曲率的曲线气割；如果轨道是一根带有磁铁的导轨，小车利用爬行齿轮在导轨上爬行，割嘴可以在倾斜面或垂直面上气割。

(2) 仿形气割机。仿形气割机是一种高效率的半自动气割机，可方便而精确地切割出各种形状的零件。

仿形气割机的结构形式有两种类型：一种是门架式，另一种是摇臂式。其工作原理主要是通过靠轮沿样板仿形带动割嘴运动。靠轮有磁性靠轮和非磁性靠轮两种。

(3) 光电跟踪气割机。光电跟踪气割机是利用光电原理自动跟踪图样，同时带动割炬进行仿形切割的自动化气割设备。

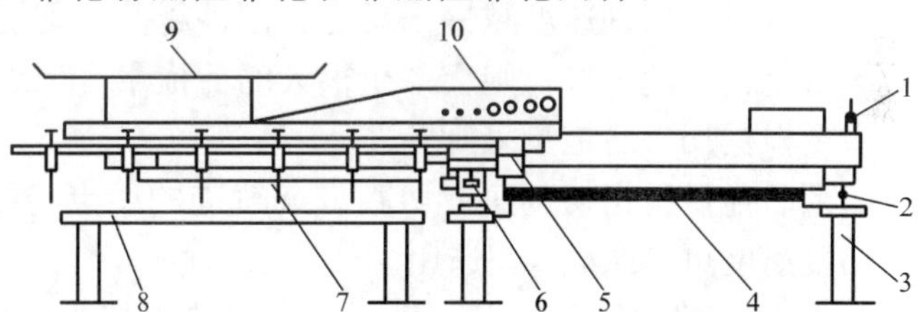

图 5-31 单臂式坐标驱动光电跟踪气割机示意图
1—进气阀；2—轨道；3—轨道座；4—图样台；5—光电跟踪器；6—操纵板；7—割炬；8—气割工作台；9—气带托架；10—气体控制板

光电跟踪气割机主要由光电跟踪机构和自动气割机两大部分组成。自动气割机部分布置在车间工艺线路上进行气割，它可以装两把割炬切割，也可以装多把割炬进行多头切割。跟踪台放置在距气割机 100m 范围内的专用工作室内。图 5-31 所示为单臂式坐标驱动光电跟踪气割机示意图。

(4) 数控气割机。所谓数控，就是指用于控制机床或设备的工作指令（或程序）以数字形式给定的一种新的控制方式。将这种指令提供给数控自动气割机的控制装置时，气割机就能按照给定的程序，自动地进行切割。

数控自动气割机不仅可省去放样、划线等工序，使焊工劳动强度大大降低，而且切口质量好，生产效率高，因此，这种新技术的应用正在日益扩大。

数控气割机主要由数控程序和气割执行机构两大部分组成。气割执行机构采用门式结构，门架可在两根导轨上行走。门架上装有横移小车，各装有一个割炬架，在割炬架上装有割炬自动升降传感器，可自动调节高低，同时还装有高频自动点火装置。预热氧、切割氧及燃气管路的开关由电磁阀控制，并且对预热、开切割氧等可按程序任意调节延迟时间。

（三）气割工艺参数

气割工艺参数主要包括气割氧压力、切割速度、预热火焰性质及能率、割嘴与割件的倾斜角、割嘴离割件表面的距离等。

1. 气割氧压力。气割氧压力主要根据割件厚度来选用。

割件越厚，要求气割氧压力越大。氧气压力过大，不仅造成浪费，而且使切口表面粗糙，切口加大。而氧气压力过小，不能将熔渣全部从切口处吹除，使切口的背面留下很难清除干净的挂渣，甚至出现割不透现象。氧气压力可参照表 5-5 选用。

**表 5-5　钢板气割厚度与切割速度、氧气压力的关系**

| 钢板厚度/mm | 4 | 5 | 10 | 15 | 20 | 25 | 30 | 40 | 60 | 80 |
|---|---|---|---|---|---|---|---|---|---|---|
| 切割速度/（mm/min） | 450～500 | 400～500 | 340～450 | 300～375 | 260～350 | 240～270 | 210～250 | 180～230 | 160～200 | 150～180 |
| 氧气压力/MPa | 0.2 | 0.3 | 0.35 | 0.375 | 0.4 | 0.425 | 0.45 | 0.45 | 0.5 | 0.6 |

氧气纯度对切割速度、气体消耗量及切口质量有很大影响。氧气的纯度低，金属氧化缓慢，使气割时间增加，而且气割单位长度割件的氧气消耗量也增加。例如，在氧气纯度为 97.5%～99.5%的范围内，每降低 1%时，1m 长的切口气割时间增加 10%～15%，而氧气消耗量增加 25%～35%。

2. 切割速度。切割速度与割件厚度和使用的割嘴形状有关。

割件越厚，切割速度越慢；反之，割件越薄，则切割速度越快。切割速度太慢，会使切口边缘熔化；速度过快，则会产生很大的后拖量（沟纹倾斜）或割不透。切割速度的正确与否，主要根据切口后拖量来判断。

所谓后拖量是指切割面上切割氧流轨迹的始点与终点在水平方向的距离，如图 5-32 所示。切割速度可参照表 5-5 选用。

3. 预热火焰性质及能率。气割时，预热火焰采用中性焰或轻微氧化焰，不能使用碳化焰，因为使用碳化焰会使切口边缘产生增碳现象。

预热火焰能率是以每小时可燃气体消耗量来表示的。预热火焰能率应根据割件厚度来选择，一般割件越厚，火焰能率越大。但火焰能率过大时，会使切口上缘产生连续珠状钢粒，甚至熔化成圆角，同时造成割件背面粘渣增多而影响气割质量。当火焰能率过小时，割件得不到足够的热量，迫使切割速度减慢，甚至使气割过程发生困难。这在厚板气割时更应注意。

4. 割嘴与割件的倾斜角。割嘴与割件的倾斜角度，直接影响切割速度和后拖量，如图 5-33 所示。

当割嘴沿气割相反方向倾斜一定角度时（后倾），能使氧化燃烧而产生的熔渣吹向切割线的前缘，这样可充分利用燃烧反应产生的热量来减少后拖量，从而促使切割速度的提高。进行直线切割时，应充分利用这一特性。割嘴与割件倾斜角大小，主要根据割件厚度而定。割嘴与割件倾斜角的大小，可按表 5-6 选择。

**表 5-6　割嘴与割件倾斜角的选择**

| 割件厚度/mm | ＜6 | 6～30 | ＞30 | | |
|---|---|---|---|---|---|
| | | | 起割 | 割穿后 | 停割 |
| 倾角方向 | 后倾 | 垂直 | 前倾 | 垂直 | 后倾 |
| 倾斜角度/（°） | 25～45 | 0 | 5～10 | 0 | 5～10 |

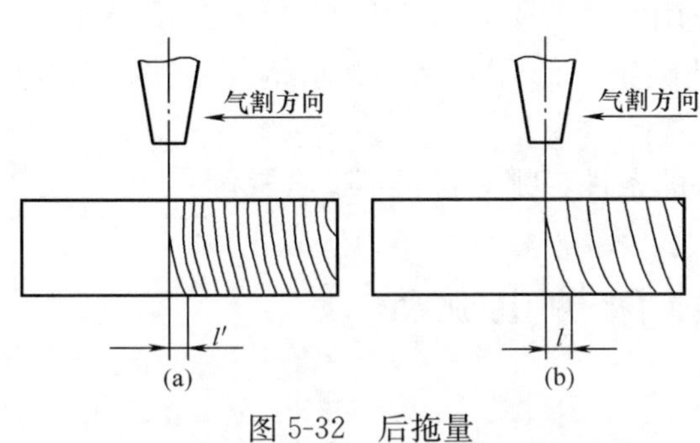


图 5-32 后拖量
(a) 速度正常；(b) 速度过大

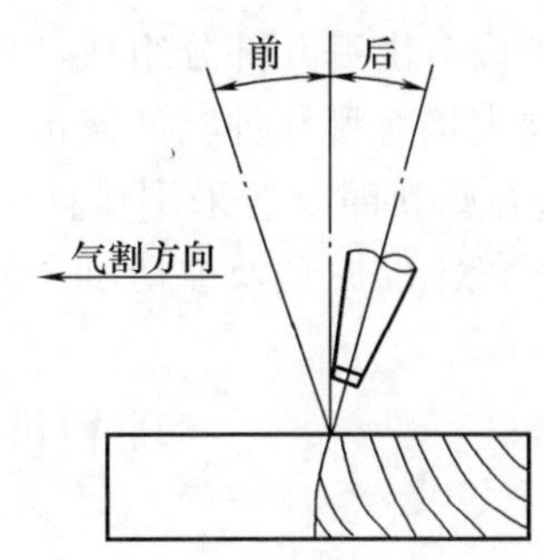


图 5-33 割嘴与割件的倾斜角

5. 割嘴离割件表面的距离。割嘴离割件表面的距离应根据预热火焰长度和割件厚度来确定，一般为3～5mm。因为这样的加热条件好，切割面渗碳的可能性最小。当割件厚度小于 20mm 时，火焰可长些，距离可适当加大；当割件厚度大于或等于 10mm 时，由于切割速度放慢，火焰应短些，距离应适当减小。

**五、回火现象**

在气焊、气割工作中有时会发生气体火焰进入喷嘴内逆向燃烧的现象，这种现象称为回火。回火可能烧毁焊（割）炬、管路及引起可燃气体储气罐的爆炸。

发生回火的根本原因是混合气体从焊（割）炬的喷射孔内喷出的速度小于混合气体燃烧速度。由于混合气体的燃烧速度一般不变，凡是降低混合气体喷出速度的因素都有可能发生回火。发生回火的具体原因有以下几个方面：

1. 输送气体的软管太长、太细，或者曲折太多，使气体在软管内流动时所受的阻力增大，降低了气体的流速，引起回火。

2. 焊割时间过长或焊（割）嘴离工件太近，致使焊（割）嘴温度升高，焊（割）炬内的气体压力增大，增大了混合气体的流动阻力，降低了气体的流速而引起回火。

3. 焊（割）嘴端面黏附了过多飞溅出来的熔化金属微粒，这些微粒阻塞了喷射孔，使混合气体不能畅通地流出而引起回火。

4. 输送气体的软管内壁或焊（割）炬内部的气体通道上黏附了固体碳质微粒或其他物质，增加了气体的流动阻力，降低了气体的流速以及气体管道内存在氧—乙炔混合气体等引起回火。

由于瓶装乙炔瓶内压力较高，发生火焰倒流燃烧的可能性很少。若发生回火，处理的方法是：迅速关闭乙炔调节阀门和氧气调节阀门，先切断乙炔，后切断氧气来源。

## 实训操作

1. 在教师指导下，做气焊设备的管路连接及气体压力调节练习。
2. 进行气焊点火、火焰调节和灭火练习。
3. 在 1～2mm 厚的钢板上，焊一条 100mm 长的直焊缝，要求正确调整气焊火焰，独立完成。
4. 在 5～30mm 厚的钢板上，完成 50～100mm 长的直线切割。

## 复习思考题

1. 气焊有哪些优缺点？说明其主要用途。

2. 气焊设备由哪几部分组成，各有何作用？

3. 气焊火焰有哪几种？如何区别？用低碳钢、低合金钢、高碳钢、铸铁、铝合金、黄铜等材料进行焊接时，各采用哪种火焰？

4. 说明气割的原理及被切割金属应具备的条件。哪些材料不适合气割？

# 项目四　气体保护电弧焊

## 基本知识

焊条电弧焊、埋弧焊是以熔渣保护为主的电弧焊方法。随着工业生产和科学技术的迅速发展，各种有色金属、高合金钢、稀有金属的应用日益增多，对于这些金属材料的焊接，以熔渣保护为主的焊接方法是难以适应的，而使用气体保护形式的气体保护电弧焊不仅能够弥补它们的局限性，而且还具备独特的优越性，因此气体保护电弧焊已在国内外焊接生产中得到了广泛的应用。

### 一、气体保护电弧焊的原理及特点

（一）气体保护电弧焊的原理及分类

1. 气体保护电弧焊的原理。气体保护电弧焊是用外加气体作为电弧介质并保护电弧和焊接区的电弧焊方法，简称气体保护焊。

气体保护焊直接依靠从喷嘴中连续送出的气流，在电弧周围形成局部的气体保护层，使电极端部、熔滴和熔池金属与周围空气机械地隔绝开来，以保证焊接过程的稳定性，并获得质量优良的焊缝。

2. 气体保护电弧焊的分类。

（1）按所用的电极材料不同，可分为非熔化极气体保护焊和熔化极气体保护焊，如图5-34和图5-35所示，其中熔化极气体保护焊应用较广。

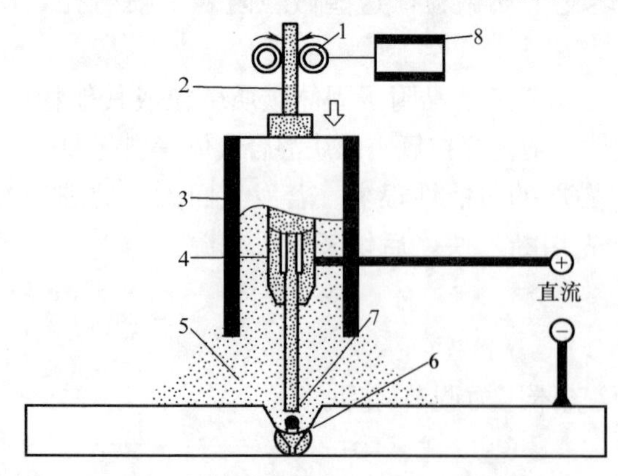


图5-34　熔化极气体保护焊示意图

1—送丝滚轮；2—焊丝；3—喷嘴；4—导电嘴；5—保护气体；6—焊缝金属；7—电弧；8—送丝机

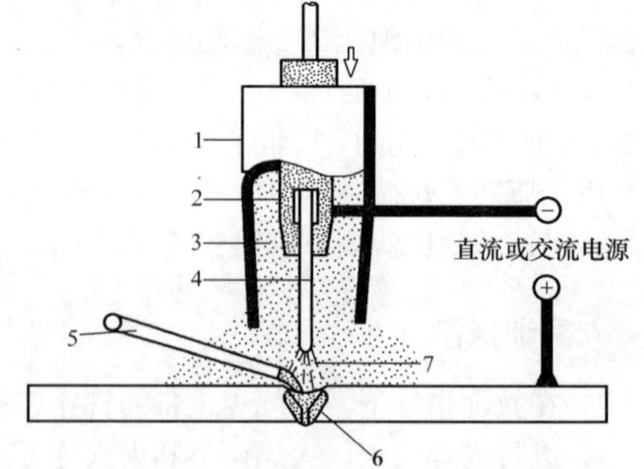


图5-35　非熔化极气体保护焊示意图

1—喷嘴；2—钨极夹头；3—保护气体；4—钨极；5—填充金属；6—焊缝金属；7—电弧

非熔化极气体保护焊是钨极惰性气体保护焊（TIG），如钨极氩弧焊。熔化极气体保护焊又可分为熔化极惰性气体保护焊（MIG）、熔化极活性气体保护焊（MAG）、$CO_2$ 气体保护焊（$CO_2$ 焊）三种，如下所示。

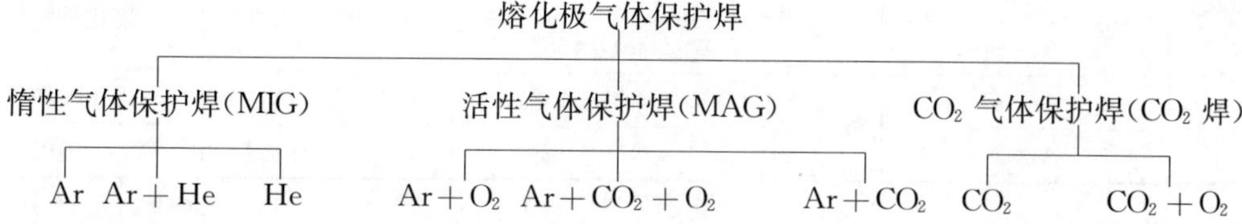


（2）按照保护气体的种类不同，可分为氩弧焊、氦弧焊、氮弧焊、氢原子焊、$CO_2$ 气体保护焊等方法。

（3）按操作方式的不同，可分为手工气体保护焊、半自动气体保护焊和自动气体保护焊。

（二）气体保护电弧焊的特点

气体保护焊与其他电弧焊方法相比具有以下特点：

1. 采用明弧焊，一般不必用焊剂，没有熔渣，熔池可见度好，便于操作。而且保护气体是喷射的，适宜进行全位置焊接，不受空间位置的限制，有利于实现焊接过程的机械化和自动化。

2. 由于电弧在保护气流的压缩下热量集中，焊接熔池和热影响区很小，因此焊接变形小、焊接裂纹倾向不大，尤其适用于薄板焊接。

3. 采用氩、氦等惰性气体保护，焊接化学性质较活泼的金属或合金时，可获得高质量的焊接接头。

4. 气体保护焊不宜在有风的地方施焊，在室外作业时需有专门的防风措施，此外，电弧光的辐射较强，焊接设备较复杂。

（三）保护气体的种类及应用

焊接时可用作保护气体的气体主要有氩气（Ar）、氦气（He）、氮气（$N_2$）、氢气（$H_2$）、二氧化碳气体（$CO_2$）及混合气体。常用保护气体的应用见表 5-7。

**表 5-7　常用保护气体的应用**

| 被焊材料 | 保护气体 | 混合比（体积分数） | 化学性质 | 焊接方法 |
|---|---|---|---|---|
| 铝及铝合金 | Ar | | 惰性 | 熔化极和钨极 |
| | Ar+He | $\varphi$（He）＝10％ | | |
| 铜及铜合金 | Ar | | 惰性 | 熔化极和钨极 |
| | Ar+$N_2$ | $\varphi$（$N_2$）＝20％ | | 熔化极 |
| | $N_2$ | | 还原性 | |
| 不锈钢 | Ar | | 惰性 | 钨极 |
| | Ar+$O_2$ | $\varphi$（$O_2$）＝1％～2％ | 氧化性 | 熔化极 |
| | Ar+$O_2$+$CO_2$ | $\varphi$（$O_2$）＝2％、$\varphi$（$CO_2$）＝5％ | | |
| 碳钢及低合金钢 | $CO_2$ | | 氧化性 | 熔化极 |
| | Ar+$CO_2$ | $\varphi$（$CO_2$）＝20％～30％ | | |
| | $CO_2$+$O_2$ | $\varphi$（$O_2$）＝10％～15％ | | |

续表

| 被焊材料 | 保护气体 | 混合比（体积分数） | 化学性质 | 焊接方法 |
|---|---|---|---|---|
| 钛锆及其合金 | Ar | | 惰性 | 熔化极和钨极 |
| | Ar+He | $\varphi$（He）=25% | | |
| 镍基合金 | Ar+He | $\varphi$（He）=15% | 惰性 | 熔化极和钨极 |
| | Ar+$N_2$ | $\varphi$（$N_2$）=6% | 还原性 | 钨极 |

## 二、氩弧焊

### （一）氩弧焊的原理、特点和分类

1. 氩弧焊的原理。氩弧焊是使用氩气作为保护气体的一种气体保护电弧焊的方法。焊接时，氩气流从焊枪喷嘴中连续喷出，在电弧区形成严密的保护气层，将电极和金属熔池与空气隔离。同时，利用电极（钨极或焊丝）与焊件之间产生的电弧热量，来熔化附加的填充焊丝或自动给送的焊丝及基本金属形成熔池，液态熔池金属凝固后形成焊缝。

2. 氩弧焊的特点。氩弧焊除了具有气体保护焊共有的特点外，还有以下特点：

（1）焊缝质量高。由于氩气是一种惰性气体，不与金属起化学反应，合金元素不会被氧化烧损，而且氩气也不溶解于金属。焊接过程基本上是金属熔化和结晶的简单过程，因此，保护效果好，能获得较为纯净及高质量的焊缝。

（2）焊接变形与应力小。由于电弧受氩气流的冷却和压缩作用，电弧的热量集中，且氩气的比热容和热传导能力小，即本身吸收量小，向外传热也少，故热影响区很窄，焊接变形与应力小，尤其适于焊接很薄的材料。

（3）焊接范围很广。几乎所有的金属材料都有可以进行氩弧焊，特别适宜焊接化学性质活泼的金属和合金。常用于铝、镁、铁、铜及其合金和低合金钢、不锈钢及耐热钢等材料的焊接，有时还可用于焊接结构的打底焊。

3. 氩弧焊的分类。氩弧焊根据所用的电极材料不同，可分为钨极（非熔化极）氩弧焊和熔化极氩弧焊。按其操作方式又可分为手工氩弧焊、半自动氩弧焊和自动氩弧焊。根据采用的电源种类，又可分为直流氩弧焊、交流氩弧焊和脉冲氩弧焊等。

### （二）钨极氩弧焊

钨极氩弧焊是使用纯钨或活化钨（钍钨、铈钨）为电极的氩气保护焊，简称 TIG 焊。钨极本身不熔化，只起发射电子产生电弧的作用，故也叫非熔化极氩弧焊。

钨极氩弧焊时，由于所用的焊接电流为防止钨极的熔化与烧损受到限制，所以电弧功率较小，只适用于焊件厚度小于 6mm 的焊件焊接。

1. 钨极氩弧焊的焊接材料。钨极氩弧焊的焊接材料主要是钨极、氩气和焊丝。

（1）钨极。钨极氩弧焊要求钨极具有电流容量大、损耗小、引弧和稳弧性能好等特性。常用的钨极有纯钨极、钍钨极和铈钨极三种。

钝钨极（如牌号 W1、W2）要求电源空载电压高，且易烧损；钍钨极（如牌号 WTh-10、WTh-7）有微量放射性，对人体有害；而铈钨极（如牌号 WCe20）克服了纯钨极和钍钨极的缺点，因而应用最广。

**注意：**选用钨极时，尽量用铈钨极。修磨钨极时，要戴口罩和手套，工作后要洗手。存放钨极时，若数量较大，最好放在铅盒中保存。

(2) 氩气。氩气是无色、无味的惰性气体，不与金属起化学反应，也不溶解于金属。且氩气比空气重25%，使用时气流不易漂浮散失，有利于对焊接区的保护作用。

氩的电离能较高，引燃电弧较困难，故需采用高频引弧及稳弧装置。但氩弧一旦引燃，燃烧就很稳定。在常用的保护气体中，氩弧的稳定性最好。

氩弧焊对氩气的纯度要求很高，如果氩气中含有一些氧、氮和少量其他气体，将会降低氩气保护性能，对焊接质量造成不良影响。按我国现行标准规定，其纯度应达到99.99%。

焊接用工业纯氩以瓶装供应，在20℃时满瓶压力为14.7MPa，容积一般为40L。氩气钢瓶外表涂灰色，并标有深绿色“氩气”的字样。

(3) 焊丝。焊丝选用的原则是熔敷金属化学成分或力学性能与被焊材料相当。对于碳钢、低合金钢按GB/T 8110—2008《气体保护电弧焊用碳钢、低合金钢焊丝》选用，不锈钢焊丝按YB/T 5092—2005《焊接用不锈钢丝》选用，铜、铝、铸铁气焊焊丝均可作为氩弧焊焊丝。

2. 钨极氩弧焊设备。手工钨极氩弧焊设备包括焊机、焊枪、供气系统、冷却系统、控制系统等部分，如图5-36所示。自动钨极氩弧焊设备，除上述几部分外，还有送丝装置及焊接小车行走机构。

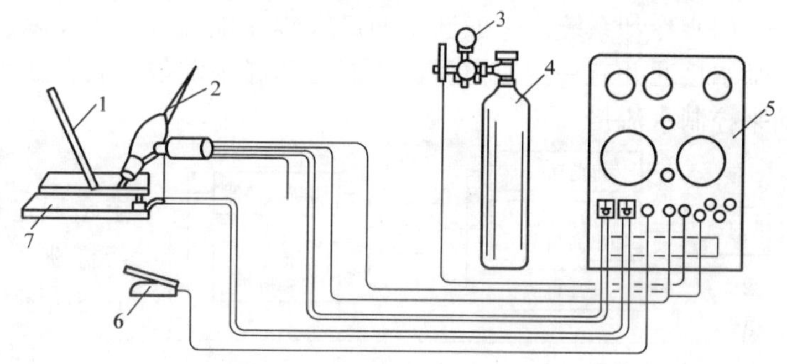

图5-36 手工钨极氩弧焊设备示意图

1—填充金属；2—焊枪；3—流量计；4—氩气瓶；5—焊机；6—开关；7—焊件

(1) 焊机。焊机包括焊接电源及高频振荡器、脉冲稳弧器、消除直流分量装置等控制装置。若采用焊条电弧焊的电源，则应配用单独的控制箱。直流钨极弧氩焊的焊机较为简单，直流焊接电源附加高频振荡器即可。

① 焊接电源。一般焊条电弧焊的电源（如弧焊变压器、弧焊整流器等）都可作手工钨极氩弧焊电源。

② 引弧及稳弧装置。由于氩气的电离能较高，难以电离，引燃电弧困难，但又不宜使用提高空载电压的方法，所以钨极氩弧焊必须使用高频振荡器来引燃电弧。对于交流电源，由于电流每秒钟有100次经过零点，电弧不稳，故还需使用脉冲稳弧器，以保证重复引燃电弧，并稳弧。

高频振荡器是钨极氩弧焊设备的专门引弧装置，是在钨极和工件之间加入约3000V高频电压，这种焊接电源空载电压只要65V左右即可达到钨极与焊件非接触而点燃电弧的目的。高频振荡器一般仅供焊接时初次引弧，不用于稳弧，引燃电弧后马上切断。

脉冲稳弧器是施加一个高压脉冲而迅速引弧，并保持电弧连续燃烧，从而起到稳定电弧的作用。

(2) 焊枪。钨极氩弧焊焊枪的作用是夹持电极、导电和输送氧气流。氩弧焊焊枪分为气冷式焊枪（QQ系列）和水冷式焊枪（QS系列）。气冷式焊枪使用方便，但限于小电流（150A）焊接使用；水冷式焊枪适宜大电流和自动焊接使用。

焊枪（TIG）一般由枪体、喷嘴、电极夹头、电极帽、手柄和控制开关等组成，如图5-37所示。

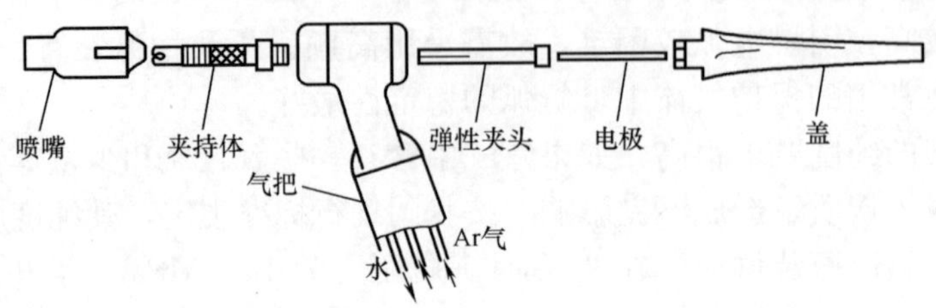


图 5-37　焊枪（TIG）

（3）供气系统。钨极氩弧焊的供气系统由氩气瓶、减压器、流量计和电磁阀组成。减压器用以减压和调压。流量计是用来调节和测量氩气流量的大小，有时将减压器与流量计制成一体，成为组合式。电磁阀是控制气体通断的装置。

（4）冷却系统。一般选用的最大焊接电流在 150A 以上时，必须通水冷却焊枪和电极。冷却水接通并有一定压力后，才能起动焊接设备，通常在钨极氢弧焊设备中用水压开关或手动来控制水流量。

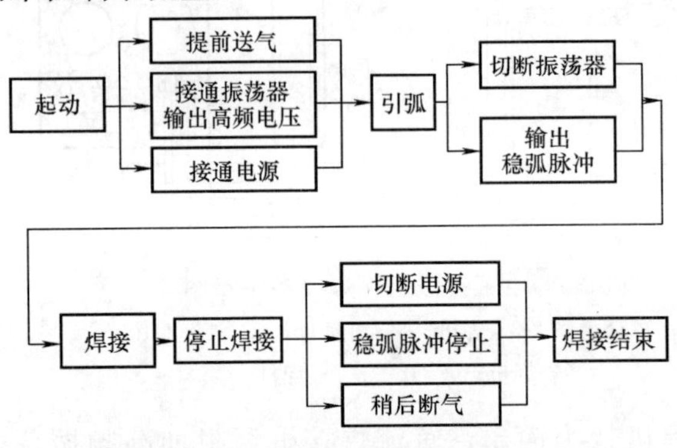


图 5-38　交流手工钨极氩弧焊控制程序方框图

（5）控制系统。钨极氩弧焊的控制系统是通过控制线路，对供电、供气、引弧与稳弧等各个阶段的动作实现控制。图5-38所示为交流手工钨极氩弧焊的控制程序方框图。

目前，常用的手工钨极氩弧焊机型号有 WS—250 型、WS—400 型等直流钨极氢弧焊机，WSJ—150 型、WSJ—500 型等交流钨极氩弧焊机，WSE—150 型、WSE—400 型等交直流钨极氩弧焊机。

3．钨极氩弧焊工艺。

（1）焊前清理。钨极氩弧焊时，必须对被焊材料的坡口、坡口附近 20mm 范围内及焊丝进行清理，去除金属表面的氧化膜和油污等杂质，以确保焊缝的质量。焊前清理的常用方法有：机械清理、化学清理和化学—机械清理方法。

① 机械清理法。这种方法比较简便，而且效果较好，适用于大尺寸、焊接周期长的焊件。通常使用直径细小的钢丝刷等工具进行打磨，也可用刮刀铲去表面氧化膜，直至露出金属光泽。

② 化学清理法。它是依靠化学反应的方法去除焊丝或工件表面氧化膜的方法，对于填充焊丝及小尺寸焊件，多采用化学清理法。这种方法与机械清理法相比，具有清理效率高、质量稳定均匀、保持时间长等特点。

③ 化学—机械清理法。清理时先用化学清理法，焊前再对焊接部位进行机械清理。这种联合清理的方法适用于质量要求高的焊件。

（2）焊接工艺参数的选择。钨极氩弧焊的焊接工艺参数主要有电源种类和极性、钨极直径、焊接电流、电弧电压、氩气流量、焊接速度和喷嘴直径等。正确地选择焊接工艺参数是获得优质焊接接头的重要保证。

① 电源种类和极性。钨极氩弧焊可以使用直流电，也可以使用交流电。电源种类和极性可根据焊件材质进行选择。

A. 直流反接。钨极氩弧焊采用直流反接时（即钨极为正极、焊件为负极），由于电弧阳极区温度高于阴极区温度，使接正极的钨棒容易过热而烧损，许用电流小，同时焊件上产生的热量不多，因而焊缝厚度较浅，焊接生产率低，所以很少采用。

但是，直流反接有去除氧化膜的作用，对焊接铝、镁及其合金有利。因为铝、镁及其合金焊接时，极易氧化，形成熔点很高的氧化膜（如 $Al_2O_3$ 的熔点为 2050℃）覆盖在熔池表面，阻碍基本金属和填充金属的熔合，造成未熔合、夹渣、焊缝表面形成皱皮及内部气孔等缺陷。

采用直流反接时，电弧空间的正离子，由钨极的阳极区飞向焊件的阴极区，撞击金属熔池表面，将致密难熔的氧化膜击碎，以达到清理氧化膜的目的，这种作用称为“阴极破碎”作用，也称“阴极雾化”，如图 5-39 所示。

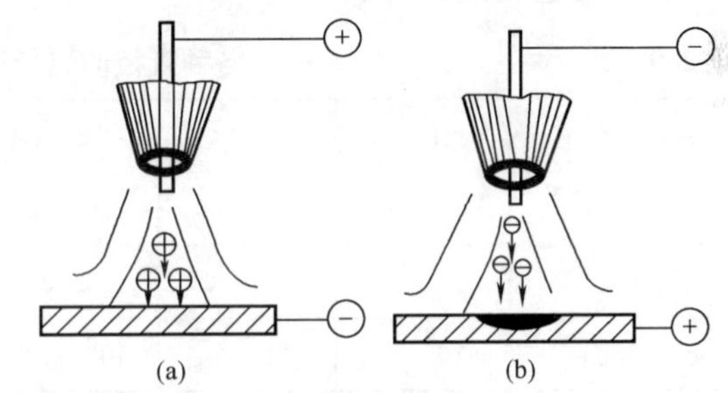


图 5-39 阴极破碎作用示意图

(a) 直流反接；(b) 直流正接

尽管直流反接能将被焊金属表面的氧化膜去除，但钨极的许用电流小，易烧损，电弧燃烧不稳定。所以，铝、镁及其合金一般不采用此法而应尽可能使用交流电来焊接。

B. 直流正接。钨极氩弧焊采用直流正接时（即钨极为负极、焊件为正极），由于电弧在焊件阳极区产生的热量大于钨极阴极区，致使焊件的焊缝厚度增加，焊接生产率高。而且钨极不易过热与烧损，使钨极的许用电流增大，电子发射能力增强，电弧燃烧稳定性比直流反接时好。但焊件表面是受到比正离子质量小得多的电子撞击，不能去除氧化膜，因此没有“阴极破碎”作用，故适合于焊接表面无致密氧化膜的金属材料。

C. 交流钨极氩弧焊。由于交流电极性是不断变化的，这样在交流正极性的半周波中（钨极为负极），钨极可以得到冷却，以减小烧损。而在交流负极性的半周波中（焊件为负极）有“阴极破碎”作用，可以清除熔池表面的氧化膜。因此，交流钨极氢弧焊兼有直流钨极氢弧焊正、反接的优点，是焊接铝、镁及其合金的最佳方法。各种材料的电源种类与极性的选用见表 5-8。

**表 5-8 电源种类与极性的选用**

| 电源种类和极性 | 被焊金属材料 |
|---|---|
| 直流正接 | 低碳钢、低合金钢、不锈钢、耐热钢、铜、钛及其合金 |
| 直流反接 | 适用于各种金属的熔化极氩弧焊，钨极氩弧焊很少采用 |
| 交流电源 | 铝、镁及其合金 |

② 钨极直径及端部形状。钨极直径主要按焊件厚度、焊接电流、电源极性来选择。如果钨极直径选择不当，将造成电弧不稳、严重烧损钨极和焊缝夹钨。钨极端部形状对电弧稳

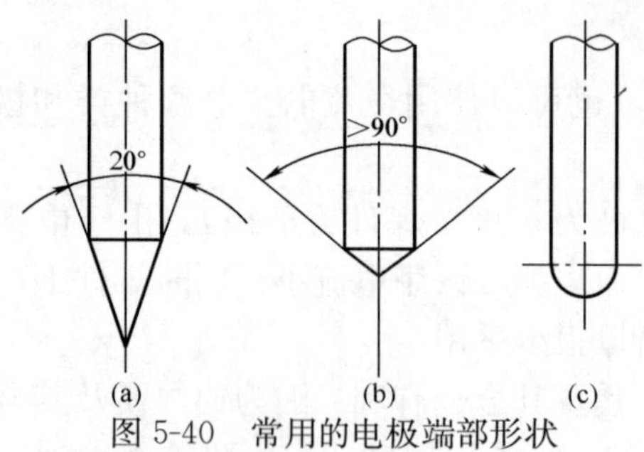

图 5-40 常用的电极端部形状
（a）直流小电流；（b）直流大电流；（c）交流

定性有一定影响，交流钨极氩弧焊时，一般将钨极端部磨成圆珠形；直流小电流施焊时，钨极可以磨成尖锥角；直流大电流时，钨极宜磨成钝角，钨极端部形状如图 5-40 所示。为了使用方便，钨极一端常涂有颜色，以便识别，钍钨极为红色，铈钨极为灰色，纯钨极为绿色。

③ 焊接电流。焊接电流主要根据焊件厚度、钨极直径和焊缝空间位置来选择，过大或过小的焊接电流都会使焊缝成形不良或产生焊接缺陷。各种直径的钨极许用电流范围见表 5-9。

**表 5-9　各种直径的钨极许用电流范围**　（单位：mm）

| 钨极直径/mm | 1.0 | 1.6 | 2.4 | 3.2 | 4.0 | 5.0 | 6.0 |
|---|---|---|---|---|---|---|---|
| 直流正接 | 15～80 | 70～150 | 150～250 | 250～400 | 400～500 | 500～750 | 750～1000 |
| 直流反接 | | 10～20 | 15～30 | 25～40 | 40～55 | 55～80 | 80～125 |
| 交　流 | 20～60 | 60～120 | 100～180 | 160～250 | 300～320 | 290～390 | 340～525 |

④ 氩气流量和喷嘴直径。对于一定孔径的喷嘴，选用的氩气流量要适当，如果流量过大，不仅浪费，而且容易形成紊流，使空气卷入，对焊接区的保护不利，同时还会带走电弧区的热量，影响电弧稳定燃烧。而流量过小也不好，气流挺度差，容易受到外界气流的干扰，以致降低气体保护效果。通常氩气流量在 3～20L/min 范围内。一般喷嘴直径随着氩气流量的增加而增加，一般为 5～14mm。

⑤ 焊接速度。在一定的钨极直径、焊接电流和氩气流量条件下，焊速过快，会使保护气流偏离钨极与熔池，影响气体保护效果，易产生未焊透等缺陷。焊速过慢时，焊缝易咬边或烧穿。因此，应选择合适的焊接速度。

⑥ 电弧电压。电弧电压增加，焊缝厚度减小，熔宽显著增加；随着电弧电压的增加，气体保护效果随之变差。当电弧电压过高时，易产生未焊透、焊缝被氧化和气孔等缺陷。因此，应尽量采用短弧焊，电弧电压一般为 10～24V。

⑦ 其他因素。包括喷嘴至焊件的距离、钨极伸出长度等。它们对焊接过程及气体保护效果都有不同程度的影响。所以应按具体的焊接要求给予选定。一般喷嘴至焊件的距离以 5～15mm为宜；钨极伸出喷嘴的长度为 3～6 mm 较好。

表 5-10 为铝及铝合金（平对接）手工交流钨极氩弧焊的焊接工艺参数。

**表 5-10　铝及铝合金（平对接）手工交流钨极氩弧焊的焊接工艺参数**

| 焊件厚度/mm | 钨极直径/mm | 焊接电流/A | 焊丝直径/mm | 喷嘴直径/mm | 氩气流量/(L/min) | 焊接速度/(mm/min) |
|---|---|---|---|---|---|---|
| 1.2 | 1.6～2.4 | 45～75 | 1～2 | 6～11 | 3～5 | |
| 2 | 1.6～2.4 | 80～110 | 2～3 | 6～11 | 3～5 | 180～230 |
| 3 | 2.4～3.2 | 100～140 | 2～3 | 7～12 | 6～8 | 110～160 |

续表

| 焊件厚度/mm | 钨极直径/mm | 焊接电流/A | 焊丝直径/mm | 喷嘴直径/mm | 氩气流量/(L/min) | 焊接速度/(mm/min) |
|---|---|---|---|---|---|---|
| 4 | 3.2～4 | 140～210 | 3～4 | 7～12 | 6～8 | 100～150 |
| 5 | 4～6 | 210～300 | 4～5 | 10～12 | 8～12 | 80～130 |
| 6 | 5～6 | 240～300 | 5～6 | 12～14 | 12～16 | 80～130 |

(三) 熔化极氩弧焊

熔化极氩弧焊是用填充焊丝作熔化电极的氩气保护焊。

1. 熔化极氩弧焊的原理及特点。

(1) 熔化极氩弧焊的原理。熔化极氩弧焊采用焊丝作电极，在氩气保护下，电弧在焊丝与焊件之间燃烧。焊丝连续送给并不断熔化，而熔化的熔滴也不断向熔池过渡，与液态的焊件金属熔合，经冷却凝固后形成焊缝。熔化极氩弧焊接其操作方式不同分为熔化极半自动氩弧焊和熔化极自动氩弧焊两种。

(2) 熔化极氩弧焊的特点。熔化极氩弧焊除了具有钨极氩弧焊的优点外，与其相比还有以下特点：

① 由于用焊丝作为电极，克服了钨极氩弧焊钨极的熔化和烧损的限制，焊接电流可大大提高，焊缝厚度大，焊丝熔敷速度快，所以一次焊接的焊缝厚度显著增加。例如，铝及铝合金焊接，当焊接电流为 450～470A 时，焊缝的厚度可达 15～20mm。

② 采用自动焊或半自动焊，具有较高的焊接生产率，并改善了劳动条件。

③ 不仅能焊薄板也能焊厚板，特别适用于中等厚度和较大厚度焊件的焊接。

2. 熔化极氩弧焊的熔滴过渡形式。当采用短路过渡或滴状过渡焊接时，由于飞溅较严重，电弧复燃困难，焊件金属熔化不良及容易产生焊缝缺陷，所以熔化极氩弧焊一般不采用短路过渡或滴状过渡形式，而多采用喷射过渡形式。

3. 熔化极氩弧焊设备。熔化极半自动氩弧焊设备主要是由焊接电源、供气系统、送丝机构、控制系统、半自动焊枪、冷却系统等部分组成。熔化极自动氩弧焊设备与半自动焊设备相比，多了一套行走机构，并且通常将送丝机构与焊枪安装在焊接小车或专用的焊接机头上，这样可使送丝机构更为简单可靠。

熔化极半自动氩弧焊机由于多用细焊丝施焊，所以采用等速送丝式系统配用平外特性电源。选用细焊丝时采用等速送丝系统，配用缓降外特性的焊接电源；选用粗焊丝时，采用变速送丝系统，配用陡降外特性的焊接电源，以保证自动调节作用及焊接过程稳定性。熔化极自动氩弧焊大多采用粗焊丝。

熔化极氩弧焊的供气系统与钨极氩弧焊相同。

我国定型生产的熔化极半自动氩弧焊机有 NBC 系列，如 NBA1—500 型等，熔化极自动氩弧焊机有 NSA 系列，如 NZA—1000 型等。

4. 熔化极氩弧焊的焊接工艺参数。熔化极氩弧焊的主要焊接工艺参数有焊丝直径、焊接电流、电弧电压、焊接速度、喷嘴直径、氩气流量等。

焊接电流和电弧电压是获得喷射过渡形式的关键，只有焊接电流大于临界电流值，才能获得喷射过渡，不同材料和不同焊丝直径的临界电流见表 5-11。但焊接电流也不能过大，当焊接电流过大时，熔滴将产生不稳定的非轴向喷射过渡，飞溅增加，破坏熔滴过渡的稳定性。

**表 5-11 不同材料和不同焊丝直径的临界电流**

| 材料 | 铝 | | | 脱氧铜 | | | 不锈钢 | | | | | |
|---|---|---|---|---|---|---|---|---|---|---|---|---|
| 焊丝直径/mm | 0.8 | 1.2 | 1.6 | 0.9 | 1.2 | 1.6 | 0.8 | 1.2 | 1.6 | 2.0 | 2.5 | 3.0 |
| 临界电流/A | 95 | 135 | 180 | 180 | 210 | 310 | 160 | 210 | 240 | 280 | 300 | 350 |

要获得稳定的喷射过渡，在选定焊接电流后，还要匹配合适的电弧电压。实践表明，对于一定的临界电流值都有一个最低的电弧电压值与之相匹配，如果电弧电压低于这个值，即使电流比临界电流大得多，也不能获得稳定的喷射过渡。但电弧电压也不能过高。电弧电压过高，不仅影响保护效果，还会使焊缝成形恶化。

由于熔化极氩弧焊对熔池和电弧区的保护要求较高，而且电弧功率及熔池体积一般较钨极氩弧焊时大，所以氩气流量和喷嘴孔径相应增大，通常喷嘴孔径为 20mm 左右，氩气流量在 30～60L/min 范围内。

熔化极氩弧焊采用直流反接。这是因为直流反接易实现喷射过渡，飞溅少，并且还可发挥“阴极破碎”作用。

（四）脉冲氩弧焊

脉冲氩弧焊与一般氩弧焊的主要区别在于它能提供周期性脉冲式的焊接电流。周期性脉冲式的焊接电流包括基值电流（维弧电流）和脉冲电流，基值电流是用来维持电弧燃烧和预热电极与焊件，脉冲电流是用来熔化焊件和焊丝的。图 5-41 所示为脉冲焊接电流波形示意图。

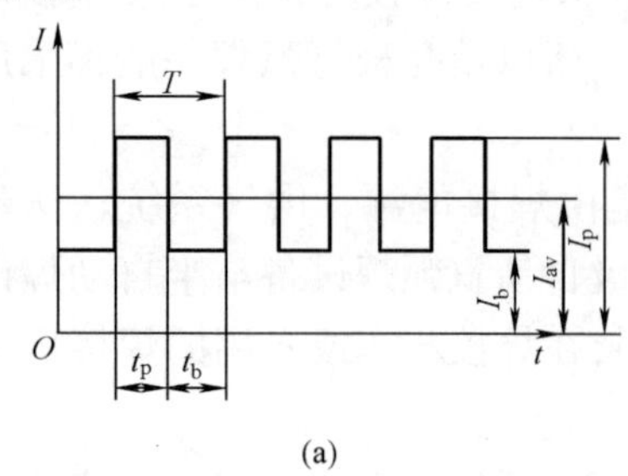

(a)

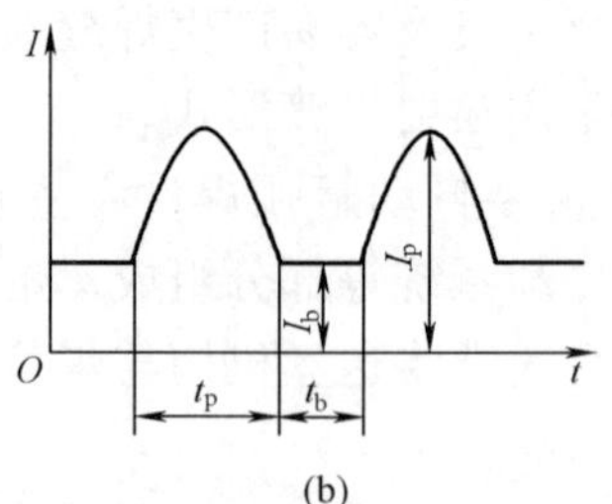

(b)

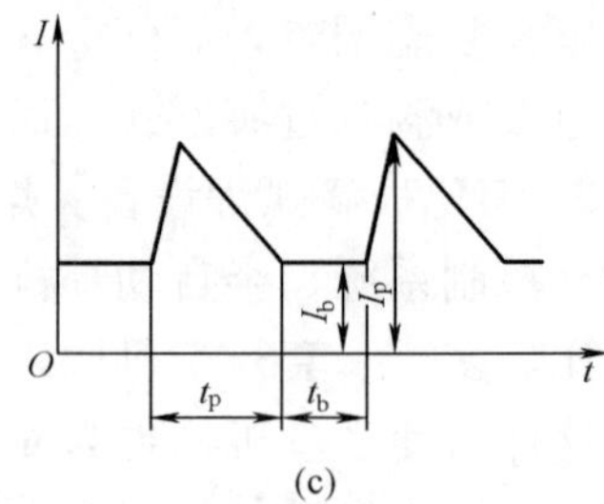

(c)

图 5-41 脉冲焊接电流波形示意图

(a) 矩形波；(b) 正弦波；(c) 三角波

$T$—脉冲周期；$t_p$—脉冲电流时间；$t_b$—基值电流时间；$I_b$—基值电流；$I_p$—脉冲电流

脉冲氩弧焊有钨极脉冲氩弧焊和熔化极脉冲氩弧焊两种。这里仅介绍钨极脉冲氩弧焊。

1. 钨极脉冲氩弧焊的原理。焊接时，脉冲电流产生的大而明亮的脉冲电弧和基值电流产生的小而暗淡的基值电弧交替作用在焊件上。当每一次脉冲电流通过时，焊件上就形成一个点状熔池，待脉冲电流停歇后，由于热量减少，点状熔池结晶形成一个焊点。这时由基值电流来维持电弧燃烧，以便下一次脉冲电流来临时，脉冲电弧能可靠而稳定地复燃。下一个脉冲作用时，原焊点的一部分与焊件新的接头处产生一个新的点状熔池，如此循环，最后形成一条呈鱼鳞纹形的，由许多焊点连续搭接而成的链状焊缝，如图 5-42 所示。通过对脉冲电流、基值电流和脉冲电流持续时间等调节与控制，可改变和控制热输入，从而控制焊缝质量及尺寸。

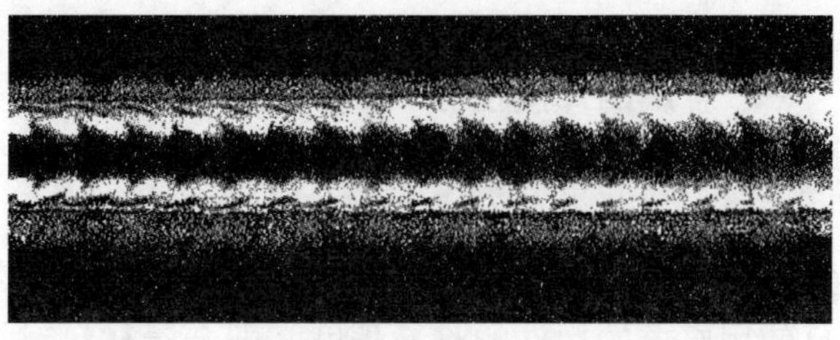

图 5-42　脉冲焊缝

2. 钨极脉冲氩弧焊的特点。

(1) 接头质量好。接头质量好能有效地控制焊接热输入和接头金属的高温停留时间，因此减小了焊缝和热影响区金属过热，提高了接头的力学性能，并可减少焊接变形与应力。

(2) 扩大了氩弧焊的使用范围。钨极脉冲氩弧焊比钨极氩弧焊的焊缝厚度大，可焊板厚范围广。在减少平均电流的情况下，可焊接钨极氩弧焊不能焊接的薄板构件，用它焊接小于0.1mm 薄钢板仍能获得满意结果。

(3) 适用于全位置焊。采用脉冲电流后，可用较小的平均电流值进行焊接，减小了熔池体积，并且熔滴过渡和熔池金属加热是间歇性的，因此更易进行全位置焊接。

3. 钨极脉冲氢弧焊的焊接工艺参数。钨极脉冲氩弧焊的工艺参数除普通钨极氩弧焊的参数外，还有脉冲电流、基值电流、脉冲电流时间、基值电流时间、脉冲频率等。

(1) 脉冲电流和脉冲电流时间。脉冲电流和脉冲电流时间是决定焊缝成形尺寸的主要参数。如果脉冲电流大，脉冲电流时间长，焊缝的熔深和熔宽都会增加，其中脉冲电流的作用比脉冲持续时间大。脉冲电流的选择主要取决于工件材料的性质与厚度，脉冲电流过大易产生咬边现象。

(2) 基值电流。一般选用较小的基值电流，只要能维持电弧的稳定燃烧即可。在其他参数不变时，改变基值电流可调节工件的预热和熔池的冷却速度。

(3) 基值电流时间。基值电流时间对焊缝成形尺寸的影响较小，如果间隙时间太长，将明显地减小对工件的热输入，使焊缝冷却时间增加；如果间隙时间太短，相当于“连续”焊，发挥不出脉冲焊的优点。

(4) 脉冲频率。脉冲频率是通过改变脉冲电流时间和基值电流时间来进行调节的。常用的低频脉冲钨极氩弧焊机频率区间为 0.5～10 周/s。如果频率过高，第一个焊点来不及形成，第二个脉冲电流又到来，则不能显示出脉冲工艺的特点。

## 复习思考题

1. 简述气体保护电弧焊的原理及主要特点。
2. 简述气体保护电弧焊的分类。
3. 什么是氩弧焊？有哪些特点？

# 项目五　金属材料的焊接

## 基本知识

金属材料广泛地用于焊接结构的制造中，其种类繁多，焊接性也有显著的差异，工程应用中要综合考虑材料的性能和应用场合选用。本教材只简单介绍其共同的焊接特性与常用焊接工艺措施。

## 一、金属的焊接性

### （一）焊接性概念

金属的焊接性是金属材料在限定的施工条件下，焊接成按规定设计要求的构件，并满足预定服役要求的能力。也就是指金属材料在一定的焊接工艺条件下，焊接成符合设计要求，满足使用要求的构件的难易程度，即金属材料对焊接加工的适应性和使用的可靠性。

### （二）影响焊接性的因素

影响金属材料焊接性的因素，归纳起来有材料、焊接方法及工艺、构件类型和使用条件4个方面。

1. 材料方面。材料方面不仅包括焊件本身，还包括使用的焊接材料，如焊条、焊丝、焊剂、保护气体等。它们在焊接时都参与熔池或半熔化区内的冶金过程，直接影响焊接质量。如母材与焊接材料匹配不当，就会造成焊缝金属化学成分不合格，力学性能和其他使用性能降低。因此，为了保证良好的焊接性，必须对材料因素予以充分重视。

2. 焊接方法及工艺方面。

（1）焊接方法对焊接性的影响主要在两方面，一是焊接热源特点(如能量密度大小、温度高低等)，如对于有过热敏感的高强度钢，从防止过热出发，适宜选用窄间隙焊接、等离子弧焊接、电子束焊接等方法，有利于改善焊接性。相反，对于灰口铸铁，焊接时从防止白口出发，应选用气焊、电渣焊等方法。二是对熔池和接头保护，如钛合金对氧、氮、氢极为敏感，用气焊和焊条电弧焊不可能焊好，而用氩弧焊或真空电子束焊，就比较容易焊接，则焊接性好。

（2）工艺措施对防止焊接接头缺陷，提高使用性能也有重要的作用。如焊前预热、焊后缓冷和消氢处理等，对防止热影响区淬硬变脆，降低焊接应力，防止裂纹是比较有效的措施。另外，合理安排焊接顺序也能减小应力与变形。

3. 构件类型方面。焊接构件的结构设计会影响应力状态，从而对焊接性也会发生影响。应使焊接接头处于刚度较小的状态，能够自由收缩，有利于防止焊接裂纹。缺口、截面突变、焊缝余高过大、交叉焊缝等都容易引起应力集中，要尽量避免。不必要地增大焊件厚度或焊缝体积，就会产生多向应力，因此，也应注意防止。

4. 使用条件方面。焊接结构的使用是多种多样的，有高温、低温下工作和腐蚀介质中工作及在静载或动载条件下工作等。在高温工作时，可能产生蠕变；低温工作或冲击载荷下工作时，容易发生脆性破坏；在腐蚀介质下工作时，接头要求具有耐腐蚀性。总之，使用条件越不利，焊接性就越不容易保证。

### （三）焊接性试验

焊接性试验是评定母材焊接性的试验，如焊接裂纹试验等。通过焊接性试验可以选择适用于母材金属的焊接材料；确定合适的焊接工艺参数，如焊接电流、电弧电压、预热温度等；还可以用于研制新的焊接材料。

焊接性试验方法很多，目前，应用最广也是最方便的是斜Y形坡口焊接裂纹试验，又称小铁研法，适用于碳素钢和低合金钢焊接接头的冷裂纹抗裂性能试验。该方法是在试件两端开双V形坡口双面焊拘束焊缝，试件中间开斜Y形坡口单道焊试验焊缝，焊后对试验焊缝表面及断面的裂纹分别进行检查和计算，一般认为只要裂纹总长小于试验焊缝的20%，在实际生产中就不会产生裂纹。斜Y形坡口焊接裂纹试验的试件形状和尺寸如图5-43所示。

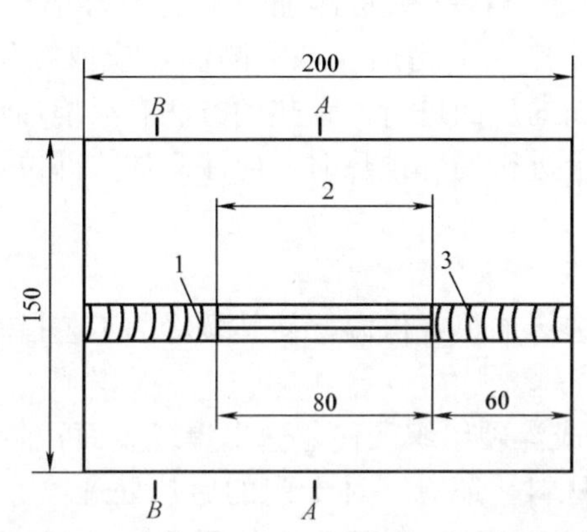


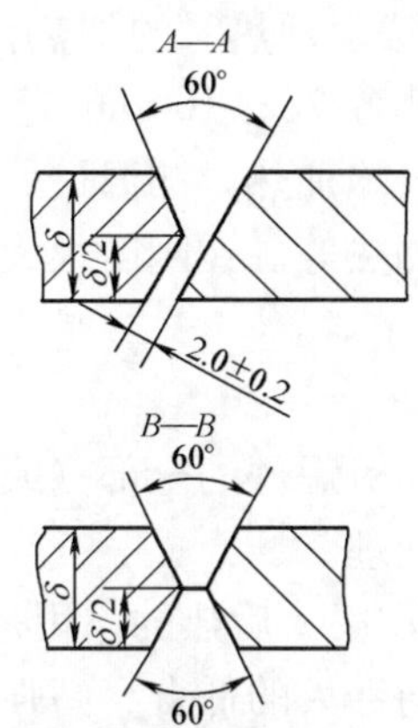


图 5-43　试件的形状和尺寸

1、3—拘束焊缝；2—试验焊缝

**注意**：金属的焊接性是一个相对概念，与材料、焊接方法、工艺、构件类型及使用要求等密切相关，所以，不能脱离这些因素而单纯从材料本身的性能来评价金属材料的焊接性。若一种金属材料可以在很简单的焊接工艺条件下，获得完好的接头并能够满足使用要求，就可以说其焊接性良好。反之，若必须在较复杂的工艺条件（如高温预热、高纯度保护气氛、焊后热处理等）下才能够焊接或者所焊的接头在性能上不能很好地满足使用要求，就可以说焊接性差。

## 二、金属材料常用焊接工艺措施

各种金属材料的焊接性不同，且影响因素较多。因此为了保证焊接质量，常对焊接性差或较差的金属材料采取预热、后热、焊后热处理等工艺措施。

### （一）预热

焊接开始前对焊件的全部（或局部）进行加热的工艺措施称为预热。按照焊接工艺的规定，预热需要达到的温度叫做预热温度。

1. 预热的作用。预热的主要作用是降低焊后冷却速度。对于给定成分的钢种，焊缝及热影响区的组织和性能取决于冷却速度的大小。对于易淬火钢，预热可以减小淬硬程度，防止产生焊接裂纹。另外，预热还可以减小热影响区的温度差别，在较宽范围内得到比较均匀的温度分布，有助于减小因温度差别而造成的焊接应力。

对于刚度不大的低碳钢、强度级别较低的低合金钢的一般结构一般不必预热，但焊接有淬硬倾向的焊接性不好的钢材或结构刚度大的构件时，需焊前预热。由于铬镍奥氏体钢预热可使热影响区在危险温度区的停留时间增加，从而增大腐蚀倾向。因此，在焊接铬镍奥氏体不锈钢时，不可进行预热。

2. 预热温度的选择。焊件焊接时是否需要预热及预热温度的选择，应根据钢材的成分、厚度、结构刚度、接头形式、焊接材料、焊接方法及环境因素等综合考虑，并通过焊接性试验来确定。一般钢材含碳量越多、含合金元素越多、母材越厚、结构刚度越大、环境温度越低，则预热温度越高。

在多层多道焊时，还要注意道间温度（也称层间温度）。所谓道间温度就是多道焊材及相邻母材在施焊下一焊道之前的瞬时温度。道间温度不应低于预热温度。

3. 预热方法。预热时的加热范围，对于对接接头每侧加热宽度不得小于板厚的 5 倍，一般在坡口两侧各 75～100mm 范围内应保持一个均热区域，测温点应取在均热区域的边缘。如果采用火焰加热，测温最好在加热面的反面进行。预热的方法有火焰加热、工频感应加热、红外线加热等。在刚度很大的结构上进行局部预热时，应注意加热部位，避免造成很大的热应力。

（二）后热

焊接后立即对焊件的全部（或局部）进行加热或保温，使其缓冷的工艺措施叫后热，它不等于焊后热处理。

1. 后热的作用。后热的作用是避免形成淬硬组织及使氢逸出焊缝表面，防止裂纹产生。对于冷裂纹倾向性大的低合金高强度钢等材料，还有一种专门的后热处理，称为消氢处理，即在焊后立即将焊件加热到 250～350℃温度范围，保温 2～6h 后空冷。消氢处理的目的，主要是使焊缝金属中的扩散氢加速逸出，大大降低焊缝和热影响中的氢含量，防止产生冷裂纹二消氢处理的加热温度较低，不能起到松弛焊接应力的作用。对于焊后要求进行热处理的焊件，因为在热处理过程中可以达到除氢目的，不需要另作消氢处理。但是，焊后若不能立即热处理而焊件又必须及时除氢时，则需及时作消氢处理，否则焊件有可能在热处理前的放置期间产生裂纹。

2. 后热的方法。后热的加热方法、加热区宽度、测温部位等要求与预热相同。

（三）焊后热处理

焊后为改善焊接接头的组织和性能或消除残余应力而进行的热处理，叫焊后热处理。

1. 焊后热处理的作用和种类。

（1）焊后热处理的主要作用是消除焊接残余应力，软化淬硬部位，改善焊缝和热影响区的组织和性能，提高接头的塑性和韧性，稳定结构的尺寸。

（2）最常用的焊后热处理是在 600～650℃范围内的消除应力退火和低于 $A_{c1}$ 点温度（临界点温度）的高温回火。另外还有为改善铬镍奥氏体不锈钢耐腐蚀性能的均匀化处理等。

2. 焊后热处理工艺及方法。

（1）整体热处理。将焊件置于加热炉中整体加热处理，可以得到满意的处理效果。焊件进炉和出炉时的温度应在 300℃以下，在 300℃以上的加热和冷却速度与板厚有关，应符合式（5-2）要求：

$$v \leqslant 200 \times 25/\delta \quad (5\text{-}2)$$

式中 $v$——冷却速度（℃/h）；

$\delta$——板材厚度（mm）。

对于厚壁容器，加热和冷却速度为 50～150℃/h，整体处理时炉内最大温差不得超过 50℃。如果焊件太长需分段处理时，重叠加热部分应在 1.5m 以上。

（2）局部热处理。对于尺寸较长不便整体处理，但形状比较规则的简单筒形容器、管件等，可以进行局部热处理。局部热处理时，应保证焊缝两侧有足够的加热宽度。筒体的加热宽度与筒体半径、壁厚有关，可按式（5-3）计算：

$$B = 5\sqrt{R\delta} \quad (5\text{-}3)$$

式中 $B$——筒体加热宽度（mm）；

$R$——筒体半径（mm）；

δ——筒体壁厚（mm）。

局部热处理常采用火焰加热、红外线加热、工频感应加热等加热方法。

3. 焊后热处理的应用。一般焊接结构是不需要采用焊后热处理的，但下列情况一般应考虑焊后热处理：

（1）母材金属强度等级较高，产生延迟裂纹倾向较大的普通低合金钢。

（2）处在低温下工作的压力容器及其他焊接结构，特别在脆性转变温度以下使用的压力容器。

（3）承受交变载荷工作，要求疲劳强度高的构件。

（4）大型受压容器。

（5）有应力腐蚀和焊后要求几何尺寸较稳定的焊接结构。

### 复习思考题

1. 什么是焊接性？影响焊接性的因素有哪些？
2. 金属材料常用的焊接工艺措施有哪些？应如何选用？

## 项目六　常见焊接缺陷与焊接变形

### 基本知识

#### 一、常见焊接缺陷

在焊接生产过程中，由于材料（焊件材料、焊条、焊剂等）选择不当，焊前准备工作（清理、装配、焊条烘干、工件预热等）做得不好，焊接规范不合适或操作方法不正确等原因，焊缝有时会产生缺陷。

常见的焊接缺陷及产生原因，见表5-12，其中裂纹、未焊透、夹渣等缺陷会严重降低焊缝的承载能力，重要的工件必须通过焊后检验来发现和消除这些缺陷。

**表 5-12　　常见焊接缺陷及产生原因**

| 缺陷名称 | 图　例 | 特征及危害性 | 产生原因 |
| --- | --- | --- | --- |
| 未焊透 | 未焊透 | 焊接时接头根部未完全焊透<br>由于减少了焊缝金属的有效面积，形成应力集中，易引起裂纹，导致结构破坏 | 焊速太快，焊接电流过小，坡口角度太小，装配间隙过窄 |
| 夹渣 | 夹渣 | 焊后残留在焊缝中的熔渣<br>由于减少了焊缝金属的有效面积，导致裂纹的产生 | 焊件不洁净，电流过小，焊速太快，多层焊时各层熔渣未清除干净 |

续表

| 缺陷名称 | 图例 | 特征及危害性 | 产生原因 |
|---|---|---|---|
| 气孔 |  | 焊接时，熔池中的气泡在凝固时未能逸出而残留下来形成了空穴<br>由于减少了焊缝有效工作截面，破坏焊缝的致密性，产生应力集中，导致结构破坏 | 焊件不洁净，焊条潮湿，电弧过长，焊速太快，电流过小 |
| 咬边 |  | 沿焊趾的母材部位产生的沟槽或凹陷<br>其危害性与未焊透的危害性相同 | 电流太大，焊条角度不对，运条方法不正确，电弧过长 |
| 焊瘤 |  | 焊接过程中，熔化金属流淌到焊缝之外未熔化，在母材上所形成的金属瘤<br>影响成形美观，引起应力集中，焊瘤处易夹渣，不易熔合，导致裂纹的产生 | 焊接电流太大，电弧过长，运条不当，焊速太慢 |
| 裂纹 |  | 在焊接应力及其他致脆因素共同作用下，由于焊接接头中局部的金属原子结合力遭到破坏而形成的新界面所产生的缝隙<br>往往在使用中开裂，酿成重大事故的发生 | 焊件含 C、S、P 过高，焊缝冷却速度太快，焊接顺序不正确，焊接应力过大 |

## 二、焊接变形

焊接时，工件局部受热，温度分布极不均匀，焊缝及其附近的金属被加热到很高的温度。由于受周围温度较低部分的金属所限制，工件不能自由膨胀，在其冷却后就会发生纵向（沿焊缝长度方向）和横向（垂直焊缝方向）的收缩，从而引起整个工件的变形。焊接变形的主要形式有纵向变形、横向变形、角变形、弯曲变形和翘曲变形等，如图 5-44 所示。

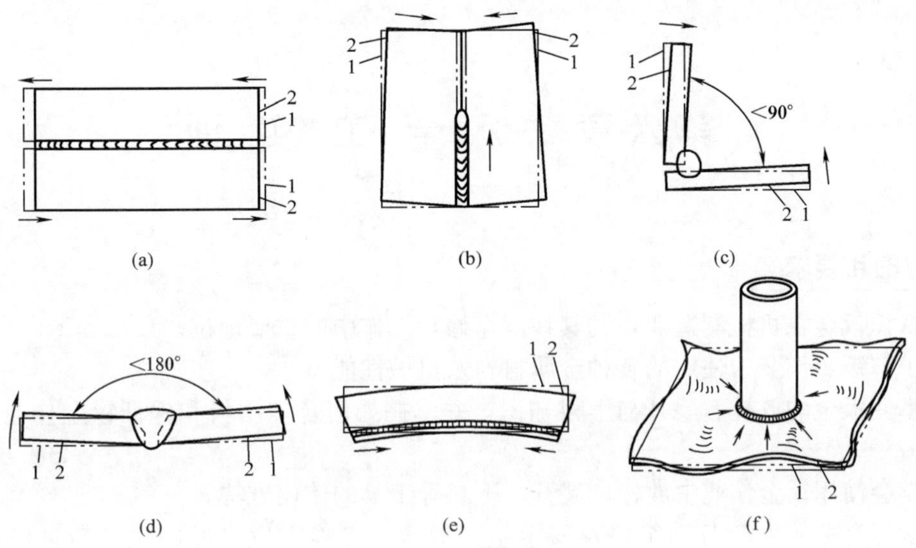


图 5-44　焊接变形的主要形式

(a) 纵向变形；(b) 横向变形；(c) 角接的角变形；(d) 对接的角变形；(e) 弯曲变形；(f) 翘曲变形

1—焊接前；2—焊接后

## 复习思考题

1. 焊接缺陷产生的原因是什么？常见的焊接缺陷有哪些？
2. 焊接变形产生的原因是什么？焊接变形的主要形式有哪些？

# 第六章 钣金工实训

## 目的和要求

1. 认识钣金在机械制造业，尤其在汽车修理工作中的重要地位。

2. 了解钣金作业中使用的各种金属材料及机械性能。

3. 掌握钣金的放样、展开与下料知识，并掌握如何合理用料和保证钣金作业的质量和效率。

4. 学会使用钣金作业中放样、展开、下料等工具的使用方法。

5. 学习有关的生产劳动纪律及安全生产教育，培养学生良好的生产劳动纪律和安全意识。

## 项目一 备 料

### 基本知识

钣金工的对象是用金属板材或各种型材通过钣金加工工艺加工成不同形状的金属构件。汽车钣金构件在汽车制造和汽车修理中的运用是非常普遍的，特别是汽车覆盖件大都是金属薄板制作而成，极易被腐蚀与损坏，钣金作业在汽车修理业中占有极其重要的地位。

**一、钣金常用的金属材料**

金属材料分黑色金属和有色金属两大类。由于性能及价格的关系，在汽车车身钣金材料中，黑色金属占90%以上，其他材料不到10%。

黑色金属是指铁碳合金，按含碳量高低分为低碳钢、中碳钢、高碳钢；按其材料断面形状分为板材、管材、型钢和线材四类。有色金属有铜及铜合金、铝及铝合金等。

（一）黑色金属

1. 板材。钢板按其材料性质分为普通钢和优质钢薄钢板、镀层薄钢板两种；按轧制方法分为热轧钢板和冷轧钢板两类；按其厚度不同分为薄钢板和厚钢板两类。通常薄钢板是指厚度在4mm以下的钢板；厚钢板是指厚度在4mm以上的钢板，而习惯上又常把4.5～25mm的钢板称为中板，60mm以上的钢板称为特厚板。

(1) 薄钢板。薄钢板通常是指用冷轧或热轧方法生产的厚度在4mm以下的钢板。它是汽车钣金构件的主要材料。

① 普通钢和优质钢薄钢板。这类板材是经冷轧或热轧获得的。常用的普通板有普通碳素钢板、低合金结构钢板、酸洗薄钢板等；常用的优质板有优质碳素钢板、合金结构钢板、不锈钢板、深冲压用冷轧钢板和搪瓷用热轧钢板等。冷轧钢板具有较好的塑性和韧性，适宜弯曲拉伸，不易断裂。热轧钢板塑性和强度适中，其延伸性较冷轧板差，容易开裂，但由于其价格便宜，常用于制作通用产品。

这类钢板由于有中度抗拉强度、塑性较高、硬度较低、焊接性好，最适于汽车镀金加工，如汽车驾驶室、油底壳、燃油箱、车厢等都选择这两种钣材，这类薄钢板的缺点是容易生锈。

② 镀层薄钢板（俗称白铁皮）。这类板材是在冷轧或热轧薄钢板的表面镀一层有色金属膜而成。按镀层材料不同可分为镀锌薄钢板、镀锡薄钢板和镀铅薄钢板等。

镀锌薄钢板又称白锌板，具有耐腐蚀及表面美观的特征，其表面发白，分平光和花纹（镀锌层结晶）两种，适合制造防腐容器，如顶棚及房屋水道管等；镀锡薄钢板也称马口铁，其表面光亮美观，呈银白色，最适合制作食品容器。这两种镀层板耐蚀性能好，对人体无毒害作用，常用来制作一些日用器具。

镀铅薄钢板也叫白铅板，耐腐蚀性能极强，最适合做一些耐酸容器，如汽车燃油箱、储油器等。但因铅有毒，不适合制作食品容器及经常与人体接触的器具。

(2) 特殊钢板。常用的特殊钢板有特殊复合钢板和花纹钢板。

特殊金属复合钢板又称双金属板，它是以一种金属材料为基体，再复合上另一种金属材料，以达到既能满足需要又能降低成本的目的。如不锈钢复合板可以部分代替不锈钢板，用于制造耐腐蚀及防锈的容器、管件和防护罩等；铜—钢双金属板用于制造电工、高压热交换器等。

花纹钢板表面有高低不平的菱形或扁豆形花纹，如图 6-1 所示。花纹板具有防滑作用，用于制造脚踏板、扶梯等。

2. 型钢。型钢的种类很多，根据断面形状分为简单断面型钢和复杂断面型钢。简单断面型钢有圆钢、方钢、六角钢、扁钢和角钢；复杂断面型钢有槽钢、工字钢、螺纹钢等。

圆钢、方钢、六角钢、扁钢均由热轧、冷轧或锻制而成。其中圆钢、方钢、六角钢常用于切削加工；而扁钢常用于制作框架、箍、拉条等焊接构件。

角钢分等边角钢和不等边角钢两种，大小用号数表示，如 3 号角钢表示边长为 30mm 的等边角钢。角钢常用于制作框架式构件或焊接构件。角钢断面形状如图 6-2 所示。

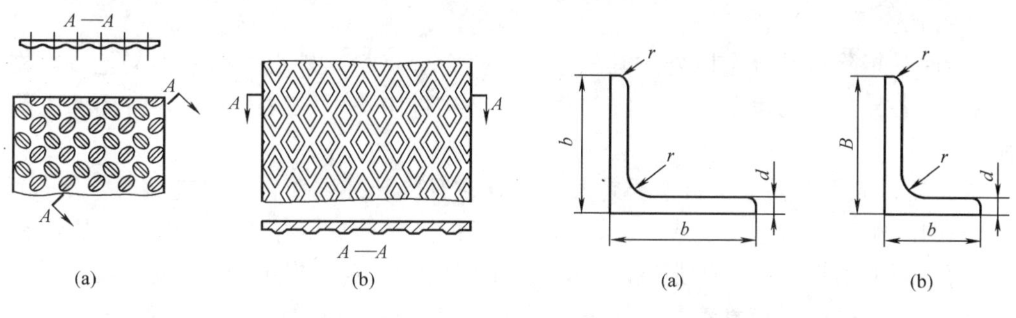


图 6-1 花纹钢板
(a) 扁豆形花纹；(b) 菱形花纹

图 6-2 角钢断面
(a) 等边角钢；(b) 不等边角钢

槽钢分热轧槽钢、热轧轻型槽钢、普通低合金结构钢轻型槽钢三大类，规格用号数表示，如 10 号槽钢表示高度为 100mm 的槽钢。槽钢常用于制作梁、柱及车辆底盘等，其断面形状如图 6-3 所示。

工字钢分热轧普通工字钢、热轧轻型工字钢和低合金结构钢热轧型工字钢三大类，其规格用号数表示，如 10 号工字钢表示高度为 100mm 的工字钢。由号数后的 $a$、$b$、$c$ 表示工字钢的不同腰厚。工字钢主要用于横梁、道轨等重载荷的构件，断面形状如图 6-4 所示。

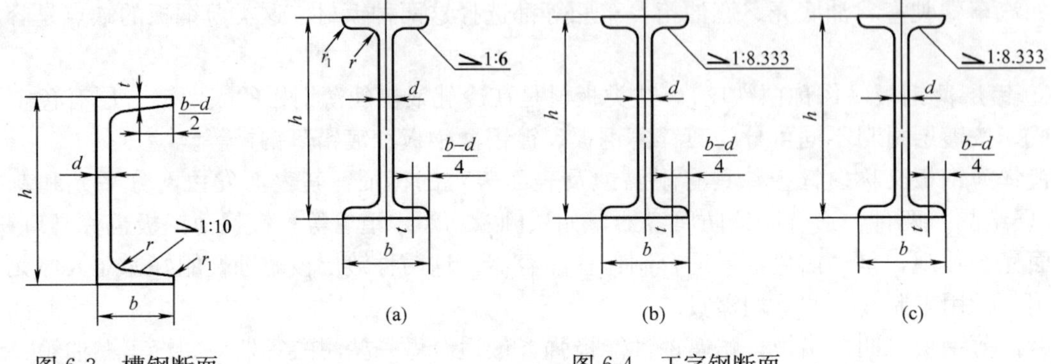


图 6-3 槽钢断面

图 6-4 工字钢断面

(a) 热轧普通工字钢；(b) 热轧轻型工字钢；(c) 低合金结构钢热轧型工字钢

螺纹钢的直径各不相同，主要用于建筑构件做钢筋水泥的骨架。

3. 管材。钢管分无缝钢管和有缝钢管两大类。

(1) 无缝钢管。无缝钢管由整块金属轧制而成，断面无接缝。按生产工艺不同分为热轧管、冷轧管、挤压管；按断面形状分为圆形管和异形管；根据壁厚不同分厚壁管和薄壁管。异形管有方形、椭圆形、三角形等多种复杂形状。

无缝钢管主要用于高精度构件、高压管道等构件。材料有普通碳素结构钢、优质碳素结构钢和合金结构钢多种。

(2) 有缝钢管。有缝钢管又称焊接管，用钢带成形后焊接而成。它有镀锌和不镀锌两种。镀锌管防锈性好，可以用于水管等易腐蚀地方；不镀锌管用于一般管道系统。

4. 线材。线材是用拉拔或轧制等方法制成长度很长的细丝状材料，其直径约在 15mm 以下并卷成盘状，如铅丝等。线材主要用作钢筋混凝土的配筋和焊接结构件或再加工（如拔丝，制钉等）原料，IT 行业应用也很广。

(二) 有色金属

有色金属是指除铁碳合金以外的其他金属及其合金材料，外观大都有不同色泽，物理化学及机械性能各异。它与黑色金属一样，都是钣金构件中不可缺少的材料，常用的主要有铜材和铝材。

1. 铜板类。常用的钣金材料主要是薄铜板，它有冷轧纯铜薄板和冷轧铜合金薄板两种。

(1) 纯铜薄板。纯铜薄板呈紫红色，又称紫铜板。它具有良好的导电性、导热性和耐腐蚀性，还有良好的塑性，但抗拉强度较低，适用于压力加工。纯铜价格较贵，在汽车上主要用于气缸垫、进（排）气歧管垫片、轴承垫片和散热气管、制动管等。

(2) 铜合金薄板。铜合金薄板主要指黄铜板。它塑性较好，比纯铜强度高，价格便宜，用于各种成形加工和手工制作各种钣金零件，如汽车散热器、暖风散热管等。纯铜和黄铜焊接性好，适用于气焊和钎焊。

2. 铝板类。常用铝板有纯铝薄板和铝合金薄板两种。

(1) 纯铝薄板。纯铝薄板是银白色轻金属。它熔点较低，密度小，具有良好的塑性、导电性、导热性和耐腐蚀性，一般用于制作耐腐蚀容器、油桶和各种形状的拉伸件和弯曲件。但铝板抗拉强度较低，不宜制作大载荷构件。

(2) 铝合金薄板。铝合金薄板是在纯铝中加入硅、锰、铜、镁等合金元素轧制而成。它的强度和耐腐蚀性比纯铝显著提高，并保持了高塑性等原有的良好性能，适用于制作较重要的拉伸件和各种钣金件，如客车覆盖件、装饰件、铆钉等。

铝合金薄板分防锈板、硬铝板、一般板等。它还有专门的铝型材压延拉制而成，一般用于仪器仪表外壳、客车嵌条，及装饰件、门窗装修等。

铝材可进行喷砂、氧化处理，使外观更美观。但它的可焊性较差，按照特定的工艺如氩弧焊、接触焊等才能获得较好的焊接效果。

## 二、钢材的预处理

在钣金作业中，有些金属材料根据使用的情况需进行预处理，其目的是清除材料表面的锈痕、油污、氧化皮等。有些材料还需进行消除应力、校平、校直等工作，以便使钣金作业能够顺利进行。金属材料在钣金加工前进行的所有准备工作，统称为钢材的预处理。预处理的质量，直接影响钣金构件的成形、尺寸及表面质量，还直接影响钣金加工过程中的工艺性能。

因此，在钣金加工前，较重要的、精度稍高的一些构件，一定要进行所用材料的预处理。根据经验，金属材料的预处理一般包括表面处理、软化处理、整形处理、预加工四个方面。

### (一) 金属材料的表面处理

金属材料的表面处理主要是指清除材料表面的油污、锈蚀、氧化皮等，使之能够适合钣金加工的需要，并不致影响设备模具的寿命。

钣金材料的清理是借助于清洗设备或工具，将清洗介质作用于钣金材料表面，以除去表面污物和锈蚀物等，使之达到一定光洁度的加工方法。钣金件与毛坯材料常用的清理方法有浸渍擦刷、喷淋洗涤、机械清理、混合清洗等多种，它们的功能用途见表 6-1。

**表 6-1　钣金材料与金属毛坯常用的清理方法**

| 清洗方法 | 浸渍清理 | 喷淋洗涤 | 机械清理 | 气相清理 | 电解清理 | 超声清理 | 混合清洗 |
|---|---|---|---|---|---|---|---|
| 配用清洗液或介质 | 有机溶剂、水基清洗液、碱液、酸液 | 有机溶剂、各种清洗液、清水 | 磨具、磨料、抛光膏、砂布、清水 | 氮化烃类蒸气 | 酸、碱电解液和水基液等 | 各种相应清洗液 | 各种清洗液 |
| 设备工具 | 清洗槽擦刷工具 | 喷淋设备、喷洗装置 | 砂轮、砂带、喷丸、滚磨刷光机等 | 气相清洗设备 | 电解设备 | 超声清洗设备 | 多步清洗设备 |
| 作　用 | 除油、除锈、除小毛刺 | 除油、除锈 | 除锈、除各种毛刺 | 除油 | 除油、除锈、除小毛刺 | 除油、除锈、除黏附物 | 除油、除锈、除小毛刺 |

1. 利用溶解、皂化、乳化作用将金属表面上的油污去掉。常用的除油清洗液有有机溶剂除油清洗液、碱液除油清洗液、乳化除油清洗液等。清洗液对钣金油污有湿润、溶解、吸附、卷离、乳化、分散及化学腐蚀等多种作用，每种清洗液都有各自的适用范围，起一种或几种作用，在使用中应根据情况灵活掌握使用，在一般情况下，清除油污的效果取决于污物的性质，油污的数量、工件表面的质量以及清洗方法和清洗液浓度都直接影响清洗速度和清洗效果；同等条件下，加热可促进清洗过程，机械力、液力或电解作用则会增强

清洗效果。

金属清除油污的溶剂要求具有溶解力强、不易着火、毒性小、挥发缓慢、不易引起空气中的水分冷凝于钢材表面的诸多特性，并且，还要尽量考虑溶剂的经济性，即价格要低廉。在实际工作中，完全满足这些条件很难，但必须根据实际情况灵活掌握。

2. 清除铁锈。锈是金属表面的腐蚀物。在不同的贮运、保管、加工环境条件下，材料由于存放时间太长或保管不善，各种金属都会生成不同的腐蚀物——氧化生锈。从外观上看，轻度腐蚀的金属表面一般都是失去原有光泽而变暗。腐蚀程度加重时，钢铁表面呈褐色、棕色，甚至出现麻点和疤痕；铜及铜合金表面则出现黑色或绿色堆积物；铝合金、镁合金会出现白色粉末，甚至出现锈坑；镀锌板表面也会出现白色粉末；热轧钢材表面本身就带有一层轧后留下的氧化皮。这些腐蚀物对板材成形质量影响极大，同时也会加剧模具的磨损。因此，在钣金加工前，一般都要将这些有害物质清除掉。

清除这些有害物质常用机械方法和化学方法。

(1) 机械除锈法。机械除锈法是利用机械设备工具或手工工具清除锈蚀的方法。

① 机械设备及工具除锈。随着科学的发展，用于除锈的机械设备及工具越来越多。常用的除锈机械设备及工具有：

风动刷——利用压缩空气带动钢刷除轻锈。

电动刷——利用电机带动钢刷除轻锈。

电动砂轮——利用电动砂轮机清除重锈。

还有除锈枪、针束除锈器等。

喷砂除锈——广泛应用于钢板、钢管、型钢及各种钢制构件。它既能清除工作表面的锈蚀及氧化皮和各种污物，又能使之产生一层均匀的粗糙表面，清除微小毛刺。喷砂法质量好、效率高，但污染比较厉害，需在密封的容器内进行。喷砂除锈分干喷砂除锈和液体喷砂除锈两种方法。干喷砂除锈是利用压缩空气的压力，将砂粒以很高的速度喷射到钢材表面上，将氧化皮、铁锈以及油垢漆膜等杂物去掉；液体喷沙除锈又称水力喷砂除锈，原理与干喷砂除锈相似，利用磨液泵和压缩空气，把磨料喷射到钢材表面，达到除锈和除油污的目的。这种方法效率高，消耗磨料少，而且对环境污染程度也有很大改善。

抛丸除锈——利用高速旋转的抛丸器叶轮将磨料投向材料表面，依靠高速弹丸（弹丸直径 0.6～0.9mm）的冲击以及与材料表面的摩擦来达到除锈除油的目的。

② 手工除锈法。手工除锈法是利用手工工具除锈，常用的有铲刀铲锈，刮刀刮锈、砂布擦锈、钢丝刷刷锈等方式。它只适于小范围的除锈和难以用机械加工的方法除锈的部位，虽机动但效率低。

(2) 化学除锈。化学除锈俗称酸洗。一般是用酸碱溶液按一定配比装入槽内，将工件放入浸泡一定时间，待锈痕清除干净，必要时再用碱液进行中和处理，以防止余酸的腐蚀。常用的化学除锈侵蚀液见表 6-2。

**表 6-2　　常用化学除锈侵蚀液**

| 序号 | 槽 液 | 配比/（g/L或%） | 温度/℃ | 时间/min | 适用与说明 |
|---|---|---|---|---|---|
| 1 | 盐酸<br>若丁 | 200～250<br>0.5～1 | 室温 | — | 钢铁 |

续表

| 序号 | 槽　液 | 配比/（g/L或%） | 温度/℃ | 时间/min | 适用与说明 |
|---|---|---|---|---|---|
| 2 | 硝酸<br>若丁 | 700～1000<br>0.5～1 | 室温 | — | 钢铁、磁性<br>氧化皮 |
| 3 | 硫酸<br>硫酸高铁 | 100<br>100 | 40～50 | 直至锈痕<br>清除干净 | 薄壁铜材 |
| 4 | 硫酸<br>（密度为 1.84g/cm³）<br>水 | 5%～10%<br>余量 | 室温 | 1～5 | 紫铜 |
| 5 | 硝酸<br>重铬酸钾<br>水 | 5%<br>1%<br>余量 | 10～35 | 5～10 | 铝及其合金 |
| 6 | 苛性钠 | 40～60 | 45～60 | 2 | 铝及其合金 |

（二）金属材料的软化处理

钣金作业使用的一些钢材和型材，由于在轧制过程中，加热温度比较高，材料组织粗大，成分不均匀；轧制的钢材还有方向性，纵向和横向承载能力大不相同；塑性指标也不同，有的材料由于轧制时的冷却条件不同也会产生硬度不均匀的现象，使塑性变差，脆性增大；一些冷作加工，不能一次成形。在钣金作业中，第一次加工过程中产生应力增加的现象，不利于钣金工艺加工，如不妥善处理，就会造成成形不易甚至开裂现象，造成钣金加工的废品，使钣金工作不能进行。这就需要在钣金加工前对于两次以上才能成形的构件，在每次加工后都应进行一次软化处理。

钣金材料常用的软化处理办法有退火处理、消除应力处理和正火处理。

1. 钢的退火处理。钢材的退火是将钢加热到临界温度以上 30～50℃，保温一段时间，然后随炉冷却的热处理方法。

对于钣金用钢材来讲，因为常用板材一般均为含碳量在 0.2%以下的低碳钢，故完全退火也主要是指低碳钢的完全退火，它的退火温度一般控制在 860～880℃。完全退火后的钢材，硬度大大降低，塑性和韧性有了很大提高，改善了内部组织结构，消除了内应力，这就为钣金工艺加工创造了良好的条件。

2. 钢的正火处理。对于低碳钢来说，正火处理也可较好地满足钣金加工的需要。

钢的正火是将钢材加热到临界温度以上 30～50℃，保温一段时间，在空气中冷却。正火后的钢，消除了内应力，虽硬度比退火后较高，但正火工艺简单、经济、效率高，所以应用很广泛。

3. 钢的消除应力处理（低温退火）。将钢材加热到 500～650℃，保温一段时间，然后缓慢冷却的方法称为消除应力处理。

对于两次以上的拉伸构件来讲，消除每次拉伸后产生的应力是很重要的。采用退火、正火处理易产生较厚的氧化皮，直接影响下一轮加工，而消除应力处理的加热温度仅在 500～650℃，钢的金相组织不会发生变化，也不会明显产生氧化皮，但对消除冷塑性变形加工中产生的内应力作用很大，可为下一步的钣金加工创造良好的条件。

总之，通过钣金材料的软化处理，可达到细化组织、均匀成分、降低硬度、提高塑性的目的，使钣金材料在各个方面上的力学性能相同，增强了工艺性，为钣金作业创造更为有利的条件。

（三）金属材料的整形处理和预加工

整形处理是指有些钣金材料在加工运输过程中，往往有各种各样疵病，如轧制时产生的不规则边，裁板时产生刺以及坑凹变形等，直接影响放样及钣金工作的正常进行，需要对所存疵病进行去除。一般来讲，不规则毛边需机器或手工切除；毛刺需锉、刮修光；坑凹、弯曲需进行整形、矫正；而焊割时产生的熔瘤则需用砂轮磨平或錾削切除。影响钣金作业的各种疵病都需采取妥当措施，予以修整。各种修整方法见表6-3。

表6-3　　修整方法

| 序号 | 疵　病 | 修理方法 | 工　具 |
|---|---|---|---|
| 1 | 焊瘤 | 錾削、砂轮磨削 | 电动或风动砂轮机、錾子 |
| 2 | 不规则毛边 | 剪切、錾削 | 剪板机、手剪、錾子 |
| 3 | 边缘毛刺 | 锉削、手工打磨、刮削 | 锉刀、油石、砂布刮刀 |
| 4 | 坑凹、弯曲 | 手工整形 | 锤子、木锤、垫板 |
| 5 | 局部锈蚀及氧化皮 | 打磨、刷除 | 砂布、砂轮、钢丝刷 |
| 6 | 孔边毛刺 | 划孔、倒角 | 钻床、钻头、刮刀 |

钣金材料的预加工是在钣金构件中（如车身覆盖件上），有许多成形后不易加工的孔、凹沟槽（或在许多拉伸件中的预制孔）等，均需在钣金作业前预先加工出来，需要采用各种金属切削加工的办法来进行。

## 项目二　放样的基本知识

依靠施工图把工件的实际大小和形状画到施工板料或样板材料上的过程叫放样（又叫放大样）。放样是施工下料的第一道工序，与钣金展开、下料有着极其密切的关系。

用图解法作展开图的第一道工序就是放样。

学习放样图与钣金构件展开图，首先必须学好放样展开图的基础知识，需要了解常用几何作图方法，各种几何形体的分析，断面图在放样图中的应用，放样图与施工图的关系，放样在钣金展开中的作用等知识。只有熟练地掌握了放样的基本技能，才能为钣金展开的正确操作打好基础。在放样工作与钣金工作中，由于所作图形大都是在平面板料上作出，单纯依靠直尺量具是很难测量的，所以除必要的量具外，大都借助于划线工具来保证图形的准确度。

### 一、基本几何图形画法

钣金作业的放样展开都由基本图形组成，这里介绍几个常用基本图形的简便画法。

（一）直线的画法

直线长不超过1m时，可用直尺画；直线长不超过8m时，用弹线法画；直线长超过8m时，用拉钢丝的方法画。

（二）大圆弧、曲线的画法

大圆弧是指放样与展开过程中遇到的曲率较小、划规与地规无法划出的大半径圆弧。

曲线是指对展开后获得的一系列特殊点，用不同曲率的平滑连接而成的曲线。

1. 大圆弧的简便画法。实际工作中，如果圆心能找到并且条件允许时（如圆心与欲作圆弧之间平整、无障碍），经常采用图 6-5 所示的简便画法。

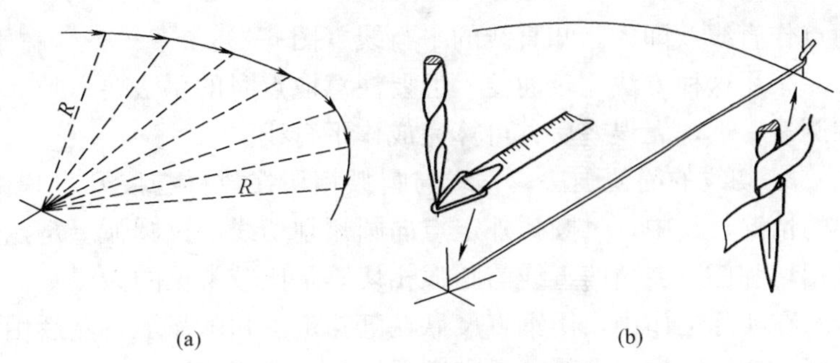

图 6-5　大圆弧的简便画法
（a）取点法；（b）直接画弧

（1）在欲作圆弧区间，以适当间隔用钢卷尺量取一些距圆心等于半径的点，这些点就是所要作圆弧上的点。平滑连接这些点，即为所作大圆弧，如图 6-5（a）所示。

（2）将钢卷尺或钢丝的一端套在立在圆心上的划针上，另一端卷住一支划针或石笔，使其跨度等于半径并慢慢绕圆心移动，直接画出圆弧。画的过程中要随时拉紧尺条或钢丝，使其保持平直。必要时可由其他人在尺条的中部，随划针的移动慢慢推动尺条，以保持平直，如图 6-5（b）所示。

以上两种简便画法如操作得当，完全可以画出符合要求的圆弧。

2. 平滑连接曲线。在放样与展开作图中，经常会将一些求出的特殊点平滑连接起来，以构成平面图形的轮廓。实际工作中，常用钢直尺或其他具有一定弹性而又柔软的板条或钢丝，将其扳弯，使相邻的至少 5 点与其吻合（其中头两点与前一次连线的尾点重合）而连接这些点，画出平滑连接曲线。

画圆滑连接曲线上注意：

（1）为保证曲线平滑和连续性，曲线两端应适当多取一个或多个辅助点。

（2）每次连线的长度，应比与钢直尺吻合部分稍短，但不得少于 3 点。

### （三）垂线、平行线、切线的画法

1. 垂线的画法。画垂线的理论方法很多，在放样与展开的实际操作中，长度较短的垂线可直接用 90°角尺划出。当需画的垂线较长时，如用 90°角尺画垂线再延长，容易产生误差，所以，常用钢直尺、划规或地规，采用几何作图的方法来画。

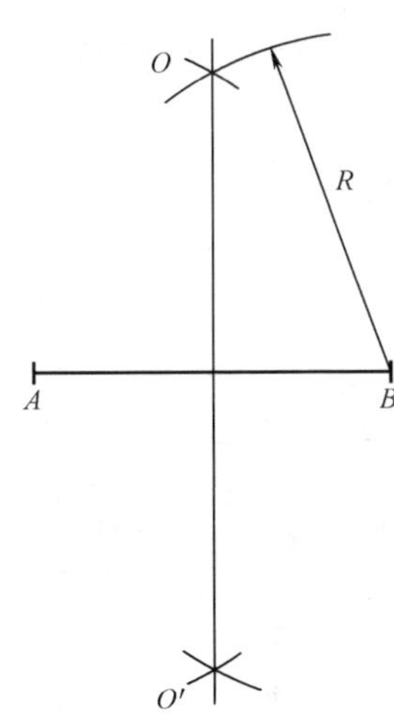

图 6-6　作已知线段的垂直平分线

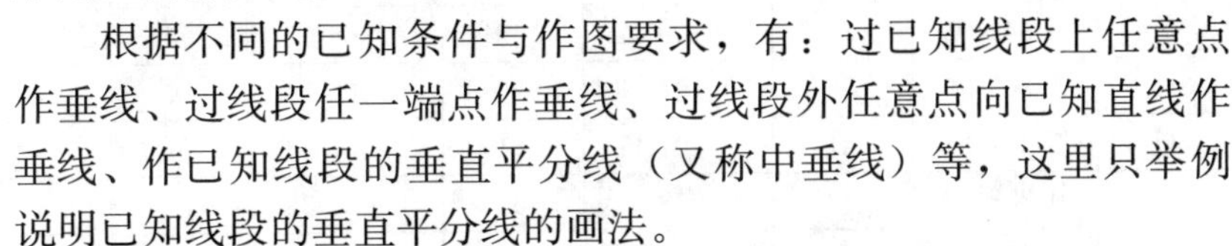
根据不同的已知条件与作图要求，有：过已知线段上任意点作垂线、过线段任一端点作垂线、过线段外任意点向已知直线作垂线、作已知线段的垂直平分线（又称中垂线）等，这里只举例说明已知线段的垂直平分线的画法。

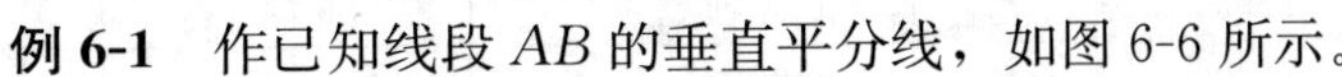
**例 6-1**　作已知线段 $AB$ 的垂直平分线，如图 6-6 所示。

（1）分别以线段两端 $A$、$B$ 为圆心，以大于 $AB/2$、小于 $AB$ 为半径画弧，交 $AB$ 线上下于 $O$、$O'$ 两点。

（2）连 $OO'$，直线 $OO'$ 即为线段 $AB$ 的垂直平分线。

2. 平行线的简便画法。在已知直线的同侧，用钢卷尺或钢直尺以适当间隔量取两点（注意钢卷尺的尺条和钢直尺要尽量垂直于已知直线），并使所取点距直线的距离等于所要求的距离。过这两点作直线，即为已知直线的平行线（图 6-7）。

采用这种方法比较简便，但要注意取点时的手法要一致。取点连线后，要在线的两端分别测量一下，无误差后方可算完成作平行线。

3. 切线的简便画法。直线与圆弧相切在放样与展开过程中，会遇到许多直线与圆弧相切的情况。其中，过圆弧外定点向圆弧划切线、过圆弧上定点作圆弧的切线、直角两边与圆弧相切和任意夹角两直线与圆弧相切等是比较常见的。

在实际工作中，用钢直尺靠在已知定点和圆弧上，然后用划针或石笔直接画线，是一种简便、实用的作法，并获得广泛采用，如图 6-8 所示。

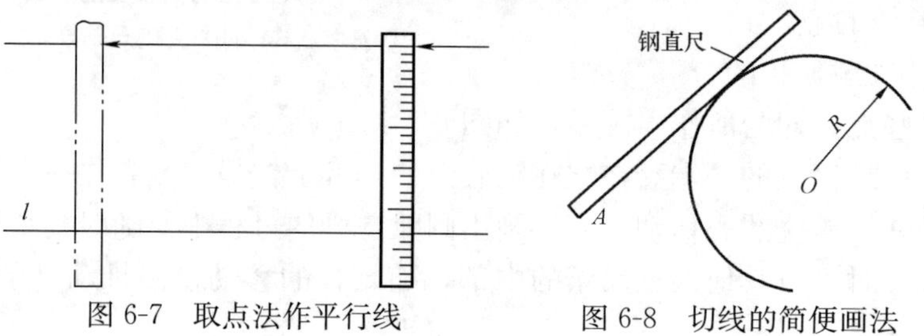


图 6-7　取点法作平行线　　　图 6-8　切线的简便画法

（四）圆的等分与圆内接多边形的画法

1. 计算法（系数法任意等分圆周）。若已知圆直径和等分数，可由三角函数算出每一等分边长。为便于作图，可利用等分好的圆周系数表，见表 6-4。

**表 6-4**　　**等分圆周系数表**

| $n$ | $K$ | $n$ | $K$ | $n$ | $K$ | $n$ | $K$ | $n$ | $K$ |
|---|---|---|---|---|---|---|---|---|---|
| 1 | 0 | 21 | 0.149 04 | 41 | 0.076 55 | 61 | 0.051 48 | 81 | 0.038 78 |
| 2 | 1 | 22 | 0.142 31 | 42 | 0.074 73 | 62 | 0.050 65 | 82 | 0.038 3 |
| 3 | 0.866 03 | 23 | 0.136 17 | 43 | 0.073 | 63 | 0.049 85 | 83 | 0.037 84 |
| 4 | 0.707 11 | 24 | 0.130 53 | 44 | 0.071 34 | 64 | 0.049 07 | 84 | 0.037 39 |
| 5 | 0.587 79 | 25 | 0.125 33 | 45 | 0.069 76 | 65 | 0.048 31 | 85 | 0.036 95 |
| 6 | 0.5 | 26 | 0.120 54 | 46 | 0.068 24 | 66 | 0.047 58 | 86 | 0.036 52 |
| 7 | 0.433 88 | 27 | 0.116 09 | 47 | 0.066 79 | 67 | 0.046 87 | 87 | 0.036 1 |
| 8 | 0.382 68 | 28 | 0.111 96 | 48 | 0.065 4 | 68 | 0.046 18 | 88 | 0.035 69 |
| 9 | 0.342 02 | 29 | 0.108 12 | 49 | 0.064 07 | 69 | 0.045 52 | 89 | 0.035 29 |
| 10 | 0.309 02 | 30 | 0.104 53 | 50 | 0.062 79 | 70 | 0.044 86 | 90 | 0.034 9 |
| 11 | 0.281 73 | 31 | 0.101 17 | 51 | 0.061 56 | 71 | 0.044 23 | 91 | 0.034 52 |
| 12 | 0.258 82 | 32 | 0.098 02 | 52 | 0.060 38 | 72 | 0.043 62 | 92 | 0.034 14 |
| 13 | 0.239 32 | 33 | 1.095 06 | 53 | 0.059 24 | 73 | 0.043 02 | 93 | 0.033 77 |
| 14 | 0.222 52 | 34 | 0.092 27 | 54 | 0.058 14 | 74 | 0.042 44 | 94 | 0.033 41 |
| 15 | 0.207 91 | 35 | 0.089 64 | 55 | 0.057 09 | 75 | 0.041 88 | 95 | 0.033 06 |
| 16 | 0.195 09 | 36 | 0.087 26 | 56 | 0.056 07 | 76 | 0.041 32 | 96 | 0.032 72 |
| 17 | 0.183 75 | 37 | 0.084 81 | 57 | 0.055 09 | 77 | 0.040 79 | 97 | 0.032 38 |
| 18 | 0.173 65 | 38 | 0.082 58 | 58 | 0.054 14 | 78 | 0.040 27 | 98 | 0.032 05 |
| 19 | 0.164 59 | 39 | 0.080 47 | 59 | 0.053 22 | 79 | 0.039 76 | 99 | 0.031 73 |
| 20 | 0.156 43 | 40 | 0.078 46 | 60 | 0.052 34 | 80 | 0.039 26 | 100 | 0.031 41 |

计算公式：

$$a_n = KD \tag{6-1}$$

式中 $a_n$——正 $n$ 边形一边长度（mm）；

$D$——正 $n$ 边形外接圆直径（mm）；

$K$——$n$ 等分时等分系数。

2. 作图法。

**例 6-2** 画圆内接正六边形，如图 6-9 所示。

（1）以 R 为半径作圆 $O$。

（2）过 $O$ 作互相垂直的两直径分别交圆 $O$ 于 $A$、$B$，$C$、$D$。

（3）分别以 $A$、$B$ 为圆心，以 $R$ 为半径作弧交圆 $O$ 于四点，$E$、$F$、$G$、$H$，将圆周六等分。

（4）连接 $A$、$E$、$F$、$B$、$G$、$H$ 各点，即为所求内接圆。

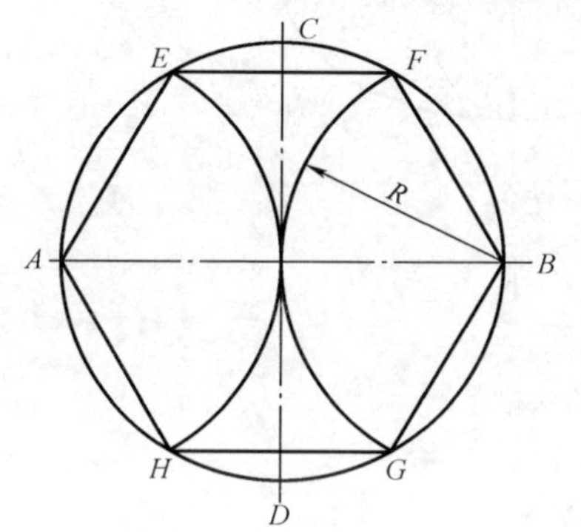


图 6-9 作直径为 $D$ 的圆内接正六边形

（五）任意角的画法

在放样与展开工序中，经常会画出不同角度的角。对于 30°、45°、60°等特殊角和它们的余、补角，都可以用划规和钢直尺用几何作图法画出。但任意角度的角如 37°、55°、72°30′等，用划规和钢直尺是无法画出来的。虽然可以用各种规格的量角器来画，但量角器不可能做得太大，对于较大尺寸的放样，其精度显然不能满足要求。一般常采用正切法（求斜率）来画任意角度，查表或计算出角 $\alpha$ 或（$90°-\alpha$）的正切值后作出，如图 6-10 所示。

（六）椭圆的画法

在放样与展开工序中，经常会遇到画椭圆。椭圆有两种常用画法。

**例 6-3** 已知椭圆的长轴 $ab$、短轴 $cd$，画一椭圆，如图 6-11 所示。

（1）画 $cd \perp ab$ 且互相平分，交点为 $o$。

（2）以 $o$ 为圆心，分别以长轴和短轴为直径画圆。

（3）将大圆周作任意等分，等分点与圆心连线，即将小圆周也作了相应的等分。图 6-11（a）中将圆周作了 12 等分，大圆周等分点为 1、2、3、…、12，小圆周等分点相应为 1′、2′、3′、…、12′。

（4）由大圆周各等分点向长轴作垂线，由小圆周各等分点向短轴作垂线。各相应垂线交点为 $e$、$f$、$g$、$h$，$i$、$j$、$k$、$l$ 各点。

（5）平滑连接 $a$、$e$、$f$、$c$、$g$、$h$、$b$、$i$、$j$、$d$、$k$、$l$、$a$ 各点，所得封闭曲线即为

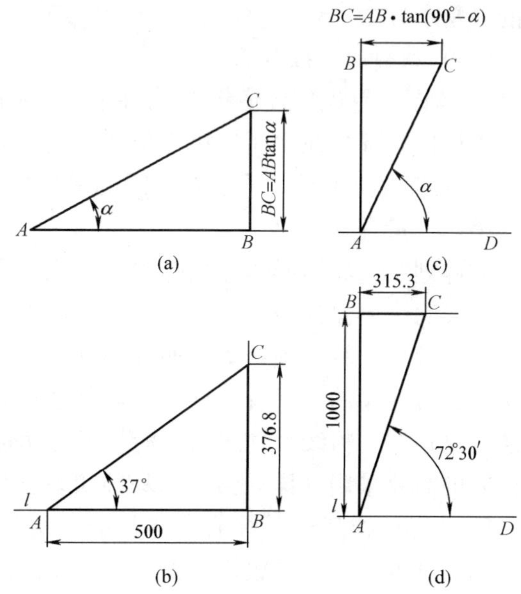


图 6-10 用正切法画任意角

（a）0°<$\alpha$<45°时的画法；（b）画 $\alpha$=37°角；（c）45°<$\alpha$<90°时的画法；（d）画 $\alpha$=72°30′角

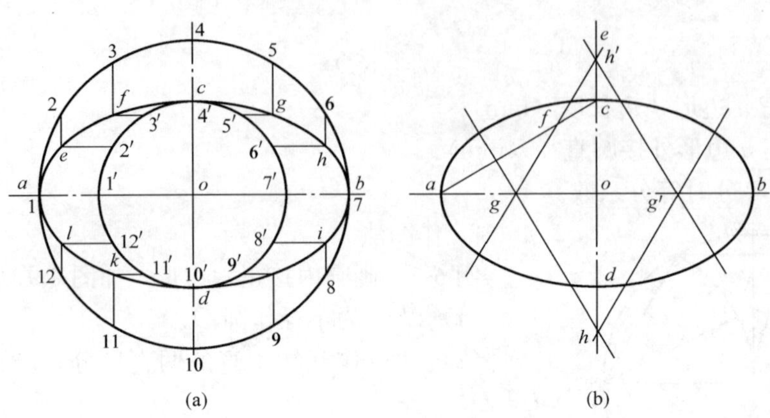


图 6-11 椭圆的画法

(a) 同心圆画法；(b) 四心圆画法（具体方法略）

椭圆。

## 二、放样与样图

钣金展开的方法有两种，即图解法和计算法。目前，我国通用的钣金展开法一般都采用图解法。

所谓图解法，就是根据施工图通过一系列划线作图，从而得到展开图的方法。

（一）放样

放样（又叫放大样），就是根据施工图的要求，按正投影原理，把构件的形状、尺寸按1∶1的实际形态画到施工板料或样板材料上，这样画出来的图就叫放样图。随着科学技术的不断发展，已经出现了光学放样自动下料的新工艺和电子扫描放样的新技术，并正在逐步推广应用。但在实际工作中，多为单件作业或小批量生产，所以实尺放样仍然是目前广泛应用的最基本方法。

（二）放样的一般步骤

1. 读图。首先要读懂钣金构件的施工图和主要内容，并对构件的形状尺寸进行分析，整理出构件各部分在空间的相互位置、尺寸大小和形状。

2. 准备放样工具。了解施工图的各项要求后，根据放样的具体情况准备放样所需的工具、夹具、量具等。

放样划线的具体操作包括标志中心线、画轮廓线、定位线等。

划线除了要保证线条清晰均匀外，最重要的是保证尺寸准确。为了保证生产尺寸准确。提高工作效率，就必须熟练掌握各种基本几何图形的画法及正确准备和使用工具。在钣金划线中，通常使用的工具有划针、圆规（划规）、角尺、样冲和曲线尺等，除此以外经常用到的还有量角器、粉线、划线盘、游标万能角度尺和各种不同长度的直尺等，均需根据施工图放样时的需要采用（详见第一章基础知识三与第二章钳工实训项目二划线）。

3. 选择放样基准。所谓放样基准，实际上是划线基准，即放样划线时起点的基准线、基准面、基准点。通常放样基准与设计基准是一致的。

基准的确定，通常情况下应选构件的对称面、底面、重要的端面以及回转体的轴线等。在板料放样划线中，基准一般只选择两个，具体可根据以下三种情况来选择，如图 6-12 所示。

（1）以两个互相垂直的平面或直线作为基准，如图 6-12(c)所示。

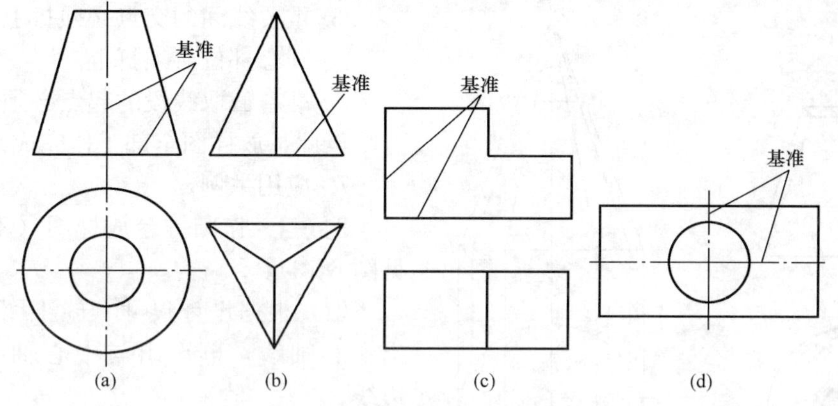


图 6-12 划线基准的选择

(2)以一个平面和一条中心对称轴线作为基准，如图 6-12(a)、(b)所示。

(3)以一个平面和两条中心对称轴线作为基准，如图 6-12(d)所示。

4. 划线的基本规则。为了保证划线质量和准确性，必须严格遵守以下规则：

(1) 垂直线必须用作图法画，不能用量角器和 90°角尺划。

(2) 用圆规在钢板上画圆、画弧或画分度尺寸时，为防止圆规脚尖的滑移，必须先用样冲冲出脚眼。

(3) 放样划线后要认真检查各部分线条有无遗漏，各部分尺寸位置是否正确。

5. 放样划线时的注意事项。

(1) 核对板材的型号规格是否与施工图要求相符；对于重要产品所用材料，应有合格检验证，板材的化学成分和机械性能应符合施工图规定的要求。

(2) 划线前板材表面应干净、平整，如表面发现呈波浪形或凹凸不平过大时，会直接影响划线的准确性，应事先加以矫正。

(3) 注意检查材料表面有无夹渣、麻点、裂纹等缺陷，如果有，应错开排料，以避免出现废品浪费材料。

(4) 划线工具（如直尺、角度尺等计量工具）应定期检查矫正，尽可能采取高效率的具、卡具和量具。

(5) 划线前应在划线部位刷涂料，以便辨认线痕。

6. 放样操作。

(1) 首先作出所选择的基准线，对于图形对称的零件、构件，一般先作出中心线和垂直线，作为其他线的基准。对于非对称零件，对板料加工来说至少要有两个方向的基准线。

(2) 根据施工图上的要求，对应基准线完成其他线的绘制：

① 按照基本几何作图法画各部位的圆弧线。

② 对应基准线，由近到远，作出各段直线。在截取线段时，必须从基准线相关部位开始截取。不能脱离基准线另作线段。

③ 按施工图的要求和钣金放样要求，完成所有线条的绘制。

(3) 在放样图的重要部位打样冲眼，注意打样冲眼时：

① 直线少打，但两端部位必须打上。

② 曲线多打，要反映出曲线特征。

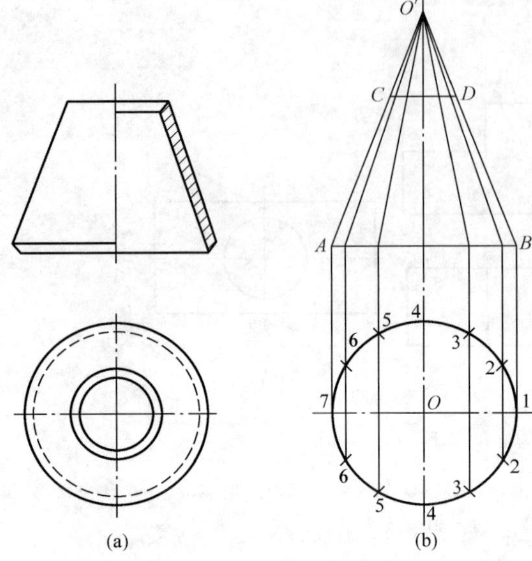


图 6-13 正圆锥台的施工图、放样图

(a) 施工图；(b) 放样图

③ 重要线间的交点必须打上。

④ 圆心部位必须打上。

⑤ 准备截取线段的起点必须打上。

至此，放样图全部工作完成。

7. 应用举例。

**例 6-4** 作圆锥台放样图（不考虑板厚，见图 6-13）。

(1) 根据设计尺寸（施工图）外形，作出中心轴线，再作出与中心轴线垂直的底边线。

(2) 在中心轴线上取圆心 $O$，以锥台底边为半径画出平面图（即俯视图）。

(3) 在锥台底边上，以中心轴线交点为对称点，画出底边 $AB$ 等于施工图底边。

(4) 画出与底面平行线距离等于施工图立面图高度。

(5) 在平行线上截取与中心轴对称线的线段 $CD$ 等于施工图上口宽度。

(6) 连接 $AC$、$BD$，梯形 $ABDC$ 即为圆锥台立面图。

(7) 把平面图的圆周 12 等分，交出等分点。

(8) 延长 $AC$、$BD$ 交于 $O'$ 点。

(9) 在立面图上画出与 12 等分点相对应的素线。

至此，依施工图画的正圆锥台放样图完成。

## 三、求线段实长

在钣金作业放样与展开中，展开图就是钣金构件表面铺平后的实际形状尺寸图。为了求得各表面的实形，就必须求得构成表面各线段的实长。在各种形体中，有一部分处于特殊位置，即平行于投影面的线段可反映实长，但处于一般位置时却不能反映实长，必须通过作图法或计算法求得线段实长。常用的线段实长求法——作图法，有直角三角形法、直角梯形法、旋转法和更换投影面法等，这里重点介绍常用的直角三角形法、直角梯形法和旋转法。

### （一）直角三角形法

直角三角形法就是作一个直角三角形，使这个直角三角形的一个直角边等于空间直线在某个视图中的边长，另一条直角边为该线段在另一个视图中的空间距离（高度差），则斜边即为空间直线的实长。

**例 6-5** 已知空间线段 $BC$ 的两面投影为 $bc$ 和 $b'c'$，求线段 $BC$ 的实长（图 6-14）。

由于 $BC$ 倾斜于两投影面，所以其投影 $bc$ 和 $b'c'$ 均不反映实

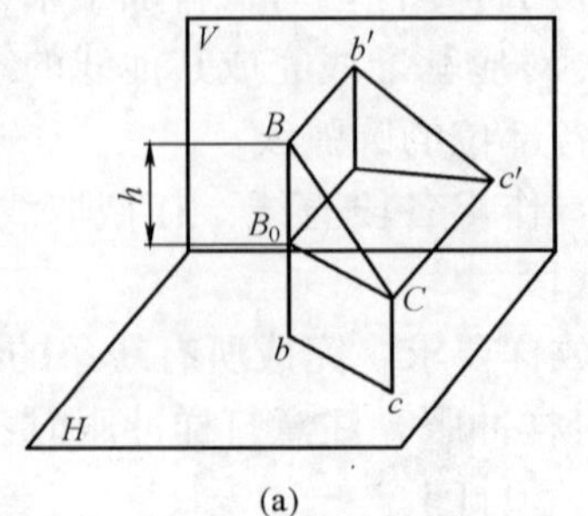


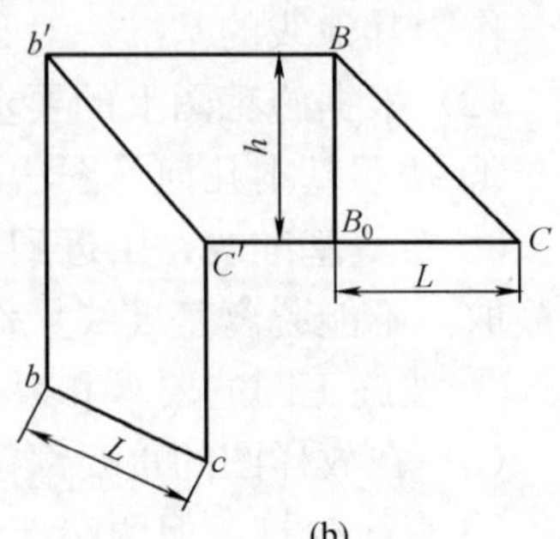


图 6-14 用直角三角形法求线段实长

长。这时作一辅助线 $B_0C // bc$，得直角三角形 $BB_0C$。

在直角三角形 $BB_0C$ 中，只要知道两个直角边，$BB_0$ 和 $B_0C$ 就可求出斜边 $BC$。因 $B_0C=bc$，可从水平投影中量得。又因 $BB_0$ 等于 $B$ 点和 $B_0$ 点的高度差 $h$，可以从正投影中作图求得。因此，求 $BC$ 实长的作图步骤为：

（1）作直角三角形的一直角边 $B_0C$，使 $L=bc$。

（2）作另一直角边 $BB_0$，使 $BB_0=h$（$b'c'$ 的竖向距离，即高度差）。

（3）斜边即为线段 $BC$ 的实长。

（二）直角梯形法

直角梯形法就是以空间直线段在某个视图中的投影长为直角梯形的一个腰，以空间直线段在另一个视图中的投影两端点到水平轴的垂直距离分别为直角梯形的两个底，则另一个腰即为空间直线实长。

**例 6-6** 已知空间一般位置线段 $AB$ 和两投影 $ab$、$a'b'$，求空间线段 $AB$ 实长（图 6-15）。

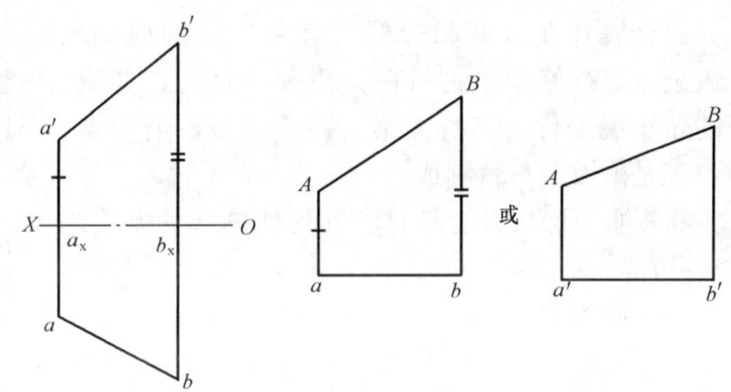


图 6-15 用直角梯形法求线段实长

作图步骤如下：

（1）作一直线段，使其长等于 $ab$(或($a'b'$)，为梯形的一个腰。

（2）过 $a$(或 $a'$)、$b$(或 $b'$)两点分别作 $ab$(或 $a'b'$)的垂线 $Aa$(或 $Aa'$)、$Bb$(或 $Bb'$)，使其长度分别等于 $aa_x$(或 $a'a_x$)和 $bb_x$(或 $b'b_x$)，以 $Aa$(或 $Aa'$)、$Bb$(或 $Bb'$)为梯形的两个底。

(3)连接梯形另一个腰的两端点，即为 $AB$ 实长。

(三)旋转法

旋转法就是保持投影面不变，使空间直线以垂直于某一投影面的直线为轴，旋转与另一投影面平行的位置，成与另一投影面相平行的直线，则旋转后所得的平行直线在与其平行的投影面上的投影就反映空间直线的实长。

**例 6-7** 已知空间直线段 $AB$ 的两投影 $ab$ 和 $a'b'$，求 $AB$ 实长(图 6-16)。

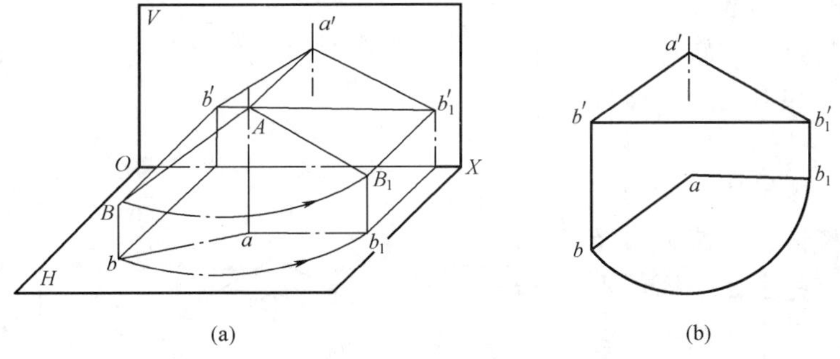


图 6-16 用旋转法求线段实长

（1）以 $a$ 为圆心，$Aa$ 为旋转轴($Aa$ 垂直于投影面 $H$)，把 $ab$ 旋转到与投影面 $V$ 平行的位置 $ab_1$。

(2)过 $b'$ 作 $OX$ 轴的平行线，与过 $b_1$ 所作的 $OX$ 轴的垂直线交于 $b'_1$ 点。

(3)连接 $a'b'_1$，$a'b'_1$ 即为 $AB$ 实长。

## 项目三　基本的展开方法

钣金展开指将物体表面按其实际形状和大小，摊在一个平面上。展开所得的平面图形，称为该物体的表面展开图，如图 6-17 所示。

钣金展开在机械制造部门有着广泛的应用，在钣金制造维修中也占有极其重要的地位，如汽车的轿车覆盖件、车身大梁、弹簧钢板、消声器等，都是由钣金材料制成。

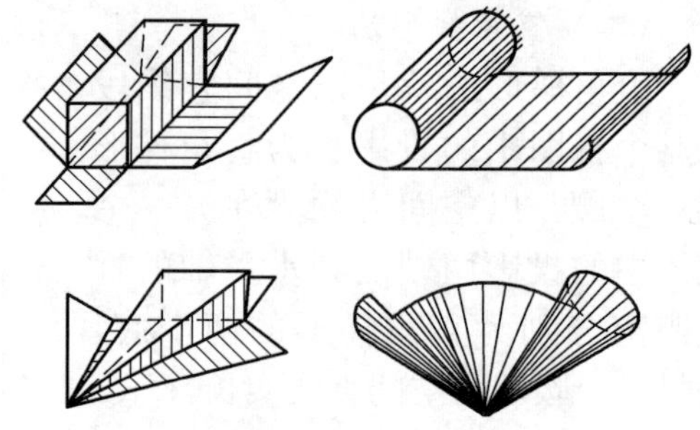

图 6-17　几种基本的立体表面展开

将钣金表面展开有计算和几何作图两种方法。对一些简单的形体，可以通过简单计算获得其展开后的平面图形尺寸。而对一些复杂形体的展开，如上、下底面不平行的柱类形体锥体被一截面斜截后的形体等，若用计算方法则相当烦琐。在实际工作中，常用几何作图的方法，对其表面进行展开。用几何作图法展开的基本方法有三种：平行线法、放射线法和三角形法。

### 一、可展表面与不可展表面

一个钣金构件的制作，必须在放样图的基础上，将其表面展开，才能依据展开图下料制作。

所谓展开，就是将组成该零件的表面不遗漏、不重叠、不折皱地平铺在同一个平面内的工艺过程。掌握展开图的共同规律及基本方法是钣金作业的特有技能。展开图就是在展开过程中所画出来的构件表面实形图，它是钣金下料工艺的依据。

钣金零件的表面形状通常是相当复杂的，根据形体的表面特征有平面、曲面以及曲面平面相结合的形体。日常生活里的钣金制品中，几乎所有构件都是平面立体和曲面立体两种几何体的组合。

平面立体(图 6-18)表面是由直线所包容，即都是直线的轨迹，分为棱柱体、棱锥体和多面体。棱柱体的棱柱线彼此平行，有三棱柱、四棱柱及多棱柱；棱锥体的棱面交于一点，分为三棱锥、四棱锥以及多棱锥；多面体有些由 4 个梯形平面组成，从表面上看是四棱锥，但若把其四根棱柱延伸，不能交于一点，得不到一个共同的锥顶。

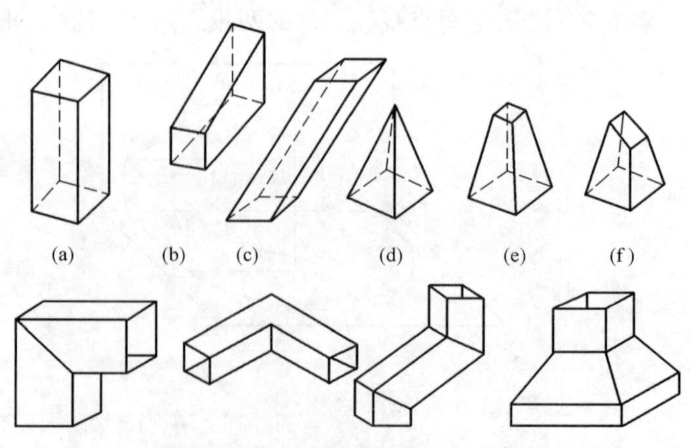


图 6-18　常用平面立体及组合实例
(a)四棱柱；(b)截头棱柱；(c)斜平行六面体；(d)四棱锥；(e)棱锥台；(f)截头棱锥

在曲面立体中，有一部分是旋转体。由一条母线(素线为直线或曲线）绕一固定轴线旋转，形成旋转体。旋转体外侧的表面，称旋转面。圆柱、正圆柱、球等都是旋转体，其表面都是旋转面（图 6-19）。

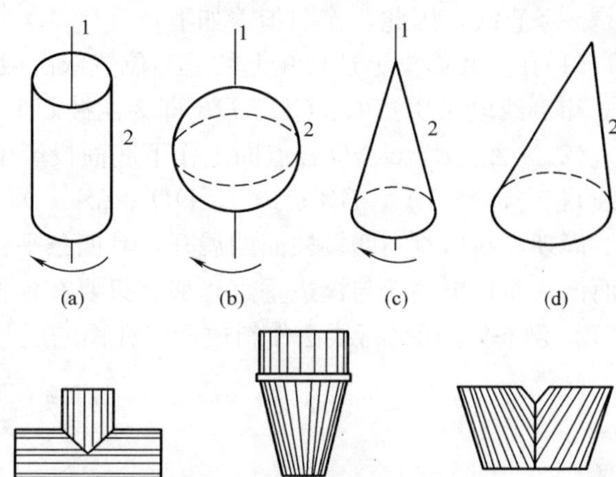

图 6-19　常用曲面立体及组合实例
(a)圆柱；(b)球；(c)正圆锥；(d)斜圆锥
1—轴线；2—素线(母线)

从钣金构件的几何形体分析可以得出如下结论：

1. 钣金构件中所有形体，包括复杂形体都是由一个或几个基本几何形体构成的。

2. 所有钣金构件的形体都是由直线或曲线线条的运动轨迹形成的。

3. 凡直线的旋转或直线运动的轨迹形成的几何体及其组合，其表面均是可展开表面。这些形体包括棱柱体及其组合、棱锥体及其组合、多面体及其组合、圆柱体及其组合、圆锥体（包括斜圆锥体）及其组合以及这些形体中的相互组合，其表面均可展开。

4. 凡是曲线旋转或曲线扭转运动轨迹形成的几何形体，其表面均是不可展开表面。这些不可展形体包括：球面体、卵形面体、椭圆球面体、螺旋抛物面体等各种异形曲面体。尽管这些形体的表面不能展开，但是在钣金构件中又常常遇到，可以对这些形体的表面采用近似展开的方法。

## 二、平行线展开法

如果形体的表面是由一组互相平行的直素线所构成，如棱柱面、圆柱面等，其表面的展开可以用平行线法。

### （一）平行线法展开原理

利用形体表面相互平行的素线，将形体表面划分成一系列四边形，然后通过作一系列的平行线，将这些四边形依次摊平在一个平面上。由于素线在摊平前是互相平行的，所以铺平后仍互相平行。作图时充分利用这一特性，只要找出这些素线之间的距离，以及它们各自的长短，即可得到展开图。按这一原理和方法绘制展开图的方法称为平行线法。

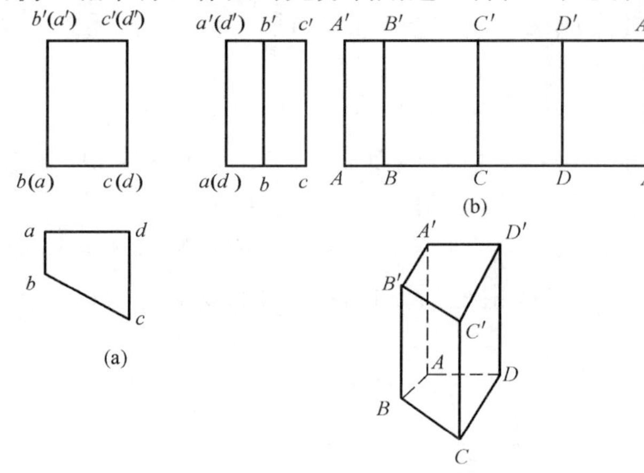

图 6-20　直立四棱柱面的平行线展开法

平行线法适用于柱体及其截体的侧表面的展开。

### （二）平行线展开法应用

1. **例 6-8**　用平行线法作直立四棱柱面的展开图（图 6-20）。

从图 6-20(a)、(c)可以看出，直立四棱柱四条棱边均是垂线，长度相等，上、下底面互相平行，仅四个立面的宽度不同而已。所以展开图上下边必定是一条直线，因此，作图步骤如下：

(1)在下底面投影延长线上的适当位置依次截取长度 $AB=ab$、$BC=bc$、$CD=cd$、$DA=da$，得到线段 $AB$、$BC$、$CD$、$DA$ 即为四棱面下棱边实长。

(2)过 $A$、$B$、$C$、$D$ 各点向上作下底面投影延长线的垂线分别与另一边(上底面投影延长线)相交，得 $AA'$，$BB'$、$CC'$、$DD'$、$AA'$，即可得到直立四棱柱的展开图。

同理，斜口直立四棱柱面的展开，其四条平行的棱线都是垂线，只是四条棱边的高度不同而已。而且下底面与棱边垂直，那么只要在延长线上适当位置截取不同高度就行了。

2. **例 6-9** 用平行线法作斜放四棱柱面的展开图(图 6-21)。

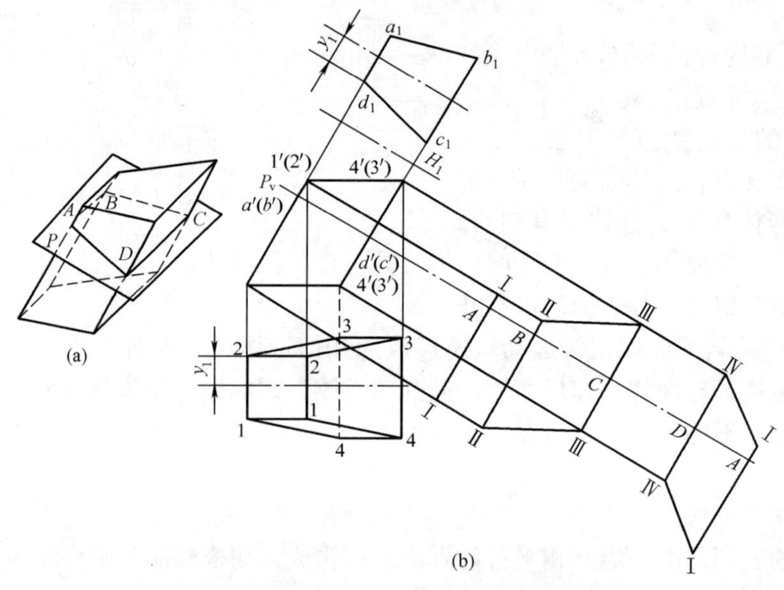


图 6-21 斜放四棱柱面的平行线展开法

从立体图可以看出，斜放四棱柱面的四个柱形棱边是互相平行的，它的正投影和上下底面的水平投影均反映实长，但与上下底面的四个棱边并不垂直。如图 6-21(a)所示，在斜口棱柱中间的适当位置作一个假想平面把棱柱切开，使该平面与棱柱的四条棱线垂直，并画出平面与棱柱面切割开的断面图，这样该棱柱变成两个斜口直立四棱柱，即可按上述的方法展开。

3. **例 6-10** 用平行线法作斜口直立圆柱面的展开图(图 6-22)。

如图 6-22 所示，圆柱面的轴线垂直于水平面，上口斜截而成。已知尺寸直径 $D$，高度 $H$，截面倾角 $\beta$。展开图作图步骤如下(等径圆管 90°弯头即两个斜口圆柱的组合)：

(1)在俯视图上将下口十二等分，得十二点 1、2、3、4、5、6、7(因圆弧两半圆对称，只示例说明其中一半圆的展开)，并分别过等分点作主视图下口底边的垂线交上斜口于 $1'$、$2'$、$3'$、$4'$、$5'$、$6'$、$7'$。

(2)作下口底边的延长线，在延长线上截取线段十二段，使每段均等于俯视图的已等分弧长，得十二个等分点Ⅰ、Ⅱ、Ⅲ、Ⅳ、Ⅴ、Ⅵ、Ⅶ。

(3)分别过(2)中的十二个点向上作底边延长线的垂线。

(4)过 $1'$、$2'$、$3'$、$4'$、$5'$、$6'$、$7'$ 分别作底边的平行线与十二个点的垂线相交于十二个

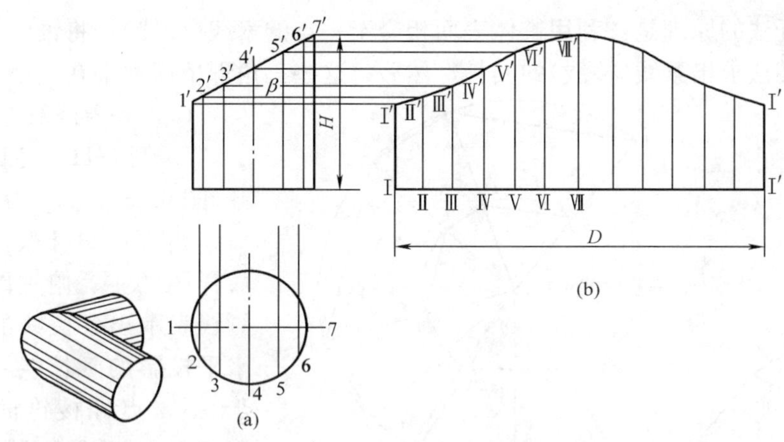


图 6-22　斜口直立圆柱面的平行线展开法

点Ⅰ′、Ⅱ′、Ⅲ′、Ⅳ′、Ⅴ′、Ⅵ′、Ⅶ′。

(5)用曲线板把(4)的十二个交点平滑地连接起来，即得到斜口直立圆柱面的展开图。

(三)平行线展开法小结

平行线展开法的特征：从以上几例展开的情况可以看出，只有当柱状形体的所有彼此平行的素线都平行于某个投影面时，平行线展开法才可应用。

平行线展开法的作图步骤，可归纳为：

1. 画出构件的主视图、俯视图(或任意分割断面图)，主视图表示构件的高度，俯视图(断面图)表示构件的周边长度。

2. 将俯视图(断面图)作若干等分，等分点越多展开图越精确；若俯视图(断面图)，为多边形，则直接以边长展开。

3. 在平面上画一条水平线，其长度等于俯视图(断面图)周边的展开长度，并标记各等分点。

4. 由水平线上各等分点向上作垂线，取各等分点对应主视图上各素线的高度，得各交点。

5. 用直线或曲线依次平滑连接各交点，得到所求的展开图。

**三、放射线展开法**

如果形体表面是由一簇交汇于一点的直素线构成，则该形体称为锥体，该形体表面称为锥面。所有棱线交于一点的叫棱锥；所有素线交于一点的旋转体叫圆锥。所有锥体表面的素线在展开前都交于一点：锥顶。展开后的素线仍交于一点，呈放射状。所以这种展开方法称放射线展开法。所有锥体锥台的锥面展开都可以应用放射线展开法。

(一)放射线展开原理

锥体表面上任意相邻的两条素线(或棱线)及其所夹的底边线，看成是一个近似的平面三角形。当各小三角形的底边也足够短的时候，则小三角形面积的和就等于原来形体的表面积。若把所有的小三角形依次铺开成一平面，原来的形体表团也就被展开了。作展开图的关键是确定这些素线(或棱线)的长度和相邻素线(或棱线)间的夹角，或者利用两条素线(或棱线)所夹的底边线实长来确定，通过三角形底边线两点间距离间接达到确定其夹角的目的。

放射线展开法的原理是：利用锥体表面相交于一点的素线(棱线)，将锥面划分成一系列三角形，用旋转法求出素线(棱线)的实长，然后将这些三角形依次摊平在一个平面上。

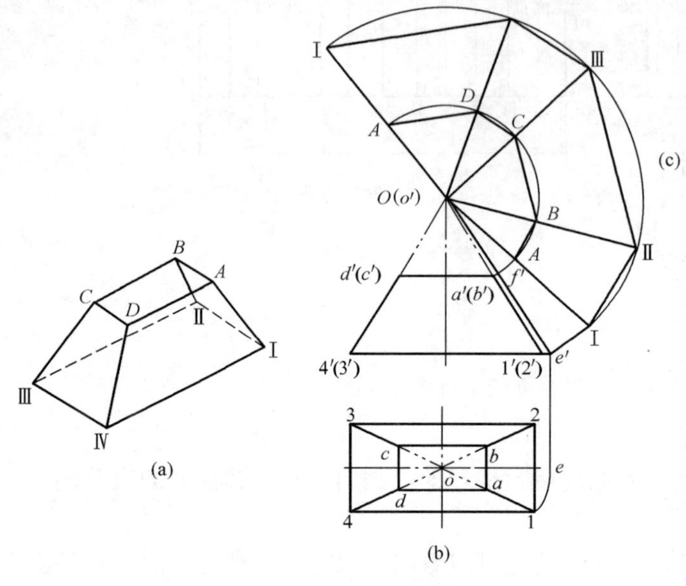


图 6-23 正四棱锥面的放射线展开图

(二)放射线展开法应用

1. **例 6-11** 正四棱锥面的展开(图 6-23)。

如图 6-23(b)、(c)所示，在放样图的主、俯视图上，用双点画线表示出各棱线的正面投影和水平投影的延长线，它们分别交于 $o$、$o'$ 点四棱锥面的四条棱线 $A$Ⅰ、$B$Ⅱ，$C$Ⅲ、$D$Ⅳ同交于 $o'$ 点。此四棱锥面的上、下口皆平行于水平面。可将锥面看成由大的四棱锥面 $o$—1、2、3、4 去除上部的小四棱锥面 $o-ABCD$ 而形成。绘制其展开图，需要求出各棱线和上、下口各边实长。因为该形体形状是前后对称和左右对称，四条棱线的长度相等，所以只求出其中一条棱线的实长即可；而上、下口都平行于水平面，其各边的水平投影均反映实长。上、下口各顶点分别在四条棱线 $o1$、$o2$、$o3$、$o4$ 上，其作图步骤如下：

(1)用旋转法求 $o1$ 的实长，以及 A 点在实长上的位置。以 $o$ 为圆心，$o1$ 为半径画弧将 $o1$ 旋转至水平位置 $oe$，过 $e$ 点向上作铅垂线与正投影 $4'1'$ 的延长线交于 $e'$，连接 $o'e'$，则 $o'e'$ 是 $o1$ 的实长。延长 $d'a'$ 交 $o'e'$ 于 $f'$，则 $o'f'$ 是 $OA$ 的实长。

(2)以 $O$ 点为锥顶，在适当位置画射线 $O$Ⅰ作为展开图的起始点。

(3)以 $o'$ 点为圆心，$o'e'$ 为半径画弧；交 $o'$Ⅰ于Ⅰ点，再以Ⅰ点为圆心，以 12 的长度为半径画弧与圆 $O$ 交于Ⅱ点，用直线连接Ⅰ、Ⅱ两点，得 $O$ⅠⅡ面的展开图，再以Ⅱ点为起始点，同样的方法用水平投影 23 的长度为半径画弧，交于Ⅲ点，边得到 $O$ⅡⅢ的展开图。同理依次作出 $O$ⅢⅣ与 $O$ⅣⅠ两棱面的实形展开图。

(4)作上口各边在展开图的位置，以 $O$ 为圆心，$o'f'$ 为半径画弧，与 $O$Ⅰ、$O$Ⅱ、$O$Ⅲ、$O$Ⅳ相交于 $A$、$B$、$C$、$D$ 各点，再依次用直线连接相邻两点，即得到四棱锥面的展开图。

同理，作正圆锥面的展开图时，可等分圆周面，画出等分点的正投影，分别与圆锥顶连接为圆锥面的素线，以反映实长的素线的对应投影为半径画圆弧，依次用水平投影上对应等分弦长在圆弧上取对应点，连起来的扇形即为正圆锥面的展开图。

一般正圆锥面的展开作图过程中用等分圆周的一个等分弦长代替弧长，得到的展开图是一个近似展开图，有一定误差。适当增加等分数，即等分数越多，越接近实形，就可以使其误差保持在工程允许的精度范围内。也可利用圆锥面投影与展开图间的关系；计算出扇形的中心角 $\alpha$，然后作图，这样可将误差消除。

2. **例 6-12** 斜截圆锥锥面的展开(图 6-24)。

由图 6-24 可知，此构件由圆锥面斜截去顶部，斜截面为椭圆，作展开图时应求出锥顶至斜截面素线的长度。其作图步骤如下：

（1）将圆锥面的水平投影十二等分，并作等分素线的水平投影与正投影，等分素线的正投影与截平面对应相交于 $a'$、$b'$、$c'$、$d'$、…十二点。

（2）用圆锥面展开的方法画出圆锥面的展开图。画出扇形后，将中心角十二等分，在展开图上画出各等分素线。

（3）用旋转法求素线至截平面交点的实长，过交点 $a'$、$b'$、$c'$、$d'$、$e'$、$f'$、$g'$ 点作轴线的垂直线段，与轮廓线 $o'7'$ 相交的交点至 $o'$ 的长为所求各素线实长。

（4）分别在各等分素线 OⅠ、OⅡ、OⅢ、…依次截取 OA、OB、OC、…令它们分别等于相应素线的实长，得 A、B、C、…各点，并用同样的方法画出另一半对称点，再用平滑曲线将这些点连接，即得到上口倾斜的圆锥面展开图。

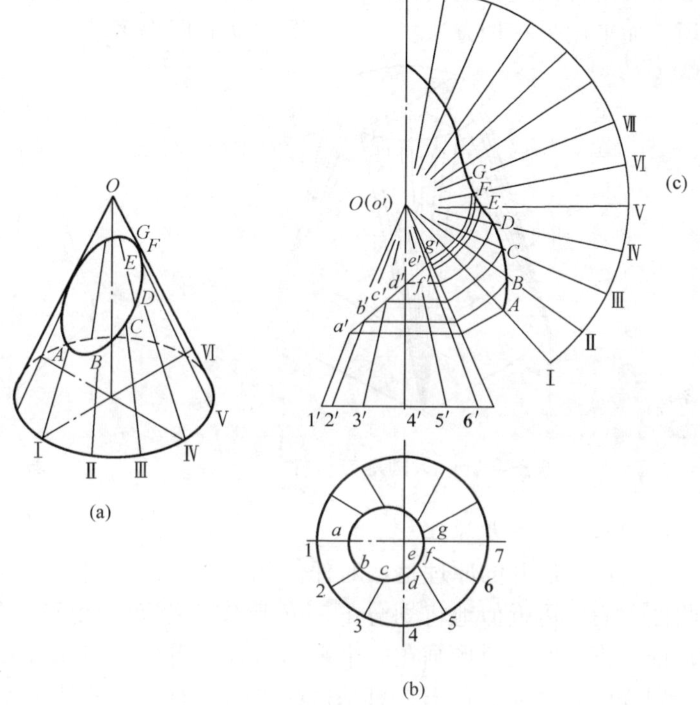

图 6-24　斜截圆锥面的放射线展开

（三）放射线展开法小结

放射线展开法是很重要的一种展开方法。它适用于所有锥体及锥截管件或构件的侧面展开，尽管锥体表面各种各样，但展开方法却大同小异，作法可归纳如下：

1. 在构件的主、俯视图中（或只在某一视图中）延长投影边整个锥体的放样图。

2. 通过等分断面周长（如棱锥则取角点）的方法，由各分点向主视图底边引垂线，再向锥顶引素线，作出各分点所对应的断面素线。

3. 应用求实长的方法（常用旋转法、直角三角形法），把所有不反映实长的素线，与作展开图有关的棱线的实长一一不漏地求出来。

4. 以锥顶为中心，素线（棱线）实长为半径画弧，弧长等于断面周长或圆周伸直长度，作出整个锥体侧面的展开图，同时，利用交轨法（正锥体可用扇形法）作出各分点的放射线。

5. 在整个锥体侧面展开图的基础上，在放射线上截取对应主视图锥体被截切部分各素线实长，得各点，平滑连接各点成曲线或折线，完成全部展开图。

**四、三角形展开法**

对于可展曲面来说，因为整个曲面是可展的，因此每一部分也一定是可展的。有些钣金构件的表面是由平面、柱面和锥面的全体或部分曲面等组合而成的任意形状表面，即全部是由各种可展表面的部分表面组合而成，因而也一定是可展的。

图 6-25 是天圆地方构件，可以把它看成是由 4 个斜圆锥部分表面和 4 个三角形平面组合而成的。图 6-26 是上下口均为矩形，但扭转 90°的构件，它的表面可以看成是由 8 个小三

角形平面组合而成。这类构件采用前述的平行线法或放射线法作展开图虽然可以，但却非常麻烦，而采用另一种方法——三角形法就简便得多了。

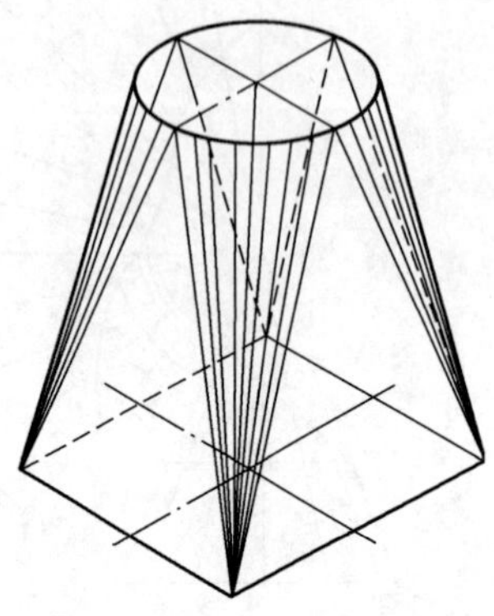

图 6-25 天圆地方构件

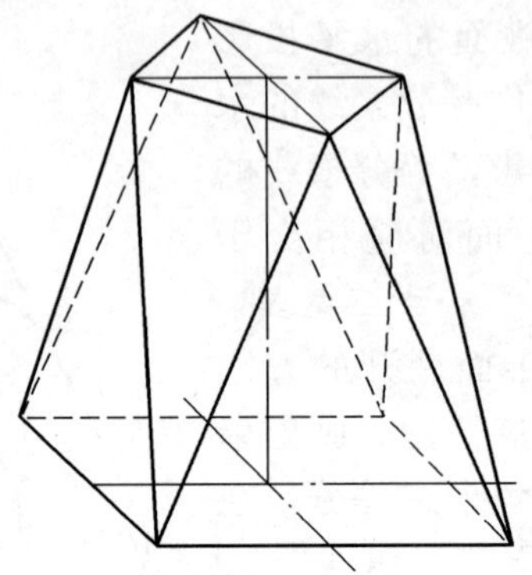

图 6-26 扭转方构件

(一)三角形展开原理

三角形法展开的原理是：对任何几何体，都可将其表面有规律地划分成一系列三角形；对曲面表面，可近似地将划分的三角形作为平面三角形，然后求出各个三角形每条边的实长，依次将这些三角形画在一个平面上，即得出几何体表面的展开图。放射线法也是将物体表面划分成一系列三角形，只是这些三角形有一个公共顶点——锥顶，实质上，放射线法是三角形法的特例。

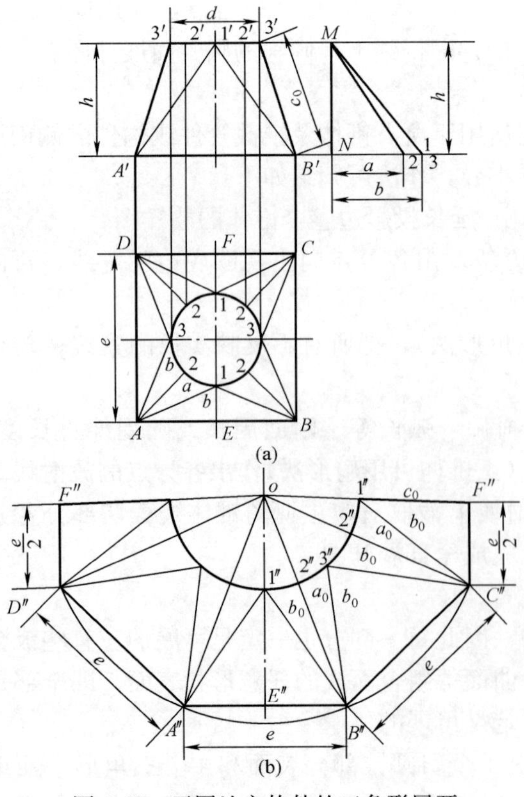


图 6-27 天圆地方构件的三角形展开

三角形法虽然能用于任何形体，但由于这种办法比较烦琐，所以只有在必要时(三角形法比用平行线法或放射线法简单时)才采用它。如当形体表面无平行的素线或棱线，不适用平行线展开法，又无集中所有素线或棱线的顶点，不适于用放射线法展开时，才采用三角形法作展开图。三角形法还可用来对一些不可展表面进行近似展开。

(二)三角形展开法应用

**例 6-13** 天圆地方构件的展开(图 6-27)。

从图中可以看出，天圆地方形体上端口为圆形，下端口为方形，上口和下口都是水平面，水平投影反映上下口实形，4 个三角形为全等三角形，4 个部分锥面形状和尺寸也完全一致，只要将其中一个锥面分成若干个三角形，即可作出整个形体表面的展开图。天圆地方构件又称变形管或变形接头，即由方形转为圆形或由圆形转为方形，在各类管道中被广泛应用。其展开作图步骤如下：

(1)将平面图中圆周八等分，将等分点 1、

2、3分为4组，并和相近四角顶点$A$、$B$、$C$、$D$连接。再由等分点向上作垂线交立面图上口于$3'$、$2'$、$1'$、$2'$、$3'$，再与立面图下底两角$A'$、$B'$相连，即把天圆地方的侧表面分割成若干个小三角形，现共分为16个小三角形。

（2）求实长。由于构件前后左右都是对称的，俯视图中被中心轴线分割开的四个1/4表面完全相同，其上口与下口在平面图中反映实长和实形，取接缝为$EF$处，由于$EF$是水平线，因此在主视图中相应线段$B'3'$就反映$F1$（或$E1$）的实长，$c_0$ 而$B'2'$在任一投影中都不反映实长，这就必须应用求实长方法求出实长。本例较方便地采取了直角三角形法实长。即在主视图侧旁引一形体高度线$MN=h$，另两条直角边分别为俯视图中$A2$、$A1$的长度$a$和$b$，连接两条斜边$M1(M3)$、$M2$即为$A1$（或$A3$）、$A2$的实长$a_0$、$b_0$，即找出三角形每一边的实长。

（3）作展开图。

① 作线段$A''B''$使其等于底边$e$长，分别以$A''$、$B''$为圆心，以$A1$的实长$M1$为半径画弧交于$1''$点，这就画出了形体三角形平面的一面，即小三角形$A''B''1''$，实际为形体$AB1$的实形。

② 再以$1''$为圆心，以上口1、2的弧长为半径画弧与分别以$A''$、$B''$为圆心，以$A2$的实长$M2$为半径的圆弧交于$2''$两点，这样作出的另两个小三角形$A''1''2''$和三角形$B''1''2''$为形体$A12$和$B12$的实形。

③ 同理再以$2''$为圆心，以23的圆弧长为半径画弧，分别与以$A''$、$B''$为圆心，以$A3$的实长$M3$为半径画弧交于另一点$3''$点……以此类推。

④ 由于本例在$F1$处取的接缝，两端三角形$1''F'''D''$和$1''F''C''$是分别以$D''$、$C''$为圆心，以$e/2$为半径与以$1''$为圆心，以$E''1''$为半径的交点。

⑤ 这样按顺序先后相邻位置，不遗漏、不重叠、有顺序地把形体表面每个分解后的小三角形交点全画出来，并在上口平滑地连以曲线，其他部分连以直线，准确地铺平在同一平面上，从而把天圆地方的形体表面展开。

### （三）三角形展开法小结

三角形展开法又叫回归线展开法，因为它略去了形体原来相邻素线间的平行、相交、异面关系，而用新的三角线来代替，因此对曲面来说是一种近似的展开法，这种方法不仅可用来展开可展曲面，还可以作不可展曲面的近似展开图。

三角形展开构件表面的3个步骤为：

1. 在放样图中将形体表面正确分割成若干小三角形。
2. 求所有小三角形各边的实长。
3. 以放样图中各小三角形的相邻位置为依据，用已知的或求出的实长为半径，通过交轨法，依次展开所有小三角形，最后将所得的交点视构件具体情况用曲线或用折线连接起来，由此得到所需构件的展开图。

## 五、简单几何形体的展开计算

钣金构件最常见几何形体表面有圆柱面、棱柱面、圆锥面等。这些几何形体表面都是可展表面。其展开的计算法是根据构件的已知尺寸和几何条件，通过解析计算，直接求出绘制展开图时所需的几何尺寸，按计算出的尺寸绘制钣金构件的展开图。

### （一）正圆柱管的展开计算

图6-28为正圆柱管经板厚处理，以中心层尺寸画出的主、俯视图，作为计算展开尺寸的依据。图中正圆柱管展开后为一矩形，其长边为$L$，短边为$h$。

其展开计算式见式（6-2）和式（6-3）：

$$L=\pi(D-t)=\pi(d+t)=\pi d_1 \tag{6-2}$$

$$S=Lh=\pi(D-t)h=\pi(d+t)h \tag{6-3}$$

式中 $L$——正圆柱中心展圆周长（mm）；

$S$——展开后表面积（$mm^2$）；

$d_1$——中心层直径（mm）；

$D$——正圆柱管外径（mm）；

$t$——板料厚度（mm）；

$h$——正圆柱管高度（mm）。

（二）正圆锥台的展开计算

图 6-29 所示为正圆锥台展开计算图。已知尺寸为：$D$——大端中径（mm）；$d$——小端中径（mm）；$h$——中心层中心线间锥面高（mm）。

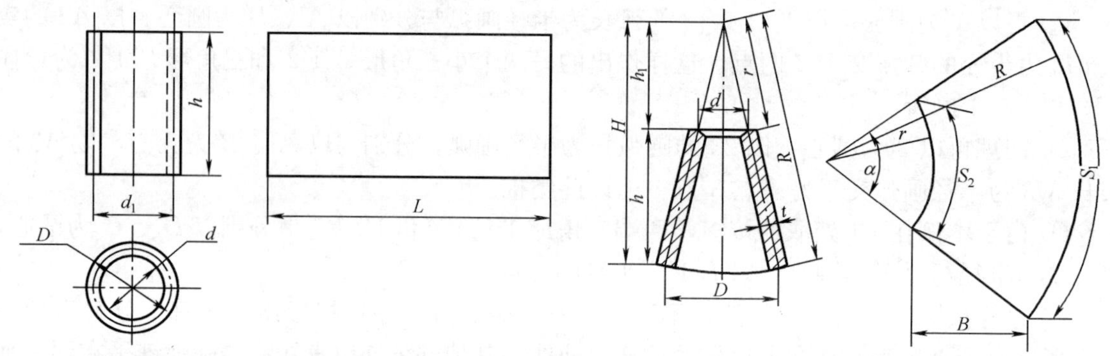


图 6-28 正圆柱管的展开计算图　　图 6-29 正圆锥台的展开计算图

展开图以中心层尺寸为准，其计算式见式（6-4）～式（6-10）：

（1）整圆锥体高： $$H=\frac{Dh}{D-d} \tag{6-4}$$

（2）上半部锥体高： $$h_1=H-h \tag{6-5}$$

（3）整圆锥体展开半径： $$R=\sqrt{H^2+\frac{D^2}{4}} \tag{6-6}$$

（4）上半部圆锥展开半径： $$r=\frac{h_1R}{H} \tag{6-7}$$

（5）展开料夹角（°）： $$\alpha=\frac{180^\circ}{R} \tag{6-8}$$

（6）展开料小端弧长（mm）： $$S_2=\pi d \tag{6-9}$$

（7）展开料大端弧长（mm）： $$S_1=\pi D \tag{6-10}$$

## 项目四 样板和下料

### 一、样板的特点和作用

当生产批量大时，不可能逐件放样展开划线；当构件较大时，也不可能在一块板料上进行划线；还有如形状较复杂或引圆弧太大时，也难以在小块材料上进行划线作业。这就需要有一种合理的方法进行放样、展开。在钣金作业中，最常用的方法就是制作样板。

在钣金作业中，对于不适于单件放样展开的构件，按照放样展开规则画到适当的板面材料上，然后准确地剪切找正后制作的标准形体展开板面，称为样板。

（一）样板的种类

1. 按使用周期分。

（1）单件使用样板。一般用纸质材料制成。

（2）小批量使用样板。一般用胶板或普通金属材料制成。

（3）大批量使用样板。一般用优质钢板经合理热处理后制成，有时还需要进行表面处理。

2. 按用途分。

（1）生产用样板。

① 划线样板，专供在板料上划线、排料使用。

② 下料样板，供生产中在下料时划线及比试裁料使用。

③ 靠试样板，专供在构件生产中曲面或凸凹面成形使用，这种样板也可作检验用。

④ 精密构件样板，制作精度较高，专供制作一些精密构件如精密凸轮等使用。

⑤ 实形样板，即先在纸上放样展开，然后紧铺在板料上划线或按线剪切后再行分解加工，常用在钣金修理中。

（2）检验用样板。可分为非标类样板和标准类样板。

① 非标类样板有：平面直线样板，供检验大型构件的平面用；形位样板，供检测构件各部位形状位置尺寸使用；外径尺寸样板，专供检验正圆柱、圆锥等旋转体外径用；内径尺寸样板，专供检验构件槽时使用。

② 国家标准类样板。它包括：靠试样板，这里主要指检测平面平直度和垂直度的直尺、弯尺及刀口形平尺等；中心样板，主要用来检测常用角度等；螺纹样板，主要用来检测公、英制螺纹的螺距；圆弧样板，用来检测构件的圆弧连接部分，如外径规、内径规等；线规，主要用来检测各种标准线材直径。

严格地说，几种国家标准类样板实际均是靠试样板，均是用靠试的方法进行检测。几种常用的标准样板如图 6-30 所示。

（二）样板的特点

样板是钣金工放样展开工艺的结晶。它完全是按照钣金工放样、展开的划线规则进行放样展开，然后按照展开图下料制作而成。

1. 样板具有通用性。它一旦制成，就成为钣金划线下料的依据，划线、下料数量多少均是一样。

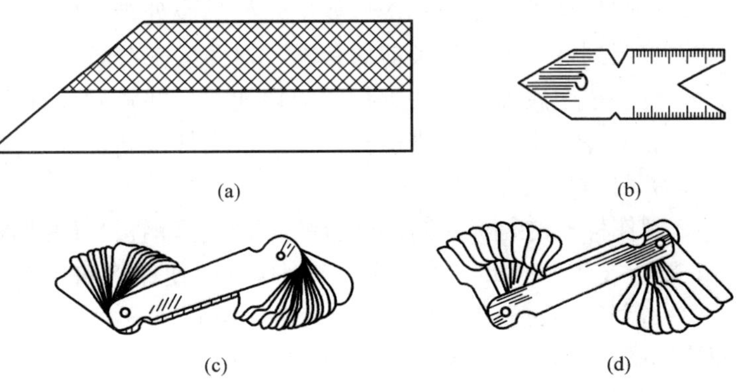


图 6-30　常用标准样板

(a) 刀口形平尺；(b) 中心样板；(c) 圆弧样板；(d) 螺纹样板

2. 样板具有准确性、榜

样性。它是构件展开的样板，划线下料后，构件是否合格，一般均应以样板为检测对比标准。

3. 样板还具有示范性。在批量生产之前，往往需通过制作样板来试验构件的成形情况，以判定板厚处理及成形中的意外变化因素。

（三）样板的用途

样板在钣金作业中，占有很重要的地位，它的用途主要有：

1. 样板适用于大批量的钣金生产。在大批量生产中，使用样板划线可节省单件划线时间，省力省工。

2. 利用样板可以方便地在板料上合理排料。不但节省了放样展开时辅助划线的材料，而且排除了单件划线排料的不合理性和无数条线交错的混乱性，可节省大批原料。

3. 利用样板划线下料可以大幅度提高钣金构件的质量，保证构件的一致性、通用性和互换性，易于实现构件的标准化，方便检测，减少质量问题的偶然性。

4. 利用样板试制构件，减少了批量生产中划线下料的盲目性，可及时根据构件的成形情况，发现存在的问题。构件准确无误后，再进行大批量生产。

（四）样板的使用方法

1. 使用样板必须要首先爱护样板，做到轻拿轻放，不得敲、打、挤、压、弯、折、刮、磨。

2. 使用样板划线时，应将划针与样板边缘向外、向前构成 30°角的倾斜度，既保证了按样板实形划线，又避免了操作时划针颤动。

3. 使用样板检测时，不论哪种检测工具，均应把检测面与构件被检测部位贴紧，且必须保证检测样板整体与被检测面垂直。

4. 使用后应妥善保存样板，注意防锈、防腐、防变形。

5. 使用实形样板应把纸板与板料摊平，避免折皱变形引起下料不准。

**二、样板的制作**

（一）制作样板的方法

1. 按放样展开规则在样板材料上准确划线，划线后，删去不必要的线条或做好不必要线条的标记。

2. 用金属材料制作样板，应用样冲在展开线上打好中心眼。

3. 按照构件板厚要求和接口要求做好板厚处理，留好余量。

4. 按照划好的展开线条剪切裁料，对曲线部分特别注意避免过裁和裁伤。

5. 按一定金属加工方法进行切削精加工，并随时检查加工形状尺寸。

6. 加工完后应进行严格检验，或进行构件试制，确认样板准确无误后，才能投入使用。

（二）制作样板的材料与工具

1. 制作样板的材料。制作样板的材料有薄钢板、硬纸板、油毡纸等。样杆则多用 20～25mm 宽、0.5～0.8mm 厚的带钢来制作，以便保管和在上面书写标记。

（1）需长期反复使用的样板，通常选用 0.25～2mm 厚的薄钢板制作。样板制成后，在两面涂刷防锈漆，便于书写标记和防止锈蚀。

用薄钢板制作的较大样板，在用后保存时，可卷成筒形。但卷筒直径不宜太小，不能出现折皱，以免再次使用时，铺不平而影响样板的精度。

有些场合制作大型样板时，先用木板钉成框架，再在其边缘钉上薄钢板作为样板的轮廓。但这种方法制出的样板容易变形且不易保管。

（2）为经济起见，短期内反复使用和一次性使用的样板，可选用硬纸板或油毡纸来制作。用硬纸板制作样板，其精度与薄钢板制作的样板一样符合要求，而用油毡纸制作的样板精度则稍差一些。

使用硬纸板和油毡纸制作的样板时，要轻拿轻放，以免撕裂。短期保存时，要注意防潮、变形。

硬纸板、油毡纸也可以拼接起来使用，比如用钉书器来连接。但这两种材料都不太结实，因此，样板也不可能做得太大。

2. 制作样板的工具。制作样板时，通过放样与展开，将零件的形状划在样板材料上，还需要将其分离，才能完成样板的制作。常用的分离手段就是剪切，所使用的分离工具就是各种剪刀。

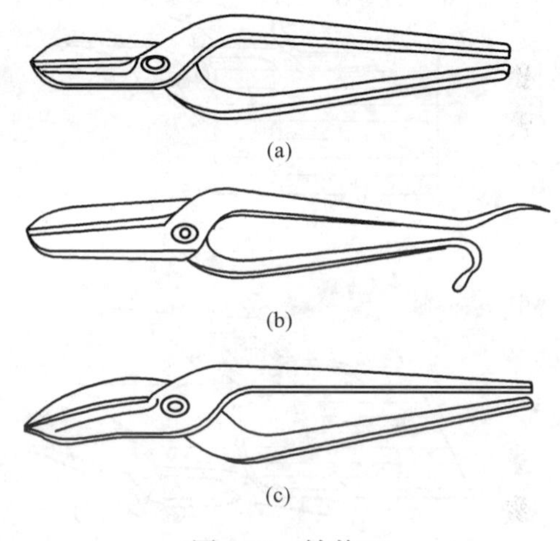

图 6-31　铁剪刀

（a）普通铁剪刀；（b）大剪刀；（c）弯头剪刀

硬纸板、油毡纸可以用日常生活中使用的普通剪刀来剪切，而薄钢板则要用专门剪薄钢板的铁剪刀来剪切。图 6-31 所示为几种专门用于剪薄钢板的铁剪刀。图 6-31（a）所示为普通铁剪刀，常用规格为 10″、12″，可剪 1mm 以下的薄钢板，是使用较为普遍的一种：图 6-31（b）所示为大剪刀，规格比普通铁剪刀要大，可剪至 2mm 厚的薄钢板；图 6-31（c）所示为弯头剪刀。常用规格也是 10″、12″，是专用于剪切曲线的，因而有一定的局限性。在多数情况下，曲线的剪切也可以用普通铁剪刀来进行。

剪刀的握法如图 6-32 所示。右手握住刀柄的中后部，使剪刃口张开约 2/3 的刀刃长度。用力时手掌的虎口部夹持上剪柄向下，其余四指握住下剪柄向上并向手心内侧用力，使两剪刃靠紧，不得有间隙。否则，剪下的材料边缘会产生毛刺，或者使材料挤入剪刃之间的间隙，而无法进行剪切。

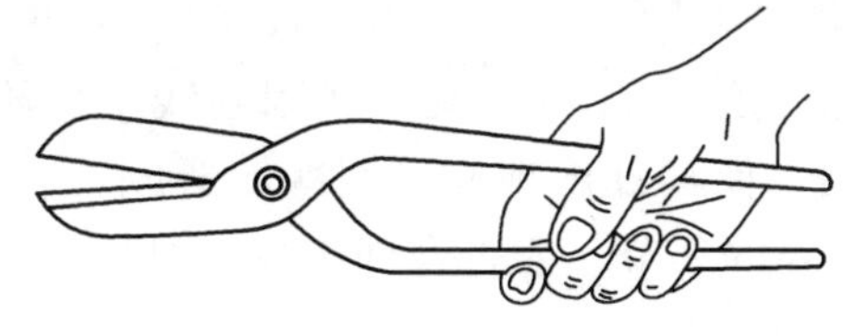

图 6-32　剪刀的握法

（三）剪切方法

在实际剪切作业中，主要有两种线型的剪切：直线剪切和圆弧线剪切。

1. 直线剪切。

（1）图 6-33（a）所示为短直线、窄边剪切时的操作方法。左手持料，右手持剪，上剪刃在钢板上部，剪尖上翘，下剪刃在钢板下部，剪尖抵住钢板，可防止剪切过程中的剪刃摆动。剪进过程中，左手持料稍向后用力，右手持剪使上剪刃内侧平面与钢板剪口边靠齐，观察上剪刃沿剪切线剪进，剪下的料边在剪刀右侧向下方卷弯。

（2）图 6-33（b）所示为较大幅面薄钢板剪边时的操作方法，由于钢板较大，可放平稳或用脚踩住，所要剪去的窄边处在剪刀左侧。操作时，上剪刃沿剪切线平齐地落在钢板上，左手拎起剪下的窄板条，观察剪尖沿剪切线剪进。当被剪钢板剪切线两侧都较宽时，也都采用这种操作方法。右脚踩住右侧钢板，左手扶起剪刀左侧被剪开部分，以利剪切的顺利进行。

2. 曲线剪切。当被剪切曲线的曲率较大时，应以图 6-34（a）所示的逆时针方向剪切，这样可始终能观察到剪切线，而不被剪刀挡住。操作时，左手持料沿顺时针方向转动，右手握剪沿逆时针方向剪进。剪切过程中，上剪刃要翘起，并尽量加大上下剪刃间的夹角，用剪刃的根部来剪切。因为剪刃间的夹角越大，与钢板的接触部位越少，剪刀的转动就越灵活，这也是用普通剪刀剪切曲线（尤其是曲率较大曲线）的操作要领。

剪切曲线时，若采用图 6-34（b）所示的操作方法，显然是不合适的，因剪刀遮住了剪切线而影响操作，剪切曲率较小的曲线时，可参考直线剪切的操作方法。

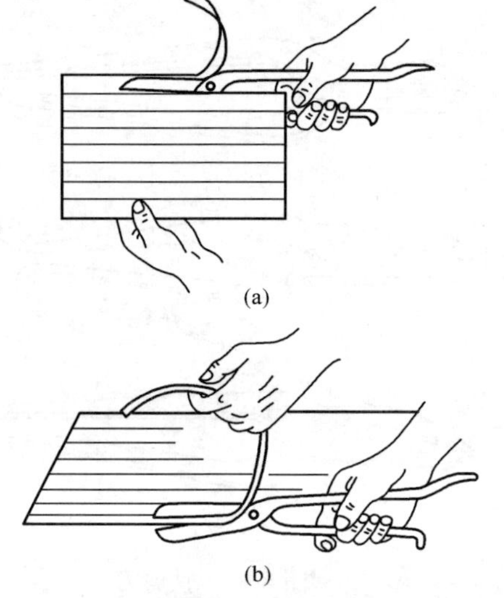

图 6-33 直线剪切的操作方法

（a）短直线、窄边剪切；（b）长直线剪切

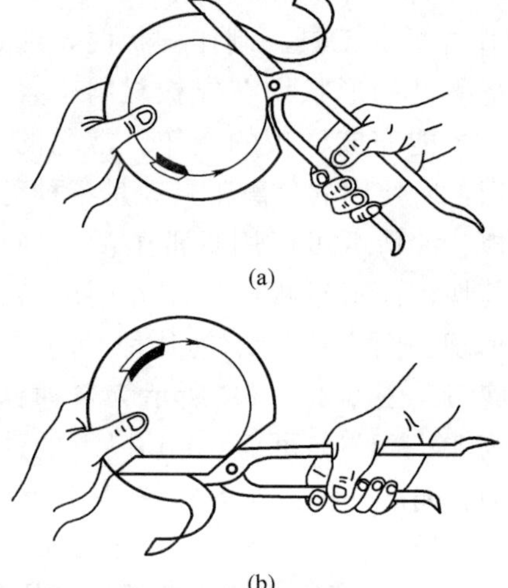

图 6-34 剪切圆弧的操作方法

（a）正确；（b）错误

## 三、合理用料

在钣金加工中，经常遇到划线、裁料的问题。而在划线、裁料中又往往因划线手段不当、加工余量不足、排料方法不妥甚至无法裁剪等原因，使构件出现质量问题，造成工时、材料的巨大浪费。因此，在钣金加工中，合理用料是重要的环节。能否合理用料，对提高工作效率、提高材料利用率、增加经济效益具有极其重要的意义。

### （一）合理用料需考虑的因素

能否做到合理用料以及选择用料的最佳方式需考虑的因素很多，归纳起来有以下几点：

1. 加工构件的规格尺寸；所需加工面和不加工面；加工面要求精度和需留余量；钣金加工所要求的方式是咬接，还是焊接；板厚处理后的展开尺寸及其他工艺要求等。

2. 根据形体分析的具体情况，确定所需钣金加工材料的规格，供采购选料以避免造成边角料的浪费。

3. 根据构件形体分析情况和原材料情况，合理划线、排料。

4. 根据排料方式，选择裁料下料方式。

一般来讲常用的下料方式有手工下料、机械剪切、气割或其他方式切割等。根据合理的排料方式选择合适的剪切下料方式，也是合理用料的重要一环。选择不当会造成原材料的巨大浪费以及出现严重的质量问题。

一般来讲，单件薄板件适于手工下料：厚件小批量件适于气割；大批量件适于机械下料或冲裁下料。

5. 合理用料还应考虑到的一点是应当尽量做到用样板划线。样板的作用在前面已经谈到，使用样板不仅方便排料，而且方便划线。有些形体，如大圆锥构件展开直接在板料上划线，不仅难以实现，而且还会造成原材料的巨大浪费。所以对于一些特殊形体，应该注意使用样板划线，不要直接在原材料上进行。

（二）科学排料、合理配裁

在钢板上画单个零件，为提高板料的利用率，总是将构件靠近板料的边缘，且留出正常的加工余量。如果制造零件的数量较多，则必须考虑在板料上如何排列才合理，这种合理的排料方式叫合理配裁。

合理用料的关键就在于能否科学排料，合理配裁。图 6-35（a）和图 6-35（b）为同一零件，选用不同的排料配裁方式，材料利用率却大不相同。可以看出图 6-35（a）比图 6-35（b）的材料利用率要低得多，从这个例子可以看出科学排料、合理配裁对节约材料所起的重要作用。

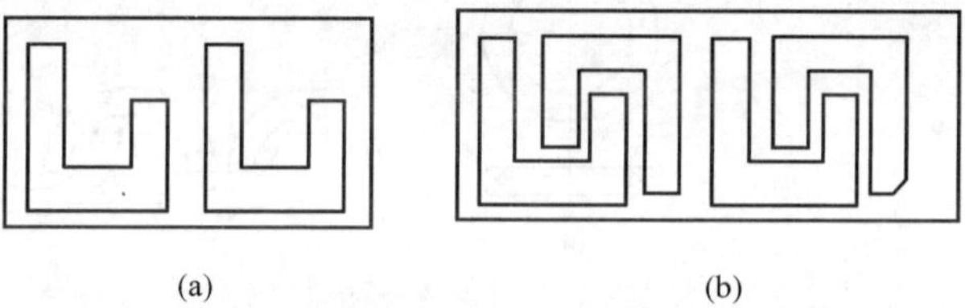


图 6-35　同一零件不同排料配裁方法

（a）单件配裁；（b）双件配裁

1. 合理配裁应考虑的因素。

（1）必须最大限度地节约原材料，尽可能地提高原材料的利用率，杜绝废品损耗，减少边角料占用。材料利用率可按式（6-11）表示：

$$\lambda = \frac{A}{A_0} \times 100\% = \frac{G}{G_0} \times 100\% \tag{6-11}$$

式中　$\lambda$——材料利用率（%）；

$A_0$——材料原面积（$mm^2$）；

$A$——构件占用面积（$mm^2$）；

$G_0$——材料原重量（kg）；

$G$——构件占用重量（kg）。

（2）必须考虑到能够利用现有手段方便剪裁。例如：剪切时，要考虑剪切顺序，防止无法剪切；尽管排料很好，但剪板机不能剪切；手工剪切时，弧度太小，剪刀不能切出；气割所留余量不够；气割时，考虑利用自动气割和半自动气割机械，以提高分离质量和生产效率；在一些有孔的冲裁中，如孔边缘留料太小，也不能适合冲裁下料，易造成孔径变形等。

2. 常用合理配裁方式。对于合理配裁，一般采用以下方法：

（1）集中下料法。由于工件形状大小不一，为了合则理使用材料，将使用同样规格材料的工件样板全部铺放在钢板上，按由大至小、由多至少的原则集中到一起排料下料。这样可以统筹安排，大小、多少搭配，用小构件使用大构件间的废料，提高材料利用率，如图6-36所示。

（2）长短搭配法。长短搭配法用于条形板料的下料，由于工件长短不一而原料条形长度

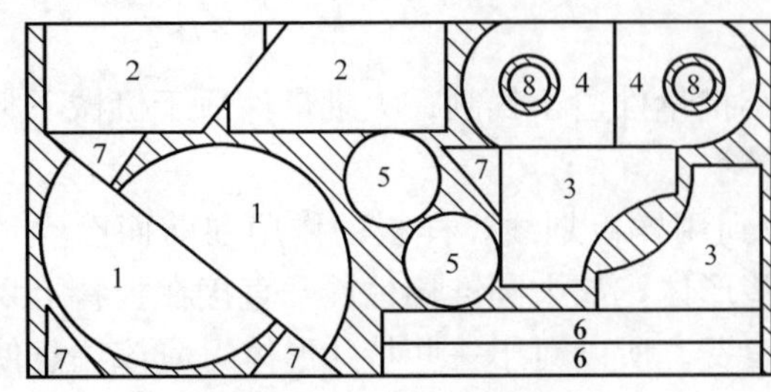


图 6-36 集中下料法的排料示意图

不一定和构件图需要的长度一致，下料时先将较长的料排出来，然后根据剩余长度再排短料，这样长短搭配，使余料最小。

（3）零件拼整法。在实际生产中，有时按整个构件排料，则挖去的下脚料太多，浪费较大，常常有意将该工件裁成几部分，然后再拼起来使用，用以节省原材料。例如在板料上裁剪圆环构件时，如若采用整件裁切，中间和边缘留下的脚料太多。为此，可将圆环两等分或四等分，再拼焊起来，如图 6-37 所示，1/4 为单元的拼切比 1/2 为单元的拼切原材料利用率还要高，比圆环整体剪切更要高得多。

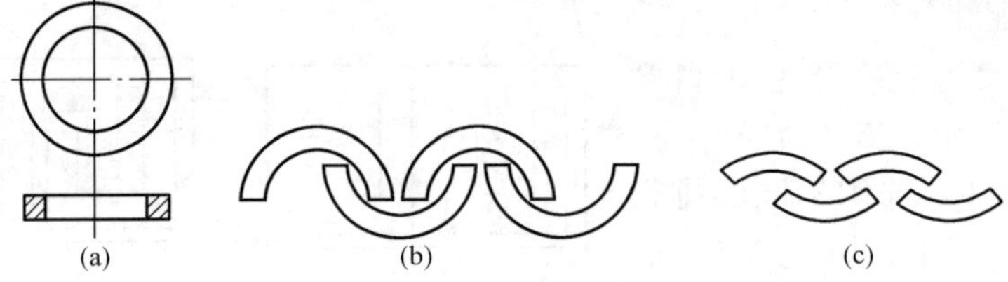


图 6-37 圆环构件的拼整配裁示意图

（4）排版套裁法。当工件下料的数量较多时，为充分利用板料，必须精心安排构件的图形位置，同一形状的工件或各种不同形状的构件进行排样套裁。

排样时，分析构件形体的特点，不同形状的构件应按不同的方式排列。通常有直排列、单行排列、对头斜排等方式。对于一定形状的工件，应选择最经济合理的排料方式。表 6-5 为不同形状工件的排料方式。

**表 6-5** 常用排料方式

| 序号 | 排样类型 | 排样简图 | 序号 | 排样类型 | 排样简图 |
|---|---|---|---|---|---|
| 1 | 直排 |  | 4 | 斜排 |  |
| 2 | 单行排列 |  | 5 | 对头直排 |  |
| 3 | 多行排列 |  | 6 | 对头斜排 |  |

为了充分利用材料，还可以有意识地先裁出一定尺寸的板料，虽然增加了一定板料面积，但单件所占用的面积却要少一些。如图 6-37 所示，同一零件三种排料方式。图 6-37（b）比图 6-37（a）节约原材料 159%，但余料仍有；若按图 6-37（c）排料，则比图 6-37（a）节约原材料 217%，可见排料套裁法对节约用料所起的重要作用。

图 6-38 所示为用两种工件进行套样排料的示例，图中白色部分为构件，阴影部分为余料，如果单独用其中一种工件进行排样，材料的利用率都不高，而用两种工件在一起进行套

样排料，能最大限度地利用原材料。

图 6-39 为圆环、圆板套裁法，也可以充分利用原材料。

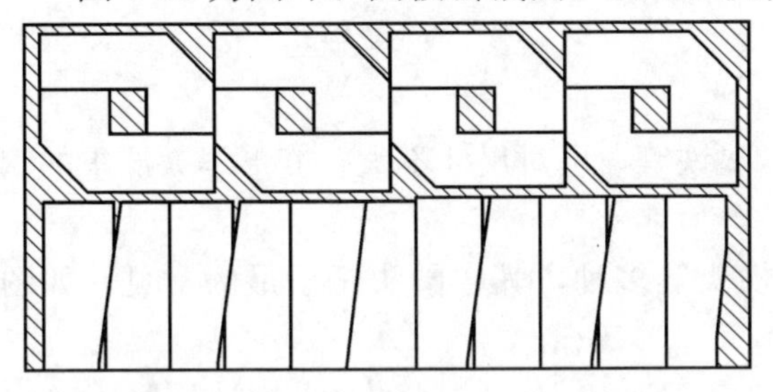

图 6-38 两种工件套样排料示意图

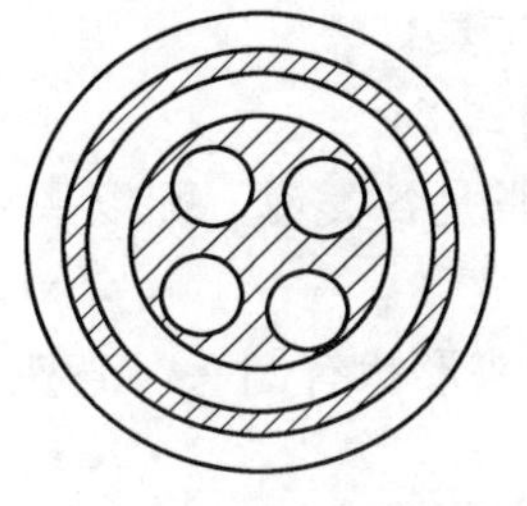

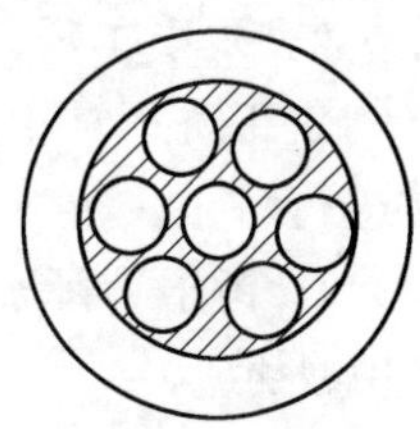

图 6-39 圆环、圆板套裁示意图

总之，科学用料，合理套裁，是能否最大限度地节约原材料的关键问题，也是钣金工艺加工提高经济效益的重要环节，在排料配裁中必须以最大限度地提高原材料的利用率，减少板料余量为准则。

（三）合理用料应避免的几个问题

合理用料中，工艺人员往往只注意具体的排料配裁问题，而忽视采购、分类环节，这是应该引起注意的。合理用料还必须注意避免以下几个问题：

1. 尽量避免盲目采购原材料。采购时，除要求材质和厚度外，还必须根据构件的形状、尺寸，选择能最大限度地提高材料利用率的尺寸。尤其是对于大型构件、大批量构件，一定要注意尽量采购符合构件展开长、宽尺寸，经计算后截取合适尺寸，以避免边角余料的浪费。

2. 坚决杜绝盲目裁料。对于大吨位卷板、较长尺寸的型钢，为了下料时方便，往往需要分料后再排料配裁，分料时也要根据钣金构件的展开尺寸，经计算后截取合适尺寸，以避免不够料的余料。

3. 对于冲裁模的设计，要注意每个构件下料时的限位要准确，避免废品的产生，还要考虑到构件间的余料要留到最小，以提高材料利用率。

4. 避免构件试产时的盲目试验，每试验一件都应认真、全面分析。找出试制产品件的所有弊病，寻求解决后再行试验，投入生产，避免试产时造成过多的试验材料损失。

## 项目五 矫 正

### 一、矫正的概念与原理

（一）矫正的概念

矫正有三种内涵：一是消除金属板材、型材的不直、不平或翘曲等缺陷的操作；二是使成材的钣金件达到质量要求，在加工过程中对产生的变形进行修整；三是消除钣金件在使用过程中产生的扭曲、歪斜、凹陷等变形的修复。

（二）矫正原理

钢材是由钢坯轧制而成的，在长度方向可以看成由许多纤维组成。任何变形均是因其内部纤维的长短不等而造成的。矫正的原理就是使纤维较短部分伸长或使纤维较长部分缩短，直至各层纤维的长度趋于一致。

(三) 矫正的方法

常见的矫正方法有手工矫正、火焰矫正、机械矫正等。

## 二、矫正变形常用工具

(一) 手工矫正常用工具

手工矫正常用的工具是各类锤，配以平台、垫铁等，可对尺寸不大、变形不太严重的钢材进行矫正。

1. 锤子。锤子的锤头形状有圆头、直头和横头等多种，其中圆头锤子最为常见，如图6-40所示。

锤子的规格按锤头重量来划分，有0.5kg、0.75kg和1kg等多种。木柄选用坚固的白蜡木制成，长度300～350mm，装入锤头后，用铁楔胀紧。在使用锤子前，应先检查锤头安装的是否牢固，以防锤头脱出伤人。

锤子的挥锤法分腕挥、肘挥和臂挥三种，其中臂挥法锤击力最大，如图6-41所示。

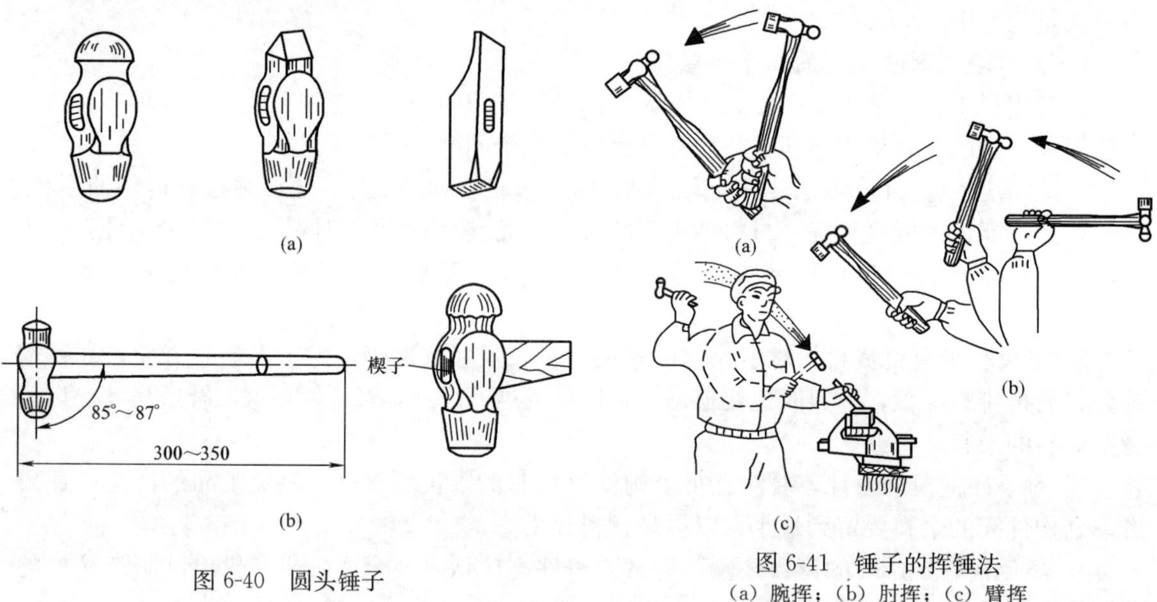


图6-40 圆头锤子

图6-41 锤子的挥锤法
(a) 腕挥；(b) 肘挥；(c) 臂挥

2. 大锤。大锤的锤头有平头、直头和横头三种，平头大锤在矫正工序中用的最多，如图6-42所示。

大锤的规格也是按锤头的重量来划分的，有4kg、5kg、6kg、8kg等多种，木柄长1000～1300mm，可随操作者的身高和工作情况而选定。每次使用前，都要检查锤头安装得是否牢固，稍有松动，应打紧有倒齿的铁楔，否则，不得使用。

大锤的打法有抱打、抡打、横打和仰打4种，每种又分左、右两面锤。其中，抱打和抡打是使用大锤的基本方法。

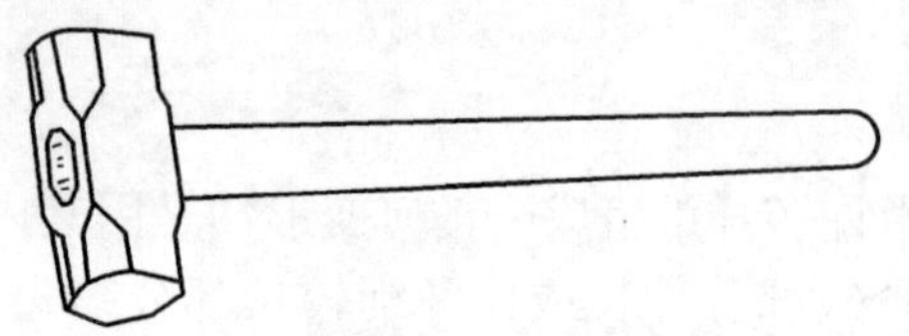

图6-42 大锤

(1) 抱打右面锤的打法，如图6-43 (a) 所示。

① 站立姿势：右腿在前，脚尖正对工件；左腿在后，脚尖稍向外撇，两脚相距约一小步。

② 握锤方法：左手在后，握紧锤柄末端；右手在前，握在锤柄中部，这样举锤省力。

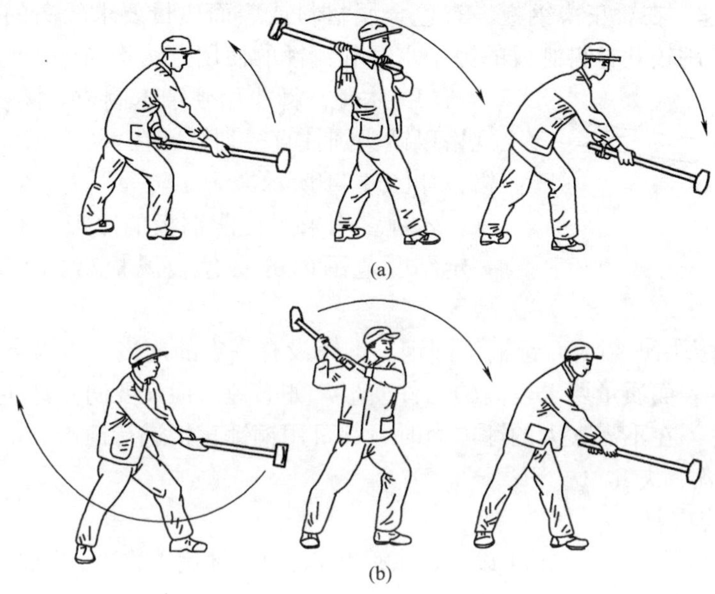

图 6-43　大锤的打法
(a) 抱打右面锤；(b) 抡打右面锤

③ 将锤举至身体上方或后上方，看准目标，双臂用力向下挥动大锤。其中以右臂用力为主，同时控制锤头的左、右摆动，左臂控制锤头的前、后位置。初打 1～2 锤时，用力可稍轻，待锤头落点与站立位置感觉都合适后，可逐渐加力。

④ 打锤过程中，左手始终握紧锤柄。右手可在锤头下落时，向锤柄后部滑动，这样可使站立姿势稳定，举锤省力、落锤有力。在连续打锤时，应利用每次锤头打击后的反弹，顺势举锤，以减小体力消耗。

(2) 抡打右面锤的打法，如图 6-43 (b) 所示。

① 站立姿势：左脚在前，脚尖正对工件；右腿在后，呈丁字步，两脚相距约一步。

② 握锤方法：左手在后，握紧锤柄末端。右手在左手前，两手相距 200mm 左右，这样可较大幅度地将锤抡起来。锤抡的幅度越大，力量也越大。

③ 起锤时，双臂自然伸直，身体随着向右转体，但眼睛要始终看着目标。当锤头抡至向上方时，右手滑至锤柄中部并加力，随着锤头下落，再滑回至左手前。同样，右手控制锤头的左、右摆动，左手控制锤头的前、后落点。

(3) 打大锤的注意事项。打大锤属于重体力劳动作业，并具有一定的危险性。因此，一定要注意安全操作。

① 操作前，要严格检查锤头安装是否牢固，在操作过程中间歇时也要随时检查。发现松动，要立即加固，否则，不得使用。

② 打锤的工作场地要有足够的操作空间。起锤前，要前、后查看是否有人或障碍物，无异常后方可起锤。

③ 遵守操作规程，严禁操作者戴手套打大锤。

④ 两人或两人以上同时操作时，要有主有次，配合协调，不得相对打大锤，站立位置应在工件的同一侧。

3. 木锤和铜锤。在矫正薄钢板、有色金属材料或表面质量要求较高的工件时，还常会用到木锤、铜锤等用较软材料制成的锤。木锤和铜锤的使用方法均与锤子的用法相同。

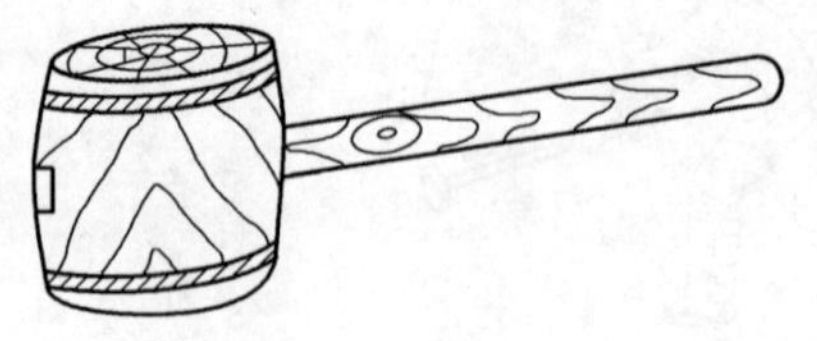

图 6-44　木锤

(1) 木锤。锤头用硬杂木制成，圆柱状，装以木柄。规格以锤头圆柱直径划分，在 $\phi 80 \sim \phi 250$mm 内有多种规格，如图 6-44 所示。

木锤多用来矫正薄铜板的变形。有时，也用于矫正一定厚度范围内的有色金属板材的变形，如铝板、铜板等。

(2) 铜锤。锤头用铜制成，锤柄为圆钢，铜锤没有一定的规格，多为自制。

铜锤用于矫正表面质量要求较高的工件变形，如需锤击但又要防止产生锤痕的工件，以及经加工后的工件，在不需太大的锤击力时，都可用铜锤直接进行锤击。

(二) 常用设备、夹具

1. 平台及相应夹具。

(1) 平台。平台是钣金工的基本设备，除矫正工序外，还用于放样、弯曲、装配等工序。

单个平台的规格为 1000mm×1500mm、2000mm×3000mm，其高度为 200～300mm，分带孔平台和 T 形槽平台两种，如图 6-45 所示。当需要更大作业平面的平台时，可以用多块平台拼在一起，但必须找平、固定后，方可使用。

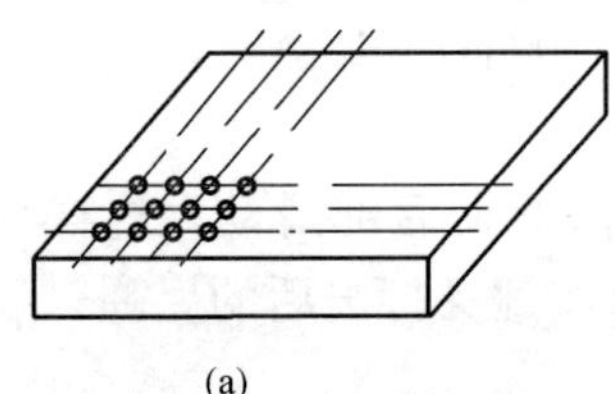

(a)

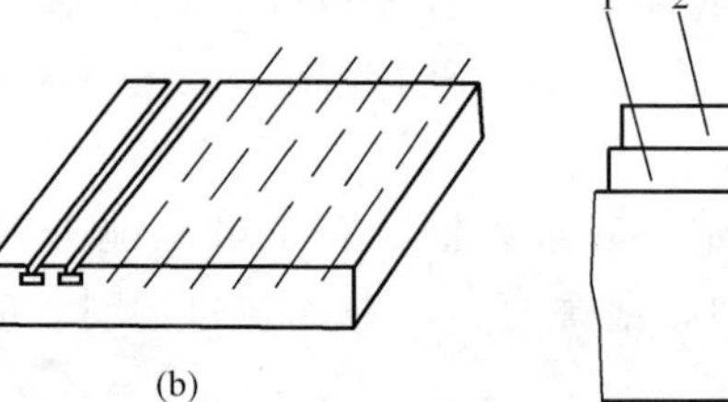

(b)

图 6-45　平台

(a) 带孔平台；(b) T 形槽平台

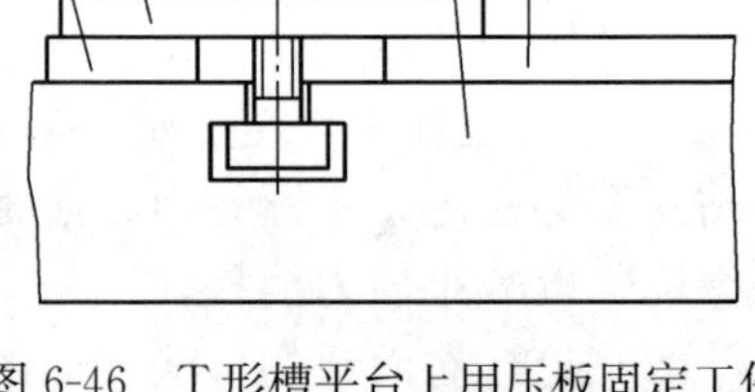


图 6-46　T 形槽平台上用压板固定工件

1—垫铁；2—压板；3—螺母；4—螺杆；5—平台；6—工件

在平台上开孔或开槽，目的是为了用来固定工件。T 形槽平台在使用时，通过用螺栓和带孔的压板来固定工件，如图 6-46 所示。在带孔平台上则多是利用大弯卡来固定工件，如图 6-47 所示。

(2) 大弯卡。俗称“羊角卡”，用有一定弹性的中碳钢制成。其直段为圆柱状，直径尺寸比平台孔略小 2～4mm。弯曲段断面为四方形，并从端部向弯曲根部逐渐加粗。整个大弯卡的制作是经锻造、压弯制成的。

使用大弯卡是靠其弯曲段根部的弹性来压紧工件的。具体使用方法如下：

① 将被卡工件放在大弯卡脚的有效范围内，用卡脚压住，如图 6-47（a）

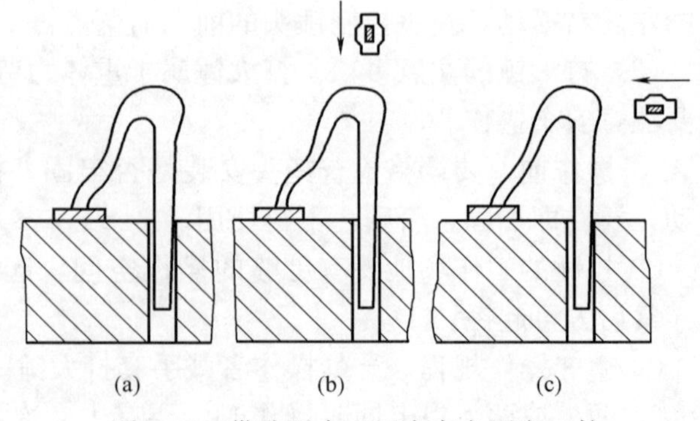


图 6-47　带孔平台上用大弯卡固定工件

(a) 将工件压住；(b) 压紧；(c) 卸下

所示。

大弯卡有效范围的确定：将大弯卡圆柱段插入平台孔内，以圆柱段插入平台孔为轴转动，卡脚划出的圆弧即为大弯卡在这个孔上的有效范围。

② 用大锤从大弯卡弯曲根部上方向下锤击，即可将工件压紧，如图 6-47（b）所示。锤击时，开始用力不要太大，一是防止大弯卡没有卡住向上弹，二是防止工件初受力太大而位移。轻轻击打 1～2 次，观察大弯卡是否卡住，在不再向上弹和工件没有位移后，再逐渐加力锤击，直至将工件压紧。

③ 卸下大弯卡时，用大锤在大弯卡的弯曲根部，沿卡脚方向用力横向击打，如图 6-47（c）所示。这时，平台孔内的大弯卡圆柱段会随着锤击而向上蹿动，直至完全松开。

④ 若不能直接取下大弯卡，可一手拎大弯卡，同时另一手持大锤轻轻横向锤击。即可取下大弯卡。

使用大弯卡时，必须要注意卡脚在工件上的位置，不管工件大小，不允许卡在工件的边角上，防止卡脚滑脱。也不允许卡在与平台面呈夹角的斜面上，防止卡脚滑脱和工件产生位移。当工件较大，需要多个大弯卡固定时，要注意大弯卡的分布是否合理，卡紧时要合理安排卡紧顺序。

2. 压力机。在矫正工序中，根据被矫工件的大小和变形情况，要用到各种压力机，常见的压力机有摩擦压力机、各种曲柄压力机和液压机等。

压力机用于矫正工序，主要是利用其产生的巨大压力，作用于被矫工件上，使之向变形的反方向产生塑性变形而获得矫正。因此，不管用何种压力机，找出工件的变形部位，选择施力的方向和作用点，是应用压力机矫正钢材变形的关键。

图 6-48 所示是用压力机矫正厚钢板翘曲变形和弯曲变形的示意图。图中钢板下面的两块垫铁是为克服钢板的弹性而设置的，其厚度一般选与被矫钢板等厚。两块垫铁之间的距离视钢板的变形程度而定，变形较大的、距离可稍大些；变形较小的，距离可稍小一些。钢板上面的垫铁起到使压力集中的作用，可使压力集中于钢板变形区。

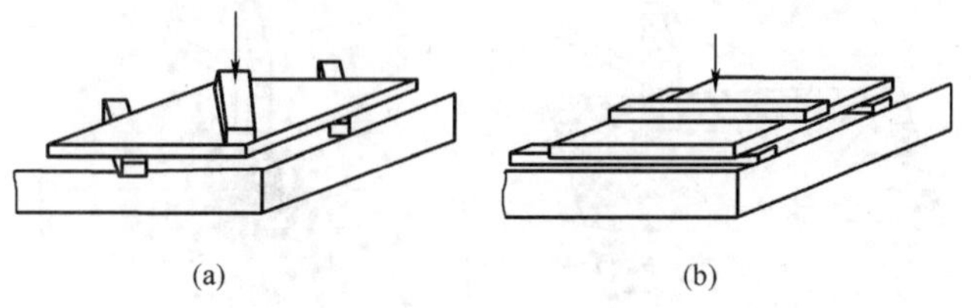

图 6-48　用压力机矫正厚钢板变形
（a）矫正钢板翘曲变形；（b）矫正钢板弯曲变形

图 6-49 所示是用压力机矫正各种型钢弯曲变形的示例。其原理与用压力机矫正厚钢板变形相同。考虑到型钢截面的特殊形状，为不破坏其截面形状，在选择垫铁时，要做到使垫铁与型钢表面相吻合，以使型钢弯曲处受力均匀，不致产生新的形状变形。

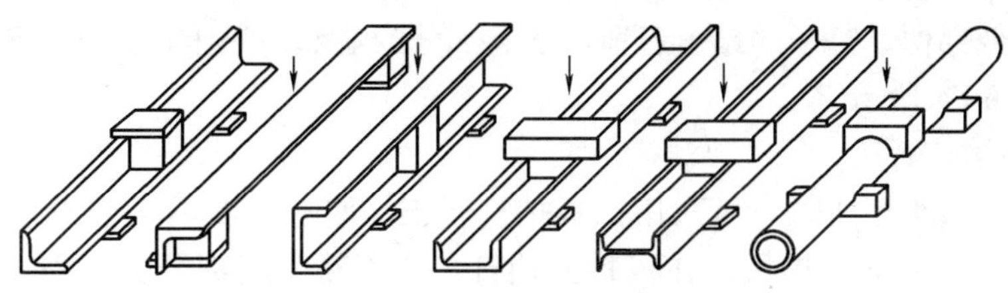

图 6-49　用压力机矫正型钢弯曲变形

## 三、手工矫正

手工矫正是以手工操作锤子、抵铁、拍板等工具，对变形的钢材施加外力，达到矫正变形的目的。手工矫正简便灵活，一般用于薄钢板、小型型钢和小型结构件的局部变形的矫正。

### （一）薄板的矫正

1. 薄板中间凸起变形的矫正。

（1）将板料凸面向上放在平台上，一手按住板料，一手持锤敲击，如图 6-50 所示。

（2）敲击应由板料四周边缘开始，逐渐向凸起中心靠拢。

（3）敲击时，边缘处锤击力要重，击点密度要大，越向凸起中心，锤击力越逐渐减小，击点密度越逐渐变稀。

（4）板料基本矫正后，再用木锤进行一次调整性敲击，以使整个组织舒展均匀。

2. 薄板四周呈波浪变形的矫正。

（1）将板料置于平台上，一手按住板料，一手持锤敲击。

（2）敲击时应由板料中间开始敲击，击点逐渐向四周边缘扩散，由密变疏，如图 6-51 所示。

（3）敲击时，中间击力要重，逐渐向四周变轻。

（4）板料基本矫正后，再用木锤进行一次调整性敲击，以使整个组织舒展均匀。

3. 薄板对角翘曲的矫正。矫正敲击应先沿着没有翘曲的对角线开始敲击，依次向两侧伸展，使其延伸而趋于平整，如图 6-52 所示。

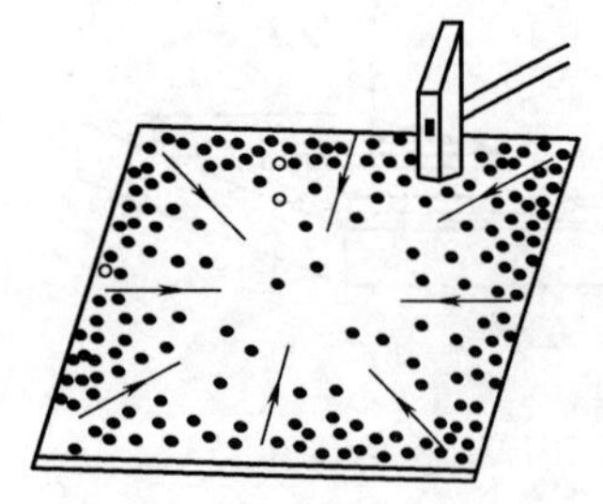
图 6-50 薄板中间凸起变形的矫正

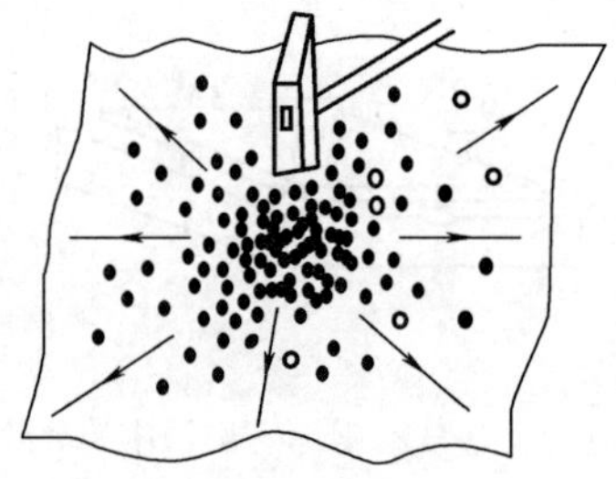
图 6-51 薄板四周呈波浪变形的矫正

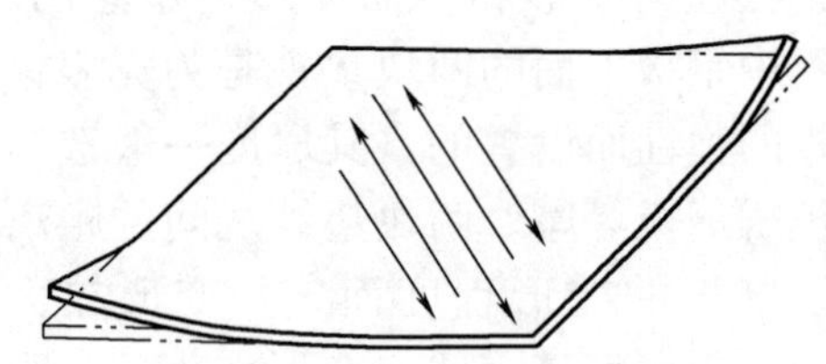
图 6-52 薄板对角翘曲的矫正

4. 曲面凸鼓变形的矫正。首先使锤与抵座中心对正，然后进行敲击修整。手握锤不宜过紧，以手腕的力量敲击。敲击的速度以 80～100 次/min 为宜，如图 6-53 所示。

5. 曲面凹陷变形的矫正。抵座应放在稍偏于锤击处，锤击点为凹凸不平表面的较高部位，抵座位于较低部位。锤子的敲击逐渐将凸起部分的端部向下压，抵座的压力使凹陷部分趋于平整，如图 6-54 所示。

6. 薄板料的拍打矫正。

（1）薄板料有微小扭曲时，可采用拍板拍打矫正。取一长度不小于 400mm、宽度不小于 40m、厚度为 3～5mm 的拍板，在板料上拍打，使板料凸起部分受压缩短，张紧部分受拉伸长，从而达到矫正的目的，如图 6-55 所示。

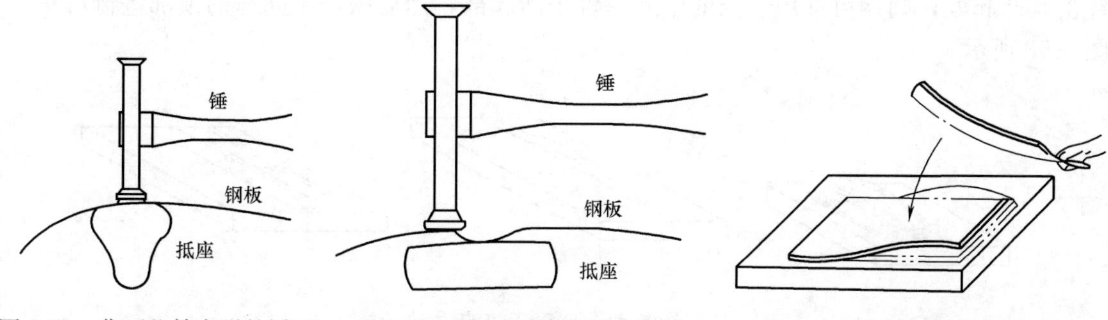


图 6-53 曲面凸鼓变形的矫正　图 6-54 曲面凹陷变形的矫正　图 6-55 薄板料的拍打矫正

（2）薄板的矫正难度较大。矫正前，要分析并判明薄板的纤维伸长或缩短部位。矫正中，要随时观察板料的形状变化，有针对性地改变锤击点和力度。当板料基本敲平后，再用木锤作一次调整性敲击，使整个板面纤维舒展均匀。矫正后，用手按揿板料各处，若不发生弹动，说明板已与平台贴紧、矫平。

（二）条料的矫正

条料的变形有弯曲和扭曲两种。

1. 条料弯曲的矫正。

（1）条料在厚度方向弯曲时，将条料放在铁砧或平台上，凸起向上，直接锤击凸起部位即可矫正。

（2）条料在宽度方向上弯曲时，可以用锤从中间开始依箭头方向向两侧锤击扁钢的内层；或者锤击如图 6-56 所示的内层三角形区域，使其延展而矫正，如图 6-56 所示。

2. 条料扭曲的矫正。

（1）将扁钢夹持在台虎钳上，用呆扳手或活动扳手夹持住另一端，用力向扁钢扭转的反方向扭转，如图 6-57（a）所示。

（2）待扭转变形基本消除后，再用锤击法将其矫正。锤击时，将扁钢斜置于平面上，平整部分在平面内，而扭转翘曲的部分伸出在平面外，用锤子敲击稍离平台边外向上翘起的部分，其敲击点离平台的距离约为板厚的 2 倍左右，边敲击边将扁钢向平台里移进。然后翻转 180°，再进行同样的敲击，直至矫正为止，如图 6-57（b）所示。

（三）型钢的矫正

1. 型钢弯曲的矫正。角钢、槽钢、圆钢的弯曲变形，其矫正只需将其放置于平台上，

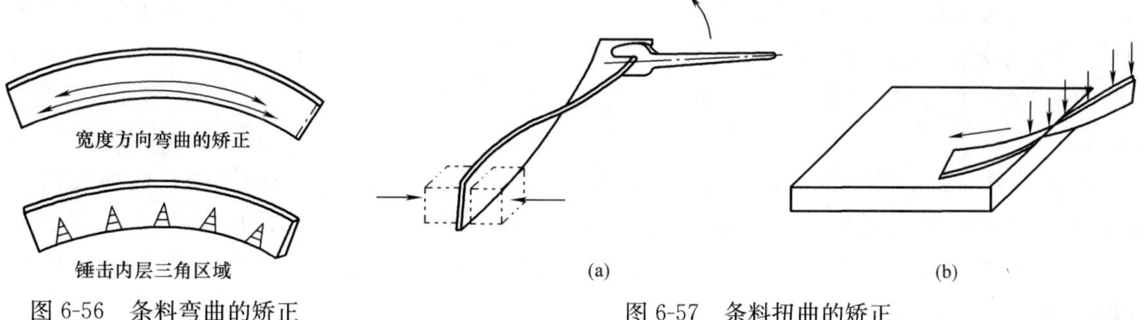


图 6-56 条料弯曲的矫正

图 6-57 条料扭曲的矫正

（a）扭曲的台虎钳矫正；（b）扭曲的锤击矫正

锤击其凸起处，圆钢可选用适当的中间锤置于凸起部，然后敲击中间锤的顶部进行矫正，如图 6-58 所示。

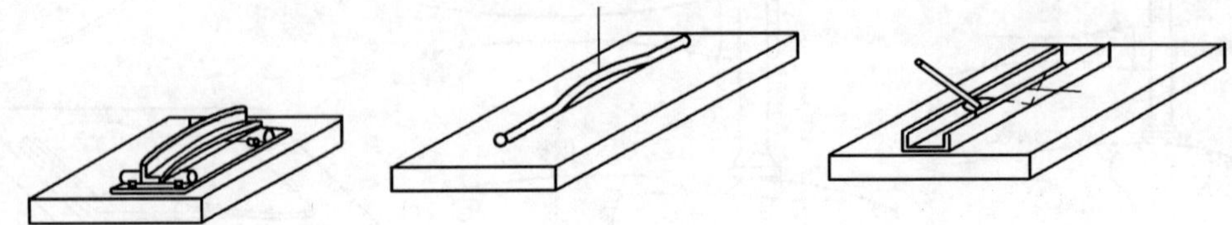

图 6-58　型钢弯曲的矫正

2. 型钢扭曲的矫正。当型钢产生扭曲变形时，可对扭曲部分施加反扭矩，使其产生反向扭矩，从而消除变形。当扭转变形基本消除后，再用锤击法将其矫正，如图 6-59 所示。

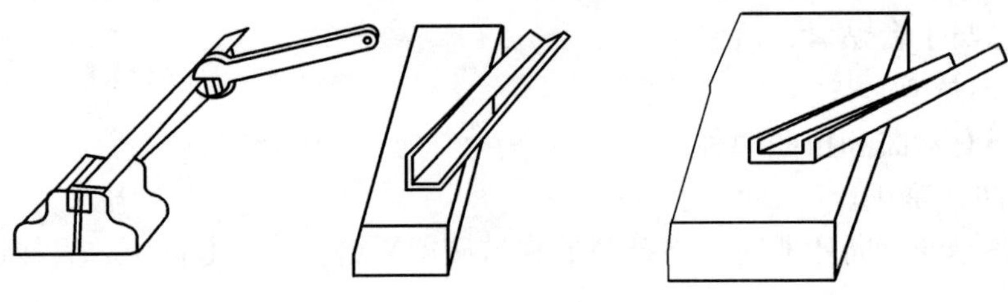

图 6-59　型钢扭曲的矫正

### 四、火焰矫正

火焰矫正不但用于材料的准备工序中，而且还可用于矫正结构件在制造过程中的变形。火焰矫正操作方便灵活，应用比较广泛。

#### （一）火焰矫正原理

火焰矫正就是对变形的钢材用火焰局部加热的方法进行矫正。

火焰矫正的原理是：采用火焰对钢材的变形部位进行局部加热，利用钢材热胀冷缩的特性，使加热部分的纤维膨胀，而周围未加热部分温度低，使膨胀受到阻碍，产生压缩塑性变形，冷却后纤维缩短，使纤维长度趋于一致，从而使变形得以矫正。

#### （二）决定火焰矫正效果的因素

1. 火焰加热的方式。

(1) 点状加热。加热区域为一定直径范围的圆圈状点，称为点状加热。矫正时可根据工件变形情况，加热一点或多点，多点加热常用梅花式。加热点直径一般不小于 15mm（厚板适当大些）。变形量大时，加热点距要小（一般在 50～100mm），如图 6-60（a）所示。

(2) 线状加热。加热时火焰沿直线方向移动，也可同时作适当的横向摆动，称为线状加热。加热线的横向收缩大于纵向收缩，收缩量随加热线宽度的增加而增加。加热线的宽度一般为钢材厚度的 0.5～2 倍。线状加热一般用于变形较大的工件，它有直线加热、链状加热和带状加热三种，如图 6-60（b）所示。

(3) 三角形加热。加热区域呈三角形的称为三角形加热，如图 6-60（c）所示。

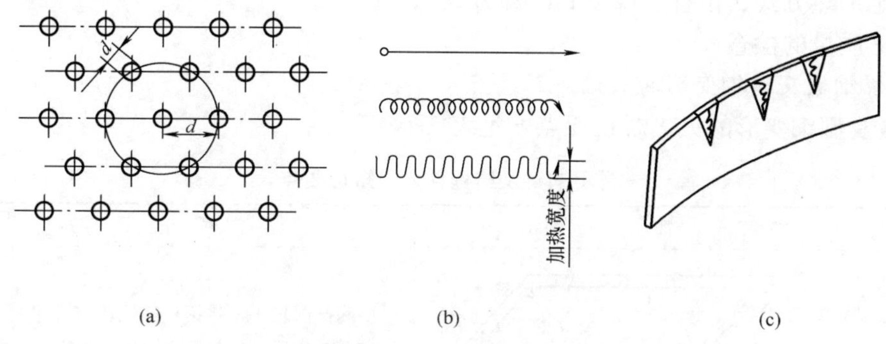


图 6-60　火焰加热的方式

（a）点状加热；（b）线状加热；（c）三角形加热

加热方式、适用范围及加热要领见表 6-6。

**表 6-6　加热方式、适用范围及加热要领**

| 加热方式 | 适用范围 | 加热要领 |
|---|---|---|
| 点状加热 | 薄板凹凸不平、钢管弯曲的矫正 | 变形大时，加热点距小些，加热点直径适当大些；板薄时，加热温度低些。反之，变形小则点距大些，加热点直径小些；板厚加热温度高些 |
| 线状加热 | 中厚板的弯曲、T 字梁、工字梁焊后角变形等的矫正 | 加热线宽度为板厚的 0.5～2 倍，加热深度 1/3～1/2 倍的板厚；变形较大时，加热宽度和深度可适当大些 |
| 三角形加热 | 变形较严重，刚性较大的构件变形的矫正 | 加热三角形高度约为材料宽度的 0.2 倍，加热三角形底部宽度以变形程度而定，加热区域大，收缩量也较大 |

2. 火焰加热的位置。应选择在金属纤维较长的部位或凸出部位，如图 6-61 所示。

3. 火焰加热的温度。

矫正时的加热温度应控制在 600～800℃之间。低碳钢不大于 850℃；厚钢板和变形较大的工件，加热温度为 700～850℃，加热速度要缓慢；薄钢板和变形小的工件，加热温度为 600～700℃，加热速度要快。

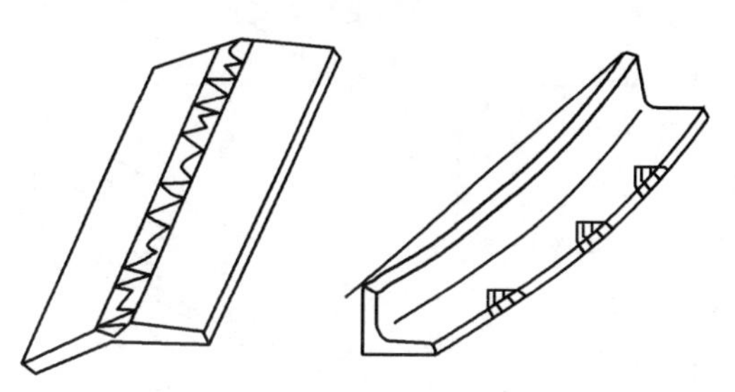

图 6-61　火焰加热的位置

为了提高矫正效率和质量，还可以施加外力或在加热后用水急冷加热区，以加速金属的收缩，提高矫正效率。但对厚钢板（8mm 以上）不能用水急冷，以防止较大的内应力产生裂纹。对具有淬硬倾向的材料也不宜采用水急冷。

（三）火焰矫正的步骤

1. 分析变形原因。

2. 正确找出变形的部位。

3. 确定加热方式、位置、温度和冷却方式。

4. 矫正质量的检查。

## （四）薄钢板及型钢变形的火焰矫正要点

薄钢板及型钢变形的火焰矫正要点，见表 6-7。

**表 6-7 常用钢材及结构件火焰矫正要点**

| 变形情况 | | 简图 | 矫正要点 |
|---|---|---|---|
| 薄钢板 | 中部凸起 | 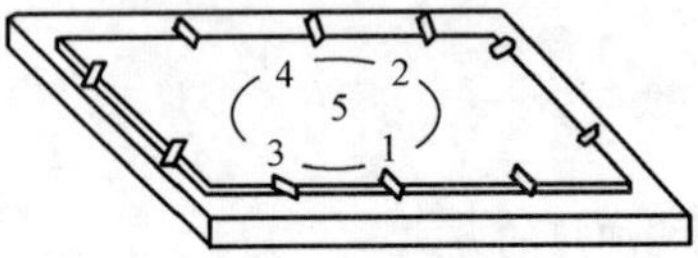 | 中间凸部较小，将钢板四周固定在平台上，点状加热在凸起四周，加热顺序见图中数字 |
| 薄钢板 | 中部凸起 | 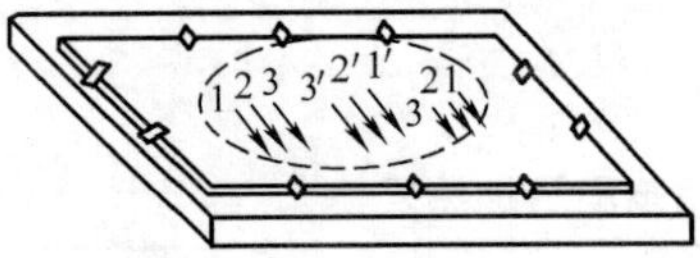 | 中间凸部较大，可用线状加热：先从中间凸起的两侧开始，然后向中间凸起围拢，按图中数字成组加热 |
| 薄钢板 | 边缘呈波浪形 | 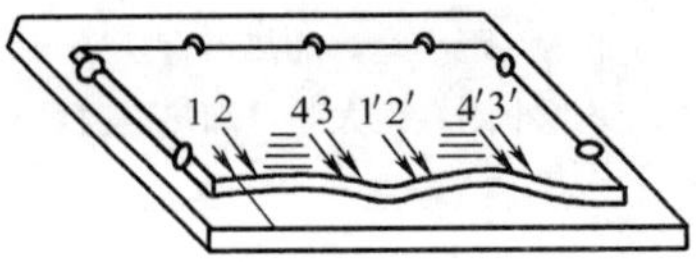 | 将三条边固定在平台上，使波浪形集中在一边上，用线状加热：先从凸起的两侧处开始，然后向凸起处围拢，按图中数字成组加热。加热长度为板宽的1/3～1/2，加热间距视凸起的程度而定<br>如一次加热不能矫平，则进行第二次矫正，但加热位置应与第一次错开，必要时可浇水冷却，以提高矫正的效率 |
| 型钢 | 局部弯曲变形 | 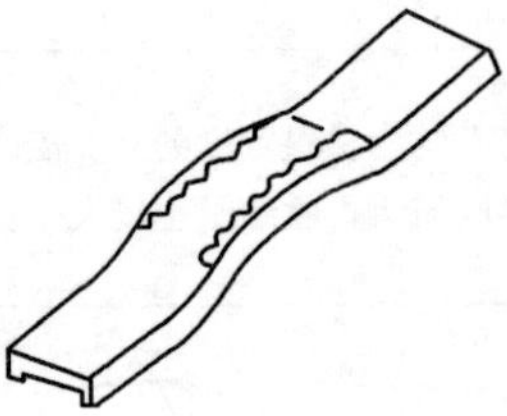 | 矫正时，在槽钢的两翼边处同时向一方向作线状加热。加热宽度按变形程度的大小确定，变形大，加热宽度大些 |
| 型钢 | 旁弯 | 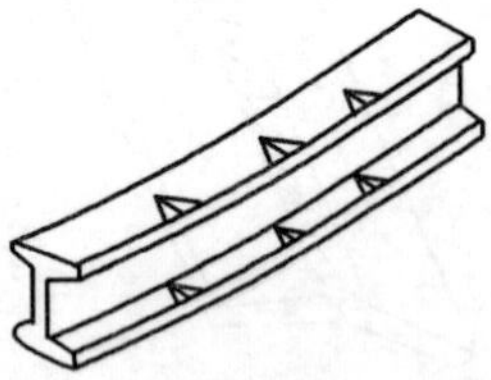 | 在旁弯翼边凸起处，进行若干三角形加热矫正 |
| 型钢 | 上拱 | 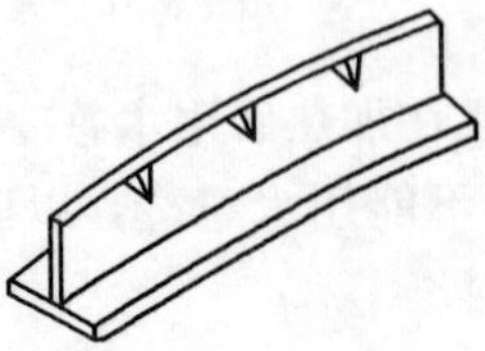 | 在垂直立筋凸起处，进行三角形加热矫正 |
| 钢管局部弯曲 | | 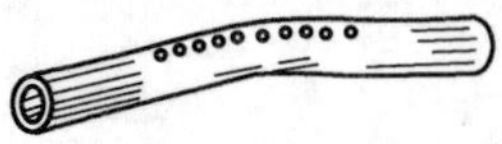 | 采用点状加热在管子凸起处，加热速度要快，每加热一点后迅速移至另一点，一排加热后再取另一排 |

续表

| 变形情况 | | 简　　图 | 矫　正　要　点 |
|---|---|---|---|
| 焊接梁 | 旁弯 | 外力 外力 旁弯 | 在上下两侧板的凸起处，同时采用线状加热，并附加外力矫正 |
| | 角变形 | | 在焊接位置的凸起处，进行线状加热。如板较厚，可在两条焊缝背面同时加热矫正 |
| | 上拱 | 上拱 | 在上拱面板上用线状加热，在立板上部用三角形加热矫正 |

**五、机械矫正**

手工矫正的作用力有限，劳动强度大，效率低，表面损伤较大，不能满足生产的需要，所以许多钢材和工件多采用专用机械进行矫正。

（一）机械矫正的原理

机械矫正是运用专用机械对材料的变形处给予拉伸、压缩或弯曲作用，使材料恢复平直状态。

（二）板材的机械矫正

板材的机械矫正是通过矫正机对钢板进行多次反复弯曲，使钢板长短不等的纤维趋向相等而达到矫正目的。

板材矫正机由一系列辊轴组成，根据其辊轴数量的多少，有 7 辊、9 辊、11 辊、13 辊、19 辊等多种，弯曲的钢板通过这些滚动的辊轴后得以矫正。常用的矫正机分为上下排辊轴平行的矫正机、上下排辊轴倾斜的矫正机和成对导向辊矫正机等。其矫正工艺如下：

1. 在上辊倾斜的矫正机上进行矫正时，先确定上辊的压下量，再调节上辊的倾斜度，使出口端上下辊的距离正好是板料的厚度。然后开动矫正机，钢板通过矫正机辊后就可以得到平整的板料。若仍有不平，可适当调整压下量，再次矫正，直至板料平直为止。

2. 在上下辊平行的矫正机上进行矫正时，先调节上辊的压下量和导向辊的位置，使板料通过轴辊时发生反复弯曲而得以矫正。压下量应由小逐渐增大。板料在重复的多次矫正下获得质量较高的矫平。

常用钢板矫正机的结构形式和特点见表 6-8。

**表 6-8 常用钢板矫正机的结构形式和特点**

| 结构形式 | 简图 | 主要特点 | 用途 |
|---|---|---|---|
| 上排辊轴倾斜的矫正机 | 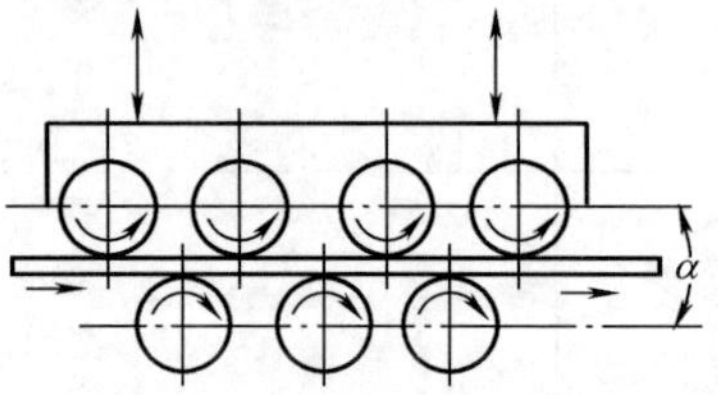 α | 上排辊轴整体作上下调整<br>$\alpha$ 角可调节 | 薄板及屈服强度高的板料 |
| 成对导向辊的矫正机 | 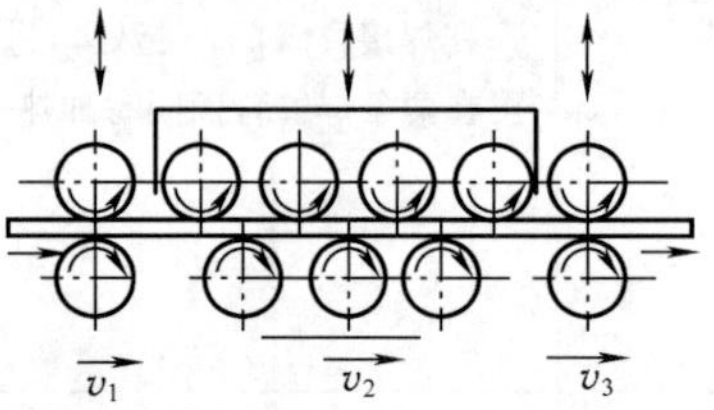 $v_1$ $v_2$ $v_3$ | 成对边辊轴矫正速度 $v_1 < v_2 < v_3$，产生附加拉力 | 薄板及屈服强度高的板料 |

（三）型钢的机械矫正

型钢的矫正原理与板材矫正相同。型钢矫正的机械通常有多辊型材矫正机、型材撑直机和圆钢斜辊矫正机等。

# 项目六 手 工 成 形

## 一、概述

（一）手工成形

手工成形是采用必要的各种各样的夹具，简单的胎型、靠模，通过手工操作将材料加工成所需要的形状。

随着生产规模的不断发展和科学技术的进步，大多数的成形工艺是通过机械成形来完成的，手工成形往往只作为补充加工或修整工作。但在钣金维修作业中，经常遇到一些残损或丢失的零部件和需要重新制作镶补的钣金件，这些零部件的成形多靠手工操作来完成。手工成形也需要一些简单的胎具、靠模和工夹具，工夹具一般是通用型的。手工成形零部件的质量高低，主要取决于操作工艺是否合理，所选用的工夹具、胎具是否合适，但最重要的是取决于操作者操作技能的高低和实践经验的多少。手工成形虽然工作强度大，劳动效率低，但由于其具有使用工具简单，操作灵活简便，可以完成形状较复杂的零部件制造等优点，维修业中仍是主要的修复手段。

（二）手工成形的种类

手工成形工艺包括弯曲、放边、收边、拔缘、卷边、咬缝、拱曲等。下面介绍手工成形工艺的基本要领及方法。

## 二、弯曲

手工弯曲是指用手工操作将金属材料沿直线或曲线弯曲成一定角度或弧度的工艺过程。手工弯曲是维修钣金工最基本的操作方法之一。

### (一) 弯曲变形的特点

板料弯曲时，变形的区域在零件的圆角部分，平直区域基本不变形。变形区域的内层受压缩短，外层材料受拉伸长，中性层在材料厚度正中，其长度不变，如图 6-62 所示。

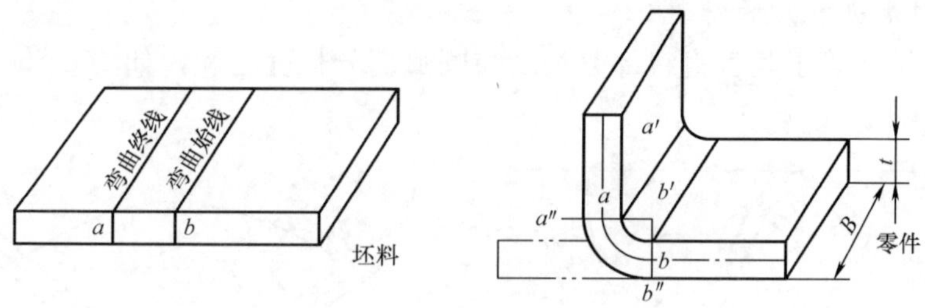


图 6-62 板料弯曲时的变形

1. 最小弯曲半径。最小弯曲半径是指弯曲零部件的内弯曲半径所允许的最小值，用 $R_{min}$ 表示。最小弯曲半径与下列因素有关：

(1) 材料的塑性越好，允许的变形量越大，$R_{min}$ 越小，反之越大。材料加热后，其塑性提高，$R_{min}$ 减少。

(2) 材料的热处理状态会影响 $R_{min}$。材料冷变形后的加工硬化现象，将使 $R_{min}$ 变大。经退火后消除加工硬化的影响，则 $R_{min}$ 变小。

(3) 弯曲变形的程度越大，$R_{min}$ 也增大，反之，$R_{min}$ 减小。

(4) 弯曲线方向与材料纤维方向的夹角。弯曲线与纤维线垂直时，材料具有较高的抗拉强度，$R_{min}$ 较小；弯曲线与纤维线平行时，材料的抗拉强度较差，$R_{min}$ 较大。弯曲线与纤维线成 45°夹角时，$R_{min}$ 介于两者之间，如图 6-63 所示。

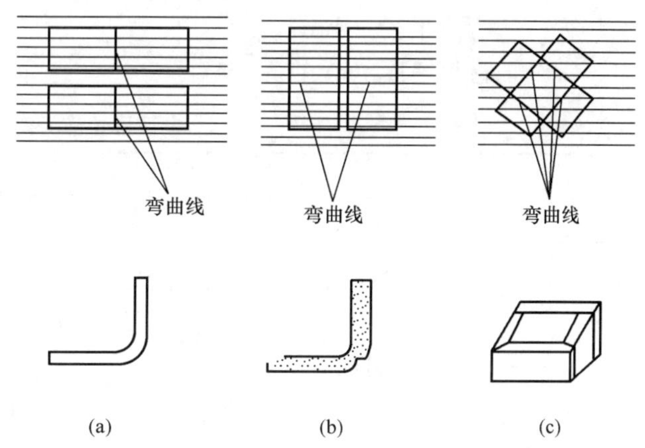


图 6-63 纤维方向对弯曲半径的影响

(a) 弯曲线与纤维方向垂直；(b) 弯曲线与纤维方向平行；(c) 弯曲线与纤维方向成一定角度

(5) 材料边缘与表面状况。材料的边缘有毛刺，表面有缺陷时，弯曲时容易产生裂纹，$R_{min}$ 宜加大。

2. 弯曲件的回弹。板料在塑性弯曲中有弹性变形，当弯曲零部件从模具中被取出后，由于弹性变形的恢复，使工件产生角度和弯曲半径的变化，这种现象叫回弹，如图 6-64 所示。影响回弹的因素：

(1) 材料力学性能的影响。材料的弹性极限 $\sigma$ 越高，回弹越大。

(2) 弯曲程度的影响。变形程度用材料的相对弯曲半径 ($R/t$) 表示。相对弯曲半径 $R/t$ 值越大（零件变形程度小），回弹越大；反之，$R/t$ 值越小，回弹越小。

（3）弯曲角度的影响。弯曲角度大（即变形区大），累积回弹大。

（4）弯曲方式的影响。手工弯曲比模具弯曲回弹大；冷弯曲时弯曲件的回弹比热弯曲时的回弹大。

（5）模具构造的影响。V形件凹模槽口的厚度和上模工作面的宽度都对回弹有影响；U形件模具间的间隙越小，回弹越小。

（6）弯曲形状的影响。V形件一般比U形件回弹大。

### （二）弯曲件展开长度的计算

弯曲件展开尺寸等于其各直线部分长度与圆弧部分长度之和，如图6-65所示。

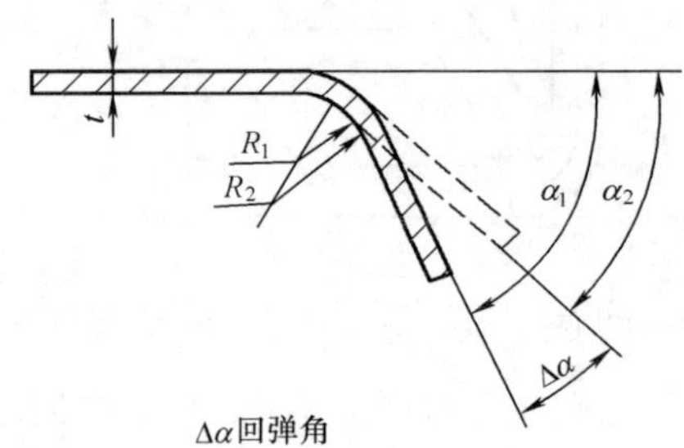


图6-64 弯曲件的回弹

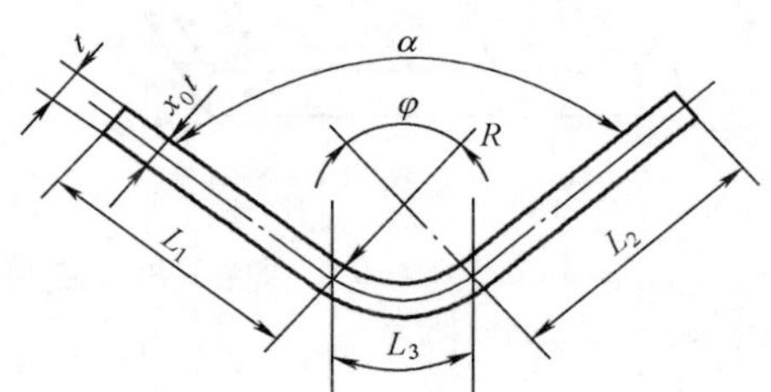


图6-65 任意角度弯曲件的展开

1. 中性层弧长 $L$ 的计算。

$$L=\pi\varphi/180(R+x_0t)=0.0175(180-\alpha)(R+x_0t) \tag{6-12}$$

式中 $x_0$——中性层位置系数（表6-9）；

$R$——弯曲半径（mm）；

$t$——材料厚度（mm）。

表6-9 中性层位置系数 $x_0$

| $R/t$ | 0.1 | 0.25 | 0.5 | 1 | 2 | 3 | 4 | 4以上 |
|---|---|---|---|---|---|---|---|---|
| $x_0$ | 0.32 | 0.35 | 0.38 | 0.42 | 0.46 | 0.47 | 0.48 | 0.5 |

2. 展开尺寸的计算。展开尺寸的计算式为：

$$L=L_1+L_2+L_3 \tag{6-13}$$

### （三）手工弯曲所用的工具及设备

手工弯曲常用的工具有平台、台虎钳、锤子、木锤、拍板、弯边模、90°角尺及必要的夹具。

### （四）角形弯曲

角形弯曲是指将金属材料按设定的角度进行平面的折弯。

首先按展开图下料，画出弯曲线，然后将其放在规铁上，并压上压铁，要注意板料的弯曲线与规铁、压铁的棱边重合，并用相应的装置夹紧（也可在台虎钳上用两根角钢将板料夹住），如图6-66所示。弯曲时先用锤子或木锤将板料的两端少许弯成一定的角度，以便固定住板料，再一点接一点地从一端向另一端移动，锤击时要轻、匀，零部件的弯曲角度应分多次锤击而成。

若零件尺寸不大，可以直接在台虎钳上弯曲。将零件上的弯曲线与钳口对齐后夹紧。若

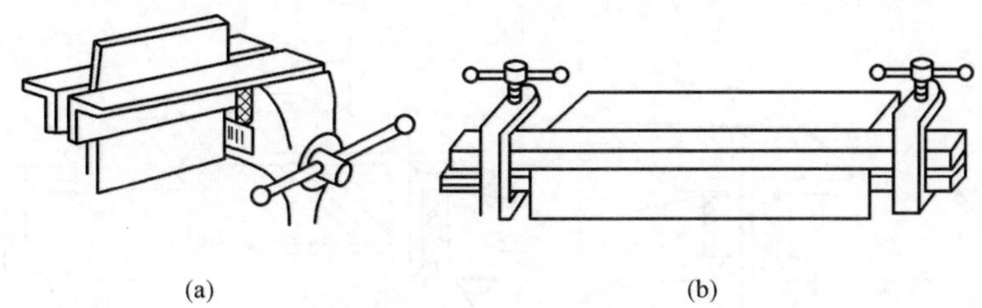

(a)　(b)

图 6-66　角形件的弯曲

(a) 用角钢夹持；(b) 用弓夹与上下方钢夹持

弯曲的零件在钳口以上部分较长时，应用左手压在零件上部，右手持木锤轻轻敲打靠近弯曲线的根部，就可以逐渐弯成很整齐的角度，而不应错误地敲打零件的上部进行弯曲，如图 6-67 所示。若弯曲的零件在钳口以上较短时，可用硬木块垫在弯曲线根部，再用力敲击木块，完成零件的弯曲，而不应用铁锤直接敲打，因为直接敲打会造成零件表面的不平整，如图 6-68 所示。

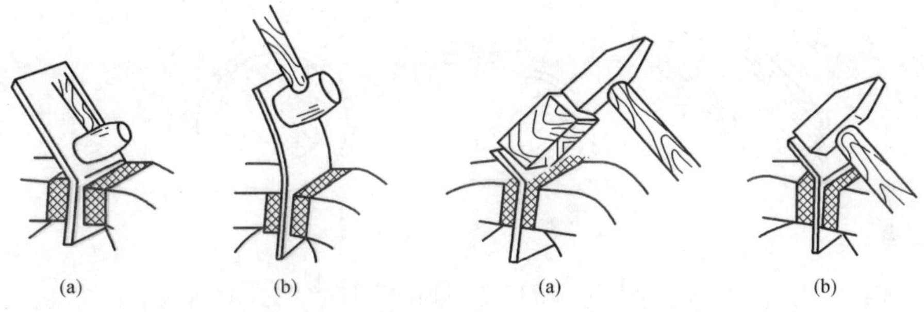

(a)　(b)　(a)　(b)

图 6-67　弯钳口上段较长的工件

(a) 正确的；(b) 错误的

图 6-68　弯钳口上段较短的工件

(a) 正确的；(b) 错误的

弯制各种形状工件时，可用木垫或金属垫作辅助工具。

1. ⊾形件的弯曲程序。依据划线将工件夹入角钢衬里，先弯曲 $\alpha$ 角，然后将方形衬垫放入 $\alpha$ 角，对准划线夹入角钢衬垫，弯曲成 $\beta$ 角，如图 6-69 所示。

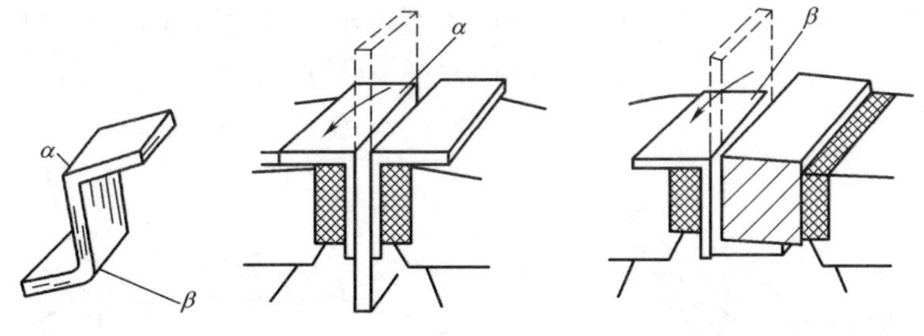


图 6-69　⊾形件的弯曲

2. ⎍⎍ 形件的弯曲程序。依照弯曲线先弯成 $\alpha$ 角，再用衬垫弯成 $\beta$ 角，最后用衬垫弯成 $\gamma$ 角，如图 6-70 所示。

（五）弧形弯曲

弧形弯曲是指将板料按设定的要求弯曲成圆弧或圆桶形状。

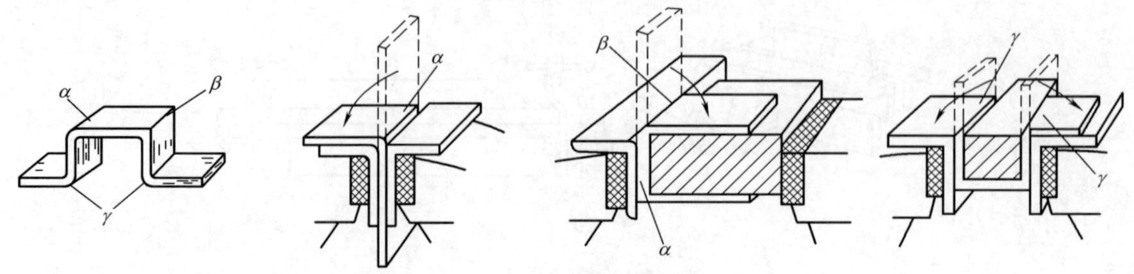


图 6-70 ⎍形件的弯曲

1. 弯制圆桶件。在坯料上画出与弯曲轴线平行的等分线，作为弯曲时的基准线，然后准备一段合适的槽钢（或钢轨）作为胎具。弯曲时，首先将坯料的两端预弯，然后在槽钢或钢轨上边逐步转动，边沿画好的等分线敲击坯料，使板料逐渐弯曲；其次在铁砧上进行合拢，当钢板边缘接触时，将对接缝焊接几点；再次在槽钢或钢轨上敲打成圆，将焊缝焊牢；最后在圆钢上整圆，如图 6-71 所示。

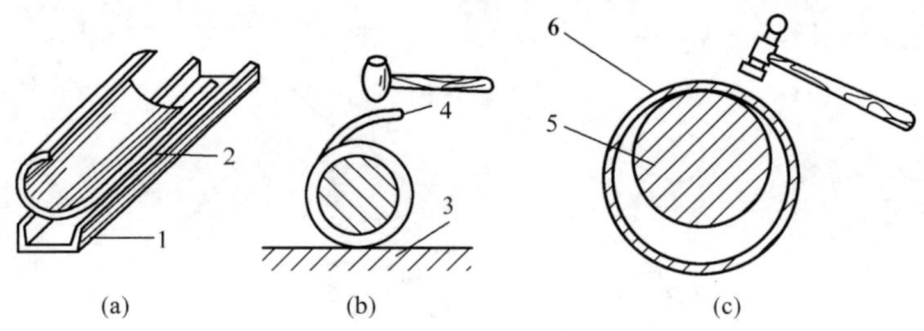


图 6-71 圆柱面的弯曲

（a）在槽钢上初弯；（b）在铁砧上合拢；（c）在圆钢上校圆

1—槽钢；2—毛坯；3—铁砧；4—毛坯；5—圆钢；6—毛坯

小型圆桶件，也可以在台虎钳上进行弯曲。先将钳口张开到适当的开度，把板料置于钳口上，用锤子顺着钳口轻轻敲击。敲击完一行后应移动板料，再敲击下一行，使板料逐渐形成圆桶，如图 6-72 所示。

2. 弯曲圆锥件。首先在坯料上画出弯曲素线，做好弯曲样板。弯曲时按素线方向进行锤击，先弯两头，后弯中间。由于锥形件的大小口弯曲半径不等，因此锤击时的力量应有轻有重，并不断用样板来检查。待接口重合后（如接口歪扭，应用工具矫正），施焊、矫正成形，如图 6-73 所示。

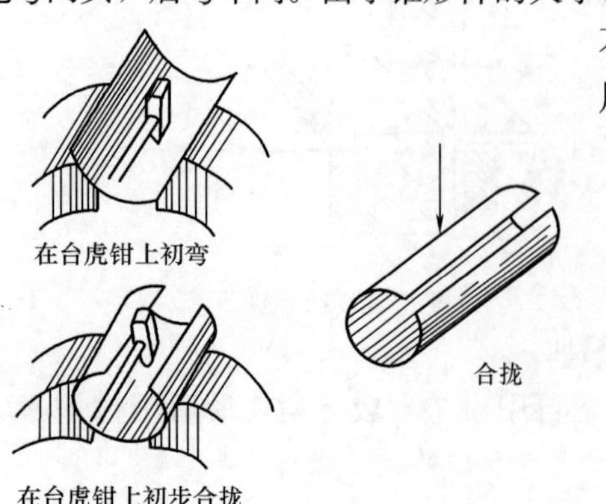


图 6-72 圆柱面的弯曲

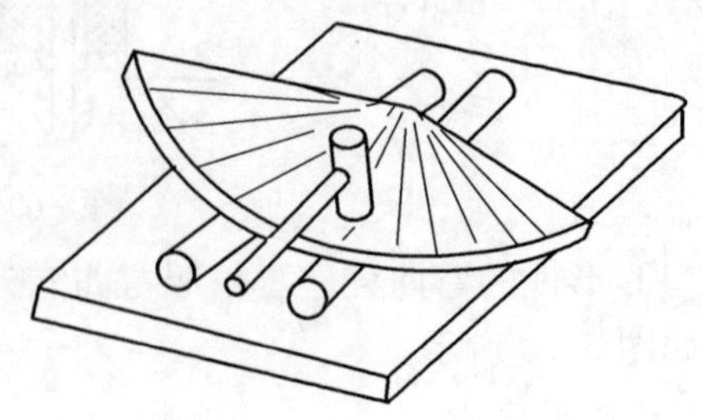

图 6-73 圆锥面的弯曲

### 三、放边

放边是通过使工件单边延伸变薄而弯曲成形的方法。加工凹曲线弯边常采用放边方法完成，如图 6-74 所示。

（一）放边常用的工具和设备

1. 放边工具。常用的放边工具包括锤子、木锤、胶木锤、平台、铁砧、规铁、顶杆、厚橡皮板和软木墩等。

2. 放边设备。常用的放边设备是空气式点击锤，适用于 2mm 以下的软钢板、铜板、铝板锤击展放。工作时，锤头的轴线必须与砧座轴线重合，如图 6-75 所示。

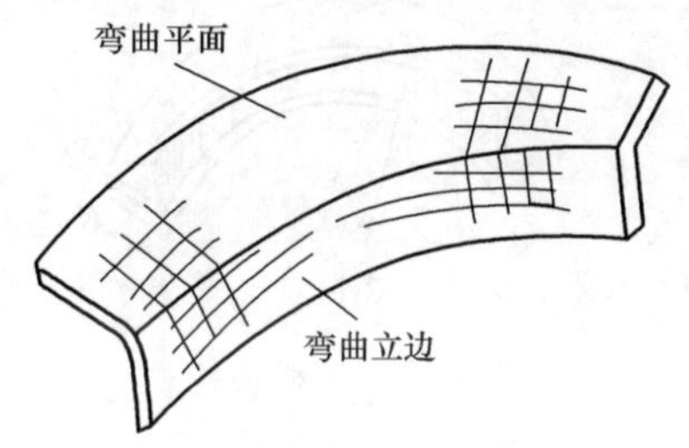

图 6-74 凹曲线弯边零件

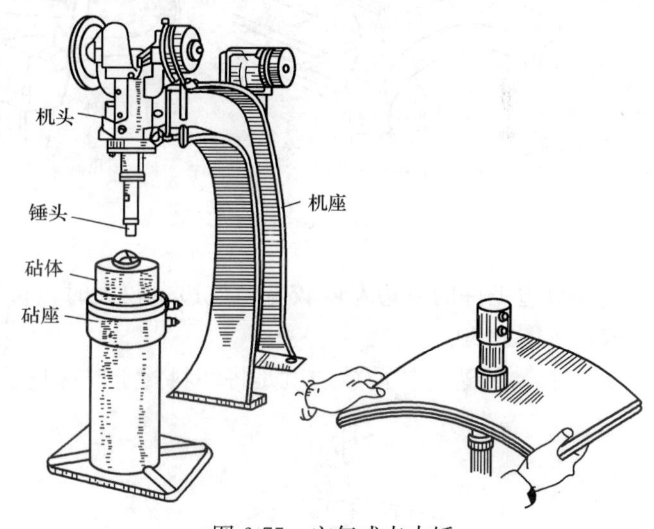

图 6-75 空气式点击锤

（二）放边的方法

常用的放边方法有三种：打薄放边、拉薄放边和型胎放边。

1. 打薄放边。制造凹曲线弯边的零件，可用直角型材或直角形毛坯放在平台、铁砧或规铁上锤放边缘，使边缘的厚度变薄，面积增大，弯边伸长，越靠近角材外边缘，锤击伸长越大；越靠近内边缘，锤击伸长越小，这样直线角材就能逐渐被锤放成曲线弯边的零件。打薄放边能使坯料得到较大的延伸变形，放边效果较为显著，但坯料变薄不均匀，表面质量不高，如图 6-76 所示。

打薄放边工艺及操作要点如下：

（1）首先计算出零件的展开尺寸，然后划线并剪切出展开板料。

（2）在板料上画出弯曲线，并按线将其弯成角形件。

（3）将边缘毛刺去除。

（4）在平台、铁砧或规铁上锤放弯曲平面的外缘。锤放时，所用锤头端面应光滑，以防止击出坑痕；锤击点要外密内疏，锤痕要成放射状，锤放边应与铁砧表面平行并贴紧（图 6-77）。

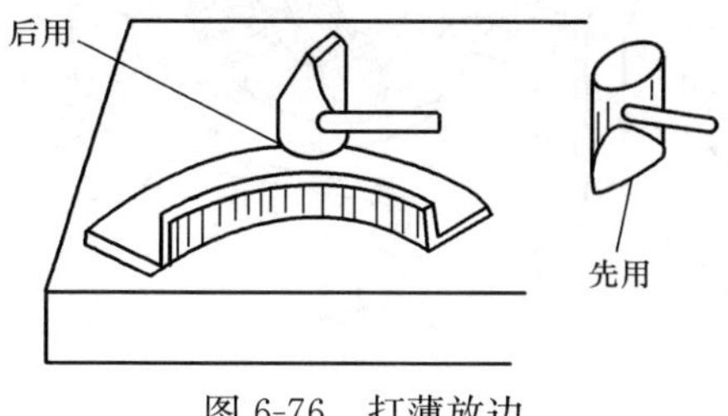

图 6-76 打薄放边

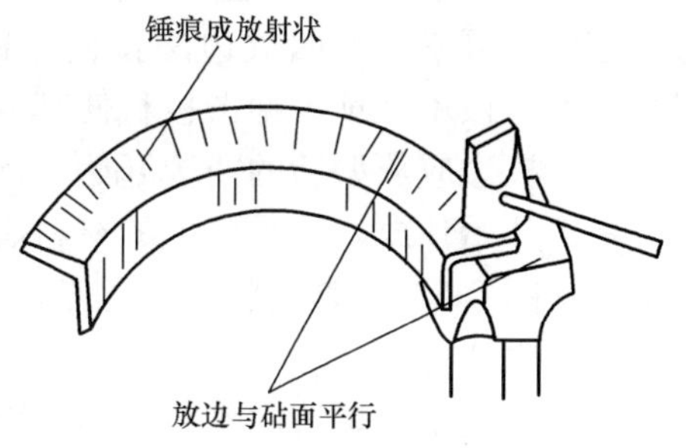

图 6-77 锤放方法

（5）锤放范围应在锤放面宽度靠外边缘 3/4 的范围内，弯边根部的圆角 $R$ 处严禁锤击，否则会使工件产生扭曲变形（图6-78）。

（6）有直线段的角材工件，在直线段内不能敲打。

（7）锤放中如果发现加工硬化现象，应及时进行退火处理，以防止工件出现裂纹。

（8）放边过程中，应随时用样板检查工件外形，尽量避免放边过量，否则不易修正，待工件达到要求后进行矫正和修整（图 6-79）。

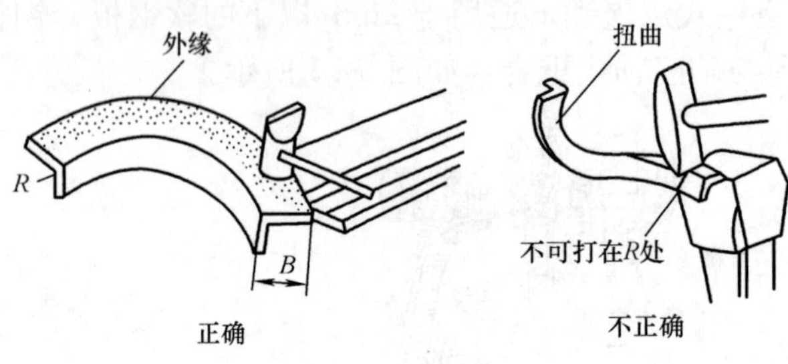


图 6-78　锤放部位

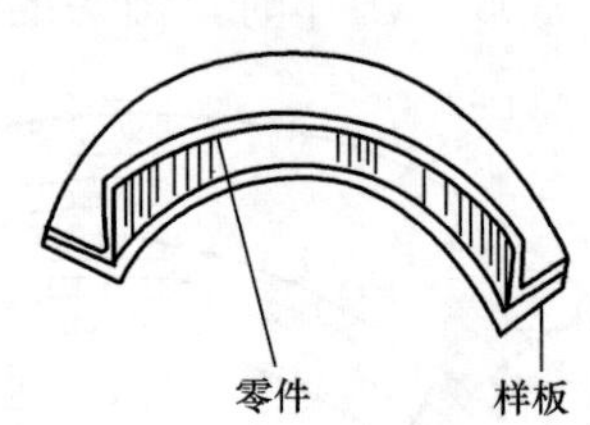


图 6-79　用样板检查

如放边工件的放边宽度较宽，放边量较大时，可采用放边质量好、效率高的空气式点击锤放边（图 6-80）。

2. 拉薄放边。拉薄放边就是将坯料置于厚橡皮或软木墩上锤打放边部位（图 6-81）。

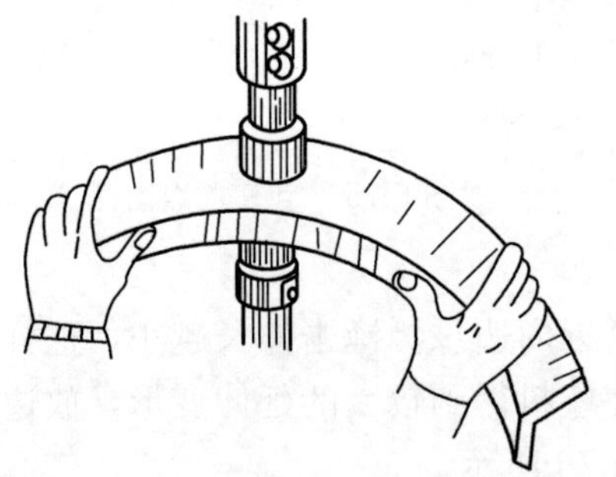

图 6-80　空气锤放边

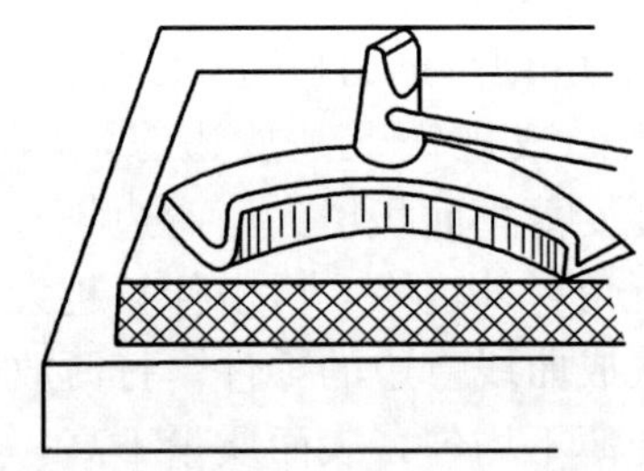

图 6-81　拉薄放边

因为橡胶和软木墩比较软且有弹性，所以在锤放时材料被伸展拉长。用拉薄放边的方法获得的工件厚薄均匀、表面质量较高，但锤放效果较差，在变形过程中易产生拉裂，适用于坯料较薄的零件。

3. 型胎放边。对弯边高度较大、展放量大的凹曲线弯边零件，可采用型胎放边法拉放。将板材夹在型胎上，用木锤敲击顶木，顶木冲击板材使其伸展（图 6-82）。

型胎放边应从型胎的两边开始，逐渐向中间靠拢。由弯边根部开始顶放，使平面上的材料展放成垂弯边，而外缘不动（图 6-83），最后将弯边敲至贴模。

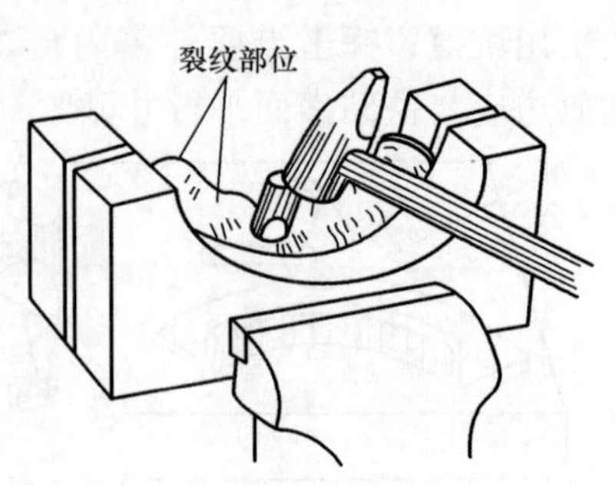


图 6-82　在型胎拉薄放边

## 四、收边

收边是使工件单边起皱收缩增厚而弯曲成形的方法。

收边原理：收边的原理就是使坯料的纤维收缩变短。

首先在坯料的边缘起皱，使纤维沿纵向长度变短，然后在防止皱褶向两侧伸展恢复的情况下，将皱消平。

（一）收边常用的工具与设备

1. 常用工具。常用的收边工具有锤子、胶木锤、起皱钳、起皱模、铁砧、规铁等。

2. 收边设备。收边设备为收缩机，一般用于收缩型材和板材（图 6-84）。

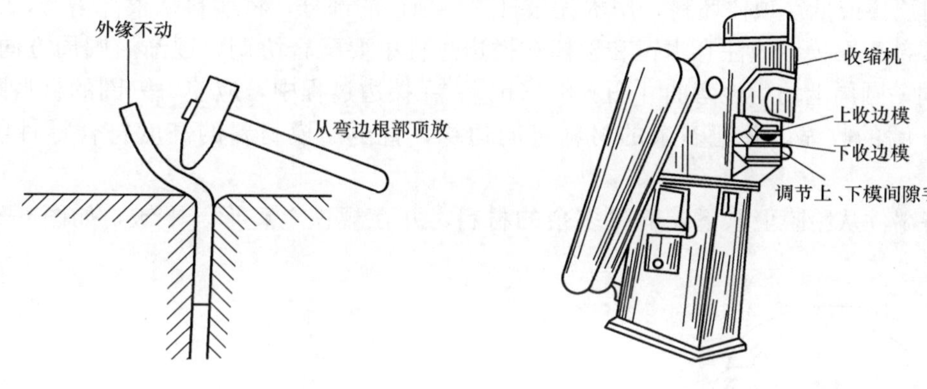


图 6-83 顶放

图 6-84 收缩机

（二）收边的方法

常用的收边方法有起皱钳收边、起皱模收边、搂弯收边、收缩机收边等，如图 6-85 所示。

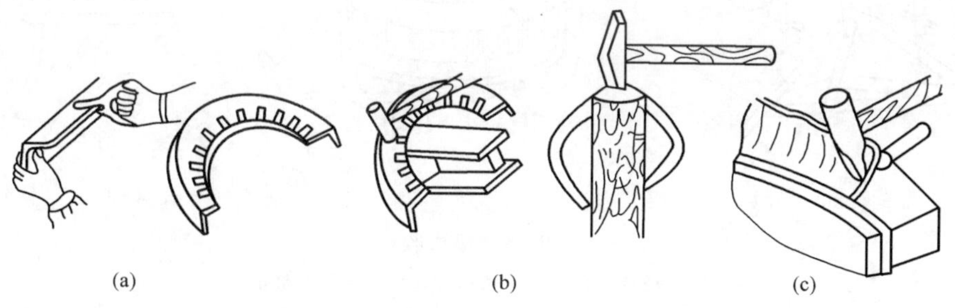


图 6-85 收边

（a）起皱钳收边；（b）起皱模收边；（c）搂弯收边

1. 起皱钳收边。根据零件弯曲程度的大小，用起皱钳（图 6-86）在收边部位折起若干个皱，再在铁砧或规铁上逐个收平皱褶。起皱尺寸要适当，如图 6-87 所示。

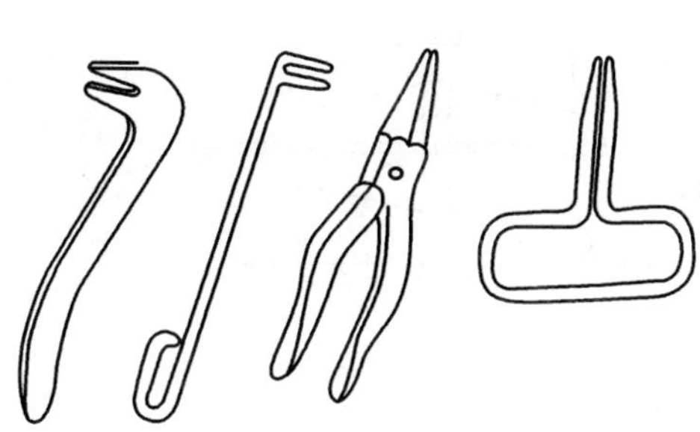

图 6-86 起皱钳

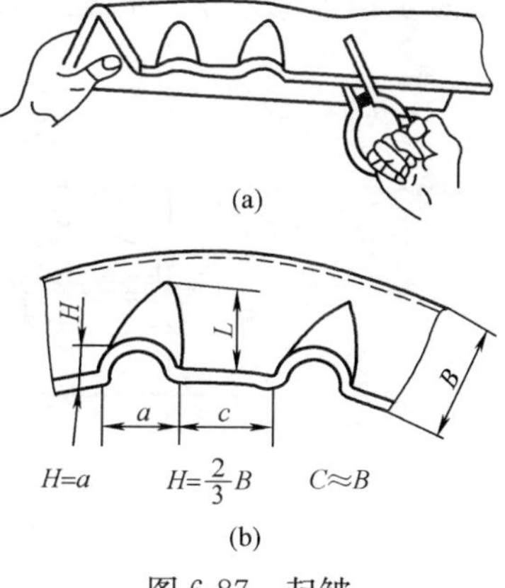


图 6-87 起皱

2. 起皱模收边。对于坯料较厚的零件，可采用起皱模起皱。起皱模用硬木制成，起皱时，将零件置于起皱模上，用錾口锤起皱，锤击波纹，并在规铁或铁砧上敲平。

3. 搂边收边。对类似盆形件的收边，可采用搂边收边法成形。此种成形是拉收结合，以收为主，其收边效率提高，质量较好。其工艺为：

(1) 将坯料在型胎上定位，并用夹具卡紧，如图 6-88 (a) 所示。

(2) 用顶棒或抵铁顶住坯料，用木锤敲打顶棒顶住的部分，将坯料从根部击弯，并应使其弯边的根部先贴模。应注意木锤和顶棒在搂边过程中要配合协调，逐渐沿圆周方向移动，使坯料在同一圆周上均匀地弯曲［图 6-89 (b)］。在搂边过程中，应使每一圈的材料贴模后再进行下一圈的收缩，并把多余的材料赶向边缘，直至贴模材料的高度符合零件的尺寸要求。

(3) 将零件从胎膜上取下，剪除多余的材料，并在规铁上整形、平皱，如图 6-88 (c) 所示。

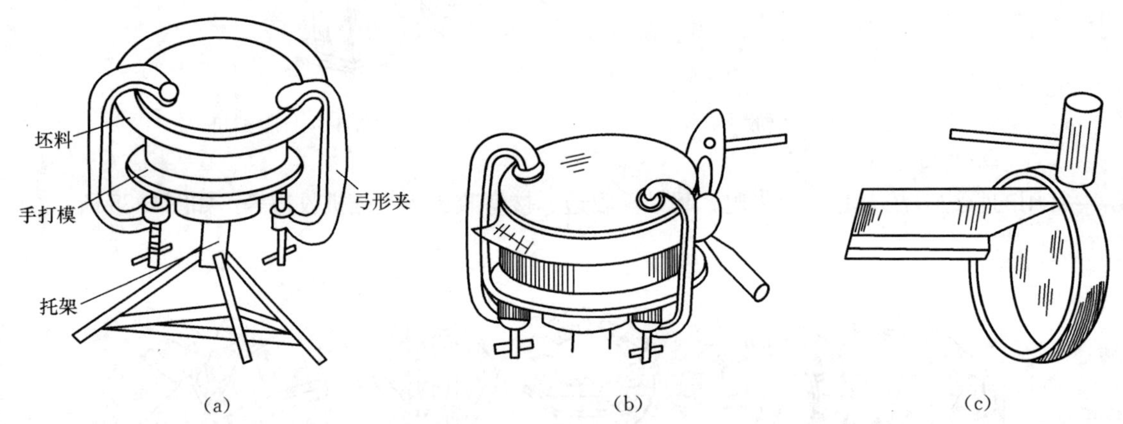


图 6-88　搂边收边

(a) 夹紧坯料；(b) 搂边；(c) 在规铁上矫正

4. 收缩机收边。当材料较厚时，可采用收缩机收边，其工作原理如图 6-89 所示。当上下模相碰后，模形斜块紧压材料向内运动，使材料纤维受压缩力的作用而变短，达到收边的目的。收缩机每分钟的收缩次数为 140～150 次，效率较高；缺点是容易损伤零件表面，最好是在边缘预留加工余量，收边后再剪去。图 6-90 为盆形件在收缩机上收边的示意图。

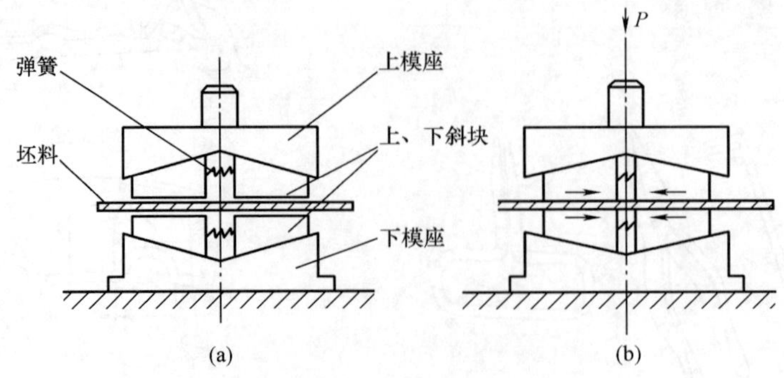


图 6-89　收缩机收边工作原理

(a) 收缩机结构；(b) 收边原理

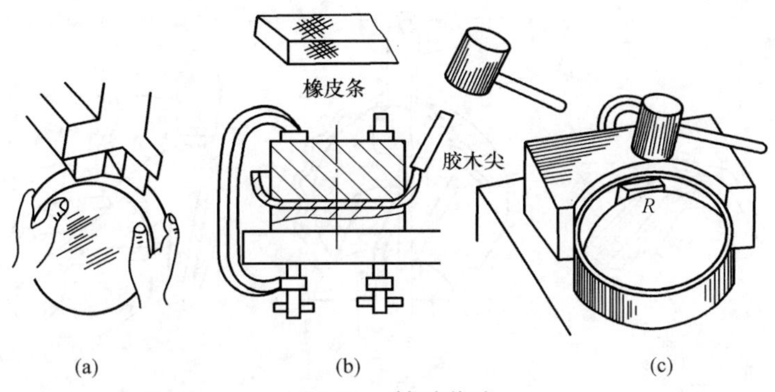

图 6-90 辅助收边

(a) 在收缩机上收边；(b) 顶靠弯边再用橡皮条抽打；(c) 内顶 $R$ 根部

## 五、拔缘

拔缘就是利用收边和放边的方法，使板料的边缘弯曲成弯边。拔缘的目的是为了在最小重量条件下，增加构件的刚度。拔缘的特征是圆角半径大，边缘直筒部分高度小。

拔缘分为外拔缘和内拔缘。

外拔缘就是将工件外边缘弯曲。外拔缘时，圆环部分要沿中间圆的圆周径向改变位置而成为弯边，但受到其中三角形多余金属的阻碍，所以要内环采用收边的方法，使其外拔缘弯边增厚，如图 6-91（a）所示。

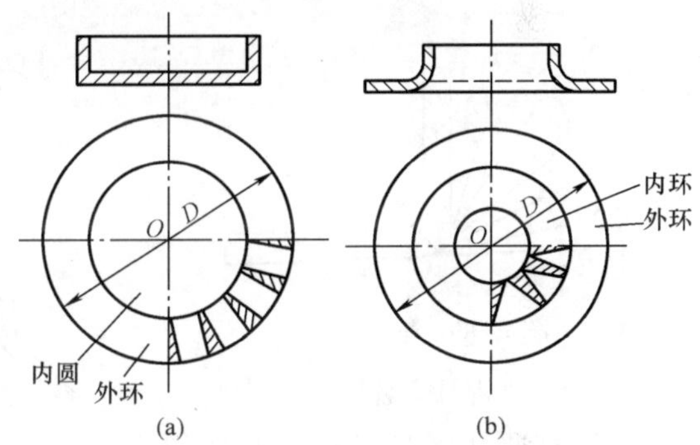

图 6-91 拔缘的种类和形式

(a) 外拔缘折角弯边；(b) 内拔缘圆角弯边

内拔缘就是将工件的内孔边缘弯曲。内拔缘时，内环部分要沿外环的圆周径向改变位置而成为弯边，由于受到内孔圆周边缘的拉伸牵制，所以采用放边的方法，使内拔缘弯边变薄，如图 6-91（b）所示。拔缘可以增加零件的刚度，而且可作为一种表面的装饰。

拔缘按操作方法可分为自由拔缘和型胎拔缘。自由拔缘一般用于塑性好的薄板料在常温状态下的弯边零件；型胎拔缘多用于厚板料、孔拔缘进行弯边的零件。

### （一）拔缘的工具

拔缘的工具除放边、收边所用的工具外，还应有不同形状的砧座和型胎等。

### （二）自由拔缘

1. 外拔缘。

（1）按零件要求下料并去除边缘的毛刺，画出拔缘宽度线。

（2）按照零件拔缘宽度线，用木锤在铁砧上敲击根部轮廓线，如图 6-92（a）所示。

（3）在弯边上用起皱钳或起皱模制出皱波，如图 6-92（b）所示。

（4）将皱波逐个打平，使弯边收缩成凸边，如图 6-92（c）所示。

（5）按图样或零件要求划线并修剪余料。

操作时注意：

① 拔缘时，每次弯边不能过急，每一周的弯角一般不超过 30°，如图 6-93 所示。

② 弯边宽度较大时（宽度大于 10mm 以上），应先按弯曲线敲出根部轮廓，如图 6-94（a）所示；然后再采用搂边收边的工艺方法，逐步增加其宽度，直至成形，如图 6-94（b）所示。

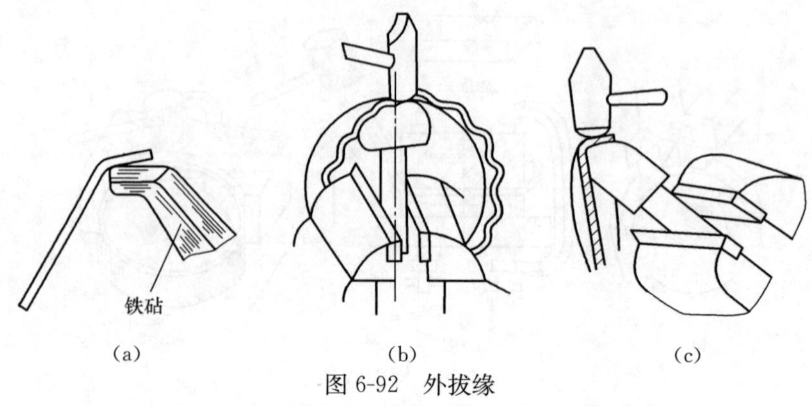

图 6-92　外拔缘
（a）敲击轮廓线；（b）制皱波；（c）平皱收缩

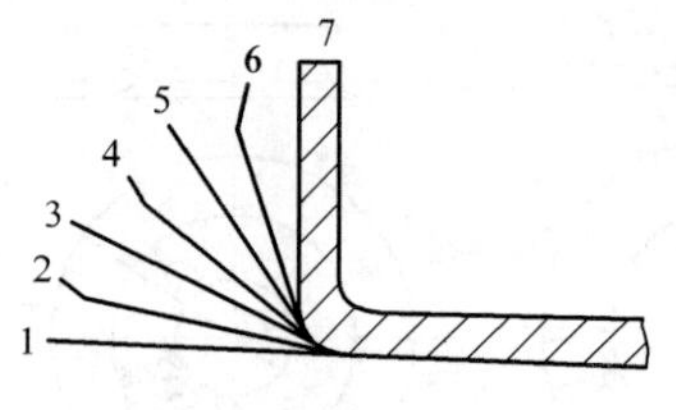

图 6-93　弯边角度

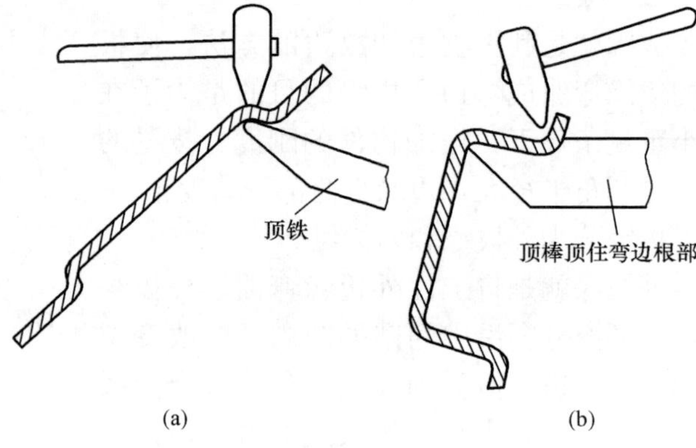

图 6-94　弯边宽度较大的零件
（a）敲出根部轮廓；（b）继续搂边

③ 拔缘过程中，锤击的力度与锤击点的分布要均匀，以防止裂纹的产生。

2. 内拔缘。

内拔缘与外拔缘相同。在锤放时，不能锤击弯边边缘，应从根部向外逐渐锤放。拔缘中因材料延伸，易产生裂纹，应及时用剪刀剪裁裂纹、倒毛刺并磨光后再拔缘。

（三）型胎拔缘

1. 型胎外拔缘。拔缘前，先在坯料的中心焊装一定位钢套，将坯料在型胎上定位，如图 6-95 所示。拔缘时，常采用将坯料加热的方法，加热温度为 750～780℃，然后按自由拔缘的操作过程一次弯边成形。

2. 型胎内拔缘。在材料塑性变形的极限范围内可用木锤或凸模一次冲击成形，如图6-96所示。

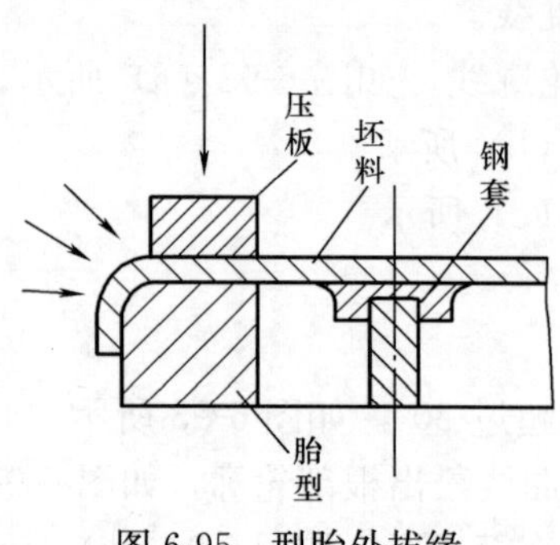

图 6-95　型胎外拔缘

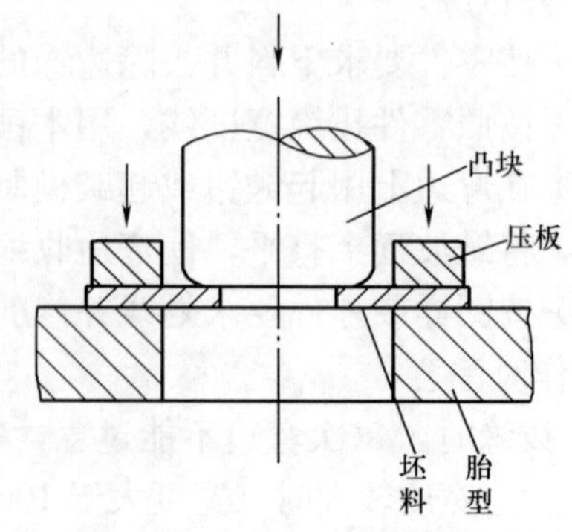

图 6-96　型胎内拔缘

## 六、卷边

为了增加零件边缘的刚度和强度，将零件边缘卷曲为卷边。卷边除了能起到增强刚度、强度的作用外，还可以起到美观的装饰作用。卷边有时还用于铰链连接。

卷边分为夹丝卷边和空心卷边两种。夹丝卷边是将零件的边缘卷边内嵌入一根铁丝，以增强零件边缘的刚度，如图 6-97（a）所示。铁丝的粗细应根据零件的受力情况及零件的尺寸大小来决定，一般铁丝的直径是板料厚度的 3 倍以上。包卷铁丝的边缘，应不大于铁丝直径的 2.5 倍，如图6-97（c）所示。空心卷边是将零件的边缘卷曲成圆管状，如图 6-97（b）所示。

### （一）卷边所用的工具

卷边常用的工具有锤子、木锤、手钳、平台、砧座等。

### （二）卷边零件展开长度的计算

卷边零件的展开长度等于卷曲部分长度与直线部分长度之和（图 6-98），其展开长度 $L$ 为：

$$L = L_1 + d/2 + L_2 \tag{6-14}$$

式中 $L$——卷边零件展开长度；

$L_1 + d/2$——板料直线长度之和；

$L_2$——卷曲部分（270°）展开长度；

$d$——铁丝直径。

因为 $L_2 = 3/4\pi\ (d+t) = 2.35\ (d+t)$，代入式（6-14）得：

$$L = L_1 + d/2 + 2.35(d + t) \tag{6-15}$$

式中 $t$——板料厚度。

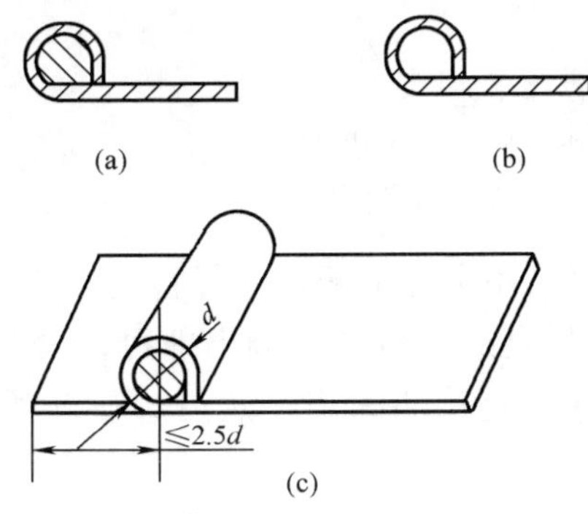


图 6-97 卷边

（a）夹丝卷边；（b）空心卷边；（c）夹丝卷边尺寸

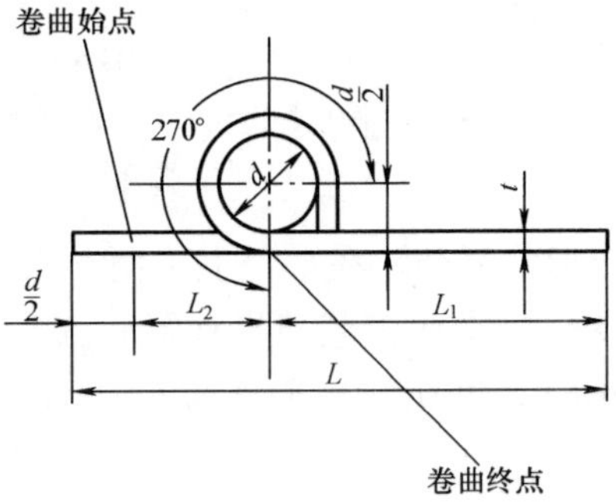

图 6-98 卷边展开尺寸的计算

### （三）卷边的操作工艺

1. 在坯料上画出两条卷边线并修光毛刺，如图 6-99（a）所示。图中：

$$L_1 = 2.5d \tag{6-16}$$

$$L_2 = (1/4 \sim 1/3)d \tag{6-17}$$

式中　$d$——铁丝直径。

2. 将坯料放在平台上，使其露出平台的尺寸为 $L_2$。左手压住坯料，右手用木锤敲打伸出平台部分的边缘，使之向下弯曲成 85°～95°，如图 6-99（b）所示。

3. 再将板料向外伸，直至第二条卷边线对准平台边缘为止，并在第一次敲成的边缘处继续敲打，使其边缘靠上平台，如图 6-99（c）、（d）所示。

4. 将板料翻转，使卷边向上，轻而均匀地敲打卷边向里扣，使卷曲部分逐渐形成圆弧形，如图 6-99（e）所示。

5. 将铁丝放入卷边内，为防止铁丝弹出，可先将两端及中间间隔地扣合，再从头至尾依次扣合。完全扣合后，轻轻敲打，使卷边紧靠铁丝，如图 6-99（f）所示。

6. 翻转板料，使卷边接合口靠住平台的边缘，轻轻敲打，使卷边接口咬紧，如图 6-99（g）所示。

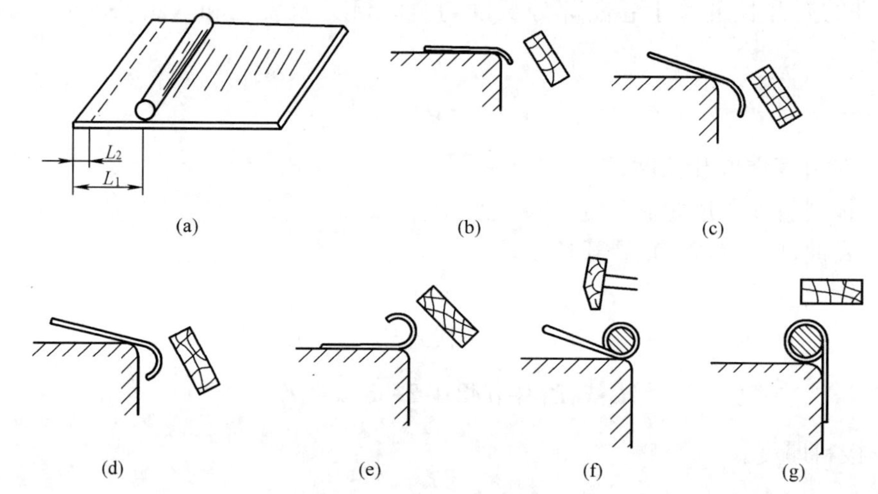


图 6-99　卷边的操作工艺

（a）画出卷边线；（b）敲打边缘；（c）外伸弯曲；（d）边缘靠上平台；（e）做出圆弧形；（f）卷边紧靠铁丝；（g）咬紧接口

若工作形状复杂，在平台上不便于操作，可用砧座和锤子配合进行卷边。

空心卷边的操作工艺与夹丝卷边工艺相同，只是最后将铁丝抽出即可。若卷边尺寸较长抽丝困难时，可在卷边前将夹丝表面涂油，将夹丝一端固定，然后边旋转零件边抽出夹丝。

## 七、拱曲

将板料加工成为凹凸曲面形状零件的加工方法称为拱曲。拱曲分为冷拱曲和热拱曲两种。

### （一）拱曲件展开尺寸的确定

拱曲件展开尺寸由于板料厚度、拱曲程度和操作手法等不同因素，难以准确计算。在实际生产中常采用实际比量法和近似计算法来确定。

实际比量法是用纸按实物或胎模的形状压成皱褶，附在实物或胎模上，沿实物或胎模的边缘把纸剪下来，再按纸的展开尺寸加减适当的余量，便能得到该零件的展开料。

（二）拱曲所用的工具及设备

1. 工具。手工拱曲所需的工具有锤子、木锤、顶杆、顶铁、顶木、木砧、胎模、喷灯、射吸式焊炬等。

2. 设备。拱曲用设备有步冲机。

（三）冷拱曲

冷拱曲的原理：通过将板材的周边起皱向里收缩，将板材的中间部位展放打薄向外拉，如此反复多次，使板材逐渐成为凹凸面的零件。拱曲零件因为边缘收缩而变厚（图 6-100）。

冷拱曲的操作方法通常有顶杆手工拱曲、胎模手工拱曲、步冲机拱曲等。

1. 顶杆手工拱曲。顶杆手工拱曲适用于制作拱曲深度较大的零件，主要是利用顶杆和手工锤击的方法制成拱曲零件（图 6-101）。用顶杆手工拱曲法制作的零件材料，应具有良好的塑性，以满足制作中板材延展、收缩的需要。加工过程中如出现硬化现象，应及时采用中间退火消除硬化现象后再继续拱曲，其操作过程如下：

（1）拱曲时，首先将板材的边缘制出皱褶，然后在顶杆上将边缘的皱褶敲平，使板料的边缘因增厚而向内弯曲，此时，再用木锤轻而均匀地锤击板料中部，使其伸展拱曲。锤击的位置要稍稍超过支撑点，敲打位置要准确，否则容易打出凹痕。

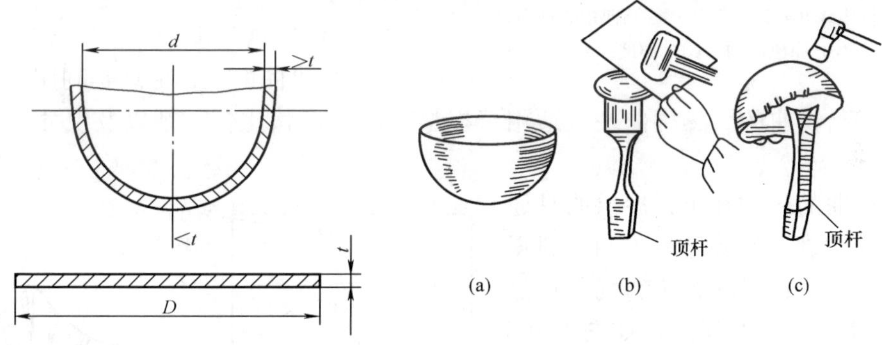


图 6-100 拱曲件厚度变化

图 6-101 半球形零件的拱曲

（a）零件；（b）皱缩；（c）伸展中部或修光

（2）锤击时，击打点要稠密均匀，锤击力要均匀适度，边锤击边旋转坯料，根据目测随时调整锤击部位和锤击力度，以保证表面光滑、均匀。

（3）锤击到坯料中心部位时，不能集中在一点锤击，以防止坯料中心伸展过度而凸起。凸起的部位严禁再敲击，而应锤击凸起周围部位，使坯料均匀伸展，消除凸起。

（4）依次收边锤击中部，并配合中间的样板检查，使拱曲达到要求。考虑到修光时产生的回弹变形，拱曲度应稍大些。

（5）用平锤在圆杆顶上，将已拱曲成形的零件进行修光，然后按要求划线，并切除多余材料，挫光边缘。

2. 胎模手工拱曲。胎模手工拱曲适用于尺寸较大、深度较浅的胎模零件（图 6-102），其操作过程如下：

（1）将坯料压紧在胎模上，用锤子从边缘开始逐渐向中心部位锤击，如图 6-102（a）所示。

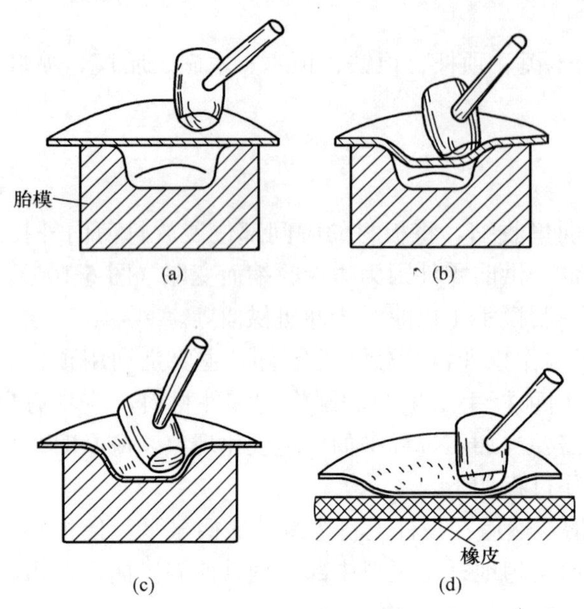


图 6-102 在胎模上拱曲

(a) 从边缘开始锤击；(b) 逐渐向中心锤击；(c) 完成拱曲；(d) 伸展坏料

(2) 每锤击一下即转动坯料，使其周围变形均匀，由外向内，逐渐进行，如图 6-102 (b) 所示。

(3) 拱曲继续向中心进行，直至完成所需的拱曲深度，如图 6-102 (c) 所示。

(4) 在厚橡皮上伸展坯料，如图 6-102 (d) 所示。最后用平头锤在球形顶杆上去除皱褶并修平整。

3. 步冲机拱曲。手工拱曲的劳动强度大，效率低。为降低劳动强度，可采用步冲机拱曲。

步冲机的下模固定在工作台上，上模与划块连接。工作时，将坯料压靠在下模上，开动机器，上模作锤击运动，从边缘、开始逐渐向中心部分锤击，直至拱曲成形。

**(四) 热拱曲**

热拱曲的工作原理是利用金属的热胀冷缩来加热进行拱曲的。热拱曲一般适用于板料较厚、形状比较复杂以及尺寸较大的拱曲零件。

它与冷拱曲的区别在于：冷拱曲是通过收缩坯料的边缘，展放坯料中间材料得到；而热拱曲是通过对坯料进行局部加热后，冷却收缩变形而得到的，如图 6-103 所示。对坯料 $ABC$ 三角区域进行局部加热，其受热后要向周围膨胀，但由于该区域处于高温状态，其材料的屈服强度远比四周未加热部位的屈服强度低，所以其加热部位不但不能膨胀伸展，反而其纤维被压缩变短，材料的厚度增加，$ABC$ 区域冷却后缩小为 $A'B'C'$。如果沿坯料的四周对称而均匀地进行分区加热，便可以收缩成图 6-103 (b) 所示的拱曲零件。拱曲的程度与加热的多少、加热温度成正比，加热点越多、越密，加热温度越高，拱曲程度越大。加热可采用喷灯、焊炬进行。

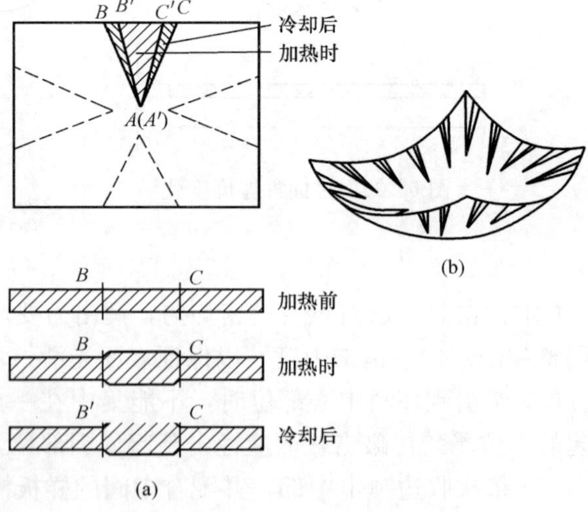


图 6-103 热拱曲的原理

(a) 三角形加热；(b) 热拱曲后零件的形状

## 八、咬缝

将两块板料的边或一板料的两边折弯扣合，并彼此压紧的连接方式称为咬缝（也称为咬接）。咬缝连接比较牢固，在许多地方用来代替焊接。

（一）咬缝的种类及用途（表 6-10）

**表 6-10　　咬缝的种类及用途**

| 序号 | 种　类 | 结　构 | 特点及应用举例 |
|---|---|---|---|
| 1 | 立式单咬缝 | | 用于房盖上铁瓦及多节弯头对接，接合强度不高 |
| 2 | 立式双咬缝 | | 用于刚度大且牢靠处，咬缝较困难 |
| 3 | 卧式单咬缝 | | 既有一定强度，又平滑，应用较广，如盆、桶、水壶等 |
| 4 | 卧式双咬缝 | | 强度高，牢靠，如屋顶水槽 |
| 5 | 角式咬缝 | | 用于角形的连接处，具有较大的连接强度，如壶、桶底部连接 |
| 6 | 匹兹堡咬缝 | | 外表面平整、光滑，刚性好，适用于矩形弯管和各种罩壳结构连接 |

（二）咬缝的工具及设备

1. 咬缝的工具。咬缝常用的工具有锤子、木锤、拍板、规铁、角铁、方钢、圆钢等。

2. 咬缝的设备。咬缝的设备有辗型机、折扳机、压缝器、旋压机等。

（三）咬缝方法

咬缝下料时，应留出咬缝余量。咬缝余量是根据咬缝宽度和扣合层数计算的。

咬缝宽度与板厚有关。一般厚度在 0.5mm 以内的板料，其咬缝宽度为 3～4mm；厚度为 0.5～1mm 的板料，咬缝宽度为 5～7mm。

扣合层数决定于咬缝结构。立式单咬缝、角式咬缝的扣合层数为 3 层；卧式单咬缝，扣合层数看似 4 层，但其中一层为有效尺寸，所以实际扣合层数为 3 层；立式双咬缝、卧式双咬缝扣合层数均为 5 层。

由于 1mm 以下的板厚通常都忽略不计，所以立式单咬缝、角式咬缝、卧式单咬缝的咬缝余量一边为 1 个咬缝宽度，另一边为 2 个咬缝宽度。卧式双咬缝、立式双咬缝的咬缝余量一边是 2 个咬缝宽度，一边是 3 个咬缝宽度。

## 九、制筋

钣金平面制筋主要是为了增强刚度，以提高承受载荷或在外载荷作用下抵抗变形的能力，同时也是一种表面装饰。大部分汽车覆盖件都制有筋条，如驾驶室、车厢、翼子板等都有不同形状的筋条。

常见的筋条截面有圆形、三角形、方形、梯形等形式。如图 6-104 所示为几种常见制筋模具的形式。

图 6-104（c）、（d）是专用制筋模具，它的上模与下模必须与制件筋条的截面相吻合。

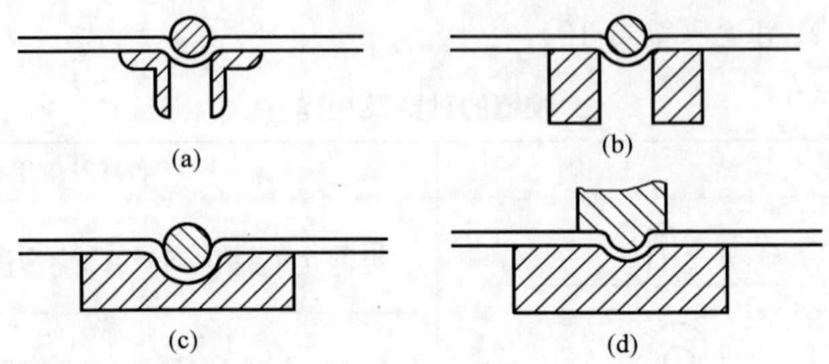


图 6-104　常见制筋模具形式

(a)、(b) 简单制筋模具；(c)、(d) 专用制筋模具

制筋时，首先画出基准线，然后依线进行敲击。当筋条较大时，不必用制筋模，可直接用錾口形状的锤子在槽钢上敲制成形。

制筋的方法多种多样，除了上述方法以外，还可以在钣金件上焊接或铆接筋板。

# 参 考 文 献

[1] 金禧德. 金工实训[M]. 2版. 北京：高等教育出版社，2001.

[2] 郭永环，姜银方. 金工实训[M]. 北京：中国林业出版社、北京大学出版社，2006.

[3] 杨和. 车钳工技能训练[M]. 天津：天津大学出版社，2000.

[4] 陈宏钧. 车工操作技能手册[M]. 2版. 北京：机械工业出版社，2004.

[5] 陈志毅. 铣工工艺与技能训练[M]. 北京：中国劳动社会保障出版社，2007.

[6] 刘云龙. 焊工技师手册[M]. 北京：机械工业出版社，1998.

[7] 陈祝年. 焊接工程师手册[M]. 北京：机械工业出版社，2002.

[8] 谢康. 汽车钣金工艺[M]. 北京：人民交通出版社，2002.

[9] 机械工业职业教育研究中心. 冷作工钣金工技能实战训练[M]. 入门版第2版. 北京：机械工业出版社，2004.